"十三五"国家重点出版物出版规划项目
面向可持续发展的土建类工程教育丛书
21世纪高等教育建筑环境与能源应用工程系列规划教材

空调冷热源工程

主　编　丁云飞

副主编　于　丹　方赵嵩

参　编　王立鑫　朱赤晖

机械工业出版社

本书阐述了空调冷热源设备的工作原理，介绍了冷热源设备的选择、冷热源系统的设计方法，主要内容包括：蒸气压缩式制冷循环的基本原理、蒸气压缩式制冷循环的主要部件及冷水机组、蒸气压缩式制冷系统、溴化锂吸收式制冷循环的基本原理及制冷热泵机组、空调冷源系统设计及设备选择、空调蓄冷系统及设计方法、地源热泵系统及空气源热泵、供热锅炉的工作过程及其结构、供热站等。本书旨在使学生通过学习，掌握设计、施工、管理空调冷热源系统的基础知识，为走向工作岗位打下良好的基础。

本书可作为高等院校建筑环境与能源应用工程专业教材，也可供从事暖通空调专业设计、安装、运行管理工作的工程技术人员参考。

选用本书作为教材的教师和学生可登录"智慧树"网，搜索"冷热源工程"，获取相关教学资源或在线学习 MOOC。

本书配有 PPT 电子课件，免费提供给选用本书作为教材的授课教师，需要者请登录机械工业出版社教育服务网（www.cmpedu.com）注册后下载。

图书在版编目（CIP）数据

空调冷热源工程/丁云飞主编. —北京：机械工业出版社，2019.9（2025.1 重印）
（面向可持续发展的土建类工程教育丛书）
21 世纪高等教育建筑环境与能源应用工程系列规划教材
"十三五"国家重点出版物出版规划项目
ISBN 978-7-111-63403-4

Ⅰ.①空… Ⅱ.①丁… Ⅲ.①空气调节器–制冷装置–高等学校–教材②空气调节器–加热设备–高等学校–教材 Ⅳ.①TM925.120.3

中国版本图书馆 CIP 数据核字（2019）第 172043 号

机械工业出版社（北京市百万庄大街 22 号 邮政编码 100037）
策划编辑：刘 涛 责任编辑：刘 涛 张丹丹
责任校对：樊钟英 封面设计：陈 沛
责任印制：单爱军
北京虎彩文化传播有限公司印刷
2025 年 1 月第 1 版第 4 次印刷
184mm×260mm · 20.75 印张 · 555 千字
标准书号：ISBN 978-7-111-63403-4
定价：56.00 元

电话服务　　　　　　　　网络服务
客服电话：010-88361066　　机 工 官 网：www.cmpbook.com
　　　　　010-88379833　　机 工 官 博：weibo.com/cmp1952
　　　　　010-68326294　　金 书 网：www.golden-book.com
封底无防伪标均为盗版　机工教育服务网：www.cmpedu.com

序

建筑环境与设备工程（2012 年更名为建筑环境与能源应用工程）专业是教育部在 1998 年颁布的全国普通高等学校本科专业目录中将原"供热通风与空调工程"专业和"城市燃气供应"专业进行调整、拓宽而组建的新专业。专业的调整不是简单的名称的变化，而是学科科研与技术发展，以及随着经济的发展和人民生活水平的提高，赋予了这个专业新的内涵和新的元素，创造健康、舒适、安全、方便的人居环境是 21 世纪本专业的重要任务。同时，节约能源、保护环境是这个专业及相关产业可持续发展的基本条件。它们和建筑环境与设备工程（建筑环境与能源应用工程）专业的学科科研与技术发展总是密切相关，不可忽视。

新专业的组建及其内涵的定位，首先是由社会需求决定的，也是和社会经济状况及科学技术的发展水平相关的。我国的经济持续高速发展和大规模建设需要大批高素质的本专业人才，专业的发展和重新定位必然导致培养目标的调整和整个课程体系的改革。培养"厚基础、宽口径、富有创新能力"，符合注册公用设备工程师执业资格要求，并能与国际接轨的多规格的专业人才是本专业教学改革的目的。

机械工业出版社本着为教学服务，为国家建设事业培养专业技术人才，特别是为培养工程应用型和技术管理型人才做贡献的愿望，积极探索本专业调整和过渡期的教材建设，组织有关院校具有丰富教学经验的教师编写了这套建筑环境与设备工程（建筑环境与能源应用工程）专业系列教材。

这套系列教材的编写以"概念准确、基础扎实、突出应用、淡化过程"为基本原则，突出特点是既照顾学科体系的完整，保证学生有坚实的数理科学基础，又重视工程教育，加强工程实践的训练环节，培养学生正确判断和解决工程实际问题的能力，同时注重加强学生综合能力和素质的培养，以满足 21 世纪我国建设事业对专业人才的要求。

我深信，这套系列教材的出版，将对我国建筑环境与设备工程（建筑环境与能源应用工程）专业人才的培养产生积极的作用，会为我国建设事业做出一定的贡献。

陈在康

前　言

　　"空调冷热源工程"是高校建筑环境与能源应用工程专业的主干专业课，在人才培养和课程体系中占有重要地位。本书内容主要根据《高等学校建筑环境与能源应用工程本科指导性专业规范》《高等学校建筑环境与能源应用工程专业评估（认证）标准》《普通高等学校本科专业类教学质量国家标准：土木类教学质量国家标准（建筑环境与能源应用工程）》所要求的知识点进行编排。本书涉及的相关技术内容均按照国家和行业现行的相关标准、规范和技术规程的要求编写。

　　空气调节必须有冷热源设备及系统提供冷热量，而制冷装置、热泵机组及锅炉设备是空调系统中必备的人工冷热源。本书阐述了空调冷热源设备的工作原理，介绍了冷热源设备的选择、冷热源系统的设计方法等，旨在使学生通过学习，掌握设计、施工、管理空调冷热源系统的基础知识，并具备初步实践能力，为走向工作岗位打下良好的基础。

　　本书由广州大学丁云飞任主编，北京建筑大学于丹、广州大学方赵嵩任副主编，广州大学朱赤晖、北京建筑大学王立鑫等参加了编写工作。具体分工如下：绪论、第1章、第2章、第7章、第8章、第9章由丁云飞编写，第3章由于丹编写，第4章由王立鑫编写，第5章由朱赤晖编写，第6章及第10章由方赵嵩编写。全书由丁云飞拟定编写大纲并进行统稿。

　　本书的编写得到了广州大学及机械工业出版社的大力支持。在本书的编写过程中，参考了许多同行专家学者的教材、专著和论文，并列于书末参考文献中，以便读者在使用本书过程中进一步查阅相关资料，同时对各参考文献的作者表示衷心的感谢。

　　本书可作为高校建筑环境与能源应用工程专业的教材，也可供从事该专业设计、安装、管理工作的工程技术人员参考。

编者

目　录

绪　　论

0.1　能源与空气调节

0.1.1　我国的能源现状

随着我国经济的持续快速发展，能源消耗量急剧增加，不仅能源供需严重失衡，而且不可再生能源资源的过度消耗也将影响人类生存的自然环境。

据国家统计局公布的数据显示，我国 2016 年全年能源消耗总量为 43.6 亿吨标准煤（tce），比 2012 年增长 8.4%，仅 2015 年全年用电量达 58020 亿 kW·h，比 2012 年增长 16.6%。近年来我国城镇化高速发展带动了建筑业持续发展。截至 2015 年我国建筑面积总量约 573 亿 m^2，建筑运行总商品能耗为 8.64 亿 tce，约占全国能源消耗总量的 20%，全年总碳排放量达 22.2 亿吨 CO_2。随着人民生活水平的提高，对室内环境的热舒适要求也越来越高。在建筑运行能耗中，空调系统能耗超过 50%。此外，随着产业升级，在食品药品生产和加工、大规模集成电路及锂电池生产等工业领域，对厂房热湿环境有严格的要求，工业厂房的空调系统能耗占比越来越高。

为空调系统空气处理过程提供冷量和热量的系统分别称为冷源和热源，它们消耗了大量能源，因此，空调冷热源工程的主要任务不仅在于设计合理的冷热量供应系统，提供空气处理过程所需的冷量和热量，而且要满足系统高效运行的要求，提高能源利用效率，达到节约能源的目的。

0.1.2　空气调节

空气调节指对某一房间或空间内的温度、湿度、空气流动速度、洁净度进行调节与控制，并提供足够的新鲜空气。空气调节简称为空调。

在夏季，一个房间可能获得以下热量和湿量：

1）透过玻璃窗进入的太阳辐射热量。
2）由于室内外温差通过建筑围护结构传入的热量。
3）人员的散热量与散湿量。
4）灯光散热量。
5）设备散热量和散湿量。

空调的任务就是从房间内移出这些多余的热量和湿量（通常称为冷负荷和湿负荷），从而维持室内一定的温度和湿度，以满足人们工作、生活及工业生产的需求。

具体地说，可以利用一种温度较低的介质来吸收这些多余的热量和除去空气中的湿量。例如，将温度较低的地下水（深井水）或由冰融化得到的低温水供入空调设备的空气冷却器中，以带走房间内的热量和湿量。这种自然界中存在的低温物质（深井水或天然冰）称为"天然冷源"。但天然冷源的使用受地理、气候、环境等条件的限制，因此，必须采用人工制冷的方法得到一种低温介质。"人工制冷"就是借助一种专门装置，消耗一定量的外界能量，使热量从温度较低的被冷却物体或空间转移到温度较高的周围环境中去，这种专门装置称为制冷装置或制冷机。

在冬季，一个房间会失去热量，包括围护结构传热耗热量、冷风渗透耗热量及冷风侵入耗热量，有时会有太阳辐射进入室内，使室内得到一定的热量。房间的失热量与得热量之差即为房间的热负荷。要维持房间在一个合适的温度（如20℃），创造适宜的生活条件或工作条件，必须给房间供暖，就是用人工方法向室内供给热量，保持一定的室内温度。把给房间提供热量的装置称为热源，根据热源热量转换的来源不同，常见的热源有锅炉、热泵等。

0.2 空调冷热源

0.2.1 人工制冷的方法

制冷的方法很多，可分为物理方法和化学方法，绝大多数的方法是物理方法。目前广泛应用的制冷方法有以下几种。

1. 相变制冷

物质有固态、液态和气态三种状态。物质状态的改变称为相变。相变过程中，由于物质分子重新排列和分子运动速度的改变，就要吸热或放热，这种热量称为相变潜热。利用物质相变过程要吸热这一现象可以实现制冷的目的。

（1）熔解　固体物质在一定温度下转变为液体称为熔解。1kg固体物质在一定温度下熔解所吸收的热量称为熔解热。冰融化时的熔解热为334.9kJ/kg。冰的熔解温度为0℃，低于环境温度，可用来制冷。如图0-1所示，在一小室内放一盛冰的容器，如外界温度为20℃，则冰融化吸热而把小室冷却，并维持小室一定的低温度，如10℃。

（2）汽化　液体转变为蒸气称为汽化。汽化过程有蒸发和沸腾两种。蒸发是液体表面的汽化过程，任何一种液体裸露在空气中时，液体表面分子中动能较大的分子克服表面张力的作用而飞逸到自由空间中去，这种汽化过程称为蒸发。蒸发可以在任何温度下发生，即使在温度低于该压力的饱和温度下也可以发生蒸发现象。当液体温度等于饱和温度时，不仅在液体表面，而且在液体内部都发生汽化，这种汽化过程称为沸腾。这时的温度称为该压力下的沸点。沸腾是液体强烈的汽化过程。液体汽化要吸热，1kg液体汽化所吸收的热量称汽化潜热，简称为汽化热。例如，氨在1标准大气压下的汽化热为1370kJ/kg，这时的沸点为-33.4℃。这种在低温下的汽化吸热效应可用来制冷。图0-2所示为利用液体汽化实现制冷的简单装置。在小室内放一通大气的

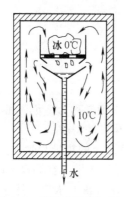

图0-1　利用冰的熔解制冷

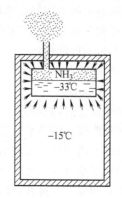

图0-2　利用液体汽化制冷

容器，内盛沸点较低的液体（如氨液）。由于容器是通大气的，氨液在大气压下的饱和温度（即沸点）约为 −33℃，则温度较高的室内空气的热量传入容器内温度较低的氨液，使氨液汽化成蒸气，氨蒸气通过排气管排出小室外，而同时把小室冷却下来。汽化过程中压力保持不变，温度也保持不变，是一个等压等温的过程。

（3）升华 当压力低于三相点压力时，固体物质直接转化为气态的现象称为升华。升华要吸热，1kg 固体物质在一定压力下升华所吸收的热量称为升华潜热，简称为升华热。如干冰（固体 CO_2）在 1 标准大气压下的升华热为 573.6kJ/kg。升华吸热效应也可用来制冷。

2. 气体绝热膨胀制冷

一定状态的气体通过节流阀或膨胀机绝热膨胀，温度降低，从而达到制冷的目的。气体绝热节流可以通过节流阀来实现。当气体经过节流阀时，流速大，时间短，来不及与外界进行热交换，可以近似地看作绝热过程。气体在绝热节流前后焓值不变。对于理想气体，焓值只是温度的函数，所以理想气体节流前后的温度是不变的。而实际气体，焓值是压力和温度的函数，所以实际气体绝热节流后的温度将发生变化，这一现象称为焦耳-汤姆逊效应。气体节流后温度降低还是升高与气体初始状态有关。大多数气体（如空气、氧、氮、二氧化碳等）在常温下节流后的温度都降低，可以用来制冷。其工作原理如图 0-3 所示。

3. 温差电制冷（半导体制冷）

1834 年珀尔贴发现了如下现象：在两种金属组成的闭合电路中接上一个直流电源，则在一个接合点变冷（吸热），在另一个接合点变热（放热），这种现象称珀尔贴效应。这个效应是温差电制冷方法的基础。但是纯金属的珀尔贴效应很弱，而且还有热量从热接合点导到冷接合点的干扰，因而当时一直未被应用。直到近代半导体的发现才使温差电制冷成为现实，因此目前温差电制冷称为半导体制冷。半导体分两类：电子型（N 型）和空穴（P 型）。用这两种半导体组成闭合电路（见图 0-4），并接直流电源，这时就有明显的珀尔贴效应。系统中的铜起导电作用。系统中只需很小的直流电压，每一对半导体只需零点几伏，而所获得的制冷量也很小。因此，实际的制冷器都由若干半导体组合件串联而成，所有的热接合点在一侧，所有的冷接合点在另一侧，即一侧放热，另一侧吸热制冷。目前半导体制冷用在小型制冷器中。

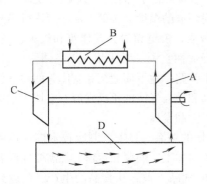

图 0-3 气体绝热膨胀制冷

A—压缩机 B—冷却器 C—膨胀机 D—冷室

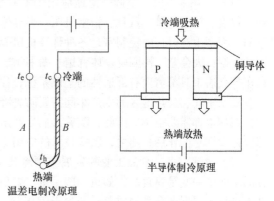

图 0-4 半导体制冷

0.2.2 锅炉的工作过程

锅炉是利用燃料或其他能源的热能，把工质加热到一定参数的换热设备。

锅炉是供热之源。锅炉及锅炉房设备的任务，在于安全、可靠、经济有效地将燃料的化学能转化为热能，进而将热能传递给水，以产生热水或蒸汽。把用于动力、发电方面的锅炉，称为动力锅炉；把用于工业及供暖方面的锅炉，称为供热锅炉，通常称为工业锅炉。

锅炉的工作包括三个过程，燃料的燃烧过程、烟气向水的传热过程和水的吸热、汽化、过热过程。其中任何一个过程进行得正常与否，都会影响锅炉运行的安全性和经济性。

1. 燃料的燃烧过程

燃料燃烧所需的空气由鼓风机通过风道送入炉膛，与燃料混合燃烧，燃烧后形成的灰渣通过除渣装置排出，产生的高温烟气进入炉内传热过程。

2. 烟气向水的传热过程

炉膛的四周墙面上布置有水冷壁。高温烟气与水冷壁进行强烈的辐射换热，将热量传递给管内工质。烟气经炉膛出口冲刷蒸汽过热器、省煤器及空气预热器，与管内工质进行对流换热。

3. 水的吸热、汽化、过热过程

锅炉工作时，经过水处理的锅炉给水由给水泵加压，先经过省煤器而得到预热，然后进入锅筒。一部分锅水经下降管、下集箱进入水冷壁中吸热，形成汽水混合物，进入锅筒；另一部分锅水经对流管束吸热后形成汽水混合物进入锅筒。

借助上锅筒内装设的汽水分离装置，分离出的饱和蒸汽进入蒸汽过热器，成为过热蒸汽，提供给用热单位使用。

0.3 空调冷热源的发展与应用

0.3.1 制冷技术的应用及发展

1. 制冷技术的应用

最初制冷主要用于防暑降温和食品的贮藏。但是，随着社会的进步和科学技术的发展，制冷技术在各个领域都得到广泛的应用，主要应用在以下几个方面。

(1) 空调的冷源 空调广泛地应用于工业生产及生活服务设施中。在工业领域，如光学仪器、仪表、精密计量、量具、精密机床、半导体、纺织、合成纤维、印刷、电影胶片洗印等生产车间，大型生产过程的控制室，各种计算机房等都要求对环境的温度、湿度、洁净度进行不同程度的控制；大会堂、影剧院、体育馆、图书馆、宾馆和饭店、展览馆等公共建筑和汽车、飞机、火车等交通工具都需要有舒适性的空调系统；住宅需要舒适性空调（常采用家用空调器）；又如一些高温车间、炎热地区的生产车间需要防暑降温；地下铁路、地下商业街和仓库等的地下建筑和构筑物也都需要空调。因此，随着人们生活水平的提高和社会经济的不断发展，空调将在更大范围内发挥它的作用，随之，制冷技术的应用也将日益扩大和发展。

(2) 食品工业 食品工业的发展与制冷技术有着密切的关系。目前，制冷技术广泛地用于食品工业中一些易腐食品，如鱼、肉、蛋、果品、蔬菜等的加工、贮藏和运输，都需要在低温条件下进行，以保证食品的质量和减少干缩损耗。现代化的食品工业，从食品的生产、贮运到销售，已经形成完整的冷链。所采用的制冷装置包括冷库、冷藏汽车、冷藏船、冷藏列车、冷藏柜、冰箱等。其他如冷饮品、饮料等工业也都需要制冷装置。

(3) 机械、电子工业 机械工业中，应用冷处理方法可以改善钢的性能，使产品硬度增加、寿命延长。例如，合金钢经淬火后有残留奥氏体，如果在 $-70 \sim -90℃$ 的低温下对它处理，奥氏体就变成马氏体，从而提高了钢的硬度及强度。经冷处理的刀具，其使用寿命可延长 30% ~50% 。

电子工业中，许多电子元器件需要在低温或恒温环境中工作，以提高其性能，减少元件发热和环境温度的影响。例如，电子计算机储能器、多路通信、雷达、卫星地面站等电子设备需要在低温下工作。

（4）**医疗卫生方面**　一些医疗手术，如心脏、肿瘤、白内障的切除等，皮肤和眼球的移植手术及低温麻醉等，都需要制冷技术。医药工业中利用真空冷冻干燥法冻干生物制品及药品。一些药物、疫苗及血浆等都需要在低温下贮藏。

（5）**科学研究方面**　一些科学研究机构，如材料研究所、物理研究所、化学研究所等都需要人工制冷，以满足科学研究和试验的需要。

（6）**土木工程方面**　在建造堤坝、码头、隧道，挖掘矿井时，如遇到含水的泥沙，可以在施工地段的周围造成冻土围墙，以防止水分渗入，增加护壁的强度，保障工程安全施工。混凝土固化时会释放反应热，为了避免发生热膨胀和产生应力，应把这些热量除去；在大型工程（如水坝）中，可以用制冷的办法预先将沙、砾石、水和水泥等在混合前冷却，或在混凝土内埋入冷却水管使之冷却。

（7）**现代农业方面**　现代农业中，浸种、育苗、微生物除虫、良种的低温贮存、冻干法保存种子、低温贮粮等都要求运用制冷技术。

（8）**体育运行方面**　现代的冰上运动包括冰球、速滑、花样滑冰、冰上舞蹈等，这些冰上运动对冰场的质量、环境提出了更高的要求。因此，人工冰场在各国得到了迅速的发展。人工冰场的出现对普及冰上运动、延长冰上运动时间和扩大冰上运动的地域，以及提高冰上运动的水平都起着积极的作用。

总之，制冷技术的应用是非常广泛的，随着科学技术的进步，社会经济的发展，人类生活水平的不断提高，制冷技术在国民经济中的应用将展示出更加宽广的前景。

2. 制冷技术的发展

中国人很早就知道利用天然冰进行食品的冷藏和防暑降温，在《诗经》和《周礼》中就有了"凌人"和"凌阴"的记载。"凌"就是冰，这说明在奴隶社会的周朝，已有专门管理冰的人员和贮藏冰的房屋。1986 年在陕西省姚家岗秦雍城遗址，发掘出可以贮藏 $190m^3$ 冰块的地下冰室。这说明早在春秋时期，秦国就很重视食物冷藏和防暑降温方面的设施建设。我国劳动人民在采集、贮运和使用天然冰方面积累了丰富的经验。

现代制冷技术作为一门科学，是 19 世纪中期和后期发展起来的。1834 年，美国人波尔金斯（Perkins）试制成功了第一台以乙醚为制冷剂的蒸气压缩式制冷机。1844 年高里（Gorrie）在美国费城用封闭循环的空气制冷机建立了一座空调站。1859 年法国人卡列（Carre）制成了氨水吸收式制冷机。1875 年卡列和林德（Linde）用氨作为制冷剂，制成了氨蒸气压缩式制冷机，从此蒸气压缩式制冷机一直占据统治地位。1910 年左右，马利斯·莱兰克（Maurice Lehlanc）在巴黎发明了蒸气喷射式制冷机，由于它的热力系数较小，且容量一般较大，所以应用不很广泛。

进入 20 世纪以后，制冷技术有了更大的发展。随着制冷机械的发展，制冷剂的种类也不断增多。1930 年以后，氟利昂制冷剂的出现和大量应用，曾使压缩式制冷技术及其应用范围得到极大的发展。由于氟利昂具有良好的热力性质，使制冷技术的发展进入了一个新的阶段。1974 年以后，人类发现氟利昂簇中的氯氟碳化物（简称 CFC）严重地破坏臭氧层，危害人类的健康和破坏地球上的生态环境，是公害物质。因此减少和禁止 CFC 的生产和使用，已成为国际社会共同面临的紧迫任务，研究和寻求 CFC 制冷剂的替代物，以及面对由于更换制冷剂所涉及的一系列工作，也成为急需解决的问题。近年来，世界各国都投入了大量的人力和财力，对一些有可能成为 CFC 的替代物及其配套技术进行了大量的试验研究，并开始使用混合溶液作为制冷剂，使蒸气压缩式制冷的发展有了重大的技术突破。与此同时，其他制冷方式和制冷机的研究工作进一步加快，特别是吸收式制冷机已经有了更大的发展。而且面对世界性的能源危机和环境污染，对制冷机的发展提出了更高的节能和环保要求。

受微电子、计算机、新型原材料和其他相关工业领域技术进步的渗透和促进，制冷技术取得了突破性的发展。从制冷的温度范围来说，可以获得从稍低于环境温度直到接近于绝对零度的低温。单机组的制冷量从几十瓦到几万千瓦。制冷机的种类和型式也在不断增加，制冷系统的流程、主机、辅机、制冷剂及自动控制都在不断地发展。计算机在制冷机的设计、制造、测试、控制及生产管理等方面的广泛应用，为更好地实现设计的优化及制冷系统调节控制的自动化，为取得最佳的技术经济效益和环境效益，提供有利的条件和可靠的保障。

由于我国长期处于封建社会，束缚了生产力的发展和技术的进步，现代的制冷技术一直没有得到发展。直到1949年，我国还没有能制造制冷设备的工厂，只在沿海几个大城市有几家进行配套安装空调工程的洋行和修理冰箱的小作坊，制冷设备均为国外引进。全国仅有少数冷库，总库容量不到3万吨。我国的制冷机制造工业起源于20世纪50年代末期，是在几个安装、修理厂的基础上发展起来的。从开始仿制生产活塞式制冷机，到自行设计和制造，并制定了有关的系列标准，以后又陆续发展了其他类型的制冷机。目前已有活塞式、螺杆式、离心式、涡旋式、吸收式、热电式及蒸气喷射式等类型的制冷装置，许多产品的质量和性能已接近和达到世界先进水平。

0.3.2 供热热源技术的应用和发展

我国在远古时期，就有钻木取火的传说，西安半坡村挖掘出土的新石器时代仰韶时期的房屋中，就发现有长方形灶炕，屋顶有小孔用以排烟，还有双连灶形的火炕。在《今古图书集成》中记载，夏、商、周时期就有供暖火炉。从出土的古墓中表明，汉代就有带炉箅的炉灶和带烟道的局部供暖设备。火地是我国宫殿中常用的供暖方式，至今在北京故宫和颐和园中还完整地保存着。这些利用烟气供暖的方式，如火炉、火墙和火炕等，在我国北方农村还被广泛地使用着。

蒸汽机发明以后，促进了锅炉制造业的发展。19世纪初期，在欧洲开始出现了以蒸汽或热水作为热媒的集中式供暖系统。集中供暖方式始于1877年，当时在美国纽约建成了第一个区域锅炉房，向附近14家用户供暖。

20世纪初期，一些工业发达国家开始利用发电厂汽轮机的排汽，供给生产和生活用热，其后逐渐成为现代化的热电厂。在20世纪，特别是第二次世界大战以后，城镇集中供暖得到较迅速的发展。其主要原因是集中供暖（特别是热电联产）明显地具有节约能源、改善环境和提高人民生活水平以及保证生产用热要求的优点。

利用地热能源供暖已有近百年的历史。世界上最早利用地热供暖的有意大利和新西兰等国家。冰岛首都雷克雅维克市的地热供暖系统规模很大，据1980年资料记载，全市约98.5%（约10万人）已使用地热供暖和热水供应。地热水温度一般为80~120℃。此外，在匈牙利、日本、美国、苏联等许多国家都有地热水供暖系统。在我国，天津、北京等地也相继出现了地热供暖，目前已有20多个省市和自治区开展了地热能的勘探和开发利用，地热能供暖也有了一定的发展前景。

原子核的裂变和聚变可以释放巨大的能量。核应用于热电联产始于1965年。目前世界上已建成的核电站超过300座。例如，瑞典首都斯德哥尔摩市附近的沃加斯塔核热电厂，用背压汽轮机组排出的蒸汽加热高温水，为距厂约4.5km远的沃加斯塔地区15000户、4万人口的住宅区供暖。低温核反应堆供暖利用铀的裂变产生热能，通过低温热能交换装置，输送给用热单位。这种供暖方式与燃烧煤或油的锅炉供暖相比较，具有无污染、成本低、投资少等优点。我国第一座5MW 低温核反应堆供暖系统由清华大学核能技术研究所主持研制，1986 年 3 月动工，1989 年 5月建成。

此外，大型的工业企业，如钢铁、化工联合工业企业等，最大限度地利用生产工艺用热设备的余热装置，已成为生产工艺流程中不可缺少的组成部分。工业余热利用是节约能源的一个重要途径。

近年来，热泵作为一种高效热源装置得到了广泛应用，它可以充分利用低品位热能。19 世纪早期法国科学家萨迪·卡诺（Sadi Karnot）在 1824 年首次以论文提出"卡诺循环"理论，1852 年英国科学家开尔文（L. Kelvin）提出冷冻装置可以用于加热，将逆卡诺循环用于加热的热泵设想。他第一个提出了一个正式的热泵系统，当时称为"热量倍增器"。之后许多科学家和工程师对热泵进行了大量研究，持续 80 年之久。1912 年瑞士的苏黎世成功安装一套以河水作为低位热源的热泵设备用于供暖，这是世界上第一套热泵系统。热泵工业在 20 世纪 40 年代到 50 年代早期得到迅速发展，家用热泵和工业建筑用的热泵开始进入市场，热泵进入了早期发展阶段。20 世纪 70 年代以来，热泵工业进入了黄金时期，世界各国对热泵的研究工作都十分重视，诸如国际能源机构和欧洲共同体，都制定了大型热泵发展计划，热泵新技术层出不穷，热泵的用途也在不断地开拓，广泛应用于空调和工业领域，在能源的节约和环境保护方面起了重大的作用。21 世纪，随着"能源危机"的出现，燃油价格忽升，经过改进发展成熟的热泵以其高效回收低温环境热能、节能环保的特点，重新登上历史舞台，成为当前最有价值的新能源科技。

0.4　本书的内容与学习任务

空调必须有冷热源设备及系统提供冷量及热量，而制冷（热泵）装置及锅炉设备是空调中常用的人工冷热源。本书主要讲述了冷热源系统的基本原理及设备组成，介绍了空调冷热源设备的选择、系统设计方法。通过本门课程的学习，学生应具有空调冷热源工程的设计、施工、运行管理的基础知识和初步能力，为走向工作岗位打下良好的基础。

第 1 章
蒸气压缩式制冷循环的基本原理

1.1 理想制冷循环

1.1.1 逆卡诺循环

由工程热力学原理可知，逆卡诺循环是由两个等温过程和两个绝热过程交替进行的逆向循环。逆卡诺循环在 T-s 图上的表示如图 1-1 所示。

逆卡诺循环实际上是一个理想制冷系统的工作循环，图 1-2 是逆卡诺循环制冷机的原理图。制冷机由绝热压缩机、等温压缩机、绝热膨胀机和等温膨胀机所组成。四个设备用管道连接，制冷剂在这四个设备中依次循环，完成四个工作过程，以图 1-1 为例进行说明。

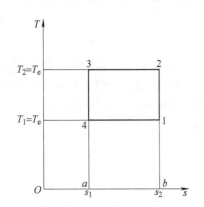

图 1-1 逆卡诺循环在 T-s 图上的表示

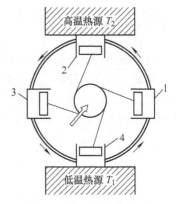

图 1-2 逆卡诺循环制冷机

1—绝热压缩机 2—等温压缩机 3—绝热膨胀机 4—等温膨胀机

绝热压缩过程 1-2：在绝热压缩机中完成，制冷剂的温度由 T_1 升高到 T_2，与外界无热量交换，但外界对制冷剂做功。

等温压缩过程 2-3：在等温压缩机中完成，制冷剂向高温热源放出热量 Q_2，外界对制冷剂做功。

绝热膨胀过程 3-4：在绝热膨胀机中完成，制冷剂温度由 T_3 降到 T_4，膨胀时对外做功，但与外界无热量交换。

等温膨胀过程 4-1：在等温膨胀机中完成，膨胀时对外做功，同时从低温热源中吸取热量 Q_1。

制冷剂经历 1-2-3-4-1 过程后恢复到初始状态，完成一个工作循环，系统从低温热源吸收了热量 Q_1（系统的制冷量），向高温热源放出了热量 Q_2，同时外界对系统做功 W（循环过程消耗的功为四个过程功量的代数和）。在 T-s 图（示热图）上，过程线下的投影面积即为该过程所放出或吸收的热量，则面积 $41ba4$ 为过程 4-1 每 kg 制冷剂所吸收的热量，面积 $23ab2$ 为过程 2-3 每

kg 制冷剂所放出的热量，因此有

$$Q_1 = T_1(s_2 - s_1)\dot{m} \tag{1-1}$$

$$Q_2 = T_2(s_2 - s_1)\dot{m} \tag{1-2}$$

式中 $\dot{m}$——制冷剂质量流量（kg/s）；

s_1、s_2——状态点 3（或 4）和 1（或 2）的比熵 [J/(kg·K)]。

根据热力学第一定律，每 kg 制冷剂循环消耗的净功为

$$W = Q_2 - Q_1 = T_2(s_2 - s_1)\dot{m} - T_1(s_2 - s_1)\dot{m} = (T_2 - T_1)(s_2 - s_1)\dot{m} \tag{1-3}$$

即每 kg 制冷剂循环消耗的净功为面积 12341。

因此，逆卡诺循环的制冷系数为

$$\varepsilon_c = \frac{Q_1}{W} = \frac{T_1(s_2 - s_1)\dot{m}}{(T_2 - T_1)(s_2 - s_1)\dot{m}} = \frac{T_1}{T_2 - T_1} \tag{1-4}$$

上述四个热力过程均是可逆过程，式（1-4）即在低温热源 T_1 和高温热源 T_2 之间工作的制冷机所能达到的最大制冷系数。而对于实际循环，由于热力过程不可逆，其制冷系数都小于 ε_c。

上述的逆卡诺循环制冷机有下列特点：

1）所有过程都是在可逆条件下进行的。即两个热源（高温热源 T_2、低温热源 T_1）与制冷剂之间的传热都是在无温差条件下进行的；所有的压缩、膨胀及制冷剂的流动等过程无摩擦，内部无涡流或扰动。

2）逆卡诺循环的制冷系数只与 T_1 和 T_2 有关，而与制冷剂无关。

3）在 T_1 和 T_2 之间的制冷循环中，逆卡诺循环的制冷系数最大。

4）逆卡诺循环的制冷系数随着 T_1 的升高或 T_2 的降低而增加，并可证明，T_1 对制冷系数的影响比 T_2 大。

1.1.2 湿蒸气区的逆卡诺循环

图 1-2 所示的逆卡诺循环制冷机的制冷剂无相变发生，所有过程都在气相区中进行。对于蒸气压缩式制冷系统，其中蒸发器中沸腾汽化过程是一个等压等温过程，冷凝器中的凝结过程也是等压等温过程。因此，也可以设想使蒸气压缩式制冷按逆卡诺循环工作。图 1-3 所示为按逆卡诺循环工作的蒸气压缩式制冷机。系统由绝热压缩机、绝热膨胀机、蒸发器和冷凝器组成。假设被冷却介质的温度 T_1 等于制冷剂的蒸发温度 T_e，冷却介质的温度 T_2 等于制冷剂的冷凝温度 T_c，以使传热过程无温差。其工作过程 T-s 图如图 1-4 所示。

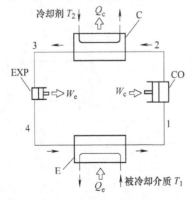

图 1-3 按逆卡诺循环工作的蒸气压缩式制冷机

E—蒸发器 CO—绝热压缩机 C—冷凝器 EXP—绝热膨胀机

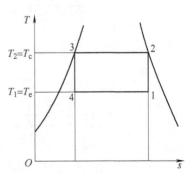

图 1-4 在湿蒸气区的逆卡诺循环
在 T-s 图上的表示

绝热压缩过程 1-2：在绝热压缩机中完成，制冷剂温度由 T_e（T_1）升高到 T_c（T_2），压缩机消耗功 W_c，系统与外界无热量交换。

等压等温的凝结过程 2-3：在冷凝器中完成，制冷剂向冷却介质放出冷凝热量 Q_c，系统与外界无功量交换。

绝热膨胀过程 3-4：在绝热膨胀机中完成，制冷温度由 T_c（T_2）下降到 T_e（T_1），膨胀获得功 W_e，系统与外界无热量交换。

等压等温的汽化过程 4-1：在蒸发器中完成，制冷剂从被冷却介质中吸取热量 Q_e（制冷量）。

从 $T\text{-}s$ 图上可以看到，这个循环仍然是由两个等温过程和两个绝热过程所组成的逆向循环，但所有过程都是在湿蒸气区域中进行，因此称为湿蒸气区的逆卡诺循环。

实际上，湿蒸气区的逆卡诺循环实现起来困难很多，主要有：

1）无温差传热实际上是不可能实现的，实际循环只能使蒸发温度低于被冷却介质的温度（$T_e < T_1$），冷凝温度高于冷却剂的温度（$T_c > T_2$）。

2）压缩过程在湿蒸气区中进行的危害性很大。在湿蒸气区的压缩称湿压缩，由于液体的不可压缩性，湿压缩可能会引起液击现象而损坏压缩机。

3）状态点 1 难以控制。状态点需由两个独立的状态参数确定，而在湿蒸气区，等压线即等温线，而干度的变化很难检测，因此点 1 就难以控制。

4）膨胀机比压缩机的尺寸小很多，制造不易。状态 3 是液体，其比体积比蒸气的比体积小几十倍，而系统中制冷剂循环的质量流量各处都是一样的，则要求膨胀机的气缸做得很小。这种小膨胀机的机械损失可能占了膨胀获得的功的大部分，甚至得不偿失。

综上所述，实际上逆卡诺循环无实用价值，但它是实际制冷循环的改进方向。

1.2 蒸气压缩式制冷的理论循环

1.2.1 蒸气压缩式制冷的饱和循环

由于湿蒸气区的逆卡诺循环实现起来有许多困难，需要进行一系列改进。如果使制冷剂在蒸发器中全部汽化成饱和蒸气，状态点 1 就可方便地确定，同时压缩机吸入饱和蒸气，压缩过程在过热蒸气区中进行，并且从蒸发压力 p_e 一直压缩到冷凝压力 p_c。另外，用结构简单的膨胀阀（节流机构）代替膨胀机，这样的制冷系统就是图 1-5 所示的系统，这个系统所进行的循环在 $T\text{-}s$ 图上的表示如图 1-6 所示。

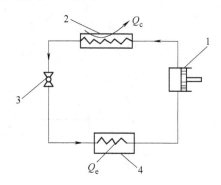

图 1-5　蒸气压缩式饱和循环
1—压缩机　2—冷凝器　3—膨胀阀　4—蒸发器

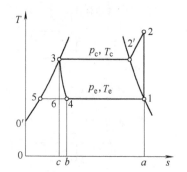

图 1-6　蒸气压缩式饱和循环
在 $T\text{-}s$ 图上的表示

1-2 是过热蒸气区中的绝热压缩过程，压力由蒸发压力 p_e 提高到冷凝压力 p_c，压缩后的排气温度 $T_2 > T_c$。

2-3 是冷凝器中的等压冷却和凝结过程，其中 2-2′ 是由过热蒸气等压冷却到饱和蒸气的过程，温度由 T_2 降到 T_c，与外界进行显热交换，2′-3 是等压下的凝结过程，温度保持不变，凝结到饱和液体，与外界进行潜热交换。

3-4 是膨胀阀中的节流过程。由于节流过程与外界无功量传递，膨胀阀与外界的传热量也很小，可以认为是绝热的，则根据稳定流动能量方程式，节流前后的比焓相等（$h_3 = h_4$），但由于是不可逆过程，因此比熵增加。节流后压力由 p_c 降到 p_e，温度由 T_c 降到 T_e。

4-1 是蒸发器的等压汽化过程，由湿蒸气变成饱和蒸气，温度保持不变。

上述这个循环中蒸发器和冷凝器的出口均控制在饱和状态，因此称为蒸气压缩式制冷的饱和循环。

1.2.2　蒸气压缩式制冷的基本系统

从上面的制冷循环过程分析可知，制冷系统由四个基本部件组成，包括压缩机、冷凝器、节流机构（膨胀阀）和蒸发器，这四个基本部件也称为制冷循环的四大部件，通过管路把这四个部件连接在一起构成一个制冷系统，如图 1-7 所示。系统内循环的工质称为制冷剂，如氨（NH_3）、二氟一氯甲烷（$CHClF_2$）等都可以作为制冷剂。

1. 蒸发器

蒸发器是一个换热设备，制冷剂在其内吸热汽化，从而冷却小室。因此，蒸发器是真正产生制冷效应的设备。蒸发器内制冷剂的汽化过程是一个等压下的沸腾过程，沸腾时的温度为该压力下的饱和温度（沸点）。常把蒸发器内制冷剂沸腾时的压力称为蒸发压力，相对应的饱和温度（沸点）称为蒸发温度，沸腾汽化过程称为蒸发过程。

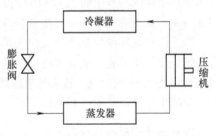

图 1-7　蒸气压缩式制冷的基本系统

2. 压缩机

压缩机是从蒸发器中抽吸出制冷剂蒸气并进行压缩的设备。它的基本系统功能有：①从蒸发器中抽吸出蒸气，以维持蒸发器内一定的蒸发压力，同时也就维持了一定的蒸发温度；②将吸入的蒸气进行压缩，提高蒸气的压力，以便在较高的温度下将蒸气冷却并凝结成液体，使制冷剂得以循环使用；③在制冷系统中起输送制冷剂的作用。

3. 冷凝器

冷凝器是一个换热设备，制冷剂在其内凝结并释放出热量，这些热量由空气或水等介质带走。冷凝器中用于冷却制冷剂蒸气并带走凝结放出的热量的介质称为冷却剂或冷却介质。常用的冷却介质包括水和空气，水作为冷却介质时就称为冷却水。冷凝器中的冷凝过程是等压过程，其中的制冷剂压力称为冷凝压力，对应的饱和温度称为冷凝温度。

4. 节流机构

节流机构可以是自动的或手动的膨胀阀（或称节流阀）或毛细管。节流机构的功能有：①使高压（冷凝压力）液体转变为低压（蒸发压力）液体，创造在低压低温下汽化的条件；②调节蒸发器的供液量。

1.2.3 饱和循环与逆卡诺循环比较

1. 制冷循环效率（热力完善度）

蒸气压缩式制冷的饱和循环与湿蒸气区的逆卡诺循环有下列几点差异：

1）饱和循环所有的传热过程都是在有温差条件下进行的，即被冷却介质的温度 $T_1 > T_e$，冷却介质温度 $T_2 < T_c$。

2）饱和循环的压缩过程在过热蒸气区中进行（称干压缩），从而避免了湿压缩的弊端。

3）饱和循环取消了膨胀机，改用膨胀阀（节流机构），简化了制冷系统。

4）饱和循环的蒸发器、冷凝器中的过程都是等压过程，当然，在湿蒸气区中的等压过程也是等温过程。

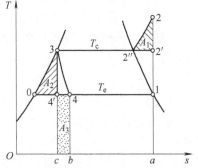

图 1-8　饱和循环和逆卡诺循环
在 $T\text{-}s$ 图上的比较

上述差异最终使饱和循环和逆卡诺循环的单位质量制冷量 q_e、单位质量耗功 w、制冷系数 ε 存在差异。为了便于分析比较，对在 T_c、T_e 进行的饱和循环和逆卡诺循环（有温差的逆卡诺循环）的 q_e、w、ε 进行比较。图 1-8 是这两个循环在 $T\text{-}s$ 图上的比较。1-2-3-4-1 是饱和循环，1-2'-3-4'-1 是逆卡诺循环。从图上可看到，饱和循环比逆卡诺循环多耗的功等于面积 12301 减去面积 12'34'1，即面积 $A_1 + A_2$；而饱和循环的单位质量制冷量减少了面积 A_3。

造成饱和循环单位制冷量减少和单位压缩功增加的原因有二：其一是采用了干压缩，并一直压缩到冷凝压力 p_c，从而多耗了功 A_1；其二是用节流阀代替了膨胀机，从而使原来膨胀机获得的有用功 A_2 未能回收，这部分未能回收的功通过耗散作用释放到制冷剂中又导致了单位质量制冷量减少。可以证明：$A_2 = A_3$。

饱和循环的制冷系数为

$$\varepsilon = \frac{q_e}{w} = \frac{q_{ec} - A_3}{w_c + A_1 + A_2} < \varepsilon_c \tag{1-5}$$

式中　q_{ec}、w_c——逆卡诺循环的单位质量制冷量和单位质量消耗的功（J/kg 或 kJ/kg）。

ε_c——在 T_c、T_e 条件下的逆卡诺循环制冷系数。

可见，饱和循环的制冷系数总是比逆卡诺循环（有传热温差）的制冷系数小。通常用循环效率（热力完善度）来衡量各种制冷循环接近逆卡诺循环（有传热温差）的程度，循环效率的定义为

$$\eta_R = \frac{\varepsilon}{\varepsilon_c} \tag{1-6}$$

2. 过热损失和节流损失

把由于采用干压缩并压缩到 p_c 而使耗功增加和制冷系数下降称为过热损失；把由于用节流阀代替膨胀机而使耗功增加、制冷量和制冷系数下降称为节流损失。过热损失和节流损失表示了饱和循环在能量方面的损失。同时，由于采用干压缩并压缩到 p_c，导致制冷剂排气温度（压缩终了温度 T_2）上升（高于冷凝压力 p_c 对应的饱和温度 T_c），也会给压缩机的运行带来一些问题。

过热损失、节流损失和排气温度升高都与制冷剂的性质（如汽化热、液体和蒸气比热容等）有关。因此，饱和循环的制冷系数、循环效率与制冷剂的性质有关。

在 $T\text{-}s$ 图上，饱和液体线的斜率越小（即越平缓），则 A_2（A_3）越大，也就是说，这种制冷

剂的节流损失（绝对值）越大；反之，饱和液体线的斜率越大（即越陡），节流损失越小。在 $T\text{-}s$ 图上，饱和蒸气线的斜率一般是负值，当斜率的绝对值越小（即越平缓），则压缩终点状态离饱和线越远，A_1 越大，排气温度越高，即过热损失（绝对值）越大。有一些制冷剂，饱和蒸气线的斜率为正值，这时饱和循环的压缩过程在湿蒸气区，则无过热损失。应该指出，过热损失、节流损失绝对值的大小对循环制冷系数的影响并不很重要，更重要的是过热损失、节流损失占单位质量消耗功和单位质量制冷量的比重有多大。而单位质量制冷量和消耗功与汽化热的大小有关。因此，过热损失、节流损失的相对值大小与汽化热有关系。

表 1-1 列出了 R717（氨）、R22 和 R134a 三种制冷剂在 $t_e = -15℃$ 和 $t_c = 30℃$ 时的饱和循环的过热损失与节流损失。R717 的饱和液体线和饱和蒸气线都比较平坦，而 R134a 和 R22 的饱和液体线和饱和蒸气线都比较陡。因此，从表 1-1 中可见，R717 的过热损失和节流损失的绝对值都比较大，而 R134a、R22 的过热损失和节流损失的绝对值都比较小。但并不是说，R134a 和 R22 的饱和循环更接近逆卡诺循环。实际上，由于 R134a、R22 的汽化热比 R717 的汽化热小得多，如在 -15℃ 时，R134a、R22 和 R717 的汽化热分别为 207.8kJ/kg、216.8kJ/kg 和 131.8kJ/kg，因此，R134a、R22 的相对损失（尤其是节流损失）并不小。从表 1-1 中看到，R134a、R22 的节流损失相对值比 R717 的节流损失相对值大得多；但 R717 的过热损失相对值比 R134a、R22 的过热损失相对值大很多。由于这三种制冷剂的节流损失和过热损失的相对值的综合影响相差不大，因此，它们的制冷系数和循环效率都很接近。

表 1-1　三种制冷剂在 -15℃/30℃ 时的节流损失和过热损失

制冷剂	节流损失			过热损失		排气温度/ ℃	制冷系数 ε	循环效率 η_R （%）
	$A_2 = A_3/$ （kJ/kg）	A_2/w_c （%）	A_3/q_{ec} （%）	$A_1/$ （kJ/kg）	A_1/w_c （%）			
R717	18.12	9.31	1.62	19.81	10.18	101.8	4.723	82.33
R22	4.96	16.94	2.95	0.73	2.54	53.5	4.662	81.26
R134a	5.30	19.95	3.48	0.077	0.30	36.2	4.603	80.25

对每种制冷剂来说，节流损失与过热损失的比例并不相同。R134a 的节流损失是过热损失的 69 倍，R22 约 6 倍，而 R717 的节流损失略小于过热损失。R717 有比较大的过热损失，说明了蒸气经干压缩后的终点状态偏离饱和蒸气线较远，压缩后的排气温度高达 102℃，大大高于冷凝温度。过热损失很小的 R134a 压缩后的终点状态接近饱和蒸气线，排气温度为 36℃，接近冷凝温度。

1.3　蒸气压缩式制冷理论循环的热力计算

1.3.1　制冷剂的热力参数

1. 制冷剂的热力性质表

蒸气压缩式制冷的循环中，制冷剂经历了汽化、压缩、冷凝、绝热膨胀等状态变化过程，其状态参数（压力、温度、比体积）和热力状态参数（比焓、比熵）也在不断变化。对目前常用的制冷剂，这些参数间的关系已经通过试验建立了数学模型。为了计算简便，人们制成各种表和图来表示制冷剂状态、热力参数的关系。目前常用的表有制冷剂饱和液体和蒸气热力性质表和过热蒸气热力性质表。本书附录中附有几种常用制冷剂的饱和液体和蒸气热力性质表与过热蒸气热力性质表。

制冷剂饱和液体和蒸气性质表的项目有：饱和温度 t（℃），饱和压力 p（kPa），饱和液体的比体积 v'（m^3/kg）、比焓 h'（kJ/kg）、比熵 s' [$kJ/(kg \cdot K)$]，饱和蒸气的比体积 v''（m^3/kg）、比焓 h''（kJ/kg）、比熵 s'' [$kJ/(kg \cdot K)$]，汽化热 r（kJ/kg）。

过热蒸气热力性质表的形式见表1-2。在某一压力（如 $p = 354.30kPa$）下，给出了温度、比体积、比焓、比熵之间的关系。即除了压力以外，只要知道温度、比体积、比焓、比熵中的任一参数，就能确定其余三个参数。

表1-2　R22过热蒸气热力性质

温度 t/℃	比体积 v/(m^3/kg)	比焓 h/(kJ/kg)	比熵 s/[$kJ/(kg \cdot K)$]
$p = 354.30kPa$			
-10	0.065340	401.56	1.7671
-5	0.067008	404.99	1.7800
0	0.068652	408.41	1.7927
…	…	…	…
…	…	…	…

2. 制冷剂的热力性质图

（1）制冷剂的压-焓图（p-h 图）　常用的制冷剂热力性质图有 T-s 图和 p-h 图。前者对分析问题很直观，而后者用于实际计算很方便。图1-9所示为 R22 的 p-h 图（简图）。为了使低温区表示清楚，压力坐标用对数坐标。图中 $x = 0$ 线是饱和液体线，$x = 1$ 线是饱和蒸气线。两线之间是湿蒸气区，其中有等干度线（$x = 0.1$、0.2、0.3 等）。$x = 0$ 的左侧是过冷液体区，$x = 1$ 的右侧是过热蒸气区。等焓线垂直于横坐标轴，等压线平行于横坐标轴。等温线在过冷液体区近似地垂直于横坐标轴，在湿蒸气区平行于横坐标轴，在过热蒸气区大致与等焓线平行。在图上还有等熵线和等比体积线。

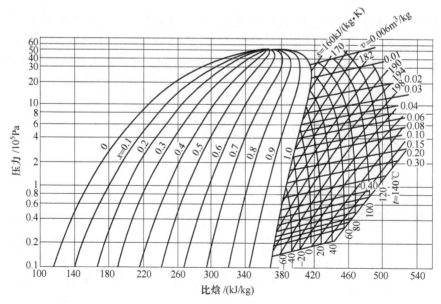

图1-9　R22的 p-h 图（简图）

　　应该注意的是，制冷剂的热力参数 h、s 都是相对值。在使用热力性质表和 p-h 图时，应当注意它们之间 h、s 的基准点是否一致、单位是否统一，尤其是单位不一致的图或表，最好不要混用。

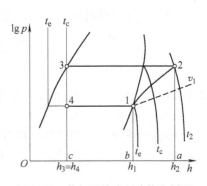

图 1-10　蒸气压缩式制冷饱和循环
在 p-h 图上的表示

　　（2）蒸气压缩式制冷饱和循环在 p-h 图上的表示　蒸气压缩式制冷饱和循环在 p-h 图上的表示如图 1-10 所示。由于冷凝器和蒸发器中都是等压过程，在图上的过程线平行于横坐标轴；绝热压缩过程线平行于等熵线；节流前后的焓值相等，因此，节流前后的状态点位于同一垂直于横轴的直线上。由于 q_e、q_c、w 都等于焓差，不难看到，它们相当于过程线段投影在横坐标轴上的长度，即 q_e 等于线段 bc，q_c 等于线段 ac，w 等于线段 ab。

1.3.2　蒸气压缩式制冷的热力计算

1. 制冷量

　　蒸发器与外界无功量交换（即 $W = 0$），则根据稳定流动能量方程式，蒸发器的制冷量为

$$Q_e = \dot{m}_R (h_1 - h_4) \tag{1-7}$$

　　单位质量制冷量为

$$q_e = \frac{Q_e}{\dot{m}_R} = h_1 - h_4 \tag{1-8}$$

式中　$\dot{m}_R$——制冷剂的质量流量（kg/s）；

　　h_4、h_1——蒸发器进出口的比焓（J/kg 或 kJ/kg）。

　　在制冷工程中，还经常用单位容积制冷量的物理量，即每 m^3 制冷剂蒸气的制冷量。单位容积制冷量的定义为

$$q_v = \frac{Q_e}{V_R} \tag{1-9}$$

式中　q_v——单位容积制冷量（J/m^3 或 kJ/m^3）；

　　V_R——制冷剂蒸气在被压缩机吸入前的容积流量（m^3/s）。

　　注意：单位容积制冷量是以制冷剂被压缩机吸入前的状态计算的。在制冷系统中，即使制冷剂的质量流量是稳定的，各处的质量流量都相等，但由于制冷剂的比体积在系统各处不完全一样，因此，系统各处的容积流量也并不完全一样。我们最感兴趣的是压缩机吸入口处的容积流量和单位容积制冷量，因为这关系到压缩机的尺寸。制冷剂蒸气在被压缩机吸入前的容积流量应为

$$V_R = \dot{m}_R v_1 \tag{1-10}$$

式中　v_1——制冷剂蒸气被压缩机吸入前的比体积，简称吸气比体积（m^3/kg）。

$$q_v = \frac{q_e}{v_1} = \frac{h_1 - h_4}{v_1} \tag{1-11}$$

2. 压缩机的耗功

　　如果压缩机进行绝热压缩，则压缩机与外界无热量交换（$Q = 0$）。习惯上把输入压缩机的功定为正值。根据稳定流动能量方程式有

$$P = \dot{m}_R (h_2 - h_1) \tag{1-12}$$

式中　P——压缩机消耗的功率,也是制冷循环消耗的功率(W 或 kW)。把式(1-12)除以 $\dot{m}_R$ 得

$$w = \frac{P}{\dot{m}_R} = h_2 - h_1 \tag{1-13}$$

式中　w——单位质量消耗的功,简称单位压缩功(J/kg 或 kJ/kg)。

3. 冷凝器的放热量

冷凝器与外界无功量交换(即 $W=0$)。在制冷工程的热力计算中,习惯上把冷凝器的放热量定为正值。根据稳定流动能量方程式有

$$Q_c = \dot{m}_R(h_2 - h_3) \tag{1-14}$$

式中　Q_c——冷凝器单位时间放出的热量,简称冷凝热或冷凝器热负荷(W 或 kW)。将式(1-14)除以 $\dot{m}_R$,得

$$q_c = \frac{Q_c}{\dot{m}_R} = h_2 - h_3 \tag{1-15}$$

式中　q_c——单位质量冷凝热量(J/kg 或 kJ/kg)。

4. 制冷系数

蒸气压缩式饱和循环的制冷系数应为

$$\varepsilon = \frac{Q_e}{P} = \frac{q_e}{w} = \frac{h_1 - h_4}{h_2 - h_1} \tag{1-16}$$

[例1-1]　某单级蒸气压缩式制冷循环,蒸发温度 $t_e = 0\,℃$,冷凝温度 $t_c = 40\,℃$,制冷剂为 R717,制冷量 Q_e 为 100kW。试对该循环进行热力计算。

[解]　该循环在 p-h 图上的表示如图 1-11 所示。

根据附录 B 和附录 E R717 的热力性质表,查出相关参数。1、3 两点处于饱和状态,因此可查饱和性质表,2 点处于过热状态,因此可查过热性质表。当然,可以将整个循环过程表示在 p-h 图上,直接查图得到各点的参数值。下面介绍查表确定各点参数值的方法。

由 $t_e = 0\,℃$ 可查得 $p_e = 430.17\text{kPa}$,从而查得 $h_1 = 1379.14\text{kJ/kg}$,$v_1 = 0.28731\text{m}^3/\text{kg}$,$s_1 = 3.16631\text{kJ/(kg·K)}$;

由 $t_c = 40\,℃$ 可查得 $p_c = 1556.7\text{kPa}$,从而查得 $h_3 = 312.008\text{kJ/kg}$,而 $h_4 = h_3$;

由 $p_c = 1556.7\text{kPa}$ 查过热性质表,根据 $s_2 = s_1 = 3.16631\text{kJ/(kg·K)}$,查得 $h_2 = 1565\text{kJ/kg}$(采用内插法)。

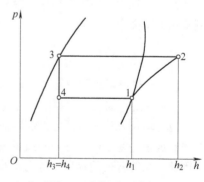

图 1-11　[例1-1] 图

(1) 单位质量制冷量

$$q_e = h_1 - h_4 = (1379.14 - 312.008)\text{kJ/kg} = 1067.132\text{kJ/kg}$$

(2) 单位容积制冷量

$$q_v = \frac{q_e}{v_1} = \frac{1067.132}{0.28731}\text{kJ/m}^3 = 3714.22\text{kJ/m}^3$$

(3) 制冷剂质量流量

$$\dot{m}_R = \frac{Q_e}{q_e} = \frac{100}{1067.132}\text{kg/s} = 0.0937\text{kg/s}$$

（4）单位理论压缩功

$$w = h_2 - h_1 = (1565 - 1379.14)\,\text{kJ/kg} = 185.86\,\text{kJ/kg}$$

（5）压缩机所需理论功率

$$P = \dot{m}_R w = 0.0937 \times 185.86\,\text{kW} = 17.415\,\text{kW}$$

（6）制冷系数

$$\varepsilon = \frac{Q_e}{W} = \frac{100}{17.415} = 5.74$$

（7）单位冷凝负荷

$$q_c = h_2 - h_3 = (1565 - 312.008)\,\text{kJ/kg} = 1253\,\text{kJ/kg}$$

（8）冷凝器负荷

$$Q_c = \dot{m}_R q_c = 0.0937 \times 1253\,\text{kW} = 117.406\,\text{kW}$$

1.3.3　制冷量与制冷系数

制冷量是指制冷机（或制冷系统）中蒸发器单位时间内从被冷却物体或空间中提取的热量，制冷量用来衡量制冷机（或制冷系统）制冷能力的大小。制冷量用 Q_e 表示，单位为 W 或 kW。

在一些国家中，制冷量还经常用"冷吨"作为单位。1 冷吨是指 1t 0℃的水在 24h 内凝固成 0℃的冰所需提取的热量。由于质量单位"吨"不同，因此 1 冷吨所表示的制冷量大小也不同，在我国一般使用美国冷吨。

$$1\ \text{美国冷吨} = 3517\,\text{W}$$

如果美国制冷设备铭牌上标明的制冷量为 100 冷吨，即说明该制冷设备的制冷量为 351.7kW。

制冷机（或制冷系统）获得制冷量需要付出一定代价，如制冷机中的压缩机工作需要消耗能量，冷凝器要消耗一定量的冷却水或空气，冷却水或空气流动也要消耗能量。其中制冷机的能量消耗是一个重要的技术经济指标。用制冷系数来衡量制冷机的能量消耗，制冷系数又称性能系数，常用 COP（Coefficient of Performance）来表示。

对开启式制冷压缩机，其性能系数指某一工况下制冷量与同一工况下轴功率的比值，即

$$\text{COP} = \frac{Q_e}{P} \tag{1-17}$$

对全封闭、半封闭式制冷压缩机，其性能系数（也称能效比，符号 EER）指某一工况下制冷量与同一工况下输入功率的比值，即

$$\text{EER} = \frac{Q_e}{P_{in}} \tag{1-18}$$

式中　P_{in}——压缩机电动机的输入功率（W 或 kW）。

制冷系数是量纲为一的量，它表示了制冷机制冷量是消耗功率的倍数。

1.3.4　节流前过冷对制冷循环的影响

节流损失和过热损失是使制冷循环偏离理想的逆卡诺循环的主要原因。若要提高制冷循环的制冷系数，应当首先从减少节流损失和过热损失着手。

把节流前的液体进一步冷却的办法就是一种减少节流损失的措施。把饱和液体进一步冷却成未饱和液体称为过冷。这种未饱和液体称为过冷液体，过冷液体的温度称为过冷温度 t_{sc}，饱

和温度与过冷温度之差称为过冷度 Δt_{sc}，$\Delta t_{sc} = t_c - t_{sc}$。

实现过冷的办法有：适当增加冷凝器的传热面积，使一部分传热面积用于过冷；增设专门的过冷设备（过冷却器）；采用回热器（参阅 1.3.6）。图 1-12 所示为一设有过冷却器的蒸气压缩式制冷系统。冷凝器出来的饱和液体经过冷却器进行过冷，再经膨胀阀节流，然后进入蒸发器。循环的其他部分与饱和循环相同。冷却水串联布置，即先进入过冷却器对制冷剂液体进行过冷，而后再送入冷凝器，以带走冷凝热量。

图 1-13 和图 1-14 分别是节流前实行过冷的制冷循环在 p-h 图和 T-s 图上的表示。图中循环 1-2-3-4-1 是饱和循环；循环 1-2-3-3'-4'-1 是有过冷的循环。由于过冷过程是一个等压冷却过程，因此过冷后的状态点 3' 应是 p_c 等压线与过冷温度 t_{sc} 等温线的交点。在 p-h 图上，3' 位于等压线 2-3 的延长线上；在 T-s 图上，由于液体等压线基本上与饱和液体线相重合，所以 3' 点应位于饱和液体线与 t_{sc} 等温线上。

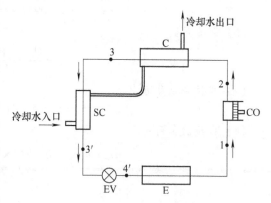

图 1-12　有过冷却器的蒸气压缩式制冷系统
SC—过冷却器　EV—膨胀阀　C—冷凝器
E—蒸发器　CO—压缩机

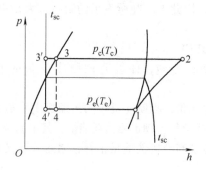

图 1-13　循环在 p-h 图上的表示

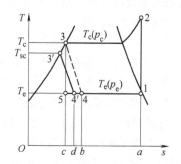

图 1-14　循环在 T-s 图上的表示

用过冷后，单位质量制冷量增加了，增加量为

$$\Delta q_e = h_4 - h_{4'} = h_3 - h_{3'} \tag{1-19}$$

T-s 图上，Δq_e 相当于面积 $4bd4'$。从 T-s 图和 p-h 图上均可看到，单位质量消耗功没有因过冷而有所变化。由此可见，采用过冷后，循环的制冷系数增加了。节流前过冷还会使容积制冷量 q_v 增加，这是因为 q_e 增加了，而吸气比体积没有改变。此外，液体过冷后，膨胀阀前液体不会汽化，有利于膨胀阀正常稳定工作。虽然过冷有很多有利之处，但增加了设备费用。一般只在大型系统中才增设过冷却器来实现过冷；而在小型系统中，一般用冷凝器来实现少量的过冷。

饱和循环的节流损失在 T-s 图上相当于面积 $4bc5$。由于采用了过冷，节流损失减小到面积 $4'dc5$。但应指出，过冷措施只是减少了节流损失中的制冷量损失，节流损失中的耗功增加并无作用。

各种制冷剂采取节流前过冷所得的好处是不一样的。对于节流损失（相对值）大的制冷剂 R134a 和 R22，节流前过冷的好处要大一些。表 1-3 列出了几种制冷剂在 $t_e = -15℃$、$t_c = 30℃$ 和 $t_{sc} = 25℃$ 时，节流前每过冷 1℃ 而使单位质量制冷量、单位容积制冷量和制冷系数增加的百分数。

表 1-3 q_e、q_v、ε 每过冷 1℃增加的百分数[①]

制冷剂	R134a	R22	R717
q_e、q_v、ε 每过冷 1℃增加的百分数（%）	0.93	0.78	0.43

① 在 $t_e = -15℃$，$t_c = 30℃$，$t_{sc} = 25℃$ 条件下。

过冷度 Δt_{sc} 越大，q_e、q_v、ε 越大，但并不是说，t_{sc} 越低越好。因为冷却剂的温度受条件限制，不会太低；而且 t_{sc} 与冷却剂的温度间有一定的传热温差，要求 t_{sc} 很低，传热温差就小，则要求过冷却器增大，从而增加了系统的初投资费用。

1.3.5 吸气过热对制冷循环的影响

对于饱和循环，假定了压缩机吸气口处的吸入蒸气（简称吸气）是饱和蒸气。实际上，吸气往往是过热蒸气。造成吸气过热的现象可能是在蒸发器中汽化后的饱和蒸气继续吸热而过热；也可能是在吸气管（蒸发器到压缩机之间的管路）中吸热而过热；也有可能是利用吸气来过冷节流前的液体而过热。吸气少量过热对压缩机的工作总是有利的，这样可以保证压缩机不会吸入液滴，从而保证了压缩机的运行安全，并有利于压缩机效率的提高。至于吸气过热对制冷循环的制冷系数和单位容积制冷量的影响随制冷剂而异。

图 1-15 和图 1-16 分别是吸气过热的制冷循环在 $p\text{-}h$ 图和 $T\text{-}s$ 图上的表示。吸气过热是等压过程。在 $p\text{-}h$ 图上，吸气过热过程是在等压线 4-1′ 的延长线上，即线段 1′-1；在 $T\text{-}s$ 图上是一上翘的曲线段 1′-1。压缩机吸气状态点 1 是等压线 p_e 和吸气温度 t_1 等温线的交点。

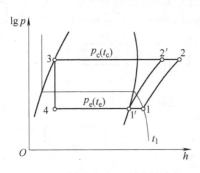

图 1-15 循环在 $p\text{-}h$ 图上的表示

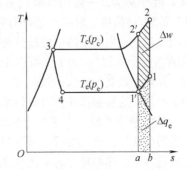

图 1-16 循环在 $T\text{-}s$ 图上的表示

如果吸气过热得到有用的制冷量，则单位质量制冷量和单位压缩功分别为

$$q_e = h_1 - h_4 \tag{1-20}$$
$$w = h_2 - h_1 \tag{1-21}$$

不难看到，由于吸气过热，使单位质量制冷量增加了，即

$$\Delta q_e = h_1 - h_1' \tag{1-22}$$

在 $T\text{-}s$ 图上，Δq_e 即为面积 $1'1ba$，在 $p\text{-}h$ 图上即为线段 1′-1 的长度。在 $T\text{-}s$ 图上还可以清楚地看到，吸气过热使单位压缩功增加了 Δw（相当于面积 $1'122'$）。由于吸气过热同时使制冷量与消耗功增加，所以制冷系数也会有变化，增加与否和制冷剂的性质有关。

吸气过热还会使吸气比体积增加，这样，循环的单位容积制冷量 q_v（q_e/v_1）也会有变化，增加还是减少也与制冷剂的性质有关。此外，由于吸气过热而使排气温度升高，升高多少与制冷剂的性质有关。

表 1-4 是几种常用制冷剂在吸气过热后的制冷循环的制冷系数 ε、单位容积制冷量 q_v 及排气

温度 t_2 变化的情况（$t_e = -15℃$，$t_c = 30℃$，吸气温度 $t_1 = 15℃$）。

表 1-4　吸气过热对 ε、q_v 及排气温度的影响

制冷剂	R717	R22	R502	R134a
ε 增减百分数（%）	-6.15	-1.95	3.02	2.29
q_v 增减百分数（%）	-6.62	-1.97	3.99	2.70
排气温度 t_2（过热吸气/饱和吸气）/℃	140.3/101.8	84.7/53.5	66.5/37.3	65.1/36.2

从表 1-4 中可以看到，对 R134a、R502，吸气过热可以使制冷系数、单位容积制冷量增加，排气温度虽有增加，但并不高，显然吸气过热是有利的。对 R717，吸气过热使制冷系数、单位容积制冷量下降，且排气温度升高。显然，R717 不宜使吸气过热。ε、q_v 增减百分数的大小与过热度（吸气温度和饱和温度之差）有关，过热度大，增减的百分数大，排气温度升高也多；反之，过热度小，增减的百分数小，排气温度升高也少。

应注意，上述讨论假定了过热所吸的热量是有用的制冷量。如果过热发生在吸气管中吸收环境热量，则这是无效的制冷量，只会使 ε、q_v 下降。所以，不管使用哪种制冷剂，都应对吸气管路进行保温，以避免这种无效过热。

1.3.6　回热循环

对于吸气过热有不利影响的制冷剂，应当避免吸气过热，但为了运行安全，一般仍使吸气有少量的过热度，如 R717 取 5℃ 过热度。对吸气过热有利的制冷剂，应当尽量使吸气过热，但蒸发器中的过热是有限的（受被冷却介质的温度所限制）。为此，可以用节流前的液体对吸气进行加热，以获得较大的过热度，而这部分制冷量又得到了利用，这样的循环称为回热循环。图 1-17 所示为回热循环的制冷系统。在系统中增设了回热器，使吸气与节流前的液体进行热交换，吸气过热了，而节流前的液体被过冷。回热循环在 p-h 图及 T-s 图上的表示如图 1-18 和图 1-19 所示。图中 $1'$-1 过程表示吸气过热的过程，$3'$-3 表示节流前液体过冷的过程。由于吸气所吸入的热量等于液体过冷所释放出来的热量，即

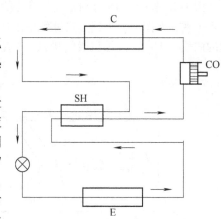

图 1-17　回热循环制冷系统

SH—回热器　C—冷凝器
CO—压缩机　E—蒸发器

$$h_{3'} - h_3 = h_1 - h_{1'} = \Delta q_e \qquad (1-23)$$

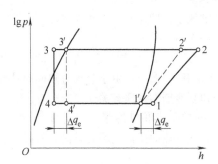

图 1-18　循环在 p-h 图上的表示

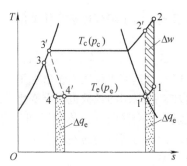

图 1-19　循环在 T-s 图上的表示

这些热量即回热器中每 kg 制冷剂吸气过热的热量或液体过冷的热量，因此，回热器的换热量（回热器热负荷）应为

$$Q_{sh} = \dot{m}_R (h_{3'} - h_3) = \dot{m}_R (h_1 - h_{1'}) \tag{1-24}$$

采用回热循环后，蒸发器中单位质量制冷量应为

$$Q_e = \dot{m}_R (h_{1'} - h_4) \tag{1-25}$$

[例 1-2]　有一回热制冷循环，蒸发温度 $t_e = 0℃$，冷凝温度 $t_c = 40℃$，压缩机的吸气温度 $t_{1'} = 10℃$，制冷剂为 R134a，试计算该循环的性能指标，并和理论循环加以比较。

[解]　该回热循环在 p-h 图上的表示如图 1-20 所示。根据附录 C 和附录 F 中 R134a 的热力性质表，查出相关参数。

由 $t_e = 0℃$，$t_c = 40℃$，可知 $p_e = 292.82kPa$，$p_c = 1016.4kPa$，$h_1 = 397.216kJ/kg$，$v_1 = 0.068891m^3/kg$，$s_1 = 1.722kJ/kg$，$h_3 = 256.171kJ/kg$；由压缩机吸气温度 $t_{1'} = 10℃$，可知 $h_{1'} = 406.391kJ/kg$，$v_{1'} = 0.0725m^3/kg$，$s_{1'} = 1.75499kJ/kg$；由于 $s_{1'} = s_{2'}$，结合 p_c 可得，$h_2 = 423.15kJ/kg$，$h_{2'} = 433.2kJ/kg$。

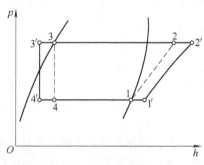

图 1-20　例 2-2 图

（1）回热循环

回热器出口液体比焓：$h_{3'} = h_3 - (h_{1'} - h_1) = [256.171 - (406.391 - 397.216)]kJ/kg = 247kJ/kg$

单位质量制冷量：$q_{eh} = h_1 - h_{4'} = (397.216 - 247)kJ/kg = 150.216kJ/kg$

单位容积制冷量：$q_{vh} = \dfrac{q_{eh}}{v_{1'}} = \dfrac{150.216}{0.0725}kJ/m^3 = 2071.94kJ/m^3$

单位理论压缩功：$w_h = h_{2'} - h_{1'} = (433.2 - 406.391)kJ/kg = 26.81kJ/kg$

制冷系数：$\varepsilon_h = \dfrac{q_{eh}}{w_h} = \dfrac{150.216}{26.81} = 5.6$

（2）理论循环

单位质量制冷量：$q_e = h_1 - h_4 = (397.216 - 256.171)kJ/kg = 141.045kJ/kg$

单位容积制冷量：$q_v = \dfrac{q_e}{v_1} = \dfrac{141.045}{0.068891}kJ/m^3 = 2047.36kJ/m^3$

单位理论压缩功：$w = h_2 - h_1 = (423.15 - 397.216)kJ/kg = 25.93kJ/kg$

制冷系数：$\varepsilon = \dfrac{q_e}{w} = \dfrac{141.045}{25.93} = 5.44$

1.4　蒸气压缩式制冷的实际循环

1.2 节讨论的蒸气压缩式制冷的饱和循环没有考虑制冷剂在管道中的流动损失及压缩机机械运动的摩擦损失，因此计算所得的制冷量、消耗功率、制冷系数都是理论值。在一个实际系统（见图 1-21）中，制冷剂在管路内从压缩机→冷凝器→节流阀→蒸发器→压缩机的循环过程中，总是有流动阻力和与外界的无组织热交换。因此，实际循环的制冷量、消耗功率和制冷系数均不同于理论值，即实际循环与理论循环有差异。

1. 吸气管路

吸气管路（图 1-21 中 1′-1″管路）中的制冷剂通常比环境温度低，即使管路有良好的保温，也总会有热量传入管内，使吸气过热。这种过热所吸的热量是无效制冷量。正如 1.2 节所指出的，这样会造成单位容积制冷量及制冷系数降低，功率消耗增加，排气温度升高。因此，在实际工程中，要注意采取措施，尽量降低吸气管路传热的影响。

吸气管路中流动阻力会造成吸气压力（压缩机吸入蒸气的压力）下降。流动阻力相当于制冷剂节流（见图 1-22，该图只表示了节流影响），节流前后的焓值相等。因此，在 p-h 图上，压缩机的吸气状态

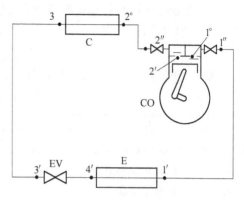

图 1-21 最简单的制冷系统

点由 1′变为 1，这两点在同一条等焓线上，Δp 即为流动阻力。由于压缩机吸气压力下降，导致吸气比体积增大（$v_1 > v_{1'}$），单位压缩功增加 $[(h_2 - h_1) > (h_{2'} - h_{1'})]$，从而使单位容积制冷量 q_v 和制冷系数 ε 减小。制冷剂蒸气在吸气管中的节流使 q_v 下降，这个特性可以用来调节制冷量。

2. 排气管路

由压缩机到冷凝器之间的管路称排气管路（图 1-21 中 2″-2°管路）。这段管内的制冷剂温度一般比周围环境温度高，因此向外散热，导致冷凝器的负荷有所下降，但对制冷系数、制冷量并无有害影响，故在制冷系统中排气管一般不予保温。

排气管内的流动阻力会导致压缩机排气压力（压缩机压缩终点的压力）升高，所升高的压力 Δp 用于克服管路阻力（见图 1-23）。从图上不难看到，排气管的流动阻力使循环的单位压缩功增加，排气温度升高。

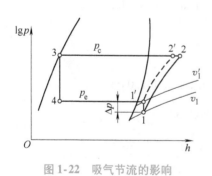

图 1-22 吸气节流的影响

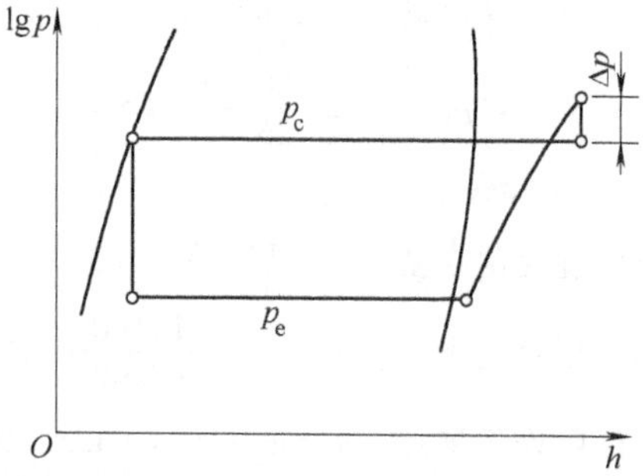

图 1-23 排气管阻力的影响

压缩机排气压力升高和吸气压力降低都会导致压缩机实际质量流量减少，使制冷系统的制冷量下降。

3. 高压液体管

从冷凝器到节流阀的液体管称高压液体管路（图 1-21 中 3-3′管路）。如果液体管内温度比环境温度高，则向环境放热，管内液体被冷却，相当于节流前过冷的作用。这对循环是有利的，使系统的制冷量及制冷系数增加。反之，当液体管内的温度比环境温度低，液体从环境吸热，减少了液体过冷度，使制冷系统的制冷量及制冷系数减小。有时还使部分液体汽化，导致膨胀阀工作不稳定。

高压液体管的流动阻力并不影响制冷量及制冷系数。但是，对于过冷度不大的系统，流动造

成的压力降可能使部分液体汽化,从而影响膨胀阀的工作。实际系统中的流动阻力不大,不会产生显著的压力降,反而要注意当高压液体管向上走时,由于高差引起的压力降相当显著,制冷系统设计时要充分给予考虑。液体管过大的压力降还会降低膨胀阀工作压力差,膨胀阀的液体通过能力降低。

4. 低压液体管路

从膨胀阀到蒸发器的管路称低压液体管路(图 1-21 中膨胀阀-4′管路)。低压液体管路温度通常低于环境温度,一般都要从环境中吸热。如果环境即是被冷却的空间,则这部分热量即是有用的制冷量;否则是无效制冷量,从而导致制冷系统的制冷量及制冷系数下降,低压液体管路流动阻力的压力降不影响循环的制冷量及制冷系数(如果仍保持原来的蒸发温度),但减少了膨胀阀的工作压差。

5. 冷凝器

冷凝器内的温度一般比环境温度高,向环境放热,其影响与排气管路一样。

由于换热管存在流动阻力,导致冷凝器内的过程并非等压过程。如果保持冷凝器出口压力与饱和循环相同,则冷凝器中压力降的影响与排气管路内压力降的影响相似。

6. 蒸发器

蒸发器的温度一般比环境温度低,通常从环境中吸热。当蒸发器就在被冷却的空间内,则这种传热并无不利影响。反之,会导致有效制冷量减少,制冷系数下降。这时应对蒸发器进行良好的保温。

蒸发器内的流动阻力导致蒸发器内的过程并非等压过程。如果保持蒸发器内的平均温度与无阻力的蒸发器相同,则要求吸气压力下降,最终导致制冷循环的制冷量及制冷系数下降,耗功增加。

7. 压缩机

压缩机中的压缩过程也伴随着传热。压缩开始阶段,由于气缸壁的温度高于蒸气温度,制冷剂被加热,熵增加;当压缩到一定程度后,蒸气的温度高于气缸壁的温度,蒸气向气缸壁传热,即蒸气被冷却,熵减少。

在压缩过程中,蒸气在气缸内的流动有摩擦和涡流等损失,这就要多耗一些功,以克服这些损失。这些损失最后又转变为热量回到蒸气中,使蒸气的熵和压缩功增加。

综上所述,实际循环与理论循环有许多差异。图 1-24 是实际循环与理论循环的差别在 p-h 图上的表示。图中 1-2-3-4-1 是理论循环;1′-1″-1°-2′-2″-2°-3-3′-4′-1′ 为实际循环。

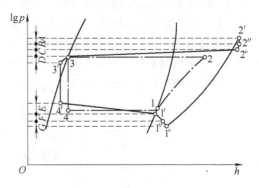

图 1-24　p-h 图上的实际循环

A—排气阀压降　B—排气管压降　C—冷凝器压降
D—高压流体管压降　E—蒸发器压降　F—吸气管压降
G—吸气阀压降

1.5　双级压缩与复叠式制冷

制冷系统的冷凝温度(或冷凝压力)取决于冷却剂的温度,而蒸发温度(或蒸发压力)取决于制冷要求。因此,在许多实际应用场合,$(t_c - t_e)$ 或 p_c/p_e 很大。压缩比 p_c/p_e 太大所带来的问题有:

1）过热损失与节流损失增大，导致制冷系数减小。

2）单位容积制冷量减小，势必要求有较大的压缩机。

3）排气温度升高，导致压缩机润滑油黏度下降，润滑效果下降，功率消耗增加。

4）导致压缩机容积效率减小。当压缩比达到 20 左右时，往复式压缩机的容积效率接近于零，即压缩机吸不进气体。

为减少上述大压缩比条件下制冷所存在的问题的影响，可采用多级压缩制冷循环或复叠式制冷循环。

1.5.1 双级压缩制冷循环

双级压缩制冷循环是蒸发器出来的制冷剂蒸气经低压级压缩机压缩到中间压力后，再经高压级压缩机压缩到冷凝压力的制冷循环。根据其工作方式不同可分为两级节流完全中间冷却的双级压缩制冷循环、一级节流完全中间冷却的双级压缩制冷循环、一级节流不完全中间冷却的双级压缩制冷循环等。所谓两级节流是指从冷凝器进入蒸发器的制冷剂经过了两个膨胀阀实现两级节流的过程，而一级节流则通过一个膨胀阀实现从冷凝压力节流到蒸发压力；完全中间冷却是指将低压级压缩机的排气冷却到饱和状态，然后进入高压级压缩机进行第二级压缩的过程，而不完全中间冷却则是低压级压缩机的排气未冷却到饱和状态，即高压级压缩机的吸气是过热状态。

1. 两级节流完全中间冷却的双级压缩制冷循环（见图 1-25）

蒸发器出来的制冷剂蒸气经低压级压缩机压缩到中间压力（在 p-h 图上为过程 1-2），而后进入闪发式中间冷却器中被冷却到饱和蒸气（完全中间冷却，过程 2-3）。高压级压缩机从中间冷却器吸入蒸气并压缩到冷凝压力（过程 3-4），而后送到冷凝器中冷凝成饱和液体（过程 4-5）。液体经第一级节流后进入中间冷却器中，气液分离，小部分液体汽化吸热以冷却低压级压缩机的排气；大部分液体经第二级节流后进入蒸发器中，吸热汽化实现制冷目的（过程 6-7-1）。高压级压缩机吸入蒸气应包括低压级压缩机的排气、第一级节流后分离出来的蒸气和为冷却低压级排气而汽化出来的蒸气。从 p-h 图上可以看到，这个循环减少了节流损失和过热损失，压缩机排气温度明显降低；高、低压级压缩机的压缩比都比单级时小得多，有利于提高压缩机的容积效率。

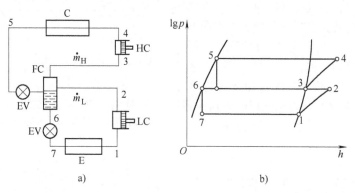

图 1-25 两级节流完全中间冷却的双级压缩制冷循环

a）系统原理图 b）循环在 p-h 图上的表示

C—冷凝器 E—蒸发器 EV—膨胀阀 HC—高压级压缩机

LC—低压级压缩机 FC—闪发式中间冷却器

2. 一级节流完全中间冷却的双级压缩制冷循环（见图 1-26）

这个循环与两级节流完全中间冷却的双级压缩制冷循环的不同点是采用盘管式中间冷却器代替闪发式中间冷却器。由冷凝器去蒸发器的制冷剂液体（主流）在中间冷却器中被过冷后，经一级节流到蒸发压力（在 p-h 图上为过程 5-6-7）。冷凝器出来的小部分液体节流后进入中间冷却器中汽化吸热（过程 5-3），用于冷却低压级的排气和主流液体的过冷。这个系统可避免两级节流完全中间冷却的双级压缩制冷循环中第二级节流前管内的饱和液体产生闪发蒸气而影响膨胀阀工作。但采用盘管式中间冷却器后，由于存在传热温差，主流液体过冷后的温度达不到中间压力下的饱和温度。

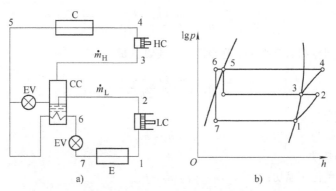

图 1-26　一级节流完全中间冷却的双级压缩制冷循环
a）系统原理图　b）循环在 p-h 图上的表示
CC—盘管式中间冷却器　E—蒸发器　C—冷凝器　HC—高压级压缩机　LC—低压级压缩机　EV—膨胀阀

3. 一级节流不完全中间冷却的双级压缩制冷循环（见图 1-27）

这个循环与一级节流完全中间冷却的双级压缩制冷循环的不同点是制冷剂主流先经盘管式中间冷却器过冷，又经回热器进一步过冷（过程 5-6-7）；蒸发器出来的制冷剂蒸气经回热器过热后，再进入低压级压缩机压缩（过程 10-1-2），因此低压级压缩机的吸气有较大过热度；低压级压缩机的排气与中间冷却器来的蒸气进行混合而被冷却（状态 2 与状态 8 混合到状态 3），因此低压级的排气未完全冷却到饱和状态。这种系统高、低压级压缩机的吸气都有较大的过热度，因此这种系统只适用于过热损失比较小的制冷剂，绝不能用于氨制冷系统中。

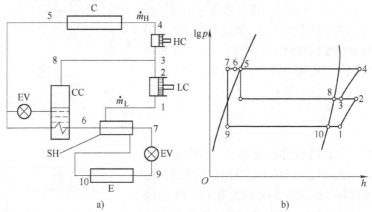

图 1-27　一级节流不完全中间冷却的双级压缩制冷循环
a）系统原理图　b）循环在 p-h 图上的表示
SH—回热器　C—冷凝器　EV—膨胀阀　CC—盘管式中间冷却器　E—蒸发器
HC—高压级压缩机　LC—低压级压缩机

4. 双级压缩制冷循环的热力计算

根据前述蒸气压缩式制冷的饱和循环计算公式，结合中间冷却器的热平衡方程，上述三种双级压缩制冷循环都具有以下关系式：

（1）低压级压缩机的质量流量

$$\dot{m}_L = \frac{Q_e}{q_e} = \frac{Q_e}{h_1 - h_6} \tag{1-26}$$

（2）高压级压缩机的质量流量

对于完全中间冷却的双级压缩制冷循环，质量流量为

$$\dot{m}_H = \frac{\dot{m}_L(h_2 - h_6)}{h_3 - h_5} \tag{1-27}$$

对于不完全中间冷却的双级压缩制冷循环，质量流量为

$$\dot{m}_H = \frac{\dot{m}_L(h_8 - h_6)}{h_8 - h_5} \tag{1-28}$$

（3）单位质量制冷量

单位质量制冷量为
$$q_e = h_1 - h_6 \tag{1-29}$$

（4）压缩机的耗功

低压级压缩机单位压缩功：
$$w_L = h_2 - h_1 \tag{1-30}$$

低压级压缩机消耗的功率：
$$P_L = \dot{m}_L(h_2 - h_1) \tag{1-31}$$

高压级压缩机单位压缩功：
$$w_H = h_4 - h_3 \tag{1-32}$$

高压级压缩机消耗的功率：
$$P_H = \dot{m}_H(h_4 - h_3) \tag{1-33}$$

（5）冷凝器的冷凝热量

$$Q_C = \dot{m}_H(h_4 - h_5) \tag{1-34}$$

（6）制冷系数

$$\varepsilon = \frac{Q_e}{P_L + P_H} = \frac{\dot{m}_L(h_1 - h_6)}{\dot{m}_L(h_2 - h_1) + \dot{m}_H(h_4 - h_3)} \tag{1-35}$$

从上述公式中不难看到，当中间压力变化时，h_2、h_4、h_6、h_8 都在变化，ε 也在改变。而且总有一中间压力使 ε 最大，这个压力称最佳中间压力。最佳中间压力可通过试算法确定，实际上常按经验公式来确定。下式是常用的一种确定最佳中间压力所对应的中间饱和温度的公式。

$$T_m = \sqrt{T_e T_c} \tag{1-36}$$

1.5.2 复叠式制冷循环

对于 R22、R717 等常用制冷剂，受低温下性质的限制，即使采用双级或三级压缩制冷循环，也难以达到很低的温度。如受制冷剂凝固点（如 R717 的凝固点为 -77.7℃）的限制而不能制取很低的温度；又如常用制冷剂在温度很低时的单位容积制冷量太小，因而不宜在很低的温度下工作。图 1-28 所示的复叠式制冷循环就可能获得很低的

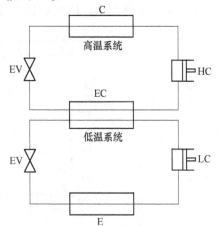

图 1-28　复叠式制冷循环流程
EC—蒸发冷凝器　HC—高温系统压缩机
LC—低温系统压缩机　C—冷凝器
E—蒸发器　EV—膨胀阀

温度。这个系统由两个独立的制冷系统（高温系统和低温系统）所组成。这两个独立的单级蒸气压缩式制冷系统由蒸发冷凝器（它既是高温系统的蒸发器，又是低温系统的冷凝器）联系在一起。高温系统中采用 R22 等常用的制冷剂，低温系统中用低温下有良好热力性质的制冷剂（如 R13）。这种复叠式制冷循环目前常用在 −60 ～ −80℃ 低温试验设备或低温冰箱中。

1.6　制冷剂

1.6.1　制冷剂的种类与命名

蒸气压缩式制冷系统中的工质称为制冷剂。系统工作时制冷剂在低压低温下汽化吸热（实现制冷），而在高压高温下凝结放热（蒸气还原为液体）。目前常用的制冷剂有下列几类。

1. 卤代烃

卤代烃是三种卤素（氟、氯、溴）中的一种或多种原子取代烷烃（饱和碳氢化合物）中的氢原子所得的化合物，其中氢原子可以有，也可以没有，如二氟二氯甲烷（CCl_2F_2）是氟和氯原子取代了甲烷（CH_4）中所有的氢原子而得的化合物；又如二氟一氯甲烷（$CHClF_2$）是氟和氯原子取代了甲烷中的三个氢原子而得的化合物，其中还留有一个氢原子。卤代烃根据烷烃中氢原子被卤素取代的差异，可分为六类：

1）全氟代烃，或称氟烃（FC），烷烃中氢原子完全被氟原子所取代，如 CF_4。

2）氯氟烃（CFC），烷烃中氢原子被氯和氟原子所取代，如 CCl_2F_2。

3）氢氟烃（HFC），烷烃中氢原子部分被氟原子所取代，如 $C_2H_2F_4$。

4）氢氯氟烃（HCFC），烷烃中氢原子部分被氯和氟原子所取代，如 $CHClF_2$。

5）氢氯烃（HCC），烷烃中氢原子部分被氯原子所取代，如 CH_3Cl。

6）全氯代烃（CC），烷烃中氢原子完全被氯原子所取代，如 CCl_4。

由此可见，卤代烃的种类很多，但能用作制冷剂的只有少数几种。

1930 年美国杜邦公司最早开发生产氯氟烃，以氟利昂（Freon）作为商品名称，其后面以代码表示不同的化学物质（或组成）。以后世界各国都有了氯氟烃的生产，各生产厂都标以自己的商标与牌号。1957 年美国供暖、通风、制冷与空调工程师学会（ASHRAE）统一了代号编码原则，并于 1960 年得到国际标准组织（ISO）的认可。

卤代烃的化学通式为 $C_mH_nCl_pF_qBr_s$。根据化学式中关于饱和碳氢化合物的结构，化学式中的 m、n、p、q、s 有下列关系：

$$n + p + q + s = 2m + 2 \tag{1-37}$$

化学式对应的编号为 $RabcBd$。其中，R 为 Refrigerant（制冷剂）的第一个字母；B 代表化合物中的溴原子；a、b、c、d 为整数，分别为：

a 等于碳原子数减 1，即 $a = m - 1$，当 $a = 0$ 时，编号中省略；

b 等于氢原子数加 1，即 $b = n + 1$；

c 等于氟原子数，即 $c = q$

d 等于溴原子数，即 $d = s$，当 $d = 0$ 时，编号中 Bd 都省略。

氯原子数在编号中不表示，它可根据式（1-37）推算出来。

例如，CCl_2F_2 中碳原子数 $m = 1$，则 $a = 1 - 1 = 0$；氢原子数 $n = 0$，$b = 0 + 1 = 1$；氟原子数 $q = 2$，则 $c = 2$；无溴原子；因此，其编号为 R12。$C_2HCl_2F_3$ 编号中各个数分别为 $a = 2 - 1 = 1$，$b = 1 + 1 = 2$，$c = 3$。因此，其编号为 R123。

又如，R22 的化学式中，碳原子数 $m=0+1=1$，氢原子数 $n=2-1=1$，氟原子数 $q=2$，氯原子数 $p=2\times1+2-(1+2+0)=1$。因此，R22 的化学式应为 $CHClF_2$。R13B1 的化学式应为 CF_3Br。

由于乙烷的卤化物有同分异构体，如 CHF_2CHF_2 和 CH_2FCF_3 都是四氟乙烷，相对分子质量相等，但结构不同，它们的编号根据碳原子团的相对原子质量不对称性进行区分。前者两个碳原子团，相对原子质量对称，则用 R134 表示；后者不对称较大，则用 R134a 表示。

卤代烃除了上述表示方法，还直接用其所含的氢、氯、氟、碳来表示，即分别以英文 H、Cl、F、C 来表示，编号法则不变。例如 R12 可写成 CFC12，该化合物中含有氯、氟、碳原子，原子数可以根据编号推算；又如 R22 可写成 HCFC22，R134a 可写成 HFC134a。

2. 饱和碳氢化合物（烷烃）

碳氢化合物称烃，其中饱和碳氢化合物称为烷烃，其中有甲烷（CH_4）、乙烷（C_2H_6）等。这些制冷剂的编号法则是这样的，甲烷、乙烷、丙烷同卤代烃；其他按 600 序号依次编号。

3. 环状有机化合物

分子结构呈环状的有机化合物有八氟环丁烷（C_4F_8）、二氯六氟环丁烷（$C_4Cl_2F_4$）等。这些化合物的编号法则是：在 R 后加 C，其余同卤代烃编号法则，如 C_4F_8 的编号为 RC318。

4. 共沸混合制冷剂

由两种或多种制冷剂按一定比例混合在一起的制冷剂，在一定压力下平衡的液相和气相的组分相同，且保持恒定的沸点，这样的混合物称为共沸混合制冷剂。共沸混合制冷剂可由组分制冷剂的编号和质量分数来表示，如 R22/R12（75/25）是由质量分数为 75% 的 R22 与质量分数为 25% 的 R12 混合的共沸混合制冷剂。

对于已经成熟的商品化的共沸混合制冷剂，则给予新的编号，从 500 序号开始。目前已有 R500、R501、R502、…、R509。

5. 非共沸混合制冷剂

由两种或多种制冷剂按一定比例混合在一起的制冷剂，在一定压力下平衡的液相和气相的组分不同（低沸点组分在气相中的成分总高于液相中的成分），且沸点并不恒定。非共沸混合制冷剂与共沸混合制冷剂一样，用组成的制冷剂编号和质量分数来表示。例如 R22/152a/124（53/13/34）由 R22、R152a、R124 三种制冷剂按质量分数 53%、13%、34% 混合而成。对于已经商品化的非共沸混合制冷剂给予 3 位数的编号，首位是 4。例如 R22/R152a/R124（53/13/34）制冷剂的编号为 R401A，又如 R407C 为 R32/R125/R134a（23/25/52）非共沸混合制冷剂。

6. 无机化合物

无机化合物的制冷剂有氨（NH_3）、二氧化碳（CO_2）、水（H_2O）等，其中氨是常用的一种制冷剂。无机化合物的编号法则是 700 加化合物相对分子质量（取整数）。如氨的编号为 R717，二氧化碳的编号为 R744。

制冷剂的种类很多，但目前在冷藏、空调、低温试验箱等的制冷系统中采用的制冷剂也就是 R22、R13、R134a、R123、R142、R502、R717 等十几种。

1.6.2 制冷剂的性质

1. 制冷剂的热力学性质

制冷剂在制冷装置中工作的好坏直接决定着制冷装置的制冷效果、经济性和安全性。影响制冷循环工作的制冷剂热力学性质主要有以下几个。

（1）压力　制冷剂在饱和状态下，压力与温度成相应的关系。图 1-29 所示为各种制冷剂压力和温度的关系。从图上可以看到，在同一温度下，有些制冷剂的压力高一些，而有些制冷剂的压力低一些；或者说，有些制冷剂的压力水平高，而有些制冷剂的压力水平低。通常用制冷剂的标准蒸发温度来区别它的压力水平。所谓标准蒸发温度，就是指在标准大气压力（101.325kPa）下的蒸发温度（又称为沸点）。在给定的蒸发温度（t_e）和冷凝温度（t_c）条件下，制冷剂的标准蒸发温度越低，则蒸发压力和冷凝压力越高；反之，标准蒸发温度越高，则蒸发压力和冷凝压力越低。表 1-5 给出了各种常用制冷剂的标准蒸发温度。通常可按照标准蒸发温度的高低将制冷剂划分为高温制冷剂、中温制冷剂和低温制冷剂，见表 1-6。

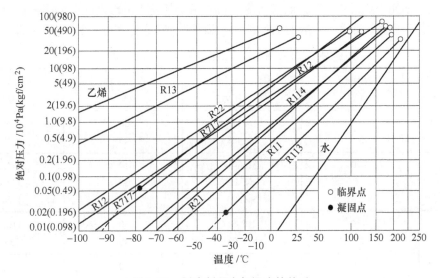

图 1-29　制冷剂压力与温度的关系

表 1-5　常用制冷剂的标准蒸发温度

制冷剂	R502	R22	R717	R134a	R123
标准蒸发温度/℃	-45.4	-40.8	-33.4	-26.2	27.9

表 1-6　制冷剂的分类

类别	制冷剂	标准蒸发温度/℃	30℃时的冷凝压力 p_c/kPa
高温制冷剂 （低压制冷剂）	R123、R21、R113、R114	>0℃	≤300
中温制冷剂 （中压制冷剂）	R134a、R407c、R410、R717、R22、R502 等	-60 ~ 0℃	300 ~ 2000
低温制冷剂 （高压制冷剂）	R13、R14、R23、R503、甲烷、乙烯等	≤ -60℃	

在选择制冷剂时，一般说来，希望蒸发压力与冷凝压力适中。在一定的蒸发温度下的蒸发压力（低温状态下的饱和压力）最好稍高于大气压力。如果蒸发压力低于大气压力，空气就容易渗入制冷系统中。制冷系统渗入空气后，则将会引起下列问题：①空气本身热阻较大，将影响蒸发器和冷凝器的传热效果；②对于氟利昂制冷系统，由于空气中含有水分，将有可能造成制冷系

统的"冰塞";同时,水和空气会对金属发生腐蚀,缩短设备使用寿命;③由于空气为不凝结气体,进入系统后,还会造成压缩机排气压力升高,压缩机的耗功量增加。

另外,蒸发压力高于大气压力,如果一旦系统发生制冷剂泄漏,则容易检查和堵漏。

制冷剂在常温下的冷凝压力最好不要过高,一般不超过1.5MPa为宜。如冷凝压力太高,则处于高压下工作的压缩机、冷凝器等设备强度要求高,导致壁厚增加,造价上升;制冷剂泄漏的可能性增大;冷凝压力过高,必然增大压缩机的耗功量。

表1-7列举了各种制冷剂在冷凝温度/蒸发温度分别为45℃/5℃、30℃/−15℃、10℃/−40℃、−50℃/−100℃时相应的蒸发压力与冷凝压力。该表中各种制冷剂按压力由低到高的顺序排列。高温制冷剂主要用于热泵和空调;低温制冷剂只能用于复叠式制冷机的低温部分;中温制冷剂则可广泛地用于空调、冷藏,一般的单级和双级压缩机,以及复叠式制冷机的高温部分。

表1-7　各种制冷剂的蒸发压力与冷凝压力

制冷剂	蒸发温度/℃	蒸发压力/kPa（绝对压力）	冷凝温度/℃	冷凝压力/kPa（绝对压力）
R123	−15	15.977	30	109.50
	5	40.988	45	181.76
R134a	−40	51.641	10	414.55
	−5	164.240	30	770.06
	5	349.80	45	1160.0
R717	−15	236.53	30	1169.0
	5	517.05	45	1783.85
R22	−40	104.95	10	680.7
	−15	295.86	30	1191.9
	5	583.99	45	1729.35
R502	−40	129.64	10	773.05
	−15	348.72	30	1318.9
	5	676.61	45	1880.7

(2) 制冷剂的单位容积制冷量　对于同一台压缩机,在相同的冷凝温度和蒸发温度条件下,制冷剂的单位容积制冷量 q_v 越大,则制冷量越大。或者说,同一制冷量同一工况下,单位容积制冷量大的制冷剂,要求压缩机小。因此,单位容积制冷量 q_v 的大小是制冷剂的一个重要性质。

表1-8给出几种制冷剂在蒸发温度为−15℃、冷凝温度为30℃、节流阀前过冷度为5℃时的单位容积制冷量 q_v。从表中看到,制冷剂单位容积制冷量 q_v 的差别还是很大的。

表1-8　常用制冷剂的单位容积制冷量

制冷剂	R717	R22	R502	R134a
单位容积制冷量/(kJ/m³)	2214.9	2160.5	2243.5	1283.5
比率（将R717设为1）	1.0	0.98	1.01	0.58

一般说来,对于往复式压缩机或大、中型制冷压缩机,宜选用单位容积制冷量 q_v 大的制冷剂,这样可以缩小压缩机的尺寸。但是对于离心式压缩机或小型制冷机,宜选用单位容积制冷量 q_v 小一些的制冷剂,否则会引起制冷压缩机尺寸过小,为制造带来困难。

（3）制冷循环效率 由于蒸发器与冷凝器的传热过程存在传热温差，并由于用节流阀代替膨胀机和用干压缩代替湿压缩等措施，使饱和循环存在着传热温差的不可逆损失、节流损失和过热损失，导致制冷系数减小。其中节流损失和过热损失的大小均与制冷剂的热力学性质有关。

图 1-30 给出了几种常用制冷剂进行单级饱和循环的循环效率。选用制冷循环效率较高的制冷剂可以提高制冷循环的经济性能。

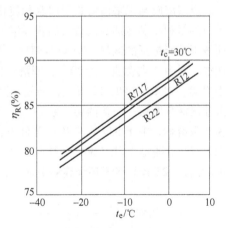

图 1-30 几种制冷剂单级饱和循环的循环效率

（4）压缩终了温度 制冷压缩机从蒸发器吸入低压气态制冷剂，并把它压缩到足以在常温下冷凝的压力。由于压缩过程进行的时间非常短，可以视为压缩期间热量来不及交换，因此，认为是绝热压缩，压缩功变为热，传给气体，使气体温度升高。压缩终了温度 T_2 为

$$T_2 = T_1 \left(\frac{p_2}{p_1} \right)^{\frac{\kappa-1}{\kappa}} \tag{1-38}$$

式中 κ ——等熵指数，$\kappa = c_p / c_V$。

由此可见，压缩终了温度 T_2 与吸气温度 T_1、压缩比 p_2/p_1 和等熵指数 κ 值有关。等熵指数越小，或压缩比越小，压缩机排气温度越低；等熵指数越大，或压缩比越大，排气温度就越高。排气温度太高，则使压缩机的容积效率降低，并且容易引起制冷剂及润滑油的分解，分解的制冷剂同润滑油起作用，除了生成酸及水外，还使润滑油中的碳游离，在机件上生成积炭。因此，制冷剂蒸气压缩后的温度是一个重要参数。排气温度一般要控制在 150℃ 以下。表 1-9 示出了常用制冷剂的等熵指数、在相同温度条件下的压缩比和排气温度。从表中可以看出，氨压缩机绝热压缩时排气温度比氟利昂压缩机要高得多，因此，对于氨压缩机，应在气缸顶部设水套，以防气缸过热。而氟利昂压缩机一般采用风冷来冷却气缸。

表 1-9 常用制冷剂的压缩比、等熵指数和排气温度

制冷剂	R717	R22	R502	R134a
压缩比	6.13	4.88	4.5	5.79
等熵指数	1.31	1.184	1.132	1.11
排气温度/℃	110	60	36	37.42

2. 制冷剂的其他性质

（1）制冷剂与润滑油的溶解性 制冷剂在润滑油中的可溶性是一个重要的特性。根据制冷剂与润滑油的可溶性程度，可以把制冷剂分为三类。

1）难溶解或微溶解润滑油。这类制冷剂几乎是不溶解于润滑油，它们与润滑油混合时，有明显分层现象，油比较容易从制冷剂中分离出来。属于这类制冷剂的有 R717、R13、R115 等。

2）无限溶解润滑油。这类制冷剂与油溶解成均匀的溶液，无分层现象。属于这类制冷剂的有 R11、R12、R113。

3）有限溶解润滑油。这类制冷剂在高温时与油无限溶解，而在低温时，制冷剂与油的溶液分为两层——贫油层和富油层。属于这类制冷剂的有 R22、R114、R502。

有限溶解与无限溶解是可以互相转化的。这与溶液的温度、润滑油种类有关。图 1-31 表示了三种氟利昂制冷剂与润滑油的临界溶解温度曲线。在曲线以上，制冷剂可以无限溶解润滑油，曲线下面所包括的区域为有限溶解区，即出现制冷剂与润滑油溶液分贫油层和富油层的现象。例如，图中 A 点含油量为 20%，润滑油完全溶解在三种制冷剂中；含油量不变但温度下降至图中 B 点，对 R114 和 R12 来说，仍处于无限溶解状态，而 R22 则处于有限溶解状态，制冷剂与润滑油溶液分两层——贫油层（状态 B'）和富油层（状态 B''）；温度下降到 C 点处，R12 也转变为有限溶解。由于 R12 在 −40℃ 条件下，仍呈无限溶解状态，因此，在单级制冷系统中，认为 R12 与润滑油是无限溶解的。图 1-32 则为 R22 与不同种类润滑油的临界溶解温度曲线，从图中可看出，R22 较易溶于环烃族润滑油中，其临界温度低于石蜡族润滑油。

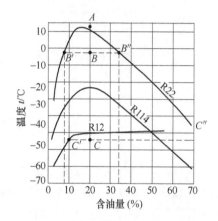

图 1-31　三种氟利昂与润滑油的临界曲线

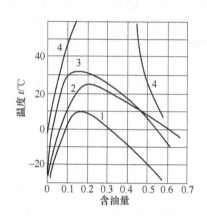

图 1-32　R22 与不同种类润滑油的临界溶解温度曲线
1、2—环烃族润滑油　3—环烃-石蜡润滑油　4—石蜡族润滑油

制冷剂和油溶解与否各有优缺点。制冷剂溶解润滑油的好处是：在换热器表面不会形成油膜，避免了油膜对传热的不利影响；润滑油溶解在制冷剂中，可随制冷剂一道渗透到压缩机各个部件，形成良好的润滑条件。溶解使润滑油的凝固点降低，这对低温制冷系统是有利的。但是，溶解使油变稀、黏度降低，导致润滑表面油膜太薄或形不成油膜，而影响润滑作用，因此，事前应选用黏度较高的润滑油。此外，制冷剂与油溶解的溶液，其压力-温度特性偏离纯制冷剂的特性。

（2）制冷剂与水的溶解性　氨吸水性强，一般来说，它能以任意比例与水互相溶解组成氨水溶液，即使在低温下，水也不会从氨中析出而冻结。在温度为 15℃ 时，1 个单位容积的水能溶解 700 个单位容积的氨。因此，在氨制冷系统中不会在节流阀处因温度下降而有结冰现象出现，即不会出现所谓的"冰塞"现象。但是，氨液中有水分后，使系统制冷能力下降；同时对金属有腐蚀作用，一般要求液氨中水的质量分数不得超过 0.12%。而氟利昂溶水性很差。经试验得知，水在 R22 中的溶解度，0℃ 时为 0.06%，30℃ 时为 0.15%。由于氟利昂的吸水较差，因此，氟利昂系统很易发生"冰塞"现象。为了避免发生"冰塞"现象，氟利昂制冷系统中应装干燥器。此外，氟利昂中含有水，还会发生水解作用，生成酸，这种酸与油起反应，使油质劣化，生成沉淀物；同时发生对金属材料的腐蚀现象和"镀铜"现象。所谓"镀铜"现象，是指在氟利昂制冷系统中，制冷剂水解产生的酸，腐蚀铜和铜合金而后生成物再与高温的气缸内表面、阀片、活塞、活塞销、曲轴、轴承等部位接触，铜被铁所置换而在这些表面生成一层铜膜的现象。

（3）制冷剂的安全性

1）毒性。表 1-10 列举了毒性等级和各种常用制冷剂的毒性。毒性等级由美国保险商试验后所定，分六个等级，从 1 级到 6 级，毒性逐次递减。毒性等级是根据豚鼠在有一定浓度的制冷剂的空气作用下造成重伤或死亡的时间进行分级的。由表可见，氨的毒性很大，氟利昂毒性小，故不必担心引起中毒和麻醉。氟利昂中氯的数量多者毒性稍强；氟的数量越多，毒性越小。然而，当空气中氟利昂气体的浓度增大时，有可能出现因缺氧而引起窒息的危险。

表 1-10　制冷剂毒性等级

等级	制冷剂气体或蒸气的体积分数（%）	停留时间/min	危害程度	制冷剂举例
1	0.5 ~ 1	5	死亡或重创	SO_2
2	0.5 ~ 1	30	死亡或重创	NH_3
3	2 ~ 2.5	60	死亡或重创	R20
4	2 ~ 2.5	60	死亡或重创	R40、R21、R113
5	20	120	有一定危害	CO_2、R11、R22、R502、R290、丁烷
6	20	120	不产生危害	R12、R13、R114、R13B1、R503

在家用和空调用时，除了毒性外，还要考虑刺激性。氨在其体积分数为 53×10^{-6} 时，已可嗅到味，在 700×10^{-6} 时会使人受到刺激。氟利昂类制冷剂在体积分数达 20% 时，还几乎嗅不到气味。

2）燃烧性和爆炸性。常用氟利昂制冷剂无燃烧爆炸危险。而氨在空气中的体积分数为 15.5% ~ 27.6%（爆炸极限）时，遇明火发生爆炸。在爆炸极限范围以外时，遇明火不发生爆炸。但是极限以上的混合气体中，遇火源可以燃烧，在燃烧过程中又可能突然发生爆炸，这是因为在燃烧时，氨气的含量又达到爆炸极限。氨与空气的混合物爆炸时达到的最高压力达 0.4MPa，持续时间为 0.175s。

（4）对材料的腐蚀性　纯氨对钢铁几乎无腐蚀作用，对铝、铜或铜合金有轻微的腐蚀作用。但如果氨中含有水时，则对铜及铜合金（磷青铜除外）有强烈的腐蚀作用。

纯氟利昂几乎对所有金属（除镁和含镁 2% 以上的铝合金）无腐蚀作用。但氟利昂中有水时，发生水解，对金属有腐蚀作用，且有可能产生镀铜现象。氟利昂还是一种良好的有机溶剂，很容易溶解天然橡胶和树脂；对高分子化合物，虽不溶解，但能使它们变软、膨胀和起泡。因此氟利昂设备中的密封材料和电器绝缘材料，不能使用天然橡胶、树脂化合物，而要用耐氟利昂的材料，如氯丁乙烯、氯丁橡胶、尼龙或耐氟塑料等。

（5）其他性质　除上述性质外，还希望制冷剂有较高的热导率，这样可以提高热交换设备的传热系数；制冷剂的价格应较便宜，并易于购得；制冷剂还应对环境友好，即不破坏臭氧层，也不会产生温室效应。

3. 常用制冷剂的主要性质及应用范围

（1）R717　R717（氨）是目前用得最为广泛的一种制冷剂，也是一种优越的制冷剂。它有良好的热力学性质，例如，单位容积制冷量较大，蒸发压力和冷凝压力适中。当冷却水水温高达 30℃ 时，冷凝压力仍不超过 1.5MPa，通常约为 1.2 ~ 1.3MPa，氨的标准蒸发温度为 -33.3℃。氨有很好的吸水性，系统不会发生"冰塞"现象。氨价格便宜，容易购买。

但是，氨有很强的毒性和可燃性。当空气中氨的体积分数达到 0.5% ~ 0.8% 时，会引起人体严重受损。空气中含有体积分数为 15.5% ~ 27% 的氨时，若遇明火就会爆炸。为此，氨机房应注意通风。

由于氨的毒性和可燃性，限制了它在民用空调中的应用。但是，由于氨的ODP（Ozone Depletion Potential，消耗臭氧潜能）和GWP（Global Warm Potential，全球变暖潜能）均为0，而且100多年使用的历史表明，氨的安全记录是好的，因此，今后在民用空调中将会获得广泛的应用。

（2）R22　R22是一种良好的制冷剂，在空调装置使用R22已很普遍。它的标准蒸发温度为-40.8℃。R22的稳定性好，若R22与金属接触，则在135~150℃范围内开始热分解；R22不燃烧，也不爆炸，故常用在窗式空调器、冷水机组、立柜式空调机组中。

（3）R123　R123（$C_2HCl_2F_3$）标准蒸发温度为27.61℃，在大气中的寿命仅为1~4年。据R123的毒性试验表明，对分别喂养在R123体积分数为$300×10^{-6}$、$1000×10^{-6}$、$5000×10^{-6}$的试验环境中的鼠，在雄性和雌性小白鼠身上都发现了良性肿瘤。肿瘤发生在试验鼠的生命末期，未直接造成死亡或器官功能障碍。因此，要求使用R123制冷剂的机房采取通风及安全措施，保证空气中R123的体积分数不超过$10×10^{-6}$（原定容许暴露浓度AEL为$100×10^{-6}$）。

（4）R134a　R134a（CF_3CH_2F）标准蒸发温度为-26.5℃，在大气中的寿命为6年，凝固点为-101℃。常用于汽车空调、冰箱和离心式冷水机组中。

（5）R502　R502是共沸混合物，由R115和R22以51.2%和48.8%的质量分数混合而成。它的标准蒸发温度比R22略高，即压力水平稍高。单位容积制冷量比R22稍高一些。在相同工况下，R502的压缩比较小，因此容积效率较高，在低温时更有利；另外压缩后的排气温度低，大约比R22低15~30℃。R502不燃、不爆、无毒，对金属无腐蚀作用，对塑料、合成橡胶的溶胀作用比R22小，有良好的电气绝缘性能。R502与水难溶解，与润滑油有限溶解。

R502适用于单级、低蒸发温度（低于-15℃）的低温冷藏装置中，机组采用全封闭和半封闭制冷压缩机，配风冷冷凝器。

1.6.3　制冷剂的替代

1. 制冷剂对环境的影响

1974年，美国加利福尼亚大学的Molia和Rowland两位教授发现，由于CFCs与HCFCs类制冷剂的大量使用与排放，已造成臭氧层的衰减并因此形成"空洞"。另外，由于CFCs与HCFCs类制冷剂产生"温室效应"，引起地球表面温度上升，气候反常。

因此，从1985年开始，CFCs与HCFCs类制冷剂的替代成为一个热门话题，并连续几年在国际会议上成为讨论的重点，并分别给出了CFCs与HCFCs类制冷剂替代的最后期限，而且期限还在不断提前。

据美国UNEP（联合国环境规划署）提供的资料，臭氧每减少1%，紫外线辐射量约增加2%。臭氧层的破坏将导致：

1）危及人类健康，可使皮肤癌、白内障的发病率增加，破坏人体免疫系统。

2）危及植物及海洋生物，使农作物减产，不利于海洋生物的生长与繁殖。

3）产生附加温室效应，从而加剧全球气候转暖过程。

4）加速聚合物（如塑料等）的老化。

因此保护臭氧层已成为当前一项全球性的紧迫任务。

氟利昂类制冷剂中，氯氟烃（CFC）对臭氧层具有最大的破坏作用，如R11、R12、R13、R111、R113、R114、R115等。它们极为稳定，在大气中可长期存在，其生存期长达几十年至上百年。如R11在大气层内存在59年，分子才开始分解；R12在大气层内存在122年，分子才开始分解。当这类物质上升到平流层后，在强烈的太阳紫外线作用下，释放出氯原子，氯原子可以从臭氧分子中夺取一个氧原子，使臭氧变为普通的氧分子。而生成的一氧化氯很不稳定，与一个氧原子结合，使氯原子再次游离出来，又重复上述反应，对臭氧层产生严重的破坏作用。以 R11（CFC-11）为例，其反应如下：

$$CCl_3F \xrightarrow{\text{紫外线照射}} CCl_2F + Cl$$
$$Cl + O_3 \longrightarrow ClO + O_2$$
$$ClO + O \longrightarrow Cl + O_2$$
$$ClO + NO \longrightarrow NO_2 + Cl$$

因此，一个氯离子由于连锁反应破坏上万个臭氧分子。

同时，CFC、HCFC、HFC 等类物质同 CO_2 一样，也是造成温室效应的物质。全球气候变暖会产生一系列的环境问题。大气变化国际研究会曾预言：到 2100 年地球温度将升高 $1 \sim 3.5℃$。届时，冰山将融化，海水将漫溢，这将会给人类的生存环境带来严重的威胁。

为了评估各种制冷剂对臭氧层的消耗能力和对全球温室效应的作用，目前，已引入 ODP 值（消耗臭氧潜能值）和 GWP 值（全球变暖潜能值）两个指标。所谓制冷剂的 ODP 值，就是规定 R11 的 ODP 值为 1.0，其余各种制冷剂的 ODP 值是相对 R11 对臭氧层消耗能力的大小。同样规定 CO_2 的 GWP 值为 1.0，其余各种制冷剂的 GWP 值就是相对 CO_2 的温室效应能力的大小。显然，制冷剂的 ODP 值和 GWP 值越小越好。

此外，国际上还采用变暖影响总当量 TEWI 指标来衡量制冷剂长期使用对气候变暖的影响。这是因为在空调制冷系统中，除了制冷剂的 GWP 值外，空调制冷系统运行中，消耗电力或化石燃料（煤、油、燃气等）而排放大量 CO_2，也会导致气候变暖。为了反映这两个方面的影响，而引入变暖影响总当量 TEWI 指标。TEWI 既考虑制冷剂排放的直接效应，又考虑能源利用引起的间接效应。因此，采用变暖影响总当量 TEWI 指标来衡量制冷剂长期使用对气候变暖的影响是全面的、科学的。

2. 制冷剂的替代过程

保护臭氧层，控制氯氟烃制冷剂的使用，是一件刻不容缓的大事，已引起了全世界各国的关注。1987 年 9 月在加拿大蒙特利尔市国际保护臭氧层会议上通过了《关于消耗臭氧层物质的蒙特利尔协议书》，提出限制使用 R11、R12、R113、R114、R115 等氟利昂。1992 年在哥本哈根召开的蒙特利尔议定书缔约国第四次会议上，又进一步修正与调整了淘汰受控物质的时间表。但基于对环境保护的认识，世界各国均加快了替代 HCFC 的步伐。从目前情况看，HCFC 的替代制冷剂有许多种，可归结为合成替代物和天然替代物两种，合成替代物有 HFC 纯工质和 HFC 混合制冷剂等，天然替代物有 NH_3、CO_2、水、碳氢化合物等。表 1-11 是 R22 各种替代物的热工性能。表 1-12 是几种工质的 ODP 值和 GWP 值。

表 1-11 R22 各种替代物的热工性能

制冷剂	蒸发压力/bar	冷凝压力/bar	排气温度/℃	EER	单位质量制冷量/（kJ/kg）	单位容积制冷量/（kJ/m³）
R22	6.27	21.79	100.37	3.43	151.82	3779.61
R1234yf	3.99	14.53	74.43	3.30	108.71	2262.59
R32	10.29	35.23	122.23	3.15	231.94	5876.06
R290	5.90	19.00	77.65	3.34	256.15	3095.94
R161	5.54	19.37	93.92	3.49	279.78	3386.42

（续）

制冷剂	蒸发压力/bar	冷凝压力/bar	排气温度/℃	EER	单位质量制冷量/(kJ/kg)	单位容积制冷量/(kJ/m³)
R410A	10.41	34.85	97.55	2.99	142.40	5212.58
R407c	6.78	24.98	89.14	3.12	137.68	3750.77
R134a	3.78	14.81	78.14	3.44	138.84	2401.29

注：1. 计算条件为蒸发温度 7.2℃，冷凝温度 54.4℃，过热度 11.1℃，过冷度 8.3℃。压缩机等熵效率为 0.75。

2. $1bar = 10^5 Pa$。

表 1-12　几种工质的 ODP 值和 GWP 值

制冷剂名称	R22	R32	R125	R134a	R1234ze	R1234yf	R410A	R407c	R290
ODP（R11=1）	0.055	0	0	0	0	0	0	0	0
GWP（CO₂=1）	1700	650	2800	1200	6	4	1890	1920	<20
大气寿命（年）	11.8	6	33	14	18天	11天	—	—	—

　　R22（HCFC-22）作为一种过渡性工质，目前在我国空调大部分机组中仍采用。对于卤代物 HCFC 限用日期的逼近，采用新的工质代替 R22，已成为行业亟待解决的课题。《京都议定书》前（1997 年前）以保护臭氧层为主要目标的工质替代研究中，人们得到了 R123 作为 R11 的替代物，R134a 作为 R12 的替代物，R407c 和 R410A 等作为 R22 的替代物。因此，制冷机组开始用 R407c 和 R410A 替代 R22，R410A 和 R407c 已进入实用阶段。

　　R410A 是一种近共沸混合工质（R32/R125，质量组成 50%/50%），具有无毒、不可燃、化学性能稳定、ODP 值为 0 等优点。R410A 与 R22 在制热能力、排气温度及运行范围诸方面相似，可以替代 R22 应用于热泵系统。但是由表 1-11 可以看出，蒸发压力和冷凝压力比 R22 提高 1.6 倍；能效比 EER 比 R22 下降了 12.92%；单位容积制冷量又太大，是 R22 的 1.4 倍，因此 R410A 不能直接在原有的 R22 设备中作为替代工质使用，而应对压缩机、冷凝器、蒸发器等设备及工艺过程做出相应的改进和完善。

　　R407c 是由 R32/R125 和 R134a 组成的混合工质（质量组成 23%/25%/52%）。R407c 的热工性能（p_c、p_e、EER、单位质量制冷量和单位容积制冷量）与 R22 相近，排气温度又低于 R22 和 R410A，更具有优势。

　　R410A 和 R407c 的 ODP 值为 0，但是 R410A 和 R407c 的 GWP 值较高，为受限制使用的制冷剂，不能长久使用。因此一些国家（如美国、日本等）首先采用 R410A 和 R407c 替代 R22 作为过渡性替代品，然后开发新型低 GWP 的工质，尤其是要开发研究、推广应用天然工质（如氨、二氧化碳、碳氢化合物等）。

　　《京都议定书》（1997 年）后，R22 替代研究的目标由单纯保护臭氧层转向同时保护臭氧层和减小温室效应。因此，对即将被禁用的 R22，其理想替代工质应满足：不含有氯元素，ODP 值为 0，且 GWP 值相对较小；应与 R22 有相似的热力学性质，且无毒、无味、不易燃易爆，有良好的化学稳定性；应与润滑油能良好的相溶，并且吸水率低；替代工质不会腐蚀系统中的设备。基于上述这些理想要求，从环保特性、热工性能、相对安全性等方面综合考虑，未来适用于中国空气源热泵的 R22 替代工质可能有 R32（CH_2F_2）、R1234yf、R744（CO_2）、R290（丙烷）等。

　　R32 属于 HFC 类，R32 与 R410A 具有非常接近的热物性（如蒸发压力、冷凝压力、单位容积制冷量等）；R32 的能效比 R410A 提高 5.35%；R32 压缩机的排气温度比 R410A 大，约为

R410A 的 1.63 倍，过高的排气温度会影响压缩机的可靠性。R32 的 GWP 值仅为 R410A 的 1/3，而且在相同的温度条件下，R32 的运行压力与 R410A 非常接近。因此近年来 R32 正逐渐成为空气源热泵中 R410A（也包括空气-水热泵中 R134a、热泵热水器中 R134a）的热门替代工质。但应注意，需针对 R32 的特点开发 R32 压缩机专用冷冻机油。

R1234yf 的 ODP 值为 0，GWP = 4，大气停留时间只有 11d，环保性远好于目前使用的 R22 以及 R22 的过渡性替代品，因此逐渐成为替代 R22 的较佳工质，主要存在单位容积制冷量和单位质量制冷量偏低的问题。与 R22 比较，R1234yf 的能效比约低 4.8%，单位质量制冷量约低 28.4%，单位容积制冷量约低 40.1%，但是 R1234yf 的冷凝压力约是 R22 的 0.67 倍，排气温度低 25.97℃。尽管 R1234yf 在制冷量（制热量）方面存在一定的劣势，但其较低的排气温度和冷凝压力，使其在高温工况下具有一定优势，值得关注。也要注意 R1234yf 具有可燃性，但比 R32 工质弱。

R290（丙烷，自然工质）对环境影响小，是长期替代 R22 的理想工质，可以与目前广泛使用的矿物油互溶，对密封材料、干燥剂无特殊要求。与 R22 相比，R290 具有优良的热物性：R290 的冷凝压力为 19.00bar，比 R22 略低 2.79bar，蒸发压力为 5.90bar，比 R22 略低 0.37bar，排气温度为 77.65℃，比 R22 低 22.72℃；能效比为 3.34，比 R22 低 0.09。但 R290 存在易燃易爆的危险性。

综上所述，现有 R22 替代工质的缺陷有：①R134a、R407c、R410A 具有较高的 GWP 值；②R32 微燃，仍有一定的 GWP 值；③由于压力过高，在适用范围上受局限；④R290（丙烷）可燃性等指标在很多领域的应用受到限制。

思考题与习题

1. 什么是逆卡诺循环？逆卡诺循环在 $T\text{-}s$ 图上如何表示？如果有一逆卡诺循环，其高温热源的温度为 45℃，低温热源的温度为 0℃，求其制冷系数。

2. 什么是湿蒸气区的逆卡诺循环？它有什么特点？湿蒸气区的逆卡诺循环实现起来的困难主要体现在哪几个方面？

3. 蒸气压缩式制冷的饱和循环由哪几个主要部件组成？各部件的主要作用是什么？

4. 什么是制冷循环效率？

5. 什么是过热损失、节流损失？其相对值大小与什么因素有关？

6. 一台美国进口的冷水机组，其铭牌上标明制冷量为 120 冷吨，那么这台制冷机的制冷量为多少 kW？

7. 什么是制冷装置的性能系数？

8. 在蒸气压缩式制冷循环的热力计算中，为什么多采用 $p\text{-}h$ 图？试说明 $p\text{-}h$ 图的构成。

9. 节流前过冷有什么好处？如何实现节流前过冷？

10. 为什么要采用双级压缩制冷循环？不完全中间冷却与完全中间冷却有什么区别？一级节流和两级节流有什么区别？

11. 为什么在 −60℃ 以下制冷时一般采用复叠式制冷系统？复叠式制冷循环的高温和低温系统的制冷剂一样吗？为什么？

12. 试写出制冷剂 R22、R123、R21 和 R12B1 的化学式，写出 CCl_2F_2、$CHClF_2$、CH_3Cl、CH_4、H_2O、CO_2 的编号。

13. 什么是制冷剂的 GWP？什么是制冷系统的 ODP？

14. 影响制冷循环工作的制冷剂热力学性质主要有哪几个？

15. 在制冷系统的运行过程中，为什么会发生"冰塞"现象和"镀铜"现象？

16. 什么是共沸混合制冷剂？什么是非共沸混合制冷剂？

17. 为什么氨不能采用回热循环？

18. 设蒸气压缩式制冷饱和循环的 $t_c = 30℃$，$t_e = -10℃$，若采用三种不同制冷剂 R717、R22 和 R134a，试比较它们的单位质量制冷量、单位容积制冷量和单位压缩功。

19. R22 制冷机，按饱和循环工作，已知 $t_c = 40℃$，$t_e = 5℃$，容积流量为 $0.1\mathrm{m^3/s}$，求制冷机的制冷量、消耗功率、冷凝热量和制冷系数。

20. R134a 制冷机，制冷量为 500kW，按饱和循环工作，$t_c = 45℃$，$t_e = 5℃$，求质量流量、容积流量、压缩机消耗功率、冷凝热量和制冷系数。

21. R22 制冷机，按下述两种工况运行：1）$t_c = 40℃$，$t_{sc} = 30℃$，$t_e = 5℃$；2）$t_c = 40℃$，$t_e = 5℃$。两种工况的压缩机吸气均为饱和蒸气。试比较这两种工况下的单位质量制冷量和制冷系数。

22. R717 制冷系统，运行工况为 $t_c = 30℃$，$t_e = -5℃$，冷凝器、蒸发器出口均为饱和状态，由于吸气管路保温不善，致使压缩机的吸气温度升高到 10℃。试求系统制冷量、压缩机消耗功率和制冷系数。

23. R134a 制冷机，采用回热循环，已知 $t_c = 40℃$，$t_e = -5℃$，压缩机吸气温度为 15℃，压缩机容积流量为 $0.2\mathrm{m^3/s}$，试求制冷机的制冷量、压缩机消耗功率、回热器和冷凝器的热负荷、节流前的液体温度。

24. 图 1-33 所示为氨制冷系统，其中液体分离器的作用是将气、液分离，保证压缩机吸入饱和蒸气。设 $t_c = 35℃$，$t_e = -15℃$，冷凝器、蒸发器出口均为饱和状态，系统制冷量为 200kW。求压缩机消耗功率、冷凝热量、蒸发器质量流量和压缩机质量流量。

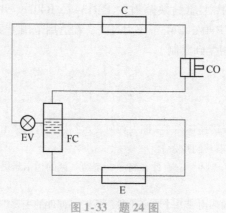

图 1-33 题 24 图

FC—液体分离器 其他符号同前

25. 图 1-34 所示的氨制冷系统，已知 $t_c = 30℃$，$t_e = -15℃$，冷凝器和蒸发器出口及压缩机入口均为饱和状态，部分液体经过冷后的温度为 15℃，求系统的制冷量及制冷系数。

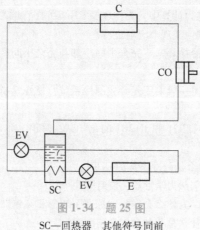

图 1-34 题 25 图

SC—回热器 其他符号同前

26. 有一 R22 制冷系统，采用回热循环，为了降低压缩机的排气温度，一部分冷凝液体经节流后进入压缩机吸气管，压缩机吸气点处于饱和状态，如图 1-35 所示，已知 $t_c = 40℃$，$t_e = -20℃$，蒸发器、冷凝器出口均为饱和状态。经回热后气体温度为 15℃，试求该系统制冷量、消耗功率及制冷系数。

27. 如图 1-36 所示，R134a 制冷系统有两组蒸发温度不同的蒸发器，已知 $t_{ea} = 5℃$，$t_{eb} = -5℃$，$t_c = 40℃$，制冷量分别为 $Q_{ea} = 10kW$，$Q_{eb} = 20kW$。冷凝器、蒸发器出口均为饱和状态，求压缩机消耗功率、冷凝器负荷和制冷系数。

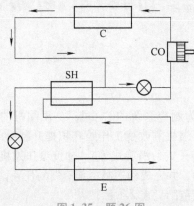

图 1-35　题 26 图

SH—过冷器　其他符号同前

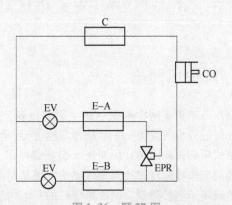

图 1-36　题 27 图

EPR—蒸发压力调节阀　其他符号同前

第 2 章

蒸气压缩式制冷循环的主要部件及冷水机组

2.1 制冷压缩机

制冷压缩机是制冷系统中最主要的设备，通常称为制冷系统的"心脏"。压缩机的种类很多，一般可分为两大类——容积型与速度型。容积型压缩机靠改变工作腔容积提升制冷剂压力，如往复式压缩机和回转式压缩机（包括螺杆式、滚动转子式、涡旋式等）。速度型压缩机是靠高速旋转的工作叶轮对制冷剂蒸气做功，提高制冷剂压力，并完成输送制冷剂蒸气的任务，离心式压缩机就属于这种类型。制冷压缩机的基本构造及应用范围见表 2-1。

表 2-1　制冷压缩机的基本构造及应用范围

分　类		图　示	气密特征	容量范围/kW	主要用途	特　点
容积型	往复式 活塞连杆式		开启	0.4 ~ 120	冷冻、空调、热泵	机型多、易生产、价廉、容量中等
			半封闭	0.75 ~ 45	冷冻、空调	
			全封闭	0.1 ~ 15	冷藏库、车辆	
	活塞斜盘式		开启	0.75 ~ 2.2	轿车空调专用	高速、小容量
	回转式 转子式		开启	0.75 ~ 2.2	车辆空调	高速、小容量
			全封闭	0.1 ~ 5.5	冷藏库、冰箱、车辆	
	旋转叶片式		开启	0.75 ~ 2.2	车辆空调	高速、小容量
			全封闭	0.6 ~ 5.5	冷库、冰箱、空调	
	涡旋式		开启	0.75 ~ 2.2	车辆空调、热泵	高速、小容量
			全封闭	2.2 ~ 7.5	空调	

（续）

分　类			图　示	气密特征	容量范围/kW	主要用途	特　点
容积型	回转式	螺杆式	双螺杆	开启	~6	汽车空调	压比大，可替代小容量往复式压缩机，价格昂贵
				半封闭	30~1600	车辆空调	
					55~300	热泵	
			单螺杆	开启	100~1100	热泵	
				半封闭	22~90	热泵、车辆	
速度型	离心式			开启	90~1000	冷冻、空调	容量大
				半封闭			

2.1.1　往复式压缩机

1. 往复式压缩机的分类

（1）按压缩机的密封方式分类　为了防止制冷系统内的制冷剂从运动着的压缩机中泄漏，必须采用密封结构。根据密封型式，压缩机可分为开启式、半封闭和全封闭式三类，如图 2-1 所示。

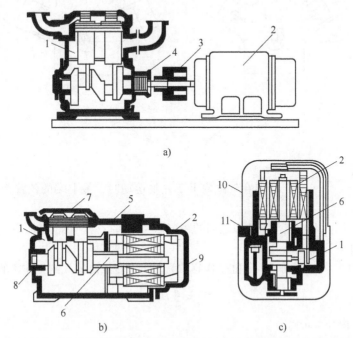

a)

b)　　　　　c)

图 2-1　开启式、半封闭式、全封闭式压缩机结构示意图

a）开启式　b）半封闭式　c）全封闭式

1—压缩机　2—电动机　3—联轴器　4—轴封　5—机体　6—主轴
7、8、9—可拆的密封盖板　10—焊封的罩壳　11—弹性支撑

开启式：靠电动机来驱动伸出机壳外的轴或其他运转零件的活塞式制冷压缩机，这种压缩机在固定件和运动件之间必须设置轴封。

半封闭式：可在现场拆开维修内部机件的无轴封的活塞式制冷压缩机。

全封闭式：压缩机和电动机装在一个由熔焊或钎焊焊死的外壳内的活塞式制冷压缩机，这类压缩机没有外伸轴或轴封。

（2）按压缩机气缸的布置方式分类　根据气缸布置型式，压缩机可分为卧式、立式和角度式。卧式压缩机的布置呈水平布置，立式压缩机的气缸为垂直布置，气缸数目多为两个。

角度式压缩机的气缸轴线在垂直于曲轴轴线的平面内成一定的夹角，如图 2-2 所示，这种压缩机具有结构紧凑、自重轻、运转平稳等特点，因而在现代中小型高速多缸压缩机系列中得到广泛应用。

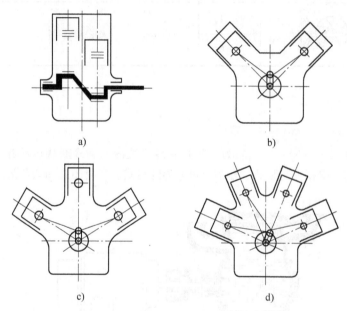

图 2-2　气缸不同布置型式的压缩机

a）直立型　b）V 型　c）W 型　d）S 型

2. 常用术语

（1）活塞的上、下止点　活塞在气缸内上下往复运动时，最上端的位置为上止点，最下端的位置为下止点。

（2）活塞行程 S　上止点与下止点之间的距离称为活塞行程。它也是活塞向上或向下运动一次所走的路程，通常用 S 表示。

（3）气缸工作容积 V_g（m^3）　气缸工作容积为上、下止点之间气缸工作室的容积。

$$V_g = \frac{\pi}{4}D^2 S \tag{2-1}$$

式中　D——气缸内径（m）。

对于一台有 Z 个气缸、转速为 n（单位：r/min）的压缩机，其理论输气量（理论容积流量）为

$$V_h = V_g Z n = \frac{\pi}{240}D^2 S Z n \tag{2-2}$$

式中　V_h——压缩机的理论输气量（m^3/s）。

压缩机的理论输气量仅与压缩机的结构参数和转速有关，与制冷剂的种类和工作条件无关。

（4）余隙容积 V_c　为了防止活塞顶部与阀板、阀片等零件撞击，并考虑热胀冷缩和装配允许误差等因素，活塞顶部与阀板之间必须留有一定的间隙。当活塞运动到上止点位置时，活塞顶部与阀板之间的容积称为余隙容积。

（5）相对余隙容积 C　余隙容积与气缸工作容积之比称为相对余隙容积，$C = V_c/V_g$，表示余隙容积占气缸工作容积的比例。

3. 往复式压缩机的工作过程

（1）理想工作过程　往复式压缩机实际工作过程十分复杂，为了便于分析讨论，对压缩机的工作过程做如下假设：

1）压缩机没有余隙容积。

2）吸、排气过程中没有阻力损失。

3）吸、排气过程中气缸与外界没有热量交换。

4）工作时没有制冷剂的泄漏。

满足上述条件的工作过程称为压缩机的理想工作过程，压缩机的理想工作过程如图 2-3 所示。整个工作过程分为吸气、压缩和排气三个过程。当活塞由上止点位置（点 4）向右移动时，压力为 p_1 的低压蒸气便不断地由蒸发器经吸气管和吸气阀进入气缸，直到活塞运动到下止点（点 1）为止。4-1 过程称为吸气过程。活塞在曲柄连杆机构的带动下开始向左移动，吸气阀关闭，气缸工作容积逐渐缩小，密闭气缸内的压力逐渐升高。当压力升高到等于排气管中的压力 p_2 时（点 2），排气阀自动打开，开始排气。1-2 过程称为压缩过程。活塞继续向左运动，气缸内气体的压力不再升高，而是不断地排出气缸，直到活塞运动到上止点（点 3）时为止。2-3 过程称为排气过程。当活塞重新由上止点开始向下止点运动时，又重新开始吸气过程，如此周而复始循环不已。

（2）实际工作过程　压缩机的实际工作过程与理想工作过程存在较大的区别。实际工作过程如图 2-4 所示。由于实际压缩机中存在着余隙容积，当活塞运动到上止点时，余隙容积内的高压气体留存于气缸内，活塞由上止点开始向下止点运动时，吸气阀在压差作用下不能立即开启。首先存在一个余隙容积内高压气体的膨胀过程，当气缸内气体压力降到低于蒸发压力 p_e 时，吸气阀才自动开启，开始吸气过程。由此可知，压缩机的实际工作过程是由膨胀、吸气、压缩、排气四个工作过程组成的。图中 3'-4' 表示膨胀过程；4'-1' 表示吸气过程；1'-2' 表示压缩过程；2'-3' 表示排气过程。

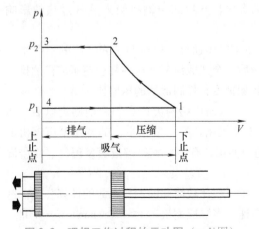

图 2-3　理想工作过程的示功图（p-V 图）

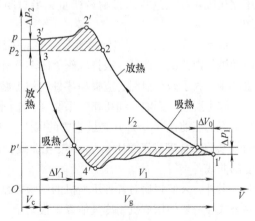

图 2-4　压缩机的实际示功图

4. 往复式压缩机的输气系数

由于各种因素的影响，压缩机的实际输气量（V_s）总是小于理论输气量（V_h）。实际输气量与理论输气量之比称为压缩机的输气系数，用 λ 表示。

$$\lambda = \frac{V_s}{V_h} \tag{2-3}$$

λ 的大小反映了实际工作过程中存在的诸多因素对压缩机输气量的影响，也表示了压缩机气缸工作容积的有效程度，故也称压缩机的容积效率，其值小于 1。输气系数综合了 4 个主要因素，即余隙容积、吸排气阻力、吸气过热和泄漏对压缩机输气量的影响，为此可以将输气系数写成 4 个分系数乘积的形式，即

$$\lambda = \lambda_V \lambda_P \lambda_t \lambda_1 \tag{2-4}$$

式中　λ_V——容积系数；

$\quad\quad\lambda_P$——压力系数；

$\quad\quad\lambda_t$——温度系数；

$\quad\quad\lambda_1$——泄漏系数。

（1）余隙容积的影响　如前所述，由于余隙容积的存在，少量高压气体首先膨胀占据一部分气缸的工作容积，如图 2-4 中 ΔV_1，从而减小了气缸的有效工作容积。计算表明，相对余隙越大和压缩比越大（即排气压力与吸气压力之比），则容积系数的值 λ_V 越小。因此在装配时，应使余隙控制在适当的范围内，以减小余隙容积对压缩机输气量的影响。通常，空调工况取 $C = 0.04 \sim 0.05$，制冷工况取 $C = 0.02 \sim 0.04$。

（2）吸排气的影响　压缩机吸排气过程中，蒸气流经吸气腔、排气腔、通道及阀门等处，都会有流动阻力。阻力的存在势必导致气体产生压力降，其结果使得实际吸气压力低于吸气管内压力，排气压力高于排气管内压力，增大了吸排压力差，并使压缩机的实际吸气量减小。吸排气压力损失主要取决于压缩机吸排气通道、阀片结构和弹簧力的大小。

（3）吸入蒸气过热的影响　压缩机实际工作时，从蒸发器出来的低温蒸气在流经吸气管、吸气腔、吸气阀进入气缸前均要吸热而使温度升高，比体积增大。由于气缸的容积是一定的，蒸气比体积的增大必然导致实际吸入蒸气的质量减小。为了减少吸入蒸气过热的影响，除吸气管道应保温外，应尽量降低压缩比，使气缸壁的温度下降，同时应改善压缩机的冷却状况。全封闭压缩机吸入蒸气过热的影响最严重，半封闭压缩机次之，开启式压缩机吸入蒸气过热的影响较小。

（4）泄漏的影响　气体的泄漏主要是压缩后的高压气体通过气缸壁与活塞之间的不严密处向曲轴箱内泄漏。此外，吸排气阀关闭不严和关闭滞后也会造成泄漏，这些都会使压缩机的排气量减少。为了减少泄漏，应提高零件的加工精度和装配精度，控制适当的压缩比。

综上所述，影响压缩机输气系数 λ 的因素很多，当压缩机结构类型和制冷剂确定以后，运行工况的压缩比（p_2/p_1）是最主要的因素。因此，压缩机制造厂一般将生产的各类型压缩机的输气系数 λ 整理成压缩比 p_2/p_1 的变化曲线，以供用户使用。有些厂家整理成蒸发温度、冷凝温度的曲线。

另外，人们根据对各种压缩机的试验数据，提出了一些比较简便的输气系数的计算公式，这些公式在一般的压缩机制冷量估算中很实用。对于高速、多缸压缩机（$n \geq 720\text{r/min}$，$C = 0.03 \sim 0.04$），可用下面的经验公式，即

$$\lambda = 0.94 - 0.085\left[\left(\frac{p_2}{p_1}\right)^{\frac{1}{m}} - 1\right] \quad (2\text{-}5)$$

式中　m——指数，对于 R717 压缩机，取 1.28，对于 R22 压缩机，取 1.18。

对于双级压缩制冷系统中的低压级压缩机，输气系数可用如下的经验公式，即

$$\lambda = 0.94 - 0.085\left[\left(\frac{p_2}{p_1 - 0.1}\right)^{\frac{1}{m}} - 1\right]$$

$$(2\text{-}6)$$

式中　p_1、p_2——单位是 $10^5 \mathrm{Pa}$。

对于小型全封闭压缩机的输气系数，可从图 2-5 上根据压缩比（p_2/p_1）和相对余隙 C 查得。该图是对几十种小型压缩机试验所得结果的综合值。

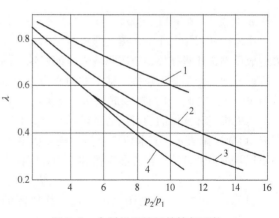

图 2-5　全封闭压缩机的输气系数
1—$C = 0.01 \sim 0.015$　2—$C = 0.025 \sim 0.04$
3—$C = 0.04 \sim 0.05$　4—$C = 0.05 \sim 0.08$

5. 压缩机实际制冷量

由式（2-3）可得压缩机实际输气量（实际容积流量）应为

$$V_s = \lambda V_h$$

因此

$$Q_e = \lambda V_h q_v = \frac{\lambda V_h q_e}{v_1} \quad (2\text{-}7)$$

[例 2-1]　有一台 8 缸压缩机，缸径 $D = 100\mathrm{mm}$，活塞行程 $S = 70\mathrm{mm}$，转速 $n = 960\mathrm{r/min}$，运行工况为 $t_c = 40\text{℃}$，$t_e = 0\text{℃}$，按饱和循环工作，制冷剂为氨。试估算压缩机实际制冷量。

[解]　1）压缩机的活塞排量。

$$V_h = \frac{\pi}{240}D^2 SZn = \frac{\pi}{240} \times 0.1^2 \times 0.07 \times 8 \times 960 \mathrm{m^3/s} = 0.0704 \mathrm{m^3/s}$$

2）将循环过程表示在 $p\text{-}h$ 图上（见图 2-6），从附录 B 和附录 E 的氨热力性质表中查出循环过程各状态点的参数。

由 $t_e = 0\text{℃}$ 可查得 $p_e = 430.17\mathrm{kPa}$，由 $t_c = 40\text{℃}$ 可查得 $p_c = 1556.7\mathrm{kPa}$。

$h_1 = 1379.14\mathrm{kJ/kg}$，$v_1 = 0.2873\mathrm{m^3/kg}$，$s_1 = 3.16631\mathrm{kJ/kg}$；$h_2 = 1565\mathrm{kJ/kg}$；$h_4 = h_3 = 312.008\mathrm{kJ/kg}$。

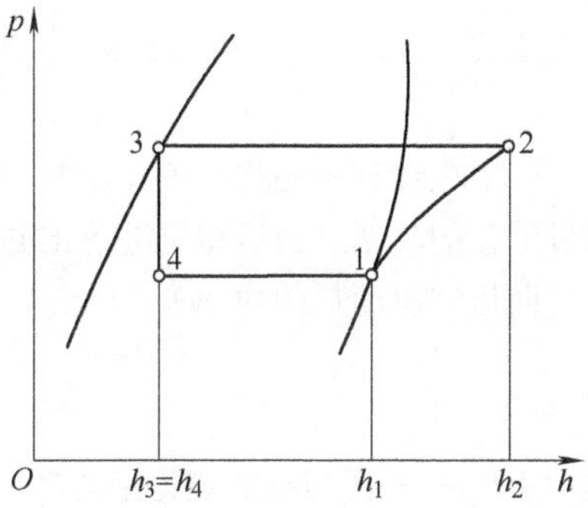

3）单位质量制冷量。

$q_e = h_1 - h_4 = (1379.14 - 312.008)\mathrm{kJ/kg} = 1067.132\ \mathrm{kJ/kg}$

4）求单位容积制冷量。

$$q_v = \frac{q_e}{v_1} = \frac{1067.132}{0.2873}\mathrm{kJ/m^3} = 3714.35\mathrm{kJ/m^3}$$

图 2-6　[例 2-1] 图

5）求输气系数（容积效率）。

$$\lambda = 0.94 - 0.085\left[(p_2/p_1)^{\frac{1}{m}} - 1\right] = 0.94 - 0.085 \times \left[(1556.7/430.17)^{\frac{1}{1.28}} - 1\right] = 0.777$$

6）压缩机的实际制冷量。

$$Q_e = \lambda V_h q_v = 0.777 \times 0.0704 \times 3714.35\mathrm{kW} = 203.18\mathrm{kW}$$

6. 往复式压缩机的功率

压缩机在实际工作中，蒸气通过吸气阀、排气阀有压力损失，蒸气从高压到低压有泄漏，都会造成压缩机能量损失，使实际输入压缩机轴上的功率大于理想压缩机消耗的功率。

设电动机传递到压缩机主轴上的功率为 P_s（称轴功率，单位一般为 kW，小型压缩机的单位常为 W），它主要用于对制冷剂做功，克服机件摩擦及驱动油泵。

压缩机对蒸气做的功可以通过示功图（p-V 图）来确定，因此这部分功率也称为指示功率，用 P_i（kW）来表示；克服机件摩擦消耗的功率称为摩擦功率，用 P_f（kW）表示；驱动油泵的功率通常不单独计算，包含在摩擦功率中。因此有

$$P_s = P_i + P_f \tag{2-8}$$

（1）指示功率　示功图上工作过程线所围的面积表示了一个气缸、活塞往返一次所消耗的功，即

$$P_i = m_p m_V A_i$$

式中　P_i——每个气缸曲轴每转一次所消耗的功，称指示功 [kJ/（转·缸）]；

　　　A_i——示功图上的面积（见图 2-7）；

　　　m_p——示功图上压力坐标的比例（kPa/cm）；

　　　m_V——示功图上容积坐标的比例（m³/cm）；

示功图上的过程线所围的面积可以用一个矩形面积来代替，矩形面积的长为活塞行程容积 V_g，高为 p_i，即

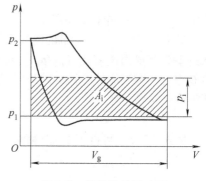

图 2-7　压缩机的示功图

$$w_i = p_i V_g \tag{2-9}$$

式中　p_i——平均指示压力（kPa），它的物理意义是在平均压力作用下，活塞运动一个行程对蒸气所做的功等于指示功。因压力单位 kN/m² = kN·m/m³ = kJ/m³，所以平均指示压力也可以看成单位气缸容积消耗的功。

当压缩机有 Z 个气缸，转速为 n 时，则指示功率为

$$P_i = w_i Z n = p_i V_g Z n \tag{2-10}$$

将式（2-2）代入式（2-10），得

$$P_i = p_i V_h \tag{2-11}$$

一般在计算中往往得不到示功图的资料，因此，通常利用制冷剂的热力性质图表来估算压缩机消耗的功率。当压缩机进行的过程是绝热过程时，可按式（1-21）计算压缩机的单位压缩功，而压缩机消耗的功率为

$$P_{ad} = \dot{m}_R (h_2 - h_1)_s = \frac{\lambda V_h (h_2 - h_1)_s}{v_1} \tag{2-12}$$

式中　P_{ad}——压缩机的理论绝热功率（kW）。

通常用指示效率来衡量压缩机实际过程中的能量损失，包括蒸气通过吸排气阀的节流损失、蒸气流动的摩擦与节流损失、蒸气与气缸及活塞等热交换引起的损失、泄漏蒸气再压缩引起的损失等。指示效率的定义为

$$\eta_i = P_{ad} / P_i \tag{2-13}$$

影响指示效率的因素与影响容积效率的因素基本相同，主要的影响因素可归纳为压缩机运行工况、压缩机的结构与质量、制冷剂性质这三个方面。指示效率应根据实测示功图来确定。无确切资料时，可用如下经验公式计算

$$\eta_{\mathrm{i}} = 1 - 0.6 \left[1 - \left(\frac{p_2}{p_1} \right)^{-0.3} \right] \tag{2-14}$$

因此
$$P_{\mathrm{i}} = P_{\mathrm{ad}} / \eta_{\mathrm{i}} \tag{2-15}$$

（2）摩擦功率　压缩机的摩擦功率主要用于克服各运动部件摩擦面之间（如活塞与气缸、轴承与轴颈、轴封与摩擦环、曲轴与连杆等）的摩擦阻力和油泵的功率。

摩擦功率可用机械效率来衡量，机械效率的定义为

$$\eta_{\mathrm{m}} = \frac{P_{\mathrm{i}}}{P_{\mathrm{s}}} \tag{2-16}$$

机械效率一般为 0.85 ~ 0.95。

根据式（2-15）和式（2-16），压缩机的轴功率应为

$$P_{\mathrm{s}} = \frac{P_{\mathrm{ad}}}{\eta_{\mathrm{i}} \eta_{\mathrm{m}}} \tag{2-17}$$

将式（2-12）代入式（2-17），得

$$P_{\mathrm{s}} = \frac{\lambda V_{\mathrm{h}} (h_2 - h_1)_{\mathrm{s}}}{\eta_{\mathrm{i}} \eta_{\mathrm{m}} v_1} \tag{2-18}$$

令
$$\eta_{\mathrm{e}} = \eta_{\mathrm{i}} \eta_{\mathrm{m}} \tag{2-19}$$

称 η_{e} 为轴效率，一般在 0.65 ~ 0.78 范围内。

（3）压缩机配用电动机功率　压缩机配用电动机的功率还应考虑传动损失和一定的裕量，电动机功率应为

$$P = \frac{(1.10 \sim 1.15) P_{\mathrm{s}}}{\eta_{\mathrm{d}}} \tag{2-20}$$

式中　1.10 ~ 1.15——裕量，小电动机取大值；
η_{d}——传动效率，直接传动，$\eta_{\mathrm{d}} = 1$，V 带传动，$\eta_{\mathrm{d}} = 0.9 \sim 0.95$。

（4）压缩机的单位轴功率制冷量　单位轴功率制冷量是衡量压缩机在能量消耗方面的性能指标，其定义为

$$K_{\mathrm{e}} = \frac{Q_{\mathrm{e}}}{P_{\mathrm{s}}} \tag{2-21}$$

式中　K_{e}——单位轴功率的制冷量（kW/kW）。

将式（2-7）和式（2-18）代入式（2-21），整理后得

$$K_{\mathrm{e}} = \frac{\eta_{\mathrm{i}} \eta_{\mathrm{m}} q_{\mathrm{e}}}{(h_2 - h_1)_{\mathrm{s}}} = \eta_{\mathrm{i}} \eta_{\mathrm{m}} \varepsilon_{\mathrm{th}} \tag{2-22}$$

式中　$\varepsilon_{\mathrm{th}}$——理论制冷系数。不难看到，它与压缩机的结构型式、制造质量、转速、制冷剂性质、运行工况等有关。在同一工况下，$\varepsilon_{\mathrm{th}}$ 值的大小表明了压缩机能量消耗方面性能的优劣。

因此，压缩机的单位轴功率制冷量是压缩机重要的性能指标之一。

[例 2-2]　试为 [例 2-1] 的压缩机确定配用电动机的功率，并求压缩机的单位轴功率制冷量。

[解]　1）确定压缩机排气状态的比焓和温度，根据氨的 p-h 图或过热蒸气热力性质表，查得 $h_1 = 1379.14 \mathrm{kJ/kg}$，$h_2 = 1565 \mathrm{kJ/kg}$，$t_2 = 95 ℃$。

2）求绝热压缩功率。

$$P_{\text{ad}} = \dot{m}_{\text{R}}(h_2 - h_1)_{\text{s}} = \frac{\lambda v_{\text{h}}(h_2 - h_1)_{\text{s}}}{v_1} = 0.777 \times 0.0704 \times \frac{(1565 - 1379.14)}{0.2873}\text{kW} = 35.4\text{kW}$$

3）求指示效率。

$$\eta_{\text{i}} = 1 - 0.6 \times [1 - (1556.7/430.17)^{-0.3}] = 0.81$$

4）求压缩机的轴功率。

$$P_{\text{s}} = \frac{P_{\text{ad}}}{\eta_{\text{i}}\eta_{\text{m}}} = \frac{35.4}{0.81 \times 0.9}\text{kW} = 48.6\text{kW}$$

5）求配用电动机功率。若电动机与压缩机直联，根据式（2-20）配用电动机的功率应不小于

$$P = 1.1 \times 48.6\text{kW} = 53.5\text{kW}$$

6）求压缩机的单位轴功率制冷量。

$$K_{\text{e}} = Q_{\text{e}}/P_{\text{s}} = 203.18/48.6\text{kW/kW} = 4.18\text{kW/kW}$$

7. 往复式压缩机的特性

式（2-7）、式（2-17）、式（2-21）是计算往复式压缩机制冷量、轴功率及单位轴功率制冷量的基本公式。不难看到，对于同一台压缩机，采用同一种制冷剂，其制冷量、轴功率、单位轴功率制冷量都随着工况的改变而改变，其原因是公式中的 q_{e}、$(h_1 - h_2)_{\text{s}}$、v_1 等都随工况的变化而变化。下面研究它们的变化规律。

（1）制冷量随工况的变化规律　当蒸发温度 t_{e} 升高，或（和）冷凝温度 t_{c} 降低时，q_{e}/v_1 增大；同时，因压缩比 (p_2/p_1) 减小使 λ 增大，因此，压缩机的制冷量随着蒸发温度的升高而增大，随着冷凝温度的降低而增加，前者的影响更为显著。如果以 Q_{e} 作纵坐标，t_{e} 作横坐标，将制冷量随工况变化的规律表示在图上，即是压缩机的制冷量性能曲线。图2-8所示为8AS10压缩机的制冷量性能曲线。

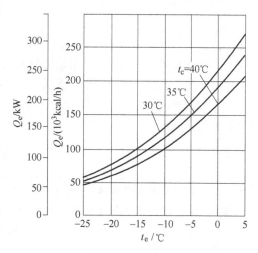

图2-8　压缩机的制冷量性能曲线

（2）轴功率随工况的变化规律　当冷凝温度 t_{c} 降低时，$(h_2 - h_1)$ 减小；同时由于压缩比 (p_2/p_1) 的降低而使 λ、η_{e}（$\eta_{\text{i}}\eta_{\text{m}}$）增加，而吸气比体积不变。因此，从式（2-18）看到，轴功率随着冷凝温度的降低而减小。

当蒸发温度升高时，$(h_2 - h_1)$ 减小，而 v_1 反而减小；同时由于压缩比 (p_2/p_1) 的降低而使 $(h_2 - h_1)$ 增加，因此从式（2-18）无法判断轴功率的变化规律。从物理意义分析，当 t_{e} 升高时，压缩机质量流量 $\dot{m}_{\text{R}} = \lambda V_{\text{h}}/v_1$ 增加了，而单位压缩功 $(h_2 - h_1)_{\text{s}}/(\eta_{\text{i}}\eta_{\text{m}})$ 减少了，轴功率的变化取决于这两个量中变化速率较大的一个。根据理论分析与实测表明，压缩机的轴功率随着蒸发温度的升高而增加，当增加到某一最大值时，则随着蒸发温度的升高而减小。这就是说，当 t_{e} 低于出现最大值的蒸发温度时，压缩机的流量变化起主导作用；当 t_{e} 高于出现最大值的蒸发温度时，单位压缩功的变化起主导作用。如果以 P_{s} 为纵坐标，t_{e} 为横坐标，将轴功率随工况变化

的规律表示在图上，即为压缩机轴功率性能曲线。图 2-9 所示为 8AS10 压缩机的轴功率性能曲线。

压缩机制冷量和轴功率的性能曲线都应由生产厂家提供。

（3）压缩机的名义工况　压缩机的制冷量随着工况的变化而变化，只知道制冷量而不知道运行工况就无法判断压缩机哪一个大，要比较它们的大小，只有在同一工况下才有意义。为此，对制冷压缩机规定了几组名义工况，作为比较压缩机性能的基础。名义工况是性能工况中的一种

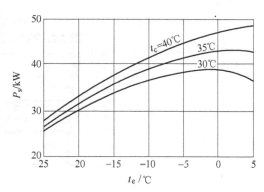

图 2-9　压缩机轴功率性能曲线

工况，在此工况下压缩机按规定条件进行试验并作为性能比较的基准。

各国所规定的名义工况不尽相同。我国国家标准《活塞式单级制冷压缩机》（GB/T 10079—2018）对制冷压缩机规定的名义工况见表 2-2 和表 2-3。

表 2-2　有机制冷剂压缩机名义工况　　　　　　　　　　　　（单位：℃）

类　　型	吸入压力饱和温度	排出压力饱和温度	吸入温度	环境温度
高温	7.2	54.4[①]	18.3	35
	7.2	48.9[②]	18.3	35
中温	-6.7	48.9	18.3	35
低温	-31.7	40.6	18.3	35

注：表中工况制冷剂液体的过冷度为 0℃。
① 为高冷凝压力工况。
② 为低冷凝压力工况。

表 2-3　无机制冷剂压缩机名义工况　　　　　　　　　　　　（单位：℃）

类　　型	吸入压力饱和温度	排出压力饱和温度	吸入温度	制冷剂液体温度	环境温度
中低温	-15	30	-10	25	32

8. 活塞式压缩机的能量调节

活塞式压缩机一般采用油压操纵的输气量调节机构，根据运行条件的变化，改变压缩机工作气缸数目，以达到调节制冷量的目的。此外，它还可以起到压缩机的卸载起动作用，以减少起动转矩，简化电动机的起动设备和操作运行手续。国产系列压缩机多采用顶开吸气阀片的方法来调节压缩机的输气量。能量调节装置由执行机构、传动机构和控制机构三部分组成。图 2-10 所示为油压顶杆启阀式卸载机构。

（1）执行机构　在吸气阀片下面，有进气孔的环形平面上均布 6 个装小顶杆的小孔，顶杆上套有弹簧，可以随传动机构的动作而升降，小顶杆将吸气阀片顶开（即离开阀片密封线），该气缸不能输气，即是卸载；当顶杆下落，使吸气阀片落下紧贴到阀片密封线上，该气缸即投入正常吸、排气。

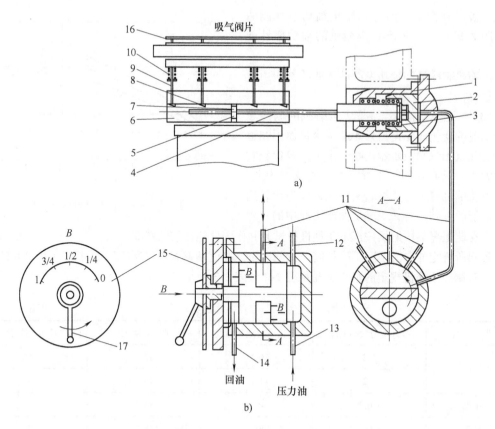

图 2-10　油压顶杆启阀式卸载机构

1—卸载油缸　2—卸载活塞　3—卸载弹簧　4—推杆　5—凸缘　6—转动环　7—缺口　8—斜面切口
9—顶杆　10—顶杆弹簧　11—配油接管　12—压力表接管　13—供油接管　14—回油接管
15—铭牌　16—吸气阀片　17—能量调节手柄

（2）传动机构　传动机构也称油缸-拉杆机构。套在气缸外面的转动环与顶吸气阀片用的小顶杆接触处制成斜面，转动环转动时，斜面使小顶杆沿顶杆孔上下移动。当卸载油缸中无油压时，拉杆和油缸内的小活塞在弹簧力的作用下向后移动，并带动转动环转动，使顶杆处在斜面的最高点，将吸气阀片顶开，达到卸载的目的。反之，当有油压时，小顶杆落下，使吸气阀片恢复正常工作状态。一般一个油缸-拉杆机构控制两个气缸的卸载动作。

（3）控制机构　控制机构为手动能量控制阀。这种阀实际上是一个油压分配阀，它有 3 根（8 缸压缩机为 4 根）分别通往不同卸载油缸的油管，根据冷负荷的变化可转动阀芯手柄，控制工作气缸的数目，铭牌上一般均有能量调节范围。

2.1.2　螺杆式压缩机

螺杆式压缩机属于回转式压缩机的一种型式。由于它具有结构简单、损件少、转速高、排气温度低、对湿压缩不敏感等一系列优点，在制冷空调领域得到了广泛应用。

1. 基本构造

喷油式螺杆压缩机的基本构造如图 2-11 所示。主要部件有阳转子、阴转子、机体、轴承、轴封、平衡活塞及能量调节装置。

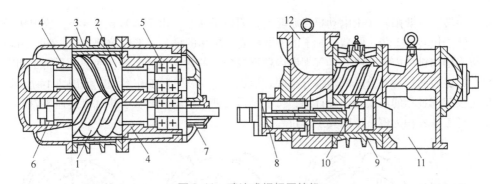

图 2-11　喷油式螺杆压缩机

1—阳转子　2—阴转子　3—机体　4—滑动轴承　5—推力轴承　6—平衡活塞　7—轴封
8—能量调节用卸载活塞　9—卸载销阀　10—喷油孔　11—排气口　12—进气口

压缩机的工作气缸容积由转子齿槽、气缸体和吸排气端座构成。吸气端座和气缸体内壁上开有吸气口（分轴向吸气口和径向吸气口），排气端座和气缸体内壁上也开有排气口，而不像活塞式压缩机那样设吸、排气阀。吸、排气口的大小和位置要经过精心设计计算确定。随着转子的旋转，吸、排气口可按需要准确地使转子的齿槽与吸、排气腔连通或隔断，周期性地进行进气、压缩、排气过程。转子、机壳部件如图 2-12 和图 2-13 所示。

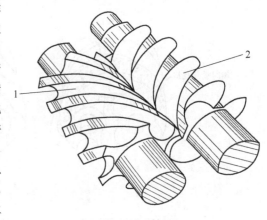

喷油的作用是冷却气缸壁、降低排气温度、润滑转子，并在转子与气缸壁之间形成油膜密封、减小机械噪声。螺杆压缩机运转时，由于转子上产生较大轴向力，必须采取平衡措施，通常是在两个转子上设置推力轴承。另外，阳转子上轴向力较大，还要加装平衡活塞予以平衡。

图 2-12　转子

1—阴转子　2—阳转子

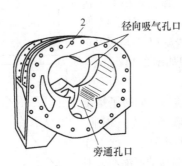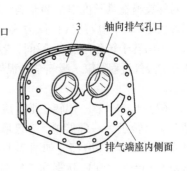

图 2-13　机壳部件立体图

1—吸气端座　2—机体　3—排气端座

2. 工作过程

一对相互啮合的螺杆具有特殊的螺旋齿形，凸齿形称为阳螺杆（或称为阳转子），凹齿形称为阴螺杆（或称为阴转子），如图 2-12 所示。阳转子为 4 齿，阴转子为 6 齿，两转子按一定速比啮合反向旋转。一般阳转子由电动机直联驱动，阴转子从动。由于齿数比为 4:6，故阳转子旋转一转，阴转子仅转 2/3 转。两啮合转子的外圆柱面与机体的横 8 字形内腔相吻合。阳、阴转子未啮合的螺旋槽与机体内壁及吸、排气端座内壁形成独立的封闭齿间容积，而阳、阴转子相啮合的螺旋槽由螺旋面的接触线分隔成两部分空间，形成一个"V"形工作容积，如图 2-14 所示。吸、排气口是按工作过程的需要精确设计的，可根据需要使工作容积与吸、排气口连通或隔断。下面以一个 V 形工作容积为例，说明其工作过程。

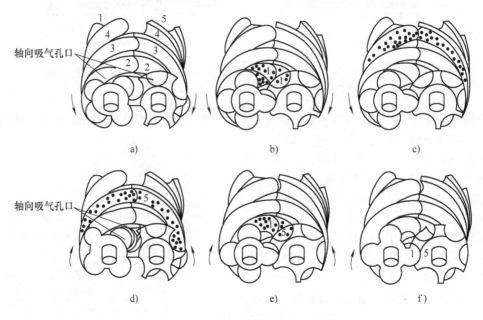

图 2-14　螺杆式压缩机的工作过程

（1）吸气过程　设阳转子转角为 φ，以 V 形齿间容积 1-1 为对象。当 $\varphi = 0°$ 时，容积 1-1 为零（见图 2-14a），随着阳转子旋转，φ 增加，容积 1-1 随之增大，且容积 1-1 一直与吸气口相通，使蒸发器内气体不断被吸入。当 $\varphi = 270°$ 时，构成容积 1-1 的两螺旋槽在排气端脱出啮合，

该对螺旋槽在其长度中全部充满气体，容积 1-1 达到最大值 V_1，相应的气体压力为 p_1，如图 2-15 所示。当阳转子转角超过 φ_1 瞬间，容积 1-1 与吸气口断开，吸气过程结束。吸气全过程如图 2-14a、b、c所示。

（2）压缩过程　阳转子继续旋转，阳转子螺旋槽 1 与阴转子另一螺旋槽 5（已吸满气体）连通，组成新的 V 形容积 1-5，如图 2-14d 所示。此工作容积 1-5 由最大值 V_1 逐渐向排气端移动而缩小，对封闭在其中的气体进行压缩，压力逐渐升高。当阳转子的转角继续增至 φ_2 时，如图 2-14e 所示，容积 1-5 由 V_1 缩小至 V_2，压力升至 p_2，此时（$\varphi = \varphi_2$）容积 1-5 开始与排气孔口连通，压缩过程结束，排气过程即将开始。

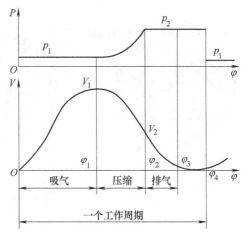

图 2-15　气体压力、工作容积和转角的关系

（3）排气过程　阳转子继续旋转，与排气孔口连通的容积 1-5 逐渐缩小。当阳转子转角由 φ_2 增至 φ_3 时，容积 1-5 由 V_2 缩小至零，排气结束，此过程气体压力 p_2 基本不变。当阳转子转角再增至 φ_4（$\varphi = 720°$）时，容积 1-5 的阳转子螺旋槽 1 又在吸气端与吸气口相通，于是下一工作周期又重新开始。

从以上分析可看出螺杆式压缩机的工作过程有如下特点：

1）两啮合转子某 V 形工作容积，完成吸气、压缩、排气一个工作周期，阳转子要转两转，而整个压缩机的其他 V 形工作容积的工作过程与之相同，只是吸气、压缩、排气过程的先后不同而已。

2）每个 V 形工作容积的最大值和压缩终了气体的压力均由压缩机结构型式参数决定，与运行工况无关。因此，工作容积最大值 V_1 与压缩终了的容积 V_2 之比称为内容积比 ε，即

$$\varepsilon = \frac{V_1}{V_2} \tag{2-23}$$

为了适应不同运行条件，我国螺杆式压缩机系列产品分别推荐了三种比值，即 $\varepsilon = 2.6$、3.6、5.0，分别可供高温、中温和低温工况选用。这一点在选择螺杆式压缩机时应予以注意。

3. 能量调节

螺杆式压缩机的能量调节多采用滑阀调节，其基本原理是通过滑阀的移动使压缩机阳、阴转子齿间的工作容积，在齿间接触线从吸气端向排气端移动的前工段时间内，仍与吸气口相通，使部分气体回流至吸气口，即减少了螺杆有效工作长度，达到能量调节的目的。

图 2-16 所示为滑阀式能量调节机构示意图，滑阀可通过手动、液压传动或电动方式使其沿机体轴线方向往复滑动。若滑阀停留在某一位置，压缩机即在某一排气量下工作。图 2-17 所示为滑阀能量调节的原理图。其中，图 2-17a 为全负荷工作时的滑阀位置，此时滑阀尚未移动，工作容积中全部气体被排出。图 2-17b 则为部分负荷时滑阀位置，滑阀向排气端方向移动，旁通口开启，压缩过程中，工作容积内气体在越过旁通口后进行压缩过程，其余气体未进行压缩就通过旁通口回流至吸气腔。这样，排气量就减少了，起到调节能量的作用。

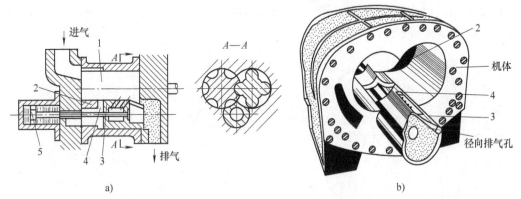

图 2-16　滑阀式能量调节机构

1—阴阳转子　2—滑阀固定端　3—能量调节滑阀　4—旁通口　5—油压活塞

一般螺杆式压缩机的能量调节范围为 10% ~ 100%，且为无级调节。在能量调节过程中，其制冷量与功耗关系如图 2-18 所示。显然，螺杆式压缩机的制冷量与功率消耗在整个能量调节范围内不是成正比关系。当制冷量在 50% 以上时，功率消耗与制冷量近似成正比关系，而在低负荷下运行时功率消耗较大。因此，从节能方面考虑，螺杆式压缩机的负荷（即制冷量）应在 50% 以上的工况下运行为宜。

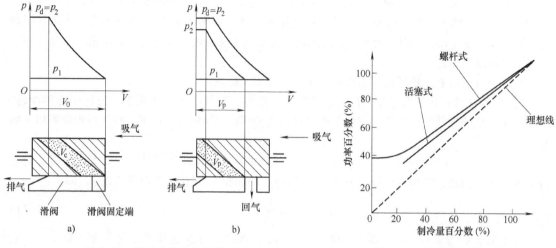

图 2-17　滑阀能量调节的原理图

a）全负荷位置　b）部分负荷位置

图 2-18　制冷量与功耗的关系

4. 螺杆齿形及主要参数

为了使螺杆式压缩机具有良好的性能，必须确定合理的螺杆齿形，选取适合的结构参数。

（1）螺杆齿形　螺杆齿形一直是研究的核心，目前螺杆的齿形主要有对称圆弧齿形、单边不对称的摆线圆弧齿形和 GHH 不对称齿形三种（见图 2-19 ~ 图 2-21）。

（2）螺杆直径和长径比　螺杆直径是指转子的公称直径 D_0（mm），我国螺杆的公称直径有 63mm、80mm、100mm、125mm、160mm、200mm 等几种。

螺杆的长径比是指压缩机螺杆的轴向（螺杆部分）长度与螺杆公称直径的比值 L/D_0，我国有两种长径比，即 L/D_0 为 1 和 1.5。

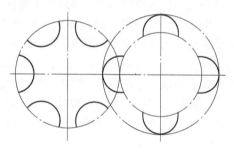

图 2-19　对称圆弧齿形

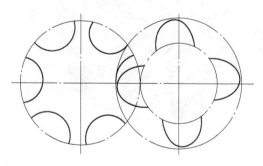

图 2-20　单边不对称的摆线圆弧齿形

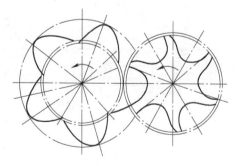

图 2-21　GHH 不对称齿形

（3）理论排气量　理论排气量 V_h（m³/h）为单位时间内阴、阳转子转过的齿间容积之和，即

$$V_h = 60 \left(m_1 n_1 V_1 + m_2 n_2 V_2 \right) \tag{2-24}$$

式中　V_1、V_2——阳转子和阴转子的齿间容积（即一个齿槽容积，m³）；

m_1、m_2——阳转子和阴转子的齿数；

n_1、n_2——阳转子和阴转子的转速（r/min）。

因为　　　　　　　　　　$m_1 n_1 = m_2 n_2$ 且 $V_1 = A_{01} L$, $V_2 = A_{02} L$

所以　　　　　　　　　　$V_h = 60 m_1 n_1 L (A_{01} + A_{02})$　　　　　　　　　　　　（2-25）

式中　L——螺杆的螺旋部分长度（m）；

A_{01}、A_{02}——阳转子和阴转子端面齿间面积（端平面上的齿槽面积，m^2）。

（4）容积效率和指示效率　螺杆式压缩机的实际排气量低于它的理论排气量，主要原因是螺杆之间及螺杆与机壳之间的间隙引起气体泄漏。螺杆式制冷压缩机的容积效率（类同于活塞式制冷压缩机的输气系数）一般为 0.75～0.95，大于相同压缩比下的活塞式压缩机，机械效率为 0.95～0.98，指示效率（也称为内效率）在 0.72～0.85 范围内。图 2-22、图 2-23 所示为 KA20C 型螺杆式制冷压缩机的性能曲线图，其变化规律与活塞式压缩机基本相同。

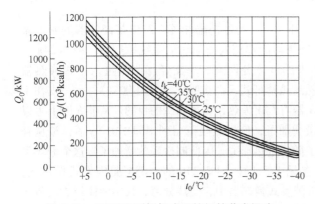

图 2-22　KA20C 型螺杆式压缩机的蒸发温度 t_0 与制冷量 Q_0 的关系

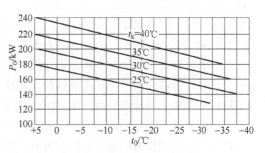

图 2-23　KA20C 型螺杆式压缩机的轴功率 P_0 与蒸发温度 t_0 的关系

影响螺杆式压缩机容积效率的因素主要有：

1）泄漏。螺杆式压缩机泄漏的途径有——螺杆端面密封，螺杆齿顶与气缸内壁形成的螺旋形密封线，螺杆互相啮合的接触线，两螺杆开始啮合点与气缸两内圆交点不重合而形成的泄漏区。泄漏可分为内泄漏和外泄漏两种。内泄漏是指处于排气和压缩过程中各齿槽间的泄漏；外泄漏是指已被压缩的气体向吸气侧（包括吸气腔、正在吸气的齿槽空间）的泄漏。显然，只有外泄漏影响实际排气量，而内泄漏不影响容积效率，但影响功耗。在气缸内喷油可以减少泄漏。

2）节流。吸入蒸气通过吸气口有压力损失，而使比体积增大，减少了吸入蒸气的质量。

3）预热。转子和气缸被压缩后的高温蒸气所加热，而温度较低的吸入蒸气与温度较高的转子、气缸、润滑油接触而被预热，比体积增大，使实际吸入蒸气的质量减小。

影响压缩机泄漏、节流、预热的因素很多，主要有工况（压缩比等）、转速、喷油量及油温、压缩机的结构尺寸、压缩机的制造质量、磨损程度、制冷剂性质等。对于一定转速和一定结构的压缩机，容积效率主要取决于压缩比。

5. 螺杆式压缩机的特点

就压缩气体的原理而言，螺杆式压缩机与活塞式压缩机同属于容积型压缩机，但就其运动形式来看，它又与离心式压缩机类似，转子做高速旋转运动，所以螺杆式压缩机兼有活塞式和离心式压缩机两者的优点。

1）具有较高转速（3000～4400r/min），可与原动机直联。因此，它的单位制冷量的体积小，自重轻，占地面积小，输气脉动小。

2）没有吸、排气阀和活塞环等易损件，故结构简单，运行可靠，寿命长。

3）因向气缸中喷油，油起到冷却、密封、润滑的作用，因而排气温度低（不超过 90℃）。

4）没有往复运动部件，故不存在不平衡质量惯性力和力矩，对基础要求低，可提高转速。

5）具有强制输气的特点，输气量几乎不受排气压力的影响。

6）对湿压缩不敏感，易于操作管理。

7）没有余隙容积，也不存在吸气阀片及弹簧等阻力，因此容积效率较高。

8）输气量调节范围宽，且经济性较好，小流量时也不会出现像离心式压缩机那样的喘振现象。

然而，螺杆式制冷压缩机也存在着油系统复杂，耗油量大，油处理设备庞大且结构较复杂不适宜于变工况下运行（因为压缩机的内容积比是固定的），噪声大，转子加工精度高，泄漏量大，只适用于中、低压力比下工作等一系列缺点。

6. 带经济器的螺杆式压缩机

在螺杆式压缩机气缸的适当位置增设一个补气口，与经济器相连，组成带经济器的制冷系统，这是螺杆式压缩机的特色。图 2-24 是带经济器的螺杆式压缩机的系统原理图。图 2-24a 中的经济器是干式换热器，流程如下：冷凝器来的液体分两支，一支经膨胀阀进入干式换热器（经济器）内，在中间压力 p_m 下汽化吸热，然后被螺杆式压缩机吸入（从补气口）；另一支在干式换热器内被过冷，过冷液体经膨胀阀去蒸发器内汽化吸热，实现制冷的目的。从 $p\text{-}h$ 图上可以看到，带经济器的制冷循环的单位质量制冷量增加了；低压蒸气压缩到中间压力 p_m 后，被从补气口吸入的蒸气所冷却，再压缩到 p_2，减少了循环过热损失，因此制冷系数增加了。这个循环类似于一级节流不完全中间冷却的双级循环（参见 1.5.1）。图 2-24b 的经济器是闪发式换热器，流程如下：冷凝器来的液体经膨胀阀后，进入闪发式换热器中，气液分离，其中液体经二次节流后进入蒸发器中汽化制冷；经济器中的蒸气经补气口为压缩机所吸入。从 $p\text{-}h$ 图上可以看到，由

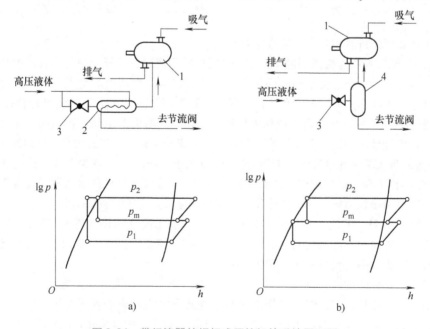

图 2-24　带经济器的螺杆式压缩机的系统原理图

a）经济器是干式换热器的系统　b）经济器是闪发式换热器的系统

1—螺杆式压缩机　2—干式换热器（经济器）　3—膨胀阀　4—闪发式换热器（经济器）

冷凝器到蒸发器液体经过了两次节流，单位质量制冷量增加了，而循环的过热损失减少了（与图 2-24a 原因相同）。因此循环的制冷系数增加了。由此可见，带经济器的螺杆式压缩机的制冷量和制冷系数均增加了，压缩比（p_2/p_1）越大，效果越显著。这种压缩机适宜用于大压缩比的低压制冷系统和热泵系统中。在空调用的冷水机组中也有应用。

7. 单螺杆压缩机

图 2-25 所示为半封闭式单螺杆压缩机。气缸内置一根螺杆和一对星轮。星轮位于螺杆的两侧，当螺杆转动时，带动一对星轮相向转动；由螺杆的齿槽、气缸壁和与螺杆相啮合的星轮组成的基元容积，从吸气端向排气端移动，并逐渐缩小容积，实施制冷剂的压缩。图 2-26 表示了单螺杆压缩机一基元容积（图中阴影部分）吸气、压缩、排气的工作过程。图 2-26a 表示基元容积与吸气口相通，制冷剂蒸气已充满基元容积，并即将脱离吸气口的状态；随着螺杆的转动，基元容积脱离吸气口，基元容积缩小，蒸气压缩，如图 2-26b 所示；随着螺杆继续转动，基元容积与排气口相通，基元容积逐渐缩小，把蒸气排出，如图 2-26c 所示。在螺杆的另一侧（即图示的另一侧），螺杆、星轮、气缸构成一基元容积，同时进行着吸气、压缩和排气的工作过程。实际上当螺杆转一周，一个单元容积实现了两次吸气、压缩、排气的工作过程。单螺杆压缩机的压缩过程也是一个具有容积比的内压缩过程，即有一定的内压力比，不需设吸气阀和排气阀。

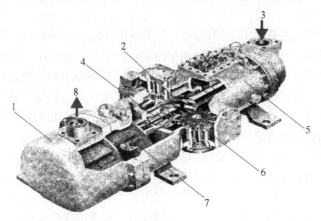

图 2-25　半封闭式单螺杆压缩机

1—壳体　2—螺杆　3—制冷剂入口　4—球轴承　5—电动机　6—星轮　7—高效油分离器　8—制冷剂出口

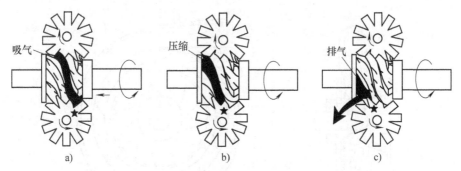

图 2-26　单螺杆压缩机的工作过程

a）吸气　b）压缩　c）排气

半封闭式单螺杆压缩机的一端为高效油分离器。高压蒸气经油分离器分离润滑油后，流出压缩机。压缩机不设油泵，利用压差供油。

单螺杆压缩机的特点如下：

1）螺杆两侧同时进行吸气、压缩、排气的工作过程，受力平衡，振动小，轴承的寿命长。

2）在径向开排气口，螺杆的前后端均处于低压蒸气中，螺杆的轴向平衡性好。

3）星轮采用可与螺杆平滑啮合的工程塑料，密封性好，减少了泄漏损失；同时也减少了冲击与振动。

4）相对双螺杆压缩机，噪声比较小。

5）利用滑阀可实现排气量（制冷量）的无级调节；有的压缩机也采用分级调节。

6）与双螺杆压缩机一样，单螺杆压缩机可以带经济器。

单螺杆压缩机制冷量的范围很宽。用单螺杆压缩机（制冷剂为 R22）组成的水冷式冷水机组，小型的制冷量约 100kW，而大型的制冷量目前有 2800kW。

2.1.3　离心式压缩机

离心式压缩机是一种速度型压缩机，通过高速旋转的叶轮对气体做功，先使其流速提高，然后通过扩压器使气体减速，将气体的动能转换为压力势能，使气体的压力提高。离心式压缩机具有制冷量大、型小体轻、运转平稳等特点，多应用于大型空调系统中。

1. 结构

单级离心式压缩机的构造如图 2-27 所示。它主要由叶轮、扩压器和蜗壳等组成。叶轮与其相配合的固定元件组成一个"级"，在空调用制冷中，由于压力比较小，所以多采用单级。也有为了提高压缩机效率而采用双级结构的。压缩机工作时，只有轴和叶轮高速旋转，故轴和叶轮等组成的部件称为转子。转子以外的部分是不动的，称为固定元件。固定元件有吸气室、扩压器及蜗壳等。压缩机工作时，制冷剂蒸气先通过吸气室，引导进入压缩机的蒸气均地进入叶轮。为了减少损失，流道的截面做成渐缩的形状，气体进入时略有加速，然后进入叶轮 3。叶轮 3 是离心式制冷压缩机的重要部件，通过叶轮将能量传给气体。气体一边跟着叶轮做高速旋转，一边受离心力的作用在叶轮槽道中做扩压流动，从而使气体的压力和速度都得到提高。由叶轮出来的气体再进入扩压器 4。扩压器 4 是一个截面面积逐渐扩大的环形通道，气体流过扩压器时，速度减小而压力提高。气体最后进入蜗壳 5，并排入排气管。蜗壳的作用是把从扩压器流出的气体汇集起来，引导出离心式压缩机。同时，在汇集气体的过程中，由于蜗壳外径和流通截面的扩大，也对气流起到一定的减速和扩压作用。

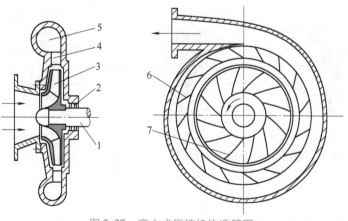

图 2-27　离心式压缩机构造简图

1—轴　2—轴封　3—叶轮　4—扩压器　5—蜗壳　6—扩压器叶片　7—叶片

离心式压缩机分为开启式和封闭式两大类型。开启式压缩机与原动机分开，增速齿轮既可以与压缩机装在同一机壳内，也可以单独装在机外。压缩机轴的外伸端装有轴封，以防制冷剂外泄或空气泄漏。封闭式则是将电动机、压缩机及增速箱安装在同一个密封的机体内，省去了轴封，密封性能好，体积小，安装方便。氟利昂离心式制冷压缩机大多采用封闭式结构。目前离心式制冷压缩机采用的制冷剂有 R123、R22 和 R134a 等。

图 2-28 所示为典型的空调用封闭离心式压缩机。它由进口导流叶片、叶轮、扩压器、涡室、增速齿轮、轴承等部件组成。由蒸发器来的气体从吸气管吸入，流经进口导流叶片 1 进入叶轮 2，经无叶扩压器 7 后，由涡室 6 引出排至冷凝器。进口导流叶片的主要作用是改变叶轮进口气流方向，从而改变压缩机的特性，达到调节能量的目的。

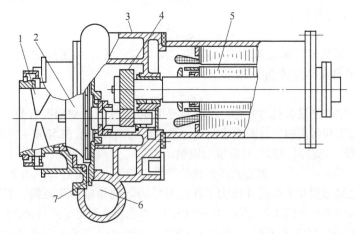

图 2-28　空调用封闭离心式压缩机

1—进口导流叶片　2—叶轮　3—压缩机壳体　4—增速齿轮　5—电动机　6—涡室　7—扩压器

2. 基本工作原理

（1）叶轮的作用原理　叶轮是压缩机中最重要的部件。主轴通过叶轮将能量传给蒸气。叶轮的结构如图 2-29 所示，通常由轮盘、轮盖和叶片组成。轮盖通过多条叶片与固定在主轴上的轮盘连接，形成多条气流通道。

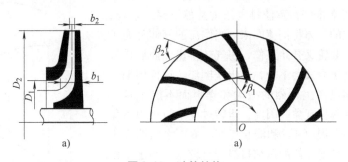

图 2-29　叶轮结构

a）纵剖面（子午面）　b）横剖面（旋转面）

D_2—外径　D_1—叶片进口处叶轮的直径　b_2—叶片出口处宽度

b_1—叶片进口处宽度　β_2—叶片出口处安装角　β_1—叶片进口处安装角

气流在叶轮中的流动是一个复合运动，气体在叶轮进口处的流向基本上是轴向的，进入叶片入口时转为径向。对旋转的叶片而言，气体沿叶片所形成的流道流过的速度称为相对速度，用

v 表示，同时，气体又随叶轮一起旋转而具有圆周速度，用 u 表示。气体通过叶轮时的绝对速度（以静止地面为参照物）应为相对速度与圆周速度的矢量和，用符号 c 表示，可用图 2-30 中叶轮进出口速度三角形来表示。一般习惯用下标 1 表示进口，用下标 2 表示出口，并把出口绝对速度 c_2 分成圆周分速度 c_{2u} 和径向分速度 c_{2r}。

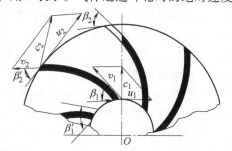

图 2-30 叶片进出口处气流的速度图形

假如通过叶轮的制冷剂质量流量为 $\dot{m}_R$（kg/s），叶轮角速度为 ω（rad/s），不考虑任何损失，叶轮对 1kg 气体所做的理论功 $w_{c,th}$（J/kg）称理论能量头（压头），可用欧拉方程式表示为

$$w_{c,th} = (c_{u2} u_2 - c_{u1} u_1) \qquad (2\text{-}26)$$

一般离心式压缩机气流都是轴向流入叶轮，即进口气流绝对速度的方向与圆周垂直，故 $c_{u1} = 0$；于是叶轮产生的理论能量头为

$$w_{c,th} = c_{u2} u_2 \qquad (2\text{-}27)$$

可见，叶轮产生的能量头只与叶轮外缘圆周速度 u_2 及气流运动情况有关，而与制冷剂的状态和种类无关。为了获得高的外缘圆周速度 u_2，要求转速高，一般在 5000 ~ 15000r/min 范围内。另外 u_2 的大小还受到流动阻力和叶轮强度的限制。

（2）**离心式压缩机的特性** 离心式压缩机的特性是指在一定的进口压力下，输气量、功率、效率与排出压力之间的相互关系，并指明了在这种压力下的稳定工作范围。下面借助一个级的特性曲线进行简单的分析。图 2-31 所示为一个级的特性曲线：图中 S 点为设计点，所对应的工况为设计工况。由流量-效率曲线可见，在设计工况附近，级的效率较高；偏离越远，效率降低越多。图中的流量-排出压力曲线表达了级的出口压力与输气量之间的关系。B 点为该进口压力下的最大流量点。当流量达到这一数值时，叶轮中叶片进口截面上的气流速度将接近或到达声速，流动损失都很大，气体所得的能量头用以克服这些阻力损失，流量不可能再增加，通常将此点称为滞止工况。图中 A 点为喘振点，其对应的工况为喘振工况，此时的流量为进口压力下级的最小流量，当流量低于这一数值时，由于供气量减少，而制冷剂通过叶轮流道的损失增大到一定的程度，有效能量头将不断下降，使叶轮不能正常排气，致使排气压力陡然下降。这样，叶轮以后高压部位的气体将倒流回来。当倒流的气体补充了叶轮中的气量时，叶轮又开始工作，将气体排出。而后供气量仍然不足，排气压力又会下降，又出现倒流，这样周期性重复进行，使压缩机产生剧烈的振动和噪声而不能正常工作，这种现象称为喘振现象。因此，运转过程中应极力避免喘振的发生。喘振工况（A）和滞止工况（B）之间即为级的稳定工作范围。性能良好的压缩机级应有较宽的稳定工作范围。

离心式压缩机的特性曲线一般用制冷量 Q_0 作为横坐标，用冷凝温度（或冷凝压力）作为纵坐标，也有用温差为纵坐标的。图 2-32 所示为国产 1200kW 空调用离心式压缩机的特性曲线。

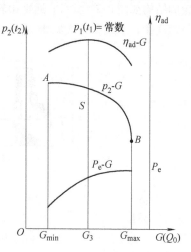

图 2-31 一个级的特性曲线

（3）影响离心式压缩机制冷量的因素　离心式压缩机都是根据给定的工作条件（即蒸发温度、冷凝温度、制冷量）选定制冷工质设计制造的。因此，当工况变化时，压缩机性能将发生变化。

1）蒸发温度的影响。当制冷压缩机的转速和冷凝温度一定时，压缩机制冷量随蒸发温度变化的百分数如图 2-33 所示。从图中可见，离心式压缩机的制冷量受蒸发温度变化的影响比活塞式压缩机明显。蒸发温度越低，制冷量下降越剧烈。

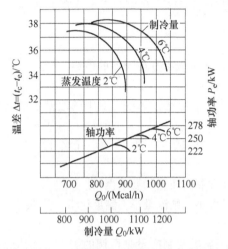

图 2-32　空调用离心式压缩机的特性曲线

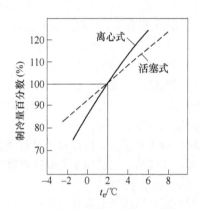

图 2-33　蒸发温度变化的影响

2）冷凝温度的影响。当制冷压缩机的转速和蒸发温度一定时，冷凝温度对压缩机制冷量的影响如图 2-34 所示。由图可见，冷凝温度低于设计值时，由于流量增大，制冷量略有增加；但冷凝温度高于设计值时，影响十分明显。随着冷凝温度升高，制冷量将急剧下降，并可能出现喘振现象。对于这一点，在实际运行时必须予以足够的注意。

3）转速的影响。当运行工况一定时，压缩机制冷量对于活塞式制冷压缩机而言与转速成正比关系，对于离心式压缩机而言则与转速的平方成正比关系，这是因为压缩机产生的能量头及叶轮外缘圆周速度与转速成正比关系。图 2-35 示出了转速变化对制冷量的影响。

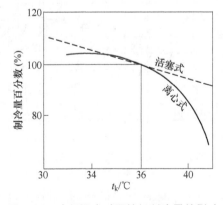

图 2-34　冷凝温度对压缩机制冷量的影响

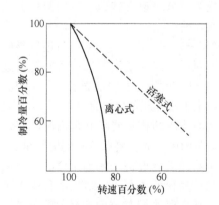

图 2-35　转速变化对制冷量的影响

3. 特点

离心式压缩机的叶轮旋转速度一般都比较高，通常在 3000 ~ 25000r/min 范围内。转速超过

3000r/min 时，需要设置增速齿轮。由油泵送出的润滑油对增速齿轮进行润滑及冷却。

离心式压缩机有下列特点：

1）外形尺寸小，自重轻，占地面积小。在相同制冷量情况下，活塞式压缩机与离心式压缩机相比，前者的质量是后者的 5~8 倍，前者的占地面积比后者多一倍。

2）易损件少（没有气阀、活塞环等），因而工作可靠，维护费用低。

3）无往复运动，故运转平稳，振动小，基础简单，噪声小。

4）制冷系数高。性能好的离心式冷水机组（制冷剂 R22）在额定工况下的性能系数 COP（制冷量/输入功率）达 5.86。一般的 COP 都大于 5。

5）制冷量可以经济地实现无级调节。

6）制冷剂基本上与润滑油不接触，这样就不会影响蒸发器和冷凝器的传热。

7）易于实现多级压缩，适用于多蒸发温度的系统中。

8）能经济合理地使用能源，即可以用多种驱动机来拖动，如用工业中的废热、废气为能源，应用汽轮机来拖动；也可以用燃气轮机直接驱动。

9）离心式压缩机适应的工况范围比较窄，对制冷剂的适应性也差，即一台结构一定的压缩机只能适应一种制冷剂。

10）由于转速高，所以对于材料强度、加工精度和制造质量均要求严格。

离心式压缩机只适用于大制冷量范围，如制冷量太小，则流量小，流道狭窄，效率低。

4. 制冷量的调节

部分制冷系统的负荷是变化的，因此要求制冷压缩机的制冷量是可调的。离心式压缩机制冷量的调节主要有五种方法。

（1）压缩机吸入蒸气节流 吸气温度稍许变化，就会导致离心式压缩机的制冷量有较大的变化。因此，只需对压缩机吸气进行不太大的节流，相当于蒸发温度降低，即可使压缩机的制冷量有较大范围的变化。这种方法比较简单，但吸气节流有能量损失，不太经济。

（2）改变转速 转速降低可导致制冷量急剧减少，当转速在 100%~80% 范围内变化时，制冷量可在 100%~50% 范围内变化。改变转速的方法有多种。对于用汽轮机驱动的离心式压缩机，可以通过改变汽轮机的转速来实现，这种办法最为经济。电动机驱动的离心式压缩机，可以用磁性联轴器来改变转速，或在感应电动机中串入电阻，分级改变转速，但这两种方法经济性较差。

（3）改变进口导叶角度 当进口导叶角度改变时，即改变了蒸气进入叶轮的速度方向，叶轮所产生的能量头就有变化，从而改变了压缩机的特性曲线。图 2-36 表示了离心式压缩机不同导叶角度时的特性曲线。从图中看到，要保持相同的能量头，制冷量将随着导叶的关闭而下降。这种调节方法在氟利昂离心式压缩机中普遍得到采用。其合理的调节范围比较宽（30%~100%），容易实现自动调节，经济性好。

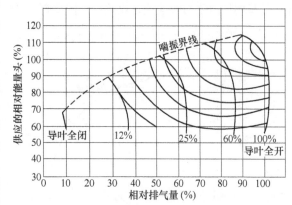

图 2-36 离心式压缩机不同导叶角度时的特性曲线

（4）改变冷凝器的冷却水量 改变冷凝器的冷却水量，也就改变了冷凝温度，离心式压缩机的制冷量随着冷凝温度有着比较大的变化。但这种方法也不经济。

（5）**热气旁通** 所谓热气旁通，就是从压缩机出口引出一部分蒸气，不经冷凝器，而经节流后直接旁通到压缩机的吸气口，从而减少了吸气量，即减少了制冷量。为防止吸入蒸气过热度太大，有时需对旁通的热气先进行冷却，再被压缩机吸入。这种调节方法的能量损耗大，所以一般不用作制冷量的常规调节方法，只进行反喘振调节。当压缩机负荷太小时，可能会发生喘振现象，这时旁通一部分排气到吸入口，不使压缩机吸气量过小，既防止了喘振，又调节了制冷量。

2.1.4 滚动转子式压缩机

1. 工作原理

滚动转子式压缩机是利用气缸工作容积的变化来实现吸气、压缩和排气过程的。依靠一个偏心装置的圆筒形转子在气缸内的滚动来实现气缸工作容积的变化。图 2-37 所示为偏心滚动转子式压缩机结构示意图。圆筒形气缸上有吸气孔和排气孔。排气孔道内装有簧片式排气阀，气缸内偏心配置的转子装在偏心轴的偏心轮上。当转子绕气缸轴转动时，转子在气缸内表面上滚动，两者具有一条接触线，因而在气缸与转子之间形成了一个月牙形空间，其大小不变，但位置随转子的滚动而变化，该月牙形空腔即为压缩机的气缸容积。在气缸的吸、排气孔之间开有一个纵向槽道，槽中装有能上下滑动的滑片，靠弹簧紧压在转子表面。滑片就将月牙形空间分隔成两个部分：一部分与吸气孔相通，称为吸气腔；另一部分通过排气阀片与排气孔口相通，称为压缩-排气腔。当转子转动时，两个腔的工作容积都在不断地发生变化。当转子与气缸的接触线转到超过吸气口位置时，吸气腔与吸气孔口连通，吸气过程开始，吸气容积随转子的继续转动而不断增大，当转子接触线转到最上端位置时，吸气容积达到最大值，此时工作腔内充满了气体，压力与吸气管中压力相等。当转子继续转动到吸气孔口下边缘时，上一转中吸入的气体开始被封闭，随着转子的继续转动，这一部分空间容积逐渐减小，其中的气体受到压缩，压力逐渐升高。当压力升高到等于（或稍高于）排气管中压力时，排气阀片自动开启，压缩过程结束，排气过程开始。当转子接触线达到排气孔口的下边缘时，排气过程结束。此时，转子离开最上端位置还差一个很小的角度，排气腔内还有一定的容积，它就是滚动转子式压缩机的余隙容积。余隙容积内残留的高压气体将膨胀进入吸气腔中。

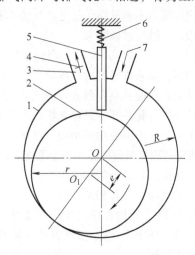

图 2-37 偏心滚动转子式压缩机结构示意图
1—气缸 2—转子 3—排气孔 4—排气阀
5—滑片 6—弹簧 7—吸气孔

由上述分析可知，转子每转两周，完成气体的吸气、压缩和排出过程，但吸气与压缩和排出过程是在滑片两侧同时进行的，因而仍然可以认为转子每转一周完成一个吸气、压缩、排气的过程，即完成一个循环。

2. 气缸工作容积及压力的变化规律

图 2-38 所示为滚动转子式压缩机工作过程示意图。气缸与转子的切点用 T 表示，转子转过的角度用 φ 表示。从转子处于最上端位置（$\varphi = 0$）开始，整个工作过程可分为以下几个阶段：

（1）$\varphi = 0 \sim \alpha$ 当 φ 从 0° 起逐渐增大时，吸气腔容积 V_x 也从零逐渐增大，但此时吸气腔与吸气孔口尚未连通，吸气腔内保持真空状态。

（2）$\varphi = \alpha \sim 2\pi$ 该阶段属于吸气阶段，吸气腔始终与吸气孔口相通，随着吸气腔容积的增大，蒸发器内低压蒸气不断被吸入，可以认为气缸内压力 p_1 与吸气管内压力 p_0 相等。

（3）$\varphi = 2\pi \sim (2\pi + \beta)$ 当转子开始第二转时，原来充满蒸气的吸气腔被视为压缩腔，但在 β 这个角度内，压缩腔仍与吸气孔相通，当转子转动时，将有部分气体由吸气孔排出。在这一过程中气缸的压力并未发生变化。

（4）$\varphi = (2\pi + \beta) \sim (2\pi + \varphi)$ 该阶段是气缸内气体被压缩的阶段。当转子转过 $2\pi + \beta$ 角度后，压缩腔已与吸气孔脱离。随着转子的转动，压缩腔容积不断缩小，气缸内气体的压力不断升高。

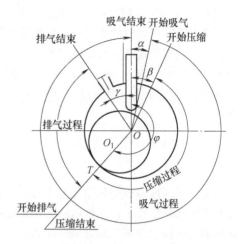

图 2-38 滚动转子式压缩机工作过程示意图

当转子转到 $2\pi + \varphi$ 角度时，认为气缸内的压力与排气孔内压力 p_k 相等，压缩过程结束，排气阀自动打开。

（5）$\varphi = (2\pi + \varphi) \sim (4\pi - \gamma)$ 该阶段为排气过程。由于排气阀已开启，随着转子的转动，气缸内的压力不再升高，而是将气体不断地从排气孔排出，直到转子与气缸的切点 T 达到排气孔的上边缘，排气过程结束。

（6）$\varphi = (4\pi - \gamma) \sim 4\pi$ 当转子与气缸的切点 T 刚一转过排气孔的下边缘时，排气孔便与吸气腔相通，原来排气腔内气体的压力下降，使排气阀自动关闭。由于排气腔内的少量气体膨胀进入吸气腔，致使从蒸发器吸入的气体量减少。当转子继续滚动，切点 T 达到排气孔的上边缘时，排气腔与排气孔断开，封存在切线与滑片之间的气体因转子的继续转动，容积继续减小而压力急剧上升。这不但使功耗增加，甚至有可能因材料强度问题而使机器损坏。为避免这一情况发生，可将排气孔以上部分的气缸削去 $0.5 \sim 1\text{mm}$，使其内容积始终与排气孔相通。

图 2-39 示出轴在两转中气缸工作容积与压力的变化。图中 V_x 表示吸气容积，V_y 表示压缩及排气腔容积。

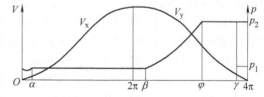

图 2-39 滚动转子式压缩机压力与容积的变化

3. 输气量的计算

滚动转子式压缩机的转子转到最上端位置时，整个月牙形的工作容积将成为吸气容积。如果忽略滑片的厚度及排气阀下排气孔的容积，气缸的工作容积可用下式表示，即

$$V_g = \pi(R^2 - r^2)L \tag{2-28}$$

式中 V_g——气缸工作容积（m^3）；

R——气缸内半径（m）；

r——转子外半径（m）；

L——气缸轴向长度（m）。

理论输气量为

$$V_{h} = \frac{V_{g}n}{60} = \frac{\pi(R^{2} - r^{2})Ln}{60} \tag{2-29}$$

式中　V_{h}——理论输气量（m^{3}/s）；

n——压缩机转速（r/min）。

由于滚动转子式压缩机中也存在着各种损失，它的实际输气量也比理论输气量小。

$$V_{s} = V_{h}\lambda \tag{2-30}$$

式中　V_{s}——实际输气量（m^{3}/s）；

λ——输气系数。

λ 的计算方法与活塞式的计算方法相同。

4. 特点

滚动转子式压缩机与活塞式压缩机相比，具有下列特点：

1）零部件少，结构简单。

2）易损件少，运行可靠。

3）没有吸气阀，余隙容积小，输气系数较高。如果气缸内采用喷油冷却，排气温度较低，适用于较大压缩比和较低蒸发温度的场合。

4）在相同的制冷量情况下，压缩机体积小，自重轻，运行平稳。

5）加工精度要求较高。

6）密封线较长，密封性能较差，泄漏损失较大。

大、中型滚动转子式压缩机适用于冷库；小型滚动转子式压缩机多用于冰箱和家用空调中。

2.1.5　涡旋式压缩机

1. 结构及工作原理

涡旋式压缩机的结构如图 2-40 所示。它由运动涡旋盘（动盘）、固定涡旋盘（静盘）、机体、防自转环、偏心轴等零部件组成。动盘和静盘的涡线呈渐开线形状，安装时使两者中心线距离一个回转半径 e，相位差 180°。这样，两盘啮合时，与端板配合形成一系列月牙形柱体工作容积。静盘固定在机体上，涡线外侧设有吸气室，端板中设有气孔。动盘由一个偏心轴带动，使之绕静盘的轴线摆动。为了防止动盘自转，结构中设置了防自转环。该环的上、下端面具有两对相互垂直的键状突肋，分别嵌入动盘的背部键槽和机体的键槽内。制冷剂蒸气由涡旋体的外边缘吸入到月牙形工作容积中，随着动盘的摆动，工作容积逐渐向中心移动，容积逐渐缩小，使气体受到压缩，最后由静盘中心部位的排气孔轴向排出。

涡旋式压缩机的工作过程如图 2-41 所示。当动盘位置处于 0°时，如图 2-41a 所示，涡线体的啮合线在左右两侧，由啮合线组成封闭空间，此时完成了吸气过程；当动盘顺时针方向公转 90°时，密封啮合线也移动 90°，处于上、下位置，如图 2-41b 所示，封闭空间的气体被压缩，与此同时，涡线体的外侧进行吸气过程，内侧进行排气过程；当动盘公转 180°时，如图 2-41c 所示，涡线体的外、中、内侧分别继续进行吸气、压缩和排气过程；当动盘继续公转至 270°时，如图 2-41d 所示，内侧排气过程结束，中间部分的气体压缩过程也结束，外侧吸气过程仍在继续进行；当动盘转至原来位置时，如图 2-41a 所示，外侧吸气过程结束，内侧排气过程仍在进行。如此反复循环。

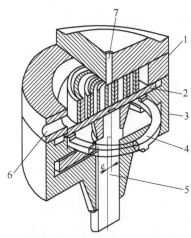

图 2-40 涡旋式压缩机的结构简图
1—动盘 2—静盘 3—机体 4—防自转环
5—偏心轴 6—进气口 7—排气口

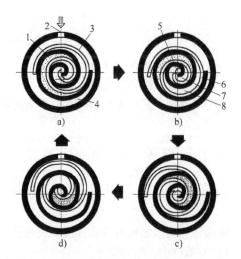

图 2-41 涡旋式压缩机的工作原理示意图
a) 0°位 b) 90°位 c) 180°位 d) 270°位
1、8—压缩室 2—进气口 3—动盘 4—静盘
5—排气口 6—吸气室 7—排气室

由以上分析可以看出，涡旋式压缩机的工作过程仅有进气、压缩、排气三个过程，而且是在主轴旋转一周内同时进行的。外侧空间与吸气口相通，始终处于吸气过程；内侧空间与排气口相通，始终处于排气过程。而上述两个空间之间形成月牙形封闭空间，一直处于压缩过程。因此可以认为吸气和排气过程都是连续的。

2. 特点

涡旋式压缩机有如下特点：

1）相邻两室的压差小，气体的泄漏量小。

2）由于吸气、压缩、排气过程同时连续地进行，压力上升速度慢，因此转矩变化幅度小，振动小。

3）没有余隙容积，不存在引起输气系数下降的膨胀过程。

4）无吸、排气阀，效率高，可靠性高，噪声低。

5）由于采用气体支撑机构，允许带液压缩，一旦压缩腔内压力过高，可使动盘与静盘端面脱离，压力立即得到释放。

6）机壳内腔为排气室，减少了吸气预热，提高了压缩机的输气系数。

7）涡线体型线加工精度非常高，必须采用专用的精密加工设备。

8）密封要求高，密封机构复杂。

涡旋式压缩机与活塞式压缩机比较，在相同工作条件、相同制冷量下，体积可减小40%，质量减小15%，输气系数提高30%，绝热效率提高约1%。因此它在冰箱、空调器、热泵等领域有着广泛的应用前景。

2.2 冷凝器

2.2.1 冷凝器的种类及特点

冷凝器的功能是把由压缩机排出的高温高压气态制冷剂冷凝成液体制冷剂，把制冷剂在蒸发器中吸收的热量（制冷量）与压缩机耗功率相当的热量之和排入周围环境（水或空气）之中。

因此，冷凝器是制冷装置中的放热设备。

冷凝器按其冷却介质（称冷却剂）不同，可分为水冷式、空冷式（风冷式）、水/空气式几种。

1. 水冷式冷凝器

水冷式冷凝器是以水作为冷却介质，靠水的温升带走冷凝热量。冷却水可以采用自来水、江河水、湖水。冷却水可以一次使用（直流供水），也可以循环使用。当冷却水循环使用时，系统中需设有冷却塔或凉水池。

根据结构型式水冷式冷凝器可分为壳管式冷凝器、套管式冷凝器和焊接板式冷凝器。

（1）壳管式冷凝器　壳管式冷凝器分为立式（见图 2-42）和卧式（见图 2-43）两大类。卧式或立式壳管式冷凝器都由筒体、管板和管束（传热面）等所组成。筒体是用钢板焊成的圆筒。圆筒的两端用管板封住，在管板上胀接（焊接）许多根管子组成管束。管束是壳管式冷凝器的传热面。管内走冷却水。立式壳管式冷凝器在管的入口处设有带斜槽的管嘴（见图 2-44），冷却水通过斜槽沿切线方向流入管内，沿管壁向下流动，排入水池。冷却水在沿管内壁向下流动的过程中，吸收管外制冷剂释放出的热量，从而温度升高，同时使制冷剂冷却，并凝结成液体。对于卧式壳管式冷凝器，管板外面用封盖封闭。封盖内有分水隔板，将全部管束分隔成几个流程。冷却水由封盖下端进入后，依次流过每一个流程，再由封盖的上部流出，这样使冷却水在管内进行强迫流动。通常氨冷凝器管束采用无缝钢管，管内水的流速保持在 $0.8 \sim 1.2 \text{m/s}$；氟利昂冷凝器一般采用低肋纯铜管，管内水的流速保持在 $1.7 \sim 2.5 \text{m/s}$。

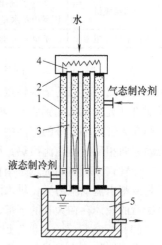

图 2-42　立式壳管式冷凝器
1—筒体　2—管板　3—管束
4—配水箱　5—水池

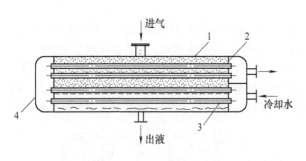

图 2-43　卧式壳管式冷凝器
1～3—同图 2-42　4—封盖

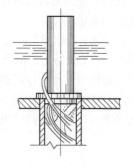

图 2-44　带斜槽的导流管嘴

冷凝器外壳上除设有蒸气进口、液体出口的接口外，还设有一系列接口：安全阀接口、压力表接口、平衡管接口（与贮液器组成连通器）、放油管接口、放空气（不凝性气体）接口等。根据系统情况及制冷剂，有些接口可不设或不用。

壳管式冷凝器的传热系数高，因而目前被普遍采用。立式和卧式壳管式冷凝器的特点列于表 2-4 中。

表 2-4　立式壳管式冷凝器和卧式壳管式冷凝器的比较

项　目	立式壳管式冷凝器	卧式壳管式冷凝器
适用制冷剂	R717	R717、R22、R134a
适用容量范围	主要用于大、中型制冷系统	适用于小、中、大型制冷系统
安装	垂直安装，占地面积小，常安装在室外	水平安装，一般都安装在制冷机房内
维修管理	1）容易清除管内的污垢，可不停机清除 2）漏氨易发现	1）不易清洗管内水垢和铁锈，需停机清洗 2）渗漏不易发现
冷却水质要求	对水质要求不高，一般水源都可以作为冷却水	对水质要求高
冷却水流量	冷却水进出口温差小，一般为 1.5～4℃，因而冷却水量大	冷却水进出口温差大，一般在 4～8℃ 之间，因而冷却水量小
冷却水流动阻力	流动阻力小	流动阻力大

（2）套管式冷凝器　目前，小型氟利昂空调机组中常用套管式冷凝器，其结构如图 2-45 所示。套管式冷凝器的结构特点是用一根大直径金属管（一般为无缝钢管），内装一根或几根小直径铜管（光管或低肋铜管），再盘成圆形或椭圆形。冷却水在小管内的流动方向是自下而上，制冷剂在大管内小管外的空间中。制冷剂由上部进入，凝结后的制冷剂液体从下面流出。冷却水的流动方向相反，呈逆流换热，因此，它的传热效果较好。

套管式冷凝器的优点是结构简单，易于制造，体积小，紧凑，占地少，传热性能好。缺点主要是冷却水流动阻力大，供水水压不足，会降低冷却水量，引起冷凝压力上升；水垢不易清除；冷凝后的液体存在大管的下部，因此管子的传热面积得不到充分利用；金属消耗量大。

（3）焊接板式冷凝器　焊接板式冷凝器是一种高效、节能、紧凑的冷凝器，通常它有两类，一是半焊接板式冷凝器，二是全焊接板式冷凝器。

半焊接板式冷凝器的结构是每两张波纹板片用激光焊接在一起，构成完全密封的板组，将它们组合在一起，彼此之间用密封垫片进行密封。这种半焊接板式冷凝器是由焊接的板间通道和由密封垫片密封的板间通道交替组合而成的。高压的制冷剂走焊接的板道，而水走密封垫片密封的板间通道。

全焊接板式冷凝器的结构是将板片钎焊在一起，故又称钎焊板式冷凝器。由于采用焊接结构，可使其工作压力最高达 3.0MPa，而工作温度高达 400℃。但制造困难，板片破损也不能修理。

用普通的板片作为冷凝器，由于开口太小，使气态制冷剂侧流动阻力降很大，所以设计了专门用于冷凝器的板片，如图 2-46 所示。该板片通气态制冷剂的角度大，波纹节距也较大，以便减小流动阻力，提高传热效果。为了提高板片的耐腐蚀能力，常用不锈钢或钛作为板片材料。

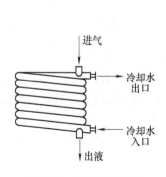

图 2-45　套管式冷凝器

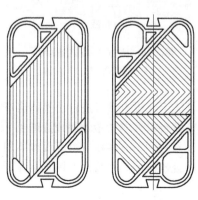

图 2-46　用于冷凝器的板片

1）焊接板式冷凝器的优点。

① 结构紧凑性高。与壳管式冷凝器相比，焊接板式冷凝器的自重减轻了约 70% ~75%，安装空间可减小 25% ~50%。

② 充液量小。通常制冷剂的充灌量只有壳管式冷凝器的 25% ~40%。

③ 传热特性高。在板式换热器中，由于受湍流和小的水力直径的作用，它的传热效率很高，导致传热系数大。

④ 半焊接板式冷凝器与全焊接板式冷凝器相比，保持了可拆开清洗的优点。

2）焊接板式冷凝器的缺点。

① 由于板式冷凝器的内容积很小，不能贮存液体，所以冷凝液必须及时排出，否则冷凝液能淹没其中一部分换热面积而降低换热能力。因此，在系统中必须设置高压贮液器。

② 由于板片之间的间隙很小（2~3mm），所以水中如有杂质存在，很容易堵塞。因此在系统中应设置过滤器。

③ 在板式冷凝器中，即使有很少量的不凝性气体，也会使传热系数大大降低。因此，为了及时排除不凝性气体，应降低冷凝液位，使冷凝液和不凝性气体从同一个出口管嘴排出。

2. 空冷式冷凝器（风冷式冷凝器）

风冷式冷凝器是以空气作为冷却介质，靠空气的温升带走冷凝热量。

根据空气流动的方式，风冷式冷凝器可分为自然对流式和强迫对流式。自然对流冷却的风冷式冷凝器传热效果差，只用在电冰箱或小型制冷机中。

强迫对流的风冷式冷凝器结构如图 2-47 所示。制冷剂在冷却管内流动，而空气则在管外横向掠过，吸收冷却管内制冷剂的热量。由于管外空气侧的传热系数比管内制冷剂的凝结传热系数小得多，故通常都在管外加肋片，以增加空气侧的传热面积。

强迫对流的风冷式氟利昂冷凝器都是采用铜管穿整体铝片的结构（见图 2-48）。铝片厚为 0.2~0.3mm，片距为 2~4mm。为了增大肋片的刚度和提高对空气流的扰动，常把肋片冲压成波纹片或条缝片。肋片上的管孔有翻边，孔比管外径稍大一些，然后用胀管法使管径扩张，使之与肋片紧密接触。沿空气流动方向的蛇管排数一般为 2~8 排，不宜过多。迎面风速一般为 2~3m/s。

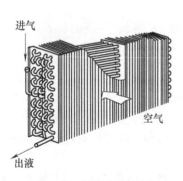

图 2-47　风冷式冷凝器

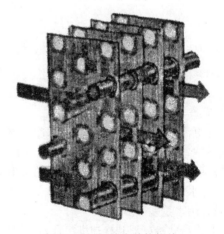

图 2-48　铜管穿整体铝片

风冷式冷凝器完全不需要用冷却水，因此它适用于缺水地区或用水不适合的场所（如冰箱、冷藏车等）。一般情况下，它不受污染空气的影响（即一般不会产生腐蚀）。而水冷式冷凝器用冷却塔的循环水时，则水有被污染的可能，进而腐蚀设备。

　　风冷式冷凝器的传热系数小，一般约为 $23 \sim 25 W/(m^2 \cdot K)$。由于传热系数小，所以取较大的平均温差（$\Delta t = 10 \sim 15℃$），以减小传热面积。

　　这种冷凝器的冷凝温度受环境温度影响很大。夏季的冷凝温度可高达 50℃ 左右，而冬季的冷凝温度就很低。太低的冷凝压力会导致膨胀阀的液体通过量减小，使蒸发器缺液而制冷量下降。因此，应注意防止风冷式冷凝器冬季运行时压力过低。

3. 水-空气式冷凝器

　　水-空气式冷凝器是以水和空气作为冷却介质。根据排除冷凝热量的方式不同，分为蒸发式和淋水式两种。蒸发式冷凝器是靠水在空气中蒸发带走冷凝热量。淋水式冷凝器是靠空气的温升和水在空气中蒸发带走冷凝热量。

　　图 2-49 所示是吸入式和压送式蒸发式冷凝器。这两种结构型式的冷凝器都装有蛇形盘管的传热面。管内走制冷剂，管外喷淋循环水，水吸收冷凝热而蒸发，而空气自下而上掠过盘管，促进水蒸发，并带走蒸发的水分。上部设有挡水板，除掉未蒸发的水滴。风机安装在上部，冷凝盘管位于风机吸气端的是吸入式蒸发式冷凝器。吸入式由于空气均匀地通过冷凝盘管，所以传热效果好，但风机电动机的工作条件恶劣。它在高温高湿条件下运行，易发生故障。风机安装在下部，冷凝盘管位于风机压出端的是压送式蒸发式冷凝器，风机电动机的工作条件好，但空气通过冷凝盘管不太均匀。

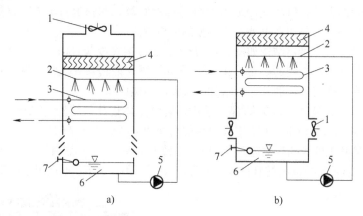

图 2-49　蒸发式冷凝器

a）吸入式　b）压送式

1—风机　2—淋水装置　3—盘管　4—挡水板　5—水泵　6—水盘　7—浮球阀补水

　　蒸发式冷凝器的特点如下：

　　1）与直流供水（江河水等）的水冷式冷凝器相比，节省水。前者靠水的温升带走冷凝热量，1kg 水大约带走 $25 \sim 35 kJ$（$6 \sim 8℃$ 温升）的热量；而 1kg 水蒸发带走 2450kJ 的热量，理论上蒸发式冷凝器耗水量只是水冷式耗水量的 $1/100 \sim 1/70$。实际上，由于漏水和空气中夹带水滴等的耗水，补水量约为水冷式冷凝器耗水量的 $1/50 \sim 1/25$。但与水冷式冷凝器和冷却塔组合使用时相比较，用水量差不多。

　　2）与水冷式冷凝器和冷却塔组合系统相比，蒸发式冷凝器结构紧凑。但与风冷式或直流供水的水冷式冷凝器相比，其尺寸就比较大。

　　3）与风冷式冷凝器相比，其冷凝温度低。尤其是干燥地区更明显。全年运行时，冬季可按风冷式工作。与直流供水的水冷式冷凝器相比，其冷凝温度高些。与水冷式冷凝器和冷却塔组合系统相比，两者的冷凝温度差不多。

4）蒸发式冷凝器的冷凝盘管易腐蚀，管外易结垢，且维修困难。

5）蒸发式冷凝器既消耗水泵功率，又消耗风机功率。但一般来说，蒸发式冷凝器的风机和水泵的电耗不大，对于每 1kW 的热负荷，循环水量为 0.014 ~ 0.019kg/s，空气流量为 0.024 ~ 0.048m³/s，而水泵和风机的电耗约为 0.02 ~ 0.03kW。

蒸发式冷凝器适宜用于缺水地区，宜于露天安装，或安装在屋顶上。常在中小型氨制冷装置中采用，但在氟利昂制冷机组上很少采用。

2.2.2　冷凝器的选择计算

冷凝器选择计算的目的是确定冷凝器的传热面积，选择合适型号的冷凝器，确定冷却介质（水或空气）的流量和通过冷凝器时的流动阻力等。冷凝器传热面积确定的计算公式为

$$Q_c = kA\Delta t_m \quad \text{或} \quad Q_c = \Psi A \tag{2-31}$$

式中　Q_c——冷凝器的负荷（W）；

　　　k——冷凝器的传热系数 [W/(m²·K)]；

　　　A——冷凝器的传热面积（m²）；

　　　Δt_m——冷凝器的平均传热温差（℃）；

　　　Ψ——冷凝器的热流密度（W/m²）。

从式（2-31）可以看到，只有知道 Q_c、k、Δt_m，方能求得所需的传热面积 A。

1. 冷凝器热负荷 Q_c

冷凝器热负荷是冷凝器在单位时间内排出的热量。如果忽略压缩机的排气管表面散失的热量，则有

$$Q_c = Q_e + P_i \tag{2-32}$$

式中　Q_e、P_i——制冷系统的制冷量和指示功率。由于压缩机的指示功率在一定的冷凝温度 t_c、
　　　　　　蒸发温度 t_e 下与制冷量有着一定的关系，则式（2-32）可简化为

$$Q_c = \varphi Q_e \tag{2-33}$$

式中　φ——负荷系数，它与 t_e、t_c、压缩机型式、气缸冷却方式及制冷剂的种类有关，其数值
　　　　随 t_e 的降低和 t_c 的升高而增加，采用活塞式压缩机时，φ 值可由图 2-50 查得。

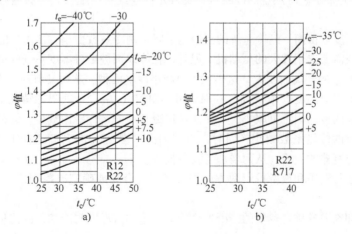

图 2-50　冷凝器负荷系数 φ 值
a）空冷气缸　b）水冷气缸

2. 平均传热温差 Δt_m

进入冷凝器的制冷剂是过热蒸气。在冷凝器中它由过热蒸气开始，依次变为饱和蒸气→饱和液体→过冷液体。因此，在冷凝器内，制冷剂的温度并不是定值，如图 2-51 所示，即分为过热区、饱和区和过冷区三个区。而且，由于在三个区内制冷剂的传热机理不同，所以传热系数不同。过热区的传热系数比饱和区的小，但是过热区的传热温差比饱和区大，因此，在饱和区和过热区的单位面积传热量几乎相同。另外，由于冷凝器中过冷度很小，排出的热量在总的冷凝器热负荷中占很小的比例。因此，在冷凝器进行传热计算时不需要分三个区域，而把全过程作为冷凝中的饱和区对待就可以了。即一般可以认为制冷剂的温度等于冷凝温度。这样，冷凝器内制冷剂和冷却剂之间的平均对数传热温差为

$$\Delta t_m = \frac{t_2 - t_1}{\ln \dfrac{t_c - t_1}{t_c - t_2}} \tag{2-34}$$

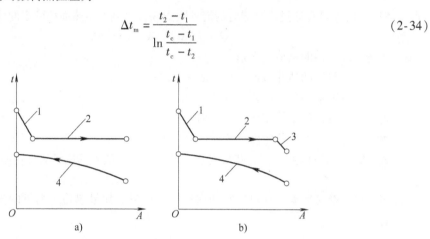

图 2-51　冷凝器中制冷剂和冷却剂温度变化示意图

a）无过冷　b）有过冷

1—过热蒸气冷却　2—凝结　3—液态制冷剂过冷　4—冷却剂温度

由此可见，只要确定制冷剂的冷凝温度 t_c 和冷却剂进出口温度 t_1、t_2，就可求得传热温差 Δt_m。冷却剂进口温度 t_1 取决于当地的气象条件和水源条件。冷凝温度 t_c 及冷却剂出口温度 t_2（对于靠冷却剂温升带走冷凝热量的冷凝器）的确定涉及经济问题，设计大型制冷系统时，应进行技术经济比较。

如果把冷凝温度取得高，制冷系统的制冷量下降，制冷系数变小，压缩机的耗电量增大，从而运行费用增加或需要选用较大的压缩机。但是，在冷却剂进出口温度不变的情况下，平均传热温差随着冷凝温度 t_c 的升高而变大，这样就可以减小冷凝面积，从而又节约了换热设备投资。

如果把冷却剂出口温度 t_2 取得高［在保证最小温差（$t_c - t_2$）低限的情况下］，（$t_2 - t_1$）则变大，通过冷凝器的冷却剂流量减小，从而使输送冷却剂的运行费用减少。但是冷却剂流量的减少又引起冷却剂侧的传热系数减小；同时，冷却剂出口温度 t_2 的升高还使平均传热温差变小。因此，需要加大冷凝器的面积，从而增加了设备投资。

因此，要从运行费用和设备投资两方面综合考虑，合理地确定冷凝温度 t_c 和冷却剂出口温度 t_2。

对于利用冷却剂温升排走热量的冷凝器，冷却剂进出口温度与冷却剂的流量有如下关系，即

$$Q_c = \dot{m}_c c (t_2 - t_1) \tag{2-35}$$

式中　　$\dot{m}_c$——冷却剂的质量流量（kg/s）；

c——冷却剂的比热容 [J/(kg·K)]。

水冷式冷凝器冷却水温升 ($t_2 - t_1$) 一般为：立式壳管式冷凝器 1.5~4℃，卧式壳管式和套管式冷凝器 4~8℃。

风冷式冷凝器空气温升 ($t_2 - t_1$) 不大于 8℃。

平均传热温差 Δt_m 可参考下列数据选取：水冷式冷凝器 5~7℃，风冷式冷凝器 8~12℃。

对于蒸发式冷凝器，它是靠水的蒸发带走冷凝热量，管外侧的水温基本是不变的，而管外掠过的空气主要是把蒸发的水汽带走，空气的温升很小。平均传热温差可简单地用下式计算，即

$$\Delta t_m = t_c - t_{am} \tag{2-36}$$

式中　t_{am}——空气的平均温度，可取进口空气温度加 1℃。而冷凝温度为

$$t_c = t_{wb} + (8 \sim 15℃) \tag{2-37}$$

式中　t_{wb}——夏季空调室外计算湿球温度（℃）。

3. 传热系数

传热系数 k 可按传热学的基本公式进行计算。对于采用光管的冷凝器，以外表面为基准的传热系数为

$$k = \left[\frac{1}{k_o} + \frac{\delta_p}{\lambda_p}\frac{A_o}{A_m} + R_{o,f} + \left(R_{i,f} + \frac{1}{k_i} \right)\frac{A_o}{A_i} \right]^{-1} \tag{2-38}$$

式中　k_o、k_i——管外和管内的传热系数，即一侧是水或空气的传热系数，另一侧为制冷剂凝结传热系数 [W/(m²·K)]；

δ_p、λ_p——管子的厚度（m）与热导率 [W/(m·K)]；

$R_{o,f}$、$R_{i,f}$——管外或管内的污垢热阻（m²·K/W）；

A_o、A_i、A_m——管外、管内面积及管内外直径平均值计算的面积（m²）。

对于肋片管束（如风冷式冷凝器），应考虑肋片效率，式（2-38）中外侧热阻应为

$$R_{o,f} = \frac{A_o}{k_o(A_p + \eta A_f)}$$

式中　η——肋片效率，它为一个小于 1 的数，表征肋片换热量的有效程度，视为肋片热阻；

A_o——肋片管的总外表面面积（m²），$A_o = A_p + A_f$；

A_p——肋片管基的外表面面积（m²）；

A_f——肋片管的肋片面积（m²）。

在一般的选择计算中，通常直接用工厂提供的 k 值或 ψ 值。表2-5 给出了各种冷凝器的 k 值和 ψ 值。

表2-5　各种冷凝器的 k 和 ψ 值

	型　　　式	传热系数 k/ [W/(m²·K)]	热流密度 ψ/ (W/m²)	使用条件
氨冷凝器	立式壳管式冷凝器	700~800	3500~4500	单位面积冷却水量为 1~1.7m³/(m²·h)
	卧式壳管式冷凝器	700~900	3500~4600	单位面积冷却水量为 0.5~0.9m³/(m²·h)
	焊接板式冷凝器	1800~2500		水流速为 0.2~0.6m/s
	蒸发式冷凝器	580~700		单位面积循环水量为 0.12~0.16m³/(m²·h)，单位面积通风量为 300~340m³/(m²·h)，补充水按循环水量 5%~10% 计

（续）

型　式		传热系数 k/ $[W/(m^2 \cdot K)]$	热流密度 ψ/ (W/m^2)	使 用 条 件
R12 R22 冷凝器	卧式壳管式冷凝器（肋管）	870~930	4650~5230	水流速为 1.7~2.5m/s，平均传热温差为 5~7℃
	套管式冷凝器	1100	3500~4000	水流速为 1~2m/s
	焊接板式冷凝器	1650~2300		水流速为 0.2~0.6m/s
	风冷式冷凝器	24~30	230~290	空气迎面风速为 2~3m/s，平均传热温差为 8~12℃

最后还应指出一点，冷却水流经卧式冷凝器的水阻力按下式计算，即

$$\Delta p = \left[RZ \frac{l}{d_i} + 1.5(Z+1) \right] \frac{v_w^2 \rho}{2} \tag{2-39}$$

式中　Δp——冷却水流经卧式冷凝器的水阻力（Pa）；

　　　R——与管子的污垢和粗糙度有关的摩擦阻力系数；

　　　Z——水流程数；

　　　l——冷凝器管板间的距离（m）；

　　　d_i——管子内径（m）；

　　　v_w——冷却水的流速（m/s）；

　　　ρ——水的密度（kg/m³）。

摩擦阻力系数 R 可用下式求得，即

$$R = 0.235 \sqrt[4]{\frac{k}{d_i}} \tag{2-40}$$

式中　k——管子的绝对粗糙度（m），钢管为 0.3×10^{-3}m，铜管为 0.1×10^{-3}m。

冷却水的流速为

$$v_w = \frac{\dot{m}_c}{1000A} = \frac{\dot{m}_c}{785 n d_i^2} \tag{2-41}$$

式中　1000——水的密度（kg/m³）；

　　　A——冷凝器每一流程的流通截面面积（m²）；

　　　n——每一流程包括的管子数；

　　　$\dot{m}_c$——冷却水的质量流量（kg/s）。

2.3　蒸发器

2.3.1　蒸发器的种类

蒸发器是一种吸热设备。在蒸发器中，由于低压液体制冷剂汽化，从需要冷却的物体或空间中吸取热量，从而使被冷却的物体或空间的温度降低，达到制冷的目的。因此，蒸发器是制冷装置中产生和输出冷量的设备。

1. 按被冷却介质分类

按被冷却介质的种类不同，蒸发器可分为以下两大类：

1）冷却液体载冷剂的蒸发器。这种蒸发器用于冷却液体载冷剂（传递冷量的中间介质）——水、盐水或乙二醇水溶液等。

2）冷却空气的蒸发器。

2. 按制冷剂供液方式分类

按制冷剂供液方式不同，蒸发器可分为以下三大类：

1）满液式蒸发器。在蒸发器内充满液体制冷剂，液体与传热表面接触好，沸腾传热系数高。但是它需要充入大量制冷剂，液柱对蒸发温度将会有一定的影响。而且，当采用能与润滑油溶解的制冷剂时，润滑油难以返回压缩机。

2）非满液式蒸发器。液态制冷剂在管内随着流动而不断蒸发，所以壁面有一部分为蒸气所占有，因此，它的传热效果不及满液式蒸发器。但是它无液柱对蒸发温度的影响。回油好的制冷剂的充注量只需满液式蒸发器的 1/3～1/2 或更少。

3）再循环式蒸发器。在这种蒸发器的管束内制冷剂的循环是蒸发量的几倍，如重力供液和泵供液循环中的蒸发器，制冷剂液体与传热面之间接触好，有较高的传热系数。

3. 冷却液体载冷剂的蒸发器

从结构型式分，冷却液体的蒸发器有水箱式、壳管式和焊接板式三类。

（1）水箱式蒸发器　这种蒸发器外形为一个长方形钢板水箱。水箱内盛有被冷却的液体载冷剂——水、盐水、乙二醇水溶液等。水箱内放有若干组蒸发管组，制冷剂在管内蒸发。

箱内的蒸发管组的型式有：立管式（见图 2-52a）、螺旋管式（见图 2-52b）、盘管式（见图 2-52c）和蛇管式（见图 2-52d）。

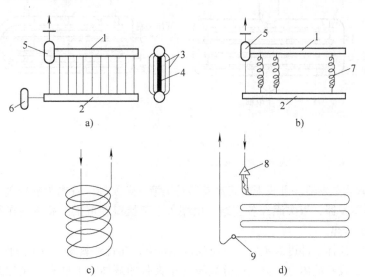

图 2-52　水箱式蒸发器中蒸发管组的型式

a）立管式（氨）　b）螺旋管式（氨）　c）盘管式（氟利昂）　d）蛇管式（氟利昂）

1—上集管　2—下集管　3—细立管　4—粗立管　5—液体分离器　6—集油器
7—螺旋管　8—分液器　9—回气集管

每组立管式蒸发管组由上、下两根水平集管及在集管上焊接许多根两端微弯的细立管和几根粗立管组成。由于粗、细立管内的制冷剂液体蒸发是不同的，导致粗立管内的液体密度大于细立管内的密度，从而形成液体上下循环，粗立管是下降管，细立管是上升管。上集管的一端焊有液体分离器，分离出的液体制冷剂沿液体分离器底部的立管流回下集管内。

下集管的一端焊一根水平管与水箱外的集油器相接通，收集带入蒸发器中的润滑油。

螺旋管式蒸发管组与立管式的不同点是将细立管改成螺旋管，即在上下集管间焊有许多组螺旋管，每组螺旋管有内外两圈。

盘管式蒸发管组是用铜管盘成螺旋状的管组。螺旋管可由一层或数层组成。这种蒸发器常用于小型氟利昂系统中。

蛇管式蒸发管组是把铜管盘成蛇形管，数组蛇形管下端焊在一个回气集管上，每组蛇形管上端用分液管与分液器焊接在一起，以使制冷剂均匀分配到各组蛇形管中。这种蒸发器仅用于氟利昂系统中。

从供液方式分，图 2-52a、b 是满液式蒸发器。液态制冷剂维持到上集管的底部，液体与传热面之间接触很好，传热效果好。图 2-52c、d 两种蒸发器为非满液式蒸发器。

为了使水在水箱内流动，增加外侧的传热系数。水箱中设有隔板将载冷剂分成几条通路；并在水箱内设有搅拌机，借搅拌机的搅动，载冷剂在水箱中以一定路线循环，流速一般为 0.5 ~ 0.7m/s。水箱上部设有溢流管，箱底设有排水口，以备检修时排空水箱中的载冷剂。

（2）壳管式蒸发器　它与卧式壳管式冷凝器的结构相似，即一平放的圆筒内置传热管束。按供液方式分壳管式蒸发器有两种，即卧式壳管式蒸发器（见图 2-53a）和干式蒸发器（见图 2-53b）。

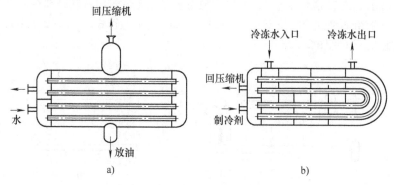

图 2-53　壳管式蒸发器示意图
a）卧式壳管式蒸发器　b）干式蒸发器

1）卧式壳管式蒸发器。卧式壳管式蒸发器是满液式蒸发器。管内为载冷剂，载冷剂由端盖下部接口管进入蒸发器，依次流经各管组，由端盖上部接口管流出。载冷剂在管内流速要求为 1 ~ 2m/s，以增加传热。

液态制冷剂由筒体下部进入蒸发器，淹没传热管束，在管外蒸发。为了防止液体被压缩机吸入，在蒸发器上部设有液体分离器，以分离蒸气中夹带的液体。下部有一集油罐，定期放出润滑油。

蒸发器中制冷剂充满高度应适中。充满过高，由于蒸发器形成大量泡沫，可能造成回气中夹带有液体；反之，制冷剂不足，使部分传热面不与制冷剂接触，降低了蒸发器的传热能力。因此，对于氨蒸发器，充满高度一般为筒径的 70% ~ 80%，对于氟利昂蒸发器，充满高度为筒径的 55% ~ 65%。

2）干式蒸发器。干式蒸发器是非满液式蒸发器。制冷剂在管内流动，而载冷剂在管外（壳体内）流动，筒体内装有隔板，使载冷剂横向冲刷管束，以提高传热效果。隔板的间隔小，则载冷剂流速可以提高，使传热得以改善，然而阻力增加；另外，流速过大，会引起管子的腐蚀，所以载冷剂的流速是有限制的，一般在 0.3 ~ 2.4m/s 范围内。若为钢管，流速一般取 1.0m/s。

（3）焊接板式蒸发器　它与焊接板式冷凝器的结构相似。焊接板式蒸发器仍分为两种结构型式，即半焊接板式蒸发器和全焊接板式蒸发器。

焊接板式蒸发器除了具有结构紧凑、传热性能好、板片间隙窄和内容积小等特点外，还具有如下特点：

1）与壳管式蒸发器相比，冻结危险性小。其原因是水在板式蒸发器的板间通道里形成剧烈的湍流，使板式蒸发器的冻结可能性相对变小。同时，由于板式蒸发器的传热性能好，水与制冷剂的传热温差可取得很小。例如，在氨板式蒸发器中，冷冻水的出口温度可比氨的蒸发温度高 2℃左右。这样一来，在要求同样温度的冷冻水时，与其他蒸发器相比，可以提高其蒸发温度，因而可以减小板式蒸发器的冻结危险性。

2）板式蒸发器具有高度的抗冻性。当系统发生故障而使蒸发器出现冻结时，板式蒸发器较传统的蒸发器更能承受因冻结而产生的压力。

为了使板式蒸发器各板间通道之间的制冷剂分配均匀，设备生产厂家常采取一些技术措施。例如，阿法拉伐（Alfa Laval）公司的 CB51、CB75 两个系列的板式蒸发器各通道的进口处装有节流小孔，用增加局部阻力的办法来保证各通道的制冷剂流量均匀。又如，基伊埃技术设备（上海）有限公司（GEA）提出一种雾化器专利。在板数较多（一般片数多于 30 片）时，必须安装 GEA 雾化器。雾化器是一块非常繁密的圆形铜丝网，安装在制冷剂进口处，如图 2-54 所示。它将制冷剂雾化成为微小液滴，这种均匀的雾状流伴随气态制冷剂均匀地流入各板间通道，以充分利用板式蒸发器的换热面积。

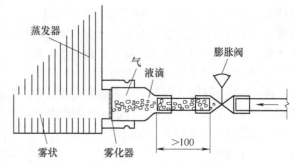

图 2-54　雾化器安装位置

冷却液体载冷剂的蒸发器特点见表 2-6。

表 2-6　冷却液体载冷剂的蒸发器特点

项目	水箱式蒸发器	卧式壳管式蒸发器	干式蒸发器	焊接板式蒸发器
水容量	水容量大	水容量小	水容量较小	水容量小
冻结危险性	无冻结危险	有冻结危险	冻结危险性较小	冻结危险性小
结构	结构较庞大	结构紧凑	结构紧凑	结构紧凑
腐蚀性	易腐蚀	腐蚀缓慢	腐蚀缓慢	耐腐蚀
适用性	只适用于开式水系统	适用于开式和闭式水系统	适用于开式和闭式水系统	适用于开式和闭式水系统

4. 冷却空气用的蒸发器

（1）空气自然对流式蒸发器　这种蒸发器靠空气自然对流和辐射吸收热量，常用在冷库中，在空调中一般不用。

在冷库中，多采用安装在顶棚下或墙壁四周的管束直接冷却库内空气。按排管放置位置可分为顶管（挂于顶棚下）、墙管（装在墙上）和搁架管（兼作被冷却物的搁架）。按排管结构型式可分为：立管式排管（见图 2-55a）、蛇形盘管（见图 2-55b）、U 形排管（见图 2-55c，用作顶管）。按管束型式分，有光管和肋片管，光管外径通常为 20～60mm，肋片管的片距通常为 8～12mm。

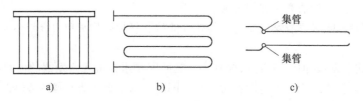

图 2-55　排管结构型式

a）立管式排管　b）蛇形盘管　c）U 形排管

这种蒸发器通常可以现场制造，结构简单，但传热系数小。

应注意，对于氨制冷系统，这类蒸发器大多采用再循环式供液方式；而对于氟利昂制冷，则大多为非满液式，并不宜采用大管径，通常用 $\phi 19\text{mm} \times 1.5\text{mm} \sim \phi 22\text{mm} \times 1.5\text{mm}$ 的纯铜管或 $\phi 25\text{mm} \times 2.25\text{mm}$ 的无缝钢管制作排管。

（2）空气强迫对流式蒸发器　这是空调、冷藏中常用的一种冷却空气用的蒸发器，常称为直接蒸发式空气冷却器。利用风机强迫空气以 1～3m/s 的流动速度（迎面风速）掠过蒸发管束表面。空气强迫对流式蒸发器的优点是：传热系数高，约为自然对流翅片管的 3～5 倍，因此结构紧凑；能适应负荷的变化；易于实现自动控制。

下面介绍这种蒸发器的结构型式。

按管束的型式分为两种——光管和肋片管束。目前，光管的空气蒸发器已很少使用；肋片管束型式的空气蒸发器在空调、冷冻和冷藏中被广泛地应用。

肋片管束的型式很多，常用的有绕片管束和串片管束。

1）绕片。用绕片机将钢带、铝带或铜带直接缠绕在光管上。常用的有 L 形平肋（见图 2-56a）；褶皱绕片（见图 2-56b），即将肋片根部压成褶皱，然后再缠绕在光管上；还有镶嵌肋片，即把肋片直接嵌在光管壁内。

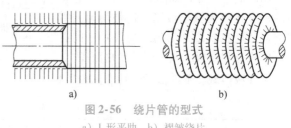

图 2-56　绕片管的型式

a）L 形平肋　b）褶皱绕片

2）串片。肋片用薄钢板或 0.2mm 左右的薄铝片，按管束排列形式冲孔并翻边，用套片机将肋片套于管束上，由翻边高度控制片距。为了防止肋片孔与管子间有间隙而降低传热效果，必须设法将肋片冲孔的翻边部分与管壁固定住。目前常用的串片管束有钢管串钢片、铜管串铝片。整体铝片又可分为平肋片、波纹肋片、条缝肋片等（见图 2-57）。改变肋片的形状，增加流动空气的扰动，以提高传热性能。

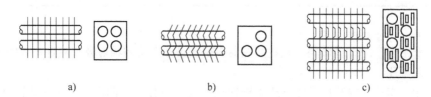

图 2-57　整体铝肋片型式

a）平肋片　b）波纹肋片　c）条缝肋片

肋片管束蒸发器的片距，根据用途不同有宽有窄。片距越窄，蒸发器的紧凑性指标越大，但空气流动阻力大，空气通路容易堵塞。供空调工程用的蒸发器片距通常为 2～3mm；当蒸发器除湿量大时，为了避免凝结水堵塞，以采用 3.0mm 为宜。供除湿机用的蒸发器，由于在肋片间有很多凝结水，阻止空气流通，因此，片距应大些，一般为 4～6mm。供低温（低于 0℃）用的蒸发器，由于存在结霜问题，则它的片距更应大一些，一般为 6～12mm。

蒸发器的排深，一般为 3～8 排。仅在特殊情况（如要求大焓降）才可多于 8 排。蒸发器的迎面风速为 2～3m/s，一般取 2.5m/s。当迎面风速过高时，肋片间的凝结水容易被风吹出。

这种蒸发器一般有很多制冷剂通路。必须使每一通路分液均匀，即保证制冷剂分配时量和质的均匀性。所谓量的均匀性，就是保证各路的供液流量相同；所谓质的均匀性，就是保证通过节流阀后的液态制冷剂和气态制冷剂混合均匀，按相同的气液比例分配给每一个通路。因此，节流后的气液混合物经分液器和毛细管，再进入蒸发器的每一通路。分液器保证了质的均匀性，毛细管内径很小，有较大的流动阻力，从而保证了制冷剂分配时量的均匀性。目前常见的几种分液器的结构型式如图 2-58 所示。其中图 a 所示的是离心式分液器，来自节流阀的制冷剂沿切线方向进入小室后，经充分混合的气液混合物从小室顶部沿径向分送到各通路。图 b、c 为碰撞式分液器，来自节流阀的制冷剂以高速进入分液器后，首先与壁面碰撞使之形成均匀的气液混合物，然后再进入各通路。图 d、e 为降压式分液器，其中图 d 是文氏管型，其压力损失较小。这种类型分液器使制冷剂首先通过缩口，增加流速以达到气液充分混合，克服重力影响，从而保证制冷剂均匀地分配给各通路。这些分液器可水平安装，也可垂直安装，但多为垂直安装。

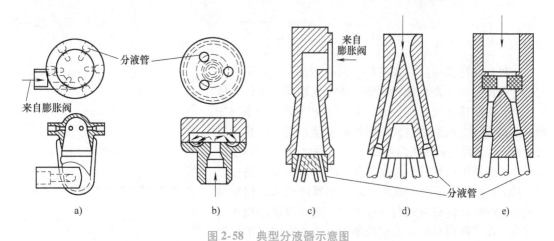

图 2-58　典型分液器示意图

a) 离心式分液器　b)、c) 碰撞式分液器　d)、e) 降压式分液器

2.3.2　蒸发器的选择计算

一般用户为制冷系统配置蒸发器时，都是选用系列产品。其选择计算的主要任务是根据已知条件决定所需要的传热面积，选择定型结构的蒸发器，并计算载冷剂通过蒸发器的动阻力。计算方法与冷凝器的选择计算基本相似。

蒸发器型式应根据载冷剂及制冷剂的种类和空气处理设备的型式而定。如空气处理设备采用水冷式表面冷却器，并以 R717 为制冷剂，则可采用卧式壳管式蒸发器；如以 R22 为制冷剂，宜采用干式蒸发器，如空气处理设备采用淋水室，宜采用水箱式蒸发器；如供冷库用，则常采用冷排管及冷风机。

蒸发器的热交换基本公式为

$$Q_e = kA\Delta t_m = \varPsi_e A \tag{2-42}$$

式中　Q_e——蒸发器的热负荷（W）；

　　　k——蒸发器的传热系数 $[W/(m^2 \cdot K)]$；

　　　A——蒸发器的传热面积（m^2）；

　　Δt_m——蒸发器平均传热温差（℃）；

　　　$\varPsi_e$——蒸发器的热流密度（W/m^2），$\varPsi_e = k\Delta t_m$。

因此，蒸发器的传热面积可用下式计算，即

$$A = \frac{Q_e}{k\Delta t_m} = \frac{Q_e}{\varPsi_e} \tag{2-43}$$

在进行蒸发器的选择计算时，蒸发器的热负荷是根据制冷用户的要求确定的。而平均传热温差 Δt_m 与蒸发器的传热系数则按以下方法确定。

1. 平均传热温差 Δt_m

对于冷却水、盐水或空气的蒸发器，若设水、盐水或空气进出口温度为 t_1、t_2，进入蒸发器的制冷剂是节流后的湿蒸气，在蒸发器中吸热汽化，依次变为饱和蒸气、过热蒸气，其温度变化如图 2-59 所示。由于蒸发器中过热度很小，吸收的热量也很少，故通常认为制冷剂的温度等于蒸发温度 t_e。这样，蒸发器内制冷剂与水、盐水或空气之间的平均对数传热温差为

$$\Delta t_m = \frac{t_1 - t_2}{\ln \dfrac{t_1 - t_e}{t_2 - t_e}} \tag{2-44}$$

t_1 和 t_2 往往是由空调或冷库工艺确定的。t_e 是制冷工艺设计中选定的。若 t_e 选得过低，压缩比增大，吸气比体积变大，使制冷系统运行的经济性变差和制冷量下降（ε 和 η_v 均下降），或需要增大压缩机的容量；而从传热学观点分析，t_e 过低将使传热温差 Δt_m 变大，这样在同样的制冷量时，可选择传热面积小的蒸发器，减少换热设备的初投资。反之，t_e 选得过高，则选择的蒸发器面积大，但制冷系统运行的经济性提高和制冷量增加，或可以选用较小的压缩机。在实际设计中，通常控制水、盐水或空气出口温度 t_2 与蒸发温度 t_e 之差 $(t_2 - t_e)$ 为合理值。

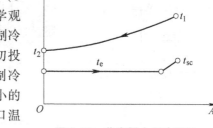

图 2-59　蒸发器中制冷剂和
被冷却介质温度的变化

对于水箱式蒸发器，t_e 宜比出口水温低 4~6℃；壳管式蒸发器，宜低 2~4℃，但不应低于 2℃。

供空调用的直接蒸发式空气冷却器，蒸发温度 t_e 应比被冷却空气出口温度 t_2 至少低 3.5℃。

2. 传热系数 k

以传热面的外表面为基准的蒸发器传热系数可用下式计算，即

$$k = \left(\frac{1}{a_o} + \sum \frac{\delta}{\lambda} + \frac{\tau}{a_i} \right)^{-1} \tag{2-45}$$

式中　a_o、a_i——管外和管内的传热系数，即一侧为制冷剂的沸腾传热系数，另一侧为水、盐水或空气的传热系数 $[W/(m^2 \cdot K)]$；

$\sum \dfrac{\delta}{\lambda}$——管壁及管壁附着物的热阻（$m^2 \cdot K/W$）；

τ——肋化系数，管外面积与管内面积之比。

对于氨蒸发器，一般都采用光管，τ 可取管外径与管内径之比。然而，由于管壁厚度不大，采用平壁计算公式就已足够精确了。当估算蒸发器面积时，推荐直接采用表 2-7 给出的蒸发器传热系数概略值。

表 2-7 蒸发器传热系数概略值

蒸发器型式			传热系数 $k/$ [$W/(m^2 \cdot K)$]	热流密度 $\Psi_e/$ (W/m^2)	备 注
满液式	卧式壳管式	氨-水	450 ~ 500	2200 ~ 3000	$\Delta t_m = 5 \sim 6℃$ $v_w = 1 \sim 1.5 m/s$
		氟利昂-水	350 ~ 450	1800 ~ 2500	$\Delta t_m = 5 \sim 6℃$ $v_w = 1 \sim 1.5 m/s$
	水箱式	氨-水	500 ~ 550	2500 ~ 3000	$\Delta t_m = 5 \sim 6℃$ $v_w = 0.5 \sim 0.7 m/s$
		氨-盐水	400 ~ 450	2000 ~ 2500	
非满液式	干式壳管	氟利昂-水	500 ~ 550	2500 ~ 3000	$\Delta t_m = 5 \sim 6℃$
	直接蒸发式空气冷却器	氟利昂-空气	30 ~ 40	450 ~ 500	以外肋表面为准 $\Delta t_m = 15 \sim 17℃$ $v_a = 2 \sim 3 m/s$
	冷排管（自然对流）	氟利昂-空气	8 ~ 12		光管 $\Delta t_m = 8 \sim 10℃$
			4 ~ 7		以外肋表面积计 $\Delta t_m = 8 \sim 10℃$
	冷风机（供冷库用）	氟利昂-空气	17 ~ 35		

3. 水（或盐水，或空气）**循环量**

$$\dot{m} = \dfrac{Q_e}{c(t_1 - t_2)} \tag{2-46}$$

式中 c——水（或盐水、空气）的比热容 [$kJ/(kg \cdot K)$]；

t_1、t_2——水（或盐水、空气）进、出蒸发器的温度（℃）；

$\dot{m}$——水（或盐水、空气）的循环量（kg/s）；

Q_e——制冷量（kW）。

4. 选择蒸发器的注意事项

（1）液面高度对蒸发温度的影响 由于制冷剂液柱高度的影响，在满液式蒸发器底部的蒸发温度要高于液面的蒸发温度。不同的制冷剂，在不同的液面蒸发温度下受静液高度的影响不同，静液高度对蒸发温度的影响可参见表 2-8。从表中可以看到：

表 2-8 静液高度对蒸发温度的影响 （单位：℃）

液面的蒸发温度	1m 深处的蒸发温度	
	R717	R22
−10	−9.6	−9.0

（续）

液面的蒸发温度	1m 深处的蒸发温度	
	R717	R22
−30	−28.9	−28.1
−50	−47.4	−45.9
−60	−55.5	−53.6
−70	−63.4	−59.5

1）不同的制冷剂，受静液高度的影响不同。

2）无论对于哪一种制冷剂，液面蒸发温度越低，静液高度对蒸发温度的影响也就越大，即静液高度使蒸发温度升高得越多。

因此，只有在蒸发压力较高时，可以忽略静液高度对蒸发温度的影响；当蒸发压力较低时，就不能予以忽略。也就是说，此时使用满液式蒸发器就变得不经济了。

（2）载冷剂冻结的可能性　如果蒸发器中的制冷剂温度低于载冷剂的凝固温度，则载冷剂就有冻结的可能性。在载冷剂的最后一个流程中，载冷剂的温度最低，其冻结的可能性最大。在以水作为载冷剂时，从理论上来说，管内壁温度可以低到0℃。但为了安全起见，通常使最后一个流程出口端的管内壁温度保持在0.5℃以上。对于用盐水作载冷剂的情况，根据同样的道理，应该使管内壁温度比载冷剂的凝固温度高1℃以上。

（3）制冷剂在蒸发器中的压力损失　制冷剂流过蒸发器时引起压力损失，必然使蒸发器出口处的制冷剂压力 p_{e2} 低于入口处的压力 p_{e1}，相应的蒸发温度 $t_{e2} < t_{e1}$，则相当于降低了压缩机的吸气压力，致使压缩机的制冷能力下降。

2.3.3　载冷剂

载冷剂又称冷媒，是在间接供冷系统中用以传递制冷量的中间介质。载冷剂在蒸发器中被制冷剂冷却后，送到冷却设备中，吸收被冷却物体或空间的热量，再返回蒸发器重新被冷却，如此循环不止，以达到传递制冷量的目的。优良的载冷剂应满足下列条件：

1）比热容大。载冷剂的比热容大，传递一定制冷量所需的载冷剂循环量就小，管路的管径和泵的尺寸都小，降低泵的消耗功率。

2）热导率高。载冷剂的热导率高，换热设备的传热性能好，可减小传热面积。

3）黏度低。载冷剂的黏度低，管路的阻力小，换热设备的传热性能好，可减小传热面积。

4）凝固点低。载冷剂的凝固点应低于使用温度。但凝固点过低，导致比热容减小，黏度增大，因此要使凝固点和载冷剂的使用温度范围相适应，而不应过多降低凝固点。

5）腐蚀性小。

6）载冷剂蒸气与空气的混合物不燃烧，无爆炸危险。液态和气态的载冷剂都无毒，对人体无刺激作用。

7）无活性。不会使其他物质变色和变质。

8）来源充沛，价格低廉。

载冷剂的种类很多，表2-9给出了几种载冷剂的热物理性质。

表 2-9　常用载冷剂的热物理性质

使用温度/℃	载冷剂名称	质量分数 w（%）	密度 $\rho \times 10^3$/（kg/m³）	比定压热容 c_p/[kJ/(kg·K)]	热导率 λ/[W/(m·K)]	黏度 $\mu \times 10^3$/（Pa·s）	凝固点 t_f/℃
0	氯化钙水溶液	12	1.111	3.465	0.528	2.5	-7.2
	甲醇水溶液	15	0.979	4.1868	0.494	6.9	-10.5
	乙二醇水溶液	25	1.03	3.834	0.511	3.8	-10.6
-10	氯化钙水溶液	20	1.188	3.041	0.501	4.9	-15.0
	甲醇水溶液	22	0.97	4.066	0.461	7.7	-17.8
	乙二醇水溶液	35	1.063	3.561	0.4726	7.3	-17.8
-20	氯化钙水溶液	25	1.253	2.818	0.4755	10.6	-29.4
	甲醇水溶液	30	0.949	3.813	0.3878	—	-23
	乙二醇水溶液	45	1.080	3.312	0.441	21	-26.6
-35	氯化钙水溶液	30	1.312	2.641	0.441	27.2	-50
	甲醇水溶液	40	0.963	3.50	0.326	12.2	-42
	乙二醇水溶液	55	1.097	2.975	0.3725	90.0	-41.6
	二氯甲烷	100	1.423	1.146	0.2038	0.80	-96.7
	三氯乙烯	100	1.549	0.9976	0.1503	1.13	-88
	三氯一氟甲烷	100	1.608	0.817	0.1316	0.88	-111
-50	二氯甲烷	100	1.450	1.146	0.1898	1.04	-96.7
	三氯乙烯	100	1.578	0.7282	0.1712	1.90	-88
	三氯一氟甲烷	100	1.641	0.8125	0.1364	1.25	-111
-70	二氯甲烷	100	1.478	1.146	0.2213	1.37	-96.7
	三氯乙烯	100	1.590	0.4567	0.1957	3.40	-88
	三氯一氟甲烷	100	1.660	0.8340	0.1503	2.15	-111

1. 水

水是一种理想的载冷剂。它具有比热容大、密度小、对设备和管道腐蚀性小、不燃烧、不爆炸、无毒、化学稳定性好、来源充沛等优点。因此，在空调制冷系统中，广泛采用水作为载冷剂，通常称为冷冻水。但是，由于它的凝固点高，因而在使用上受到很大的限制。

2. 盐水溶液

盐水溶液一般是用氯化钠（食盐 NaCl）、氯化钙（CaCl₂）或氯化镁（MgCl₂）溶解于水配制而成。这类载冷剂适用于中、低温制冷系统，也是应用最普遍的载冷剂。

盐水的性质和含盐量大小有关。盐水作为载冷剂时应注意以下三个问题：

1）要合理地选择盐水的浓度。盐水浓度增大，将使盐水的密度加大，会使输送盐水的泵的功率消耗增大；而盐水的浓度增大后其比热容却减小，输送一定制冷量所需的盐水流量将增多，同样增加泵的功率消耗。因此，不应选择过高的盐水浓度，而应根据使盐水的凝固点低于载冷剂系统中可能出现的最低温度的原则来选择盐水浓度。目前，一般选择盐水的浓度使凝固点比制冷装置的蒸发温度低 5~8℃（采用水箱式蒸发器时取 5~6℃；采用壳管式蒸发器时取 6~8℃）。鉴于此，氯化钠（NaCl）溶液只使用在蒸发温度高于 -16℃ 的制冷系统中。氯化钙（CaCl₂）溶液可使用在蒸发温度不低于 −50℃ 的制冷系统中。

2）注意盐水溶液对设备、管道的腐蚀问题。对金属的腐蚀随盐水中含氧量的减少而变慢。为此，最好采用闭式盐水系统，以减少与空气接触；另外，为了减轻腐蚀作用，可在盐水溶液中加入一定量的缓蚀剂。$1m^3$ 氯化钙水溶液中应加 1.6kg 重铬酸钠（$Na_2Cr_2O_7$）和 0.45kg 氢氧化钠（NaOH）；$1m^3$ 氯化钠水溶液中应加 3.2kg 重铬酸钠和 0.89kg 氢氧化钠。加入缓蚀剂后，必须使盐水略呈碱性（pH = 7～8.5）。在添加上述药品时，要注意毒性。

3）盐水载冷剂在使用过程中，会因吸收空气中的水分而使其浓度降低，尤其是在开式盐水系统中。为了防止盐水的浓度降低，引起凝固点温度升高，必须定期用比重计测定盐水的密度。若浓度降低，应补充盐量，以保持在适当的浓度。

3. 乙二醇（$CH_2OH \cdot CH_2OH$）水溶液

乙二醇水溶液是腐蚀性小的一种载冷剂。它是无色、无味、无电解性、无燃烧性的载冷剂，乙二醇的价格和黏度较丙二醇低。乙二醇水溶液略有腐蚀性，应加缓蚀剂以减弱对金属的腐蚀。乙二醇水溶液传热性能良好，凝固点很低，是使用最广泛的有机载冷剂。

2.4　节流机构

节流机构将冷凝器来的高压液态制冷剂等焓节流降压至蒸发压力，为制冷剂在蒸发器中蒸发吸热提供条件。同时，节流机构还调节供入蒸发器的制冷剂流量，以适应制冷系统制冷量变化的需要，即随着蒸发器热负荷的变化，节流机构供液量也要相应地变化。

节流机构的型式很多，结构也各不相同，常用的节流机构有手动膨胀阀、浮球式膨胀阀、热力膨胀阀以及毛细管等。

2.4.1　手动膨胀阀

手动膨胀阀的结构和普通截止阀相似，只是它的阀芯为针形锥体或具有 V 形缺口的锥体，也有的为平板阀芯，如图 2-60 所示。阀杆采用细牙螺纹，在旋转手轮时，可使阀门的开启度缓慢地增大或减小，保证良好的调节性能。

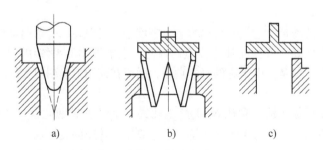

图 2-60　手动膨胀阀阀芯
a）针形阀芯　b）具有 V 形缺口的阀芯　c）平板阀芯

手动膨胀阀要求管理人员根据负荷的变化随时调节阀门的开启度，管理麻烦，如果操作员一时疏忽，还会导致运行工况失常，甚至造成事故。因此，手动膨胀阀现在已较少单独使用，一般都用作辅助性流量调节。把它装在自动膨胀阀的旁通管道上，以备应急，或检修自动阀门时使用；或者同液面控制器及电磁阀配合使用，共同实现供液量的控制。

2.4.2　浮球膨胀阀

浮球膨胀阀是一种自动膨胀阀,它根据满液式蒸发器液面的变化来控制蒸发器的供液,并同时起节流降压的作用。

根据供给蒸发器的液态制冷剂是否通过浮球室而将浮球膨胀阀分为直通式和非直通式两种,如图 2-61 和图 2-62 所示。这两种浮球膨胀阀的工作原理都是利用液面的变化来自动调节制冷剂流量。图 2-63 是非直通式膨胀阀安装示意图,浮球膨胀阀置于满液式蒸发器一侧;通过连通管上与蒸发器气空间相连,下与蒸发器液空间相连。因此,浮球室的液面与蒸发器的液面高度是一致的。当蒸发器负荷增加时,蒸发量增加,液面下降,浮球室中的液面也相应下降,于是浮球下降,阀芯移动一角度,从而使阀门开启度增加,加大供液量。当蒸发器负荷减少,制冷剂蒸发量减少,其液面与浮球室内液面同时升高,浮球升高,阀门的开启度减小,制冷剂供入量减小。图 2-63 所示的非直通式浮球膨胀阀节流后的液体不经过浮球室,而通过单独管路直接供到蒸发器。在浮球膨胀阀的旁通管上还设有手动膨胀阀,以备浮球膨胀阀损坏或维修时使用。

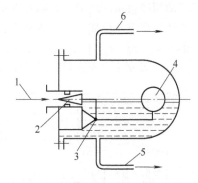

图 2-61　直通式浮球膨胀阀
1—液体进口　2—针阀　3—支点　4—浮球
5—液体连通管　6—气体连通管

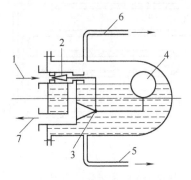

图 2-62　非直通式浮球膨胀阀
1—液体进口　2—针阀　3—支点　4—浮球
5—液体连通管　6—气体连通管　7—节流后液体出口

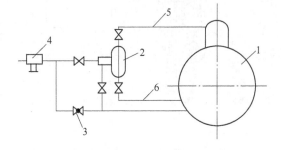

图 2-63　浮球膨胀阀安装示意图
1—蒸发器　2—浮球膨胀阀　3—手动膨胀阀
4—液体过滤器　5—气体连通器　6—液体连通管

直通式浮球膨胀阀节流后的液体首先流入浮球室,然后由液体连通管流入蒸发器。直通式浮球阀的特点是构造简单,液体连通管管径大,但只能从下部向蒸发器供液;浮球室内的液面波动大,由浮球传递到阀芯的冲击力就很大,阀门容易损坏。

2.4.3　热力膨胀阀

热力膨胀阀是一种自动膨胀阀,它靠蒸发器出口气态制冷剂的过热度来控制阀门的开启度,以自动调节供给蒸发器的制冷剂流量,并同时起节流作用。热力膨胀阀又称恒温膨胀阀。根据热力膨胀阀内膜片下方引入蒸发器进口或出口的压力,分为内平衡式和外平衡式两种。

1. 热力膨胀阀的工作原理

内平衡式热力膨胀阀的结构如图 2-64 所示。它由感温包、毛细管、阀座、膜片、顶杆、阀针及调节机构等构成。膨胀阀接在蒸发器的进液管上，感温包中充注的工质与系统中制冷剂相同，感温包设置在蒸发器出口处的管外壁上。由于过热度的影响，其出口处温度 t_1' 与蒸发温度 t_e 之间存在着温差 Δt_g，通常称为过热度。感温包感受到 t_1' 后，使整个感应系统处于 t_1' 对应的饱和压力 p_b。如图 2-65 所示，该压力通过毛细管传到膜片上侧，在膜片侧面施有调整弹簧力 p_T 和蒸发压力 p_e，三者处于平衡时有 $p_b = p_T + p_e$。若蒸发器出口过热度 Δt_g 增大，即表示 t_1 升高，使对应的 p_b 随之增大，则形成 $p_b > p_T + p_e$，膜片下移，通过顶杆，使阀芯下移，阀孔通道面积增大，蒸发器的制冷量也随之增大。倘若在进入蒸发器的制冷剂量增大到一定程度时，蒸发器的热负荷还不能使之完全变成 t_1' 的过热蒸气，造成 Δt_g 减小，t_1' 降低导致对应的感应机构内压力 p_b 减小，形成 $p_b < p_T + p_e$，因而膜片回缩，阀芯上移，阀孔通道面积减小，使进入蒸发器的制冷剂量相应减少，形成热力膨胀阀的以蒸发器过热度为动力的供液量比例调节模式。

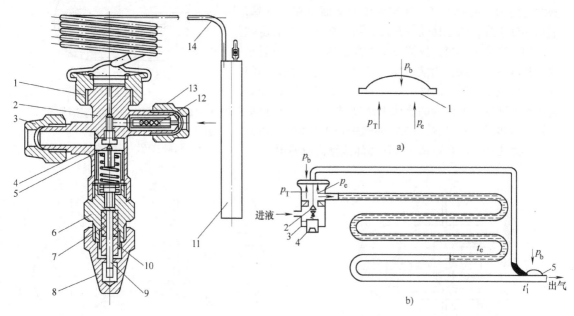

图 2-64　内平衡式热力膨胀阀的结构　　　　图 2-65　内平衡式热力膨胀阀工作原理
1—气箱座　2—阀体　3、13—螺母　4—阀座　　　1—弹性金属膜片　2—阀芯　3—弹簧
5—阀针　6—调节阀杆　7—填料　8—阀帽　　　　4—调节杆　5—感温包
9—调节杆　10—填料压盖　11—感温包
12—过滤网　14—毛细管

从以上热力膨胀阀的工作原理可以看出，其阀芯的调节动作来源于 $p_b = p_T + p_e$，而在膜片上下侧的压力平衡是以蒸发器内压力 p_e 作为稳定条件的，所以称为内平衡式热力膨胀阀。

在许多制冷装置中，蒸发器的管组长度较大，从进口到出口存在着较大的压降 Δp_e，造成蒸发器进出口温度各不相同，p_e 不是一个固定值。即在这种情况下若使用上述内平衡式热力膨胀阀，则会因蒸发器出口温度过低而造成 $p_b \ll (p_T + p_e)$，造成热力膨胀阀的过度关闭，以致丧失对蒸发器实施供液量调节的能力。而采用外平衡式热力膨胀阀可以避免产生过度关闭的情况，保证有压降（Δp_e）的蒸发器得到正常的供液。外平衡式热力膨胀阀的结构原理如图 2-66 所示。图 2-67 示出了它的主要特征，它是将内平衡式热力膨胀阀膜片驱动力系中的蒸发压力 p_e，改为由外平衡管接头引入的蒸发器出口压力 p_w，以此来消除蒸发器管组内的压降 Δp_0 所造成的膜片力系失衡，而带来的使膨胀阀失去调节能力的不利影响。由于 $p_w = p_e - \Delta p_e$，尽管蒸发器出口过热度偏低，但膜片力系变成为 $p_b = p_T + (p_e - \Delta p_e)$，即 $p_b = p_T + p_w$ 时，仍然能保证在允许的装配过热度范围内达到平衡。在这个范围内，当 $p_b > p_T + p_w$ 时，表示蒸发器热负荷偏大，出口过热度偏高，膨胀阀流通面积增大，使制冷剂供液量按比例增大。反之按比例减小。

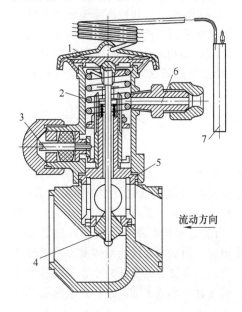

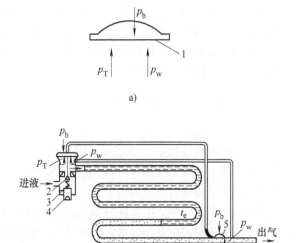

图 2-66　外平衡式热力膨胀阀的结构原理
1—阀杆螺母　2—弹簧　3—调节杆　4—阀杆
5—阀体　6—外平衡接头　7—感温包

图 2-67　外平衡式热力膨胀阀的主要特征
1—弹性金属膜片　2—阀芯　3—弹簧
4—调节杆　5—感温包

一般情况下，R22 蒸发器压力降 Δp_e 达到表 2-10 所规定的值时，应采用外平衡式热力膨胀阀。此外，使用带分液器的蒸发器时，也应使用外平衡式热力膨胀阀，即将分液器引起的压降按 Δp_e 处理，以保证蒸发器的工作能力得以正常发挥。

表 2-10　使用外平衡式热力膨胀阀（R22）的 Δp_e

蒸发温度 $t_e/℃$	+10	0	-10	-20	-30	-40	-50
$\Delta p_e/Pa$	4.2×10^4	3.3×10^4	2.6×10^4	1.9×10^4	1.4×10^4	1.0×10^4	7×10^3

2. 热力膨胀阀的选择与使用

正常情况下，热力膨胀阀应控制进入蒸发器中的液态制冷剂量刚好等于在蒸发器中吸热蒸发的制冷剂量，使工作温度下蒸发器出口过热度适中，蒸发器的传热面积得到充分利用。同时在工作过程中能随着蒸发器热负荷的变化，迅速地改变向蒸发器的供液量，使之随时保持系统的平衡。实际中热力膨胀阀感温系统存在一定的热惯性，信号传递滞后，往往使蒸发器产生供液量过大或过小的超调现象，为了削弱这种超调，稳定蒸发器的工作，在确定热力膨胀阀容量时，一般应取蒸发器热负荷的 1.2 ~ 1.3 倍。

为了保证感温包采样信号的准确性，当蒸发器出口管径小于 22mm 时，感温包可水平安装在管的顶部；当管径大于 22mm 时，则应将感温包水平安装在管的下侧方 45° 的位置，然后外包绝热材料。绝对不可随意安装在管的底部。也要注意避免在立管，或多个蒸发器的公共回气管上安装感温包。外平衡式热力膨胀阀的外平衡管应接于感温包后约 100mm 处，接口一般位于水平管顶部，以保证调节动作可靠。

为了使热力膨胀阀节流后的制冷剂液体均匀地分配到蒸发器的各个管组，通常在膨胀阀的出口管和蒸发器的进口管之间设置一种分液接头。它仅有一个进液口，却有几个甚至十几个出液口，将膨胀阀节流后的制冷剂均匀地分配到各个管组中（或各蒸发器中）。分液接头的型式很多，如图2-58所示。以降压型分液接头的使用效果最好。图2-58所示为几种压降型分液头的结构型式，它们的特点是通道尺寸较小，制冷剂液体流过时要发生节流，产生约50kPa压差，同时在分液管中也约有相等的压差，以致蒸发器各通路管组总压差大致相等，使制冷剂均匀分配到蒸发器中，各部分传热面积得到充分利用。在安装分液头时各分液管必须具有相同的管径和长度，以保证各路管组压降相等。

2.4.4 热电膨胀阀和电子脉冲式膨胀阀

1. 热电膨胀阀

热电膨胀阀也称电动膨胀阀。它是利用热敏电阻的作用来调节蒸发器供液量的节流装置。热电膨胀阀与蒸发器的连接方式如图2-68所示。热敏电阻具有负温度系数特性，即温度升高，电阻减小。它直接与蒸发器出口的制冷剂蒸气接触。在电路中，热敏电阻与膨胀阀膜片上的电加热器串联，电加热器的电流随热敏电阻值的变化而变化。当蒸发器出口制冷剂蒸气的过热度增加时，热敏电阻温度升高，电阻值降低，电加热器的电流增加，膜室内充注的液体被加热而温度增加，压力升高，推动膜片和阀杆下移，使阀孔开启或开大。当蒸发器的负荷减小，蒸发器出口蒸气的过热度减小或者变成湿蒸气时，热敏电阻被冷却，阀孔就关小或关闭。这样热电膨胀阀可以控制蒸发器的供液量，使其与热负荷相适应。

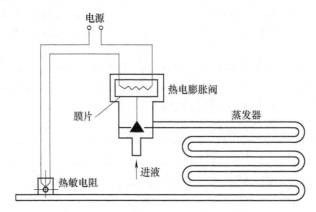

图2-68 热电膨胀阀与蒸发器的连接方式

不同用途的热电膨胀阀的感受元件有多种安装方式。热电膨胀阀具有结构简单、反应速度快的优点。为了保证良好的控制性能，热敏电阻需要定期更换。

2. 电子脉冲式膨胀阀

如图2-69所示，电子脉冲式膨胀阀由步进电动机、阀芯、阀体、进出液管等主要部件组成。屏蔽套将步进电动机的转子和定子隔开。屏蔽套下部与阀体周向焊接，形成一个密封的阀内空间。电动机转子通过一个螺母与阀芯连接，转子转动时可以使阀芯下端的锥体部分在阀孔中上下移动，以此改变阀孔的流通面积，起到调节制冷剂流量的作用。在屏蔽套上部设有升程限位器，将阀芯的上下移动限制在一个规定的范围内，若有超出此范围的现象发生，步进电动机将发生堵转，通过升程限位器可以使计算机调节装置方便地找到阀的开度基准，并在运转中获得阀芯位置信息，读出或记忆阀的开闭情况。

　　电子脉冲式膨胀阀的步进电动机具有起动频率低、功率小、阀芯定位可靠等优点，属于爪极型永磁式步进电动机。它的定子由四个铁心（A、$\overline{A}$、B、$\overline{B}$）和两副线轴组件组成，每个铁心内周边有 12 个齿（称为爪极），驱动电路如图 2-70 所示。图中的开关 1 和开关 2 按表 2-11 中的 1-2-3-4-5-6-7-8-9 顺序通电膨胀阀开启，反之阀门关闭。

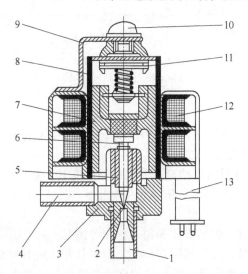

图 2-69　电子脉冲式膨胀阀的结构

1—进液管　2—阀孔　3—阀体　4—出液管　5—螺母
6—转轴（阀芯）　7—转子　8—屏蔽套　9—尾板
10—定位螺钉　11—限位器　12—定子线圈　13—导线

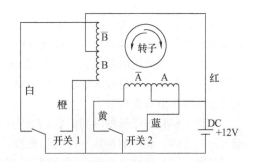

图 2-70　电子脉冲式膨胀阀的驱动电路

表 2-11　定子通电顺序及通电方向

顺序 \ 引线	红	蓝（A）	黄（$\overline{A}$）	橙（B）	白（$\overline{B}$）	阀动作
1	DC 12V	ON				
2		ON		ON		
3				ON		
4			ON	ON		关　开
5			ON			阀　阀
6			ON		ON	↑　↓
7					ON	
8		ON			ON	
9		ON				

　　按表 2-11，每一通电状态转动一步的步距角为 $\theta = \dfrac{360°}{12 \times 8} = 3.75°/步$。一般膨胀阀从全闭到全开设计为步进电动机转子转动 3.7 圈，其所需的通电脉冲数为 3.7 × 360°/3.75°/步 = 356 个，在频率 30Hz 时所需阀门从全闭到全开的时间为 356/30s = 11.9s。由此可以推断频率越高，所需的时间越短，调节的精确度也越高。阀的流量与脉冲数呈线性关系，图 2-71 示出了通径为 φ2.85mm 的电子脉冲式膨胀阀的脉冲数-流量关系曲线。在制冷装置运行过程中，由传感器采集

到实时信号，输入微型计算机进行处理后，转换成相应的脉冲信号，驱动步进电动机获得一定的步距角，对应的阀芯移动，改变阀孔的流通面积，使制冷剂的供液量与热负荷变化相匹配，实现装置的高精度能量调节。变流量调节时间以秒计算，可以有效地杜绝超调现象发生。对于一些需要精细流量调节的制冷装置，采用此种膨胀阀，可以得到满意可靠的高效节能效果。

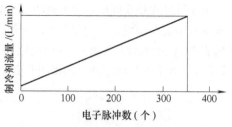

图 2-71　$\phi 2.85\text{mm}$ 通径的电子脉冲式膨胀阀的脉冲数-流量关系曲线

2.4.5　毛细管

毛细管又叫节流管，其内径常为 0.5~5mm，长度不等，材料为铜或不锈钢。由于它不具备自身流量调节能力，被看作为一种流量恒定的节流设备。

毛细管节流采用的是流体在一定几何尺寸的管道内流动产生摩阻压降改变其流量的原理。当管径一定时，流体通过的管道短则压降小，流量大；反之，压降大且流量小。在制冷系统中取代膨胀阀作为节流机构。

根据毛细管进口处制冷剂的状态分为过冷液体、饱和液体和稍有汽化等情况。从毛细管的安装方式考虑，制冷剂在其进口的状态按毛细管是否与吸气管存在热交换而分为回热型和无回热型两种：回热型即毛细管内制冷剂在膨胀过程对外放热；无回热型即毛细管内制冷剂为绝热膨胀。图 2-72 中曲线所表示的就是绝热膨胀过程中，沿管长方向的压力和温度分布情况。进入毛细管时为过冷液体的绝热膨胀，前一段为液体，随着压力的降低过冷度不断减小，最后变成饱和液体。当制冷剂达到点 a，也就是压降相当于制冷剂入口温度的饱和压力时，开始汽化，变为两相流动。随着压力不断降低，液体不断汽化，气液混合物的比体积和流速相应增大，且比焓值逐渐减小。同时由于管内阻力影响，一部分动能消耗用于克服摩擦，并转化为热能被制冷剂吸收，使其比焓值有所回升，因而这种膨胀过程不可能等熵，制冷剂的比熵值将不断增大，所以该过程只能是介于等焓与等熵之间的膨胀过程。2-3 段为管外自由膨胀，点 3 以后为蒸发器内的过程，制冷剂在蒸发器内的状态为 t_e、p_e。

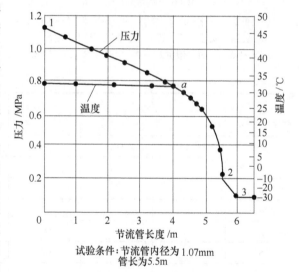

图 2-72　制冷剂（氟利昂）在毛细管中流动时的压力与温度分布特性

当毛细管进口为饱和液体或是已具有一定干度的气液混合物时，在节流管内仅为气液两相流动过程，无液体段。即曲线点 a 与点 1 重合，其流动过程相当于图中的 a-2-3 曲线所表示的情况。

在毛细管的管径 d、长度 l 和制冷剂进口前的状态均给定的条件下，制冷剂的流量 $\dot{m}$、出口压力 p_2' 将随蒸发器内的蒸发压力（俗称背压）p_e 而改变。当 p_e 较高时，$\dot{m}$ 随 p_e 降低而不断增大，而 p_2' 始终与 p_e 相等。当 p_e 降低到某一数值（即 p_e 等于临界压力 p_c）时，毛细管出口处于"临界出口状态"，其出口流速达到当地声速，制冷剂的流量 $\dot{m}$ 达到最大值。若 p_e 继续降低，当 $p_e < p_c$ 时，毛细管内制冷剂流量 $\dot{m}$ 不再增加，压力不再下降，仍为 p_c，这时压力的进一步降低将在毛细管外进行，达到蒸发压力 p_e，如图 2-72 所示。

制冷装置中毛细管的选配有计算法和图表法两种。无论是哪种方法得到的结果，均只能是参考值。

理论计算的方法是建立在毛细管内有一定管长的亚稳态流存在，其长度受亚稳态流的影响仅仅反映在摩阻压降中相应管长流速的平均值 u_m 上，毛细管内蒸气的干度随管长的变化规律按等焓过程进行；以及管内摩擦因数按工业光滑管考虑等假设条件下，其毛细管长度可由式（2-47）计算得到，即

$$\Delta p_i = -\frac{G}{gA}\Delta u_i - \frac{G}{2gAd_i}\xi u_{mi}\Delta L_i \qquad (2\text{-}47)$$

式中　G——每根毛细管的供液量（kg/s）；

A——毛细管通道截面面积（m^2）；

g——重力加速度（m/s^2）；

Δu_i——所求管段进出口截面流速平均值（m/s）；

ξ——摩擦因数，管内为液相流动时，$\xi_L = 0.0055\left[1 + \left(20000\dfrac{e}{d_i} + \dfrac{10^6}{Re}\right)^{\frac{1}{3}}\right]$，其中 e/d_i 为管内表面相对粗糙度，$e/d_i = 3.8 \times 10^{-4}$，$Re = ud/\nu$，$u$ 为管内流速，ν 为流体的运动黏度，管内为两相流动时，$\xi_T = 0.95\xi_L$。

考虑在管内的流动过程存在干度 x 的变化，应对毛细管按压差分段（即 Δp_i）计算各管长 ΔL_i，最后 $\sum \Delta L_i$ 即理论计算的毛细管长度。

在工程设计的某稳定工况下，对不同管径和长度的毛细管进行实际运行试验，并将试验结果整理成线图。在选配时根据已知条件通过线图近似地选择毛细管参数，即图表法。图 2-73 所示为 R22 毛细管初步选择曲线图。若已知 R22 制冷装置制冷量 $Q_0 = 600 \times 1.163\text{W} = 697.8\text{W}$，在图中可以有 A、B、C 三个反映毛细管参数的点，即得到 3 种长度和内径的毛细管，即 d_i 为 0.8mm、0.9mm 和 1.0mm，长度 L 为 0.9m、1.5m 和 2.8m，可从此 3 个结果中选取一种作为初选毛细管尺寸。

毛细管也有一定的调节流量的功能，它是依靠制冷剂在系统中分配状况的变化而使毛细管的供液能力改变。图 2-74a 表示了制冷机在正常状态工作时，制冷剂的分配状况。

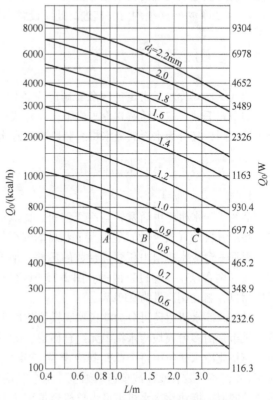

图 2-73　R22 毛细管初步选择曲线图

冷凝器中主要是气，而在出口处及大部分毛细管中是液体；蒸发器中是气液混合物，在入口处的干度很小，随着流动干度增大，临近出口处干度达到1，并成为过热蒸气。当蒸发器负荷增大时，制冷剂沸腾放热增强，蒸发器中蒸气含量增多，干度达到1的点提前，过热区增大。由于系统中总的充液量不变，导致一部分制冷剂液体阻留在冷凝器中，如图2-74b所示。这样，液体过冷度增加，并且由于冷凝面积减少，冷凝压力升高，最后导致毛细管供液能力增大，从而调节了蒸发器的供液量，但是毛细管供液能力的调节范围不大。

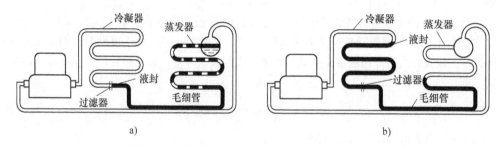

图 2-74　毛细管调节制冷剂流量的原理

设计用毛细管节流的制冷系统时应注意：

1）系统的高压侧不要设置贮液器，以减少停机时制冷剂迁移量，防止起动时发生"液击"。

2）制冷剂的充注量应尽量与蒸发容量相匹配。必要时可在压缩机吸气管路上加装气液分离器。

3）对初选毛细管进行试验修正时，应保证毛细管的管径和长度与装置的制冷能力相吻合，以保证装置能达到规定的技术性能要求。

4）毛细管内径必须均匀。其进口处应设置干燥过滤器，防止水分和污物堵塞毛细管。

2.5　蒸气压缩式冷水机组

蒸气压缩式冷水机组是包含全套制冷设备的、制备冷媒的制冷机组，根据机组所选用的压缩机的型式不同，包括活塞式冷水机组、螺杆式冷水机组和离心式冷水机组。冷水机组根据冷却介质的不同，又分为水冷式冷水机组和风冷式冷水机组两大类。

2.5.1　蒸气压缩式冷水机组的型式

1. 活塞式冷水机组

活塞式冷水机组由活塞式制冷压缩机、卧式壳管式冷凝器、热力膨胀阀和干式蒸发器等组成，并配有自动（或手动）能量调节和自动安全保护装置。

根据一台冷水机组中压缩机台数的不同，活塞式冷水机组可分为单机头（一台压缩机）和多机头（两台以上压缩机）两种。图2-75所示为多机头冷水机组外形，一台机组中有8台半封闭压缩机，名义制冷量为930kW。

活塞式冷水机组还可分为整机型和模块化冷水机组，一般整机型单机冷量<580kW。模块化冷水机组是由多台模块冷水机单元组合而成，如图2-76所示。各制冷模块的结构、性能完全相同，模块化冷水机组中每个单元制冷量为130kW，其中有两个完全独立的制冷系统，容量分别为65kW，各自装有双速或单速压缩机。每个模块单元装有两台压缩机、两套蒸发器、两套冷凝器及控制器。模块化冷水机组最大单机容量可达1040kW（8个单元组合），工质为R22。模块化

冷水机组中采用了高效板式换热器，机组体积小，自重轻，噪声低，调节性能好，自动化程度高，计算机控制单元模块的开、停。由于采用紧凑和组合单元的设计，非常节约空间，且不需要蒸发器、冷凝器的拆卸空间，比常规冷水机组节约占地面积 50%，而且运输、安装灵活方便，特别适用于改造工程。

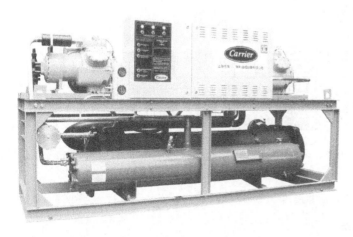

图 2-75 多机头冷水机组 　　　　　　　　　　　　　图 2-76 模块化冷水机组

2. 螺杆式冷水机组

螺杆式冷水机组是由螺杆式制冷压缩机、冷凝器、蒸发器、热力膨胀阀、油分离器、自控元件等组成的一个完整的制冷系统，图 2-77 所示为螺杆式冷水机组外形。由于螺杆式压缩机运行平稳，机组安装时可以不装地脚螺栓，直接放在具有足够强度的水平地面。

螺杆式冷水机组也有单机头与多机头之分，采用的制冷剂为 R22 和 R134a，单机冷量为 290~3000kW。螺杆式冷水机组适用于大、中型的空调制冷系统。

3. 离心式冷水机组

（1）普通离心式冷水机组　离心式冷水机组是由离心式制冷压缩机、冷凝器、蒸发器、节流机构和调节机构等组成的整体机组。图 2-78 所示为离心式冷水机组外形。离心式冷水机组的制冷量较大，单机冷量一般在 580kW 以上，常用的制冷剂为 R22 和 R134a。离心式冷水机组又有单级压缩与多级压缩之分，单机冷量为 350~10500kW，适用于大型空调制冷系统。

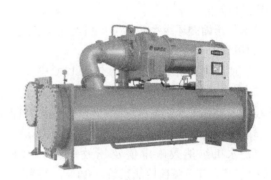

图 2-77 螺杆式冷水机组 　　　　　　　　　　　图 2-78 离心式冷水机组

（2）**磁悬浮离心式冷水机组** 磁悬浮离心式冷水机组的核心部件磁悬浮离心式压缩机大致可分为压缩部分、电动机部分、磁悬浮轴承及控制器、变频控制部分。其中压缩部分由两级离心叶轮和进口导叶组成，两级叶轮中间预留补气口，可实现中间补气的两级压缩。其原理如图 2-79 所示。

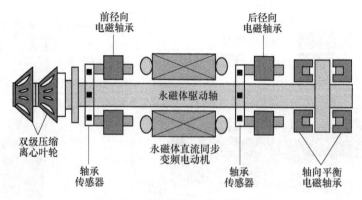

图 2-79　磁悬浮离心式压缩机原理

磁悬浮冷水机组的优点主要体现在：

1）无油运行。磁悬浮压缩机的轴与轴承不接触，与传统轴承相比，磁悬浮轴承没有机械摩擦，仅有气流摩擦，而气流摩擦的能量损耗仅有机械摩擦的 2%。此外，磁悬浮压缩机由于无须润滑油，因此彻底去除了因回油问题而导致的压缩机烧损事故。

2）较宽的冷冻水出水温度。由于没有压缩机回油的问题，因此，其冷冻水出水温度可在 3～20℃ 范围内进行调节，特别适合于有中温冷冻水需求的场合。

3）部分负荷性能好。磁悬浮冷水机组部分负荷性能比普通螺杆式冷水机组或者离心式冷水机组好。

4）运行噪声低。满载状态下噪声低至 70dB 左右，部分负荷下噪声比常规机组低 20dB 左右。

2.5.2　蒸气压缩式冷水机组的性能系数

1. 冷水机组的额定性能系数

冷水机组是空调系统的主要耗能设备，其能效很大程度上决定了空调系统的节能效果，因此，国家专门制定了冷水机组的能效标准，给出了冷水机组名义工况额定制冷量的性能系数（COP）最低值。

《蒸气压缩循环冷水（热泵）机组第 1 部分：工业或商业用及类似用途的冷水（热泵）机组》（GB/T 18430.1—2007）规定：

1）使用侧。制冷进/出口水温为 12℃/7℃，水流量为 0.172m³/(h·kW)。

2）热源侧（或放热侧）。水冷式冷却水进出口水温为 30℃/35℃，水流量为 0.215m³/(h·kW)；风冷式制冷空气干球温度为 35℃，蒸发冷却式空气湿球温度为 24℃。

3）蒸发器水侧污垢系数为 0.018m²·℃/kW，冷凝器水侧污垢系数为 0.044m²·℃/kW。

《冷水机组能效限定值及能效等级》（GB 19577—2015）规定：冷水机组的性能系数（COP）、综合部分负荷性能系数（IPLV）的测试值和标注值应不小于表 2-12 或表 2-13 中能效等级所对应的指标规定值。

表 2-12　能效等级指标（一）

类　　型	名义制冷量 （CC）/kW	能效等级			
		1	2	3	
		(IPLV)/(W/W)	(IPLV)/(W/W)	(COP)/(W/W)	(IPLV)/(W/W)
风冷式 或蒸发冷却式	CC≤50	3.80	3.60	2.50	2.80
	CC>50	4.00	3.70	2.70	2.90
水冷式	CC≤528	7.20	6.30	4.20	5.00
	528<CC≤1.163	7.50	7.00	4.70	5.50
	CC>1.163	8.10	7.60	5.20	5.90

表 2-13　能效等级指标（二）

类　　型	名义制冷量 （CC）/kW	能效等级			
		1	2	3	
		(COP)/(W/W)	(COP)/(W/W)	(COP)/(W/W)	(IPLV)/(W/W)
风冷式 或蒸发冷却式	CC≤50	3.20	3.00	2.50	2.80
	CC>50	3.40	3.20	2.70	2.90
水冷式	CC≤528	5.60	5.30	4.20	5.00
	528<CC≤1.163	6.00	5.30	4.70	5.50
	CC>1.163	6.30	5.80	5.20	5.90

　　冷水机组的性能系数及综合部分负荷性能系数实测值应同时大于或等于表 2-12 或表 2-13 中的能效等级 3 级所对应的指标值。

　　《公共建筑节能设计标准》（GB 50189—2015）在上述基础上，给出了各种冷水机组（热泵）在名义工况下，其额定制冷量的性能系数（COP）限值的最低值，见表 2-14。对于变频机组，规定：水冷变频离心式机组的 COP 不应低于表中数值的 0.93 倍；水冷变频螺杆式机组的 COP 不应低于表中数值的 0.95 倍。

表 2-14　名义制冷工况和规定条件下冷水机组（热泵）的制冷性能系数（COP）

类　　别		名义制冷量 CC/kW	性能系数 COP/(W/W)					
			严寒 A、 B 区	严寒 C 区	温和 地区	寒冷 地区	夏热冬 冷地区	夏热冬 暖地区
水冷	活塞式/涡旋式	CC≤528	4.10	4.10	4.10	4.10	4.20	4.40
	螺杆式	CC≤528	4.60	4.70	4.70	4.70	4.80	4.90
		528<CC≤1163	5.00	5.00	5.00	5.10	5.20	5.30
		CC>1163	5.20	5.30	5.40	5.50	5.60	5.60
	离心式	CC≤1163	5.00	5.00	5.10	5.20	5.30	5.40
		1163<CC≤2110	5.30	5.40	5.40	5.50	5.60	5.70
		CC>2110	5.70	5.70	5.70	5.80	5.90	5.90
风冷或蒸发冷却	活塞式/涡旋式	CC≤50	2.60	2.60	2.60	2.60	2.70	2.80
		CC>50	2.80	2.80	2.80	2.80	2.90	2.90
	螺杆式	CC≤50	2.70	2.70	2.70	2.80	2.90	2.90
		CC>50	2.90	2.90	2.90	3.00	3.00	3.00

2. 冷水机组的部分负荷性能系数

冷水机组（热泵）等设备在实际工作中不总是在最大负荷工况（100%负荷）下工作，绝大部分时间机组运行在部分负荷状态下，用机组名义工况下的性能系数来评价机组的性能不能全面反映机组运行效率，因而美国空调、供暖及制冷工业协会（AHRI）以及美国供暖、通风、制冷与空调工程师学会（ASHRAE）提出了综合部分负荷系数（Integrated Part Load Value，IPLV）的概念，用来衡量冷水机组及热泵等设备在部分负荷工作情况下的运行效果。

《公共建筑节能设计标准》给出以下定义：用一个单一数值表示的空气调节用冷水机组的部分负荷效率指标，基于机组部分负荷时的性能系数值，按照机组在各种负荷下运行时间的加权因素，通过计算获得，因此也称为综合部分负荷性能系数。标准中综合部分负荷系数（IPLV）的计算公式为

$$IPLV = 1.2\%A + 32.8\%B + 39.7\%C + 26.3\%D \qquad (2\text{-}48)$$

式中　A——100%负荷时的性能系数（W/W），冷却水进水温度30℃/冷凝器进气干球温度35℃；

B——75%负荷时的性能系数（W/W），冷却水进水温度26℃/冷凝器进气干球温度31.5℃；

C——50%负荷时的性能系数（W/W），冷却水进水温度23℃/冷凝器进气干球温度28℃；

D——25%负荷时的性能系数（W/W），冷却水进水温度19℃/冷凝器进气干球温度24.5℃。

水冷定频机组综合部分负荷性能系数（IPLV）是对机组4个部分负荷工况条件下性能系数的加权平均值，相应的权重综合考虑了建筑类型、气象条件、建筑负荷分布以及运行时间，是根据4个部分负荷工况的累积负荷百分比得出的，其不应低于表2-15所示的数值；水冷变频离心式冷水机组的综合部分负荷性能系数（IPLV）不应低于表中水冷离心式冷水机组限值的1.30倍；水冷变频螺杆式冷水机组的综合部分负荷性能系数（IPLV）不应低于表中水冷螺杆式冷水机组限值的1.15倍。

表2-15　冷水机组（热泵）综合部分负荷性能系数（IPLV）

类　别		名义制冷量 CC/kW	IPLV					
			严寒A、B区	严寒C区	温和地区	寒冷地区	夏热冬冷地区	夏热冬暖地区
水冷	活塞式/涡旋式	CC≤528	4.90	4.90	4.90	4.90	5.05	5.25
	螺杆式	CC≤528	5.35	5.45	5.45	5.45	5.55	5.65
		528<CC≤1163	5.75	5.75	5.75	5.85	5.90	6.00
		CC>1163	5.85	5.95	6.10	6.20	6.30	6.30
	离心式	CC≤1163	5.15	5.15	5.25	5.35	5.45	5.55
		1163<CC≤2110	5.40	5.50	5.55	5.60	5.75	5.85
		CC>2110	5.95	5.95	5.95	6.10	6.20	6.20
风冷或蒸发冷却	活塞式/涡旋式	CC≤50	3.10	3.10	3.10	3.10	3.20	3.20
		CC>50	3.35	3.35	3.35	3.35	3.40	3.45
	螺杆式	CC≤50	2.90	2.90	2.90	3.00	3.10	3.10
		CC>50	3.10	3.10	3.10	3.20	3.20	3.20

受IPLV的计算方法和检测条件所限，IPLV具有一定的适用范围：

1）IPLV只能用于评价单台冷水机组在名义工况下的综合部分负荷性能水平。

2）IPLV不能用于评价单台冷水机组实际运行工况下的性能水平，不能用于计算单台冷水机

组的实际运行能耗。

3）IPLV 不能用于评价多台冷水机组综合部分负荷性能水平。

思考题与习题

1. 制冷压缩机有哪几种？其主要作用体现在哪几个方面？

2. 什么是活塞式制冷压缩机的输气系数？其大小反映了实际工作过程中存在的哪些因素对压缩机输气量的影响？

3. 什么是压缩机的名义工况？

4. 活塞式制冷压缩机如何进行能量调节？

5. 试简要叙述螺杆式制冷压缩机的工作过程。

6. 螺杆式压缩机如何进行能量调节？

7. 影响螺杆式压缩机容积效率的因素主要有哪些？

8. 什么是离心式压缩机的喘振点？

9. 如何进行离心式压缩机制冷量的调节？

10. 如何计算滚动转子式压缩机的输气量？

11. 常用的冷凝器有哪几种？各用在什么场合？

12. 常用的蒸发器有哪几种？什么叫满液式蒸发器？什么叫非满液式蒸发器？

13. 分液器有何作用？有哪几种类型？

14. 节流机构有什么作用？有哪几种？

15. 手动膨胀阀与截止阀有何不同？举例说明手动膨胀阀的用途。

16. 什么是直通式浮球膨胀阀和非直通式浮球膨胀阀？

17. 试述热力膨胀阀的工作原理。

18. 试比较内平衡式和外平衡式热力膨胀阀的不同，各适用于什么场合？

19. 试述电子脉冲式膨胀阀的工作原理及其特点。

20. 试述毛细管的工作原理及使用中应注意的问题。

21. 什么叫载冷剂？载冷剂应具有哪些特性？

22. 水作为载冷剂有什么优点？

23. "盐水的浓度越高，使用温度越低。"这种说法对吗？为什么？

24. 有一制备盐水的制冷系统，蒸发温度为 $-20℃$，需要为水箱式蒸发器配制 $5m^3$ 的盐水，问 1）用什么盐？2）需多少 kg 盐？3）添加多少缓蚀剂？

25. 乙二醇水溶液作为载冷剂有何优缺点？

26. 已知 R22 制冷系统的制冷量为 100kW，$t_e = 5℃$，冷却水进口温度为 32℃，试确定系统的冷凝温度、冷却水流量和卧式壳管式冷凝器的传热面积。

27. 有一台氨卧式壳管式冷凝器，传热面积为 $\phi 38mm \times 3mm$ 无缝钢管，共 122 根，管长 5m，8 冲程，通过的冷却水为 11kg/s，试求冷凝器的阻力。

28. 设空调用冷冻水送回水温度为 7℃ 和 12℃，冷冻水流量为 40t/h，试确定氨制冷系统的蒸发温度，并选一水箱式蒸发器。

29. 设 R22 蒸发器配置一个内平衡式热力膨胀阀，感温包内充注 R22，弹簧力设定为 96.92kPa，在 $t_e = 5℃$ 工况下运行，试求以下三种情况下蒸发器出口过热温度的最小值：

1）蒸发器无阻力。

2）蒸发器中阻力为 35.72kPa。

3）蒸发器和分液器阻力共为 102.21kPa。

第 3 章
蒸气压缩式制冷系统

将压缩机、蒸发器、冷凝器和节流机构四大部件用管路连接起来，即可构成制冷剂系统，实现制冷循环，达到制冷目的。为了使系统高效可靠、安全地运转，在制冷系统中还需加入一些辅助设备（如油分离设备、空气分离设备等），或增设一些辅助系统（如润滑油系统、分离和排除不凝性气体系统等）。

3.1 制冷系统的典型流程

制冷系统按供液方式分有直流供液系统、重力供液系统和泵供液系统。

1. 直流供液系统的典型流程

直流供液系统是指制冷剂通过膨胀阀，不经其他设备直接供给蒸发器的制冷系统，又称直接膨胀供液系统。一些小型系统和工厂组装的整套制冷机常采用这种系统。

图 3-1 是直流供液制冷剂（氨）流程图。该系统是一套制备空调冷冻水或低温盐水的典型流程。制冷剂的循环路线如下：压缩机 1→油分离器 2→冷凝器 3→贮液器 4→节流阀组 6、7、8→蒸发器 5→氨气过滤器 9→压缩机 1。

从压缩机到冷凝器的管路是高压蒸气管，即排气管；冷凝器到节流阀组的管路为高压液体管；节流阀组到蒸发器的管路是低压液体管；蒸发器到压缩机的管路为低压蒸气管，即吸气管。高压蒸气管路中增设了辅助设备——油分离器，其作用是分离压缩机排气中所夹带的润滑油。在高压液体管路中增设了贮液器，其作用是稳定制冷剂的循环量及贮存系统的液体制冷剂。一些现场安装的制冷系统，还在压缩机吸气管上装氨气过滤器，以防止杂质进入压缩机。冷凝器的液体通常是靠重力流入贮液器，为此，在冷凝器和贮液器之间设平衡管将气空间连通。

图 3-2 所示为直流供液制冷剂（R134a）流程图。制冷剂的循环图为：压缩机 1→油分离器 2→冷凝器 3→干燥过滤器 4→回热器 5→节流阀组 8、9、7→蒸发器 6→回热器 5→压缩机 1。这个系统中未设贮液器，而由卧式冷凝器兼贮液器功能；但冷凝器是直接冷却房间的盘管（如在冷库、冷藏柜中应用），可以是直接蒸发的空气冷却器（如在空调中应用），也可以是冷却冷冻水的干式蒸发器（如制备空调用冷冻水）。由于采用了非满液式蒸发器，在节流阀组中采用了热力膨胀阀。为便于自动控制，节流阀前装有电磁阀。小型氟利昂系统中的管路一般都用铜管，或是工厂组装的系统，故在系统中不设气体过滤器。

R134a 系统与图 3-1 的氨系统相比，有以下两点不同：

1）制冷系统采用回热循环，设有回热器。在 R134a 系统中采用回热循环不仅可以避免湿压缩，还可以增大系统的制冷量及制冷系数。

2）由于水在 R134a 中溶解度很小，故在节流阀前设有干燥过滤器，以吸收制冷剂中的水分，防止水分在节流阀处因温度降低到零度以下而结冰。

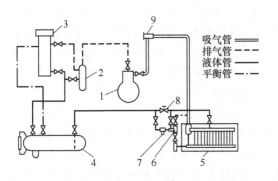

图 3-1 直流供液制冷剂（氨）流程图

1—压缩机 2—洗涤式油分离器 3—立式冷凝器
4—贮液器 5—蒸发器 6—浮球膨胀阀
7—液体过滤器 8—手动节流阀 9—氨气过滤器

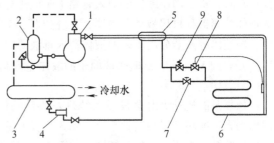

图 3-2 直流供液制冷剂（R134a）流程图

1—压缩机 2—油分离器 3—卧式壳管式冷凝器
4—干燥过滤器 5—回热器 6—蒸发器
7—手动膨胀阀 8—热力膨胀阀 9—电磁阀

2. 重力供液系统

重力供液系统是指液体靠重力作用给蒸发器供液的制冷剂系统。图 3-3 所示是重力供液制冷剂（氨）流程图，与图 3-1 的根本区别在于这个系统增设了液体分离器。高压液体经膨胀阀节流后送入液体分离器中，使气液分离，其中液体进入蒸发器中蒸发。在重力作用下，制冷剂在液体分离器与蒸发器之间产生程度不同的小循环。因此，蒸发器的传热性能较好。采用液体分离器后还可减少压缩机湿压缩的可能性。

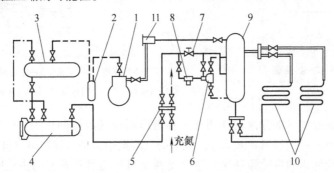

图 3-3 重力供液制冷剂（氨）流程图

1—压缩机 2—油分离器 3—卧式壳管式冷凝器 4—贮液器 5—调节站 6—浮球膨胀阀
7—手动节流阀 8—液体过滤器 9—液体分离器 10—蒸发器 11—氨气过滤器

当制冷系统有多组蒸发器时，通常通过调节站来集中控制各蒸发器的供液，同时还可通过调节站对系统充灌制冷剂。

系统中的液体分离器要超过蒸发器一定高度，使液体分离器与蒸发器之间的静液压力差足以克服制冷剂的流动阻力。一般情况下，液体分离器中液面高出蒸发器最上一层管 0.5～2.0m。图 3-3 所示系统适用于小型系统。如果系统大或蒸发器间的高差大，必然导致蒸发器供液不均匀，下层蒸发器或离液体分离器近的蒸发器供液多，而上层蒸发器或离液体分离器远的蒸发器供液就少。另外，蒸发器高差太大时，由于液柱的影响使低层蒸发器很难得到较低的蒸发温度。因此，对于服务面积大或高差大（如多层建筑中）的制冷系统，采用多液体分离子系统，每一个液体分离器供应同一高度、位置接近的蒸发器。

当蒸发器负荷急剧变化时，会引起分离器的液位激烈变化，有可能使液体被压缩机吸入。直流供液系统中也可能因膨胀阀调节不当而使压缩机发生湿压缩。为了防止压缩机吸入制冷剂液体，有时在机房内压缩机的吸入管路上装液体分离器，以分离吸入蒸气中的液体。这种接排气管的液体分离器称机房液体分离器，系统如图3-4所示。正常使用时，阀 V_1、V_3 开启，V_2、V_4 关闭。经液体分离器分离下来的液体流入排液筒中。当排液筒中液位达到最高液位时，关闭阀 V_1、V_3，开启阀 V_2、V_4，这时排液筒中的液体进入制冷剂系统中。

3. 泵供液系统

依靠泵的机械力对蒸发器系统进行供液的制冷剂系统称为泵供液系统。目前大中型冷库、国内的人工冰场都采用这种系统。图3-5所示是氨泵供液的制冷剂流程图。图中只表示了蒸发器的供液系统，高压部分的系统同上述系统。高压制冷剂液体节流后进入低压循环贮液器中，气液分离，其中液体经氨泵送入蒸发器中蒸发制冷，然后又返回低压循环贮液器中。

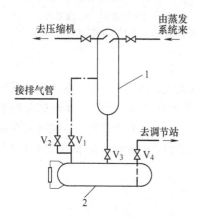

图 3-4　机房液体分离器管路系统
1—液体分离器　2—排液筒

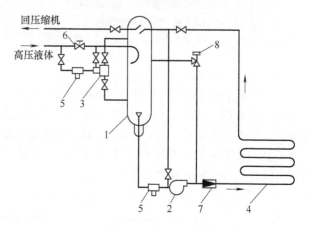

图 3-5　氨泵供液的制冷剂流程图
1—低压循环贮液器　2—氨泵　3—浮球膨胀阀　4—蒸发器
5—液体过滤器　6—手动膨胀阀　7—止回阀　8—自动旁通阀

低压循环贮液器起着气液分离的作用和贮存低压制冷剂液体的作用。因此，有时低压循环贮液器用液体分离器和贮液器组合来取代。氨泵的供液量通常是蒸发器蒸发量的3~6倍。

氨泵出口装有止回阀和自动旁通阀。当蒸发器中因某几组蒸发器的供液阀关闭而使其他蒸发器供液量过大和压力过高时，旁通阀自动调节旁通到低压循环贮液器的氨液量。氨泵入口段要保持一定高度，以防止工作时因压力损失而导致液体管中闪发蒸气和氨泵汽蚀。齿轮氨泵的吸入口应有1.5~2.0m的液柱，离心式氨泵的吸入口应有1.5~3.0m的液柱。

泵供液的制冷剂系统的优点是蒸发器的传热性能好；多台蒸发器供液均匀；由于蒸发器管内有一定流速，可以使蒸发器中润滑油返回低压循环贮液器，便于集中排放。缺点是泵要消耗功率，一般多消耗1.0%~1.5%的能量。

3.2　制冷系统的辅助设备

1. 贮液器

贮液器又称贮液筒。一般都是用钢板卷成的圆筒，两端加封头板制成的有压容器。按其外形分，有立式和卧式两种；按用途分，有高压贮液器、低压循环贮液器和排液筒。高压贮液器装在系统的高压部分，其功能有：接收冷凝器的高压液体，以避免液体淹没冷凝器传热面；对系统中流量的不均衡性起调节作用，以适应负荷、工况变化的需要；起液封作用，防止高压侧气体窜到低压侧；在小系统中还起贮存系统中制冷剂的作用。低压循环贮液器用在泵供液系统中，它的功能有：起气液分离作用，以避免压缩机的回液；在系统停止工作时容纳可能由蒸发器返回的液体，而不致在重新工作时发生回液的危险；有足够的贮液量，以保证液泵开始工作时不断流和保证泵的吸入口处有一定高度的液柱；有时还收集蒸发器热气除霜时排出的液体。排液筒可用作收集机房液体分离器分离下来的液体，或在蒸发器进行热气除霜时接收蒸发器排出的液体。

图3-6所示为卧式氨贮液器（又称贮氨器）。筒身上有进液管、出液管、平衡管、压力表、安全阀、放油管的接口和液位计。这种贮液器主要用作高压贮液器或排液筒。

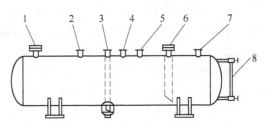

图3-6 氨贮液器

1—进液管接口 2—平衡管接口 3—放油管接口
4—压力表接口 5—安全阀接口 6—出液管接口
7—放空气口 8—液位计

贮液器根据容积来选择。对于高压贮液器，在小型系统中，其容积应能容纳整个系统的制冷剂；氨制冷系统中的高压贮液器的容积可按下式确定，即

$$V_r = 3600 \dot{m}_R \frac{\varphi}{\beta} v \tag{3-1}$$

式中　V_r——高压贮液器的容积（m^3）；

$\dot{m}_R$——系统的质量流量（kg/s）；

v——冷凝温度下的氨液比体积（m^3/kg）；

β——贮液器的氨液充满度，一般取$0.7 \sim 0.8$；

φ——贮液器的容量系数，按表3-1取值。

表3-1 容量系数 φ

制冷系统的服务对象	φ
空调系统中的氨制冷系统	$0.33 \sim 0.5$
冷库，公称容积≤2000m^3	1.2
冷库，公称容积 = 2001 ~ 10000m^3	1.0
冷库，公称容积 = 10001 ~ 20000m^3	0.8
冷库，公称容积 > 20000m^3	0.5

排液筒的有效容积应能容纳系统中一组最大蒸发器或一个最大库房蒸发排管中的制冷剂液体。低压循环贮液器的容积应根据系统的形式和运转情况来确定，可参照冷库设计规范推荐的公式进行计算。

2. 液体分离器

图3-7所示为氨液分离器，利用惯性的原理将质量较大的液体分离下来。液体分离器的选择原则是分离器内蒸气上升速度不超过0.5m/s。

在氟利昂制冷机中，虽然蒸发器的供流量是根据吸气的过热度控制的，似乎压缩机回液的可能性很小，但是，实际上这种系统的压缩机产生回液的原因很多，同样可能产生液击现象。这种制冷机发生回液的原因有：

1）膨胀阀或毛细管选择不当，感温包安装不当。

2）系统充注制冷剂太多。

3）停止运转时，制冷剂通过毛细管进入压缩机。

4）热泵机组制冷循环转换，或制冷机组进行热气除霜时，蒸发器中未蒸发的液体返回压缩机等。

因此，这类制冷机中，通常在吸气管上也装设液体分离器。图 3-8 所示为一种氟利昂系统常用的液体分离器，又称集液器。也是采用惯性的原理将油、液体分离出来。分离器中的限流孔使适量的油、液随同吸气返回压缩机，此孔的大小与压缩机的允许回流量有关，需根据压缩机的容量、所使用的制冷剂等确定。制冷机停机时，假如蒸发器或液体分离器所处环境的温度高于压缩机所处环境的温度，则有可能使油和液体通过限流孔压送回压缩机，当压缩机重新起动时会发生液击现象，因此，在分离器中的回气管上开有平衡孔，使分离器内压力和回气管内压力平衡。氟利昂系统中液体分离器经常与回热换热器结合在一起，以促使回气中夹带的液体迅速蒸发。

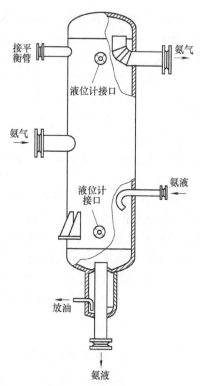

图 3-7　氨液分离器

3. 过滤器和干燥器

过滤器是从液体或气体中除去固体杂质的设备。过滤器装在节流装置、自动阀门、压缩机、润滑油泵、氨泵等设备前，以防止固体杂质堵塞阀孔或损坏机件。氨过滤器一般都用钢丝网做滤网，网孔 0.4mm；氟利昂过滤器一般采用铜丝网做滤网，网孔 0.1~0.2mm。图 3-9~图 3-11 为氨液体过滤器、氟利昂液体过滤器和氨气过滤器。

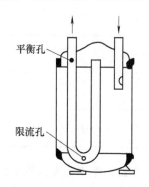

图 3-8　氟利昂液体分离器

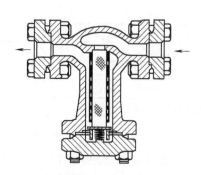

图 3-9　氨液体过滤器

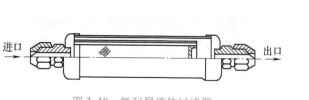

图 3-10　氟利昂液体过滤器

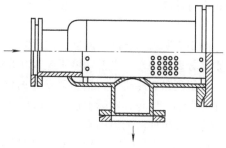

图 3-11　氨气过滤器

干燥器用于溶水能力小的氟利昂系统中，装在节流机构前，吸收氟利昂系统中所含的水，防止水分在节流阀中结冰而堵塞。干燥器通常与过滤器结合在一起，如图 3-12 所示。干燥器中的干燥剂一般是颗粒状的硅胶、分子筛等。

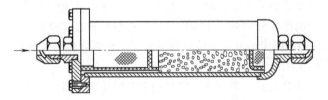

图 3-12　干燥过滤器

4. 润滑油分离设备和系统

压缩机在运转中，总是有润滑油随同排气一起排出。对于氨系统来说，如果这些润滑油进入冷凝器和蒸发器中，将在这些设备的传热面上形成油膜，导致传热系数下降；对于与油溶解的氟利昂，制冷剂中润滑油的溶解量将影响饱和压力和温度的关系，导致压缩机的制冷量下降。为了减少润滑油带入系统，在排气管上设置油分离器。

油分离器分离油的办法有：利用气流的方向改变和速度变慢，使质量较大的润滑油分离出来；利用过滤、阻挡的作用分离油；利用冷却作用使雾状的润滑油凝结成油滴，再分离下来；利用旋转气流的离心作用分离油滴。

图 3-13a 所示为洗涤式油分离器。筒内氨液保持一定液位，排气经氨液洗涤冷却而凝结成较大油滴，部分沉入底部，可能被带出液面的油滴或液滴在重力和伞形挡板阻挡的作用下被分离下来。

图 3-13b 所示为填料式油分离器。其中填料层的材料一般是瓷环、金属切屑。这些油分离器利用过滤、改变速度方向及大小的办法实现分离油的目的。填料式油分离器有比较高的分油效率，但阻力较大。

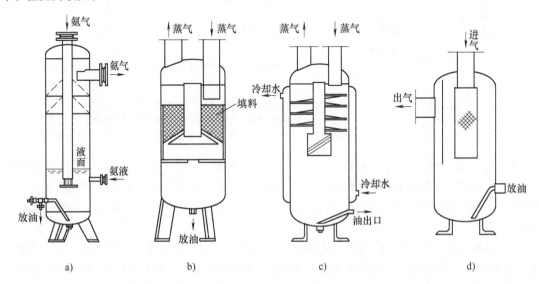

图 3-13　油分离器

a) 洗涤式油分离器　b) 填料式油分离器　c) 离心式油分离器　d) 过滤式油分离器

图 3-13c 所示为离心式油分离器。分离器设有冷却水套。这种油分离器利用离心力的作用将质量较大的油甩到壁面上，并利用冷却、阻挡、速度方向改变等办法进一步将油分离。它的分油效率也比较高。

图 3-13d 所示为过滤式油分离器，利用铜丝网的过滤作用及速度变慢和改向的作用分离润滑油。这种油分离器结构简单，分油效率不太高，用于小型氟利昂制冷机中。

油分离器可根据筒身内限定的流速来确定筒身直径。填料式油分离器筒内速度要求在 0.5m/s 以下。其他油分离器，筒内速度要求在 1.0m/s 以下。

在氨制冷系统中，油分离器分离下来的润滑油需及时排出；另外，在冷凝器、贮液器、蒸发器、液体分离器、低压循环储液器中都积聚有润滑油，也需及时排出。排出的润滑油经再生处理后，再加入压缩机中。为了在放油时将氨和油分开，并保证放油操作安全，首先将油移到集油器中，再在低压下从集油器中将油放出系统。图 3-14 所示为集油器，它是一个用钢板制成的筒形容器。上设进油管、回气管、放油管的接口和压力表、液位计。氨制冷剂系统中的放油系统和集油器的连接方法如图 3-15 所示。图中表示的放油系统中，高压设备和低压设备共用一个集油器，应分别进行放油。大型系统中高、低压设备分别设置集油器。集油器的回气管不宜直接接到压缩机的吸气管上，最好接到液体分离器上（若系统中有这设备）。放油操作的步骤如下：

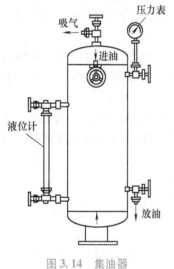

图 3.14　集油器

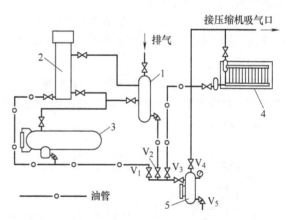

图 3-15　氨的放油系统和集油器的连接方法

1—洗涤式油分离器　2—冷凝器　3—贮液器　4—蒸发器
5—集油器　V_1、V_2、V_3、V_4、V_5—截止阀

1）把集油器抽空。此时应将阀门 V_1、V_2、V_3、V_5 关闭，开启阀门 V_4，使集油器内压力降低。

2）将油移入集油器中。关闭阀门 V_4，打开阀门 V_1（或 V_2、V_3）及相应设备的排油阀，使某个设备中的润滑油移到集油器中。当集油器的油液量达到容器的 60% ~ 70%，关闭进油阀 V_1（或 V_2、V_3）。

3）分离油中的氨。开启阀门 V_4，使油中夹带的氨液蒸发，筒身表面出现结霜，直到霜层融化，关闭阀门。等 10min 后，观察集油器上压力表的压力是否上升，若上升显著，应重新开启阀门 V_4，使残留的氨液继续蒸发，再关闭阀门 V_4；若压力上升很小，则油中的氨已基本上分离完了。

4）放油。开启阀门 V_5，将油放出。

R22 制冷系统由于润滑油与制冷剂互相溶解，在系统设计时，要考虑有一定量的油与制冷剂一起循环，即随压缩机排气排出的润滑油，经冷凝器、蒸发器再返回到压缩机。许多系统可以不装油分离器，如工厂组装的空调机几乎都不设油分离器。但是，如果有些系统回油不好，如用满液式蒸发器的系统，或吸气管路太长而又复杂的系统，或负荷有较大变化的系统等，还应在系统中设油分离器。应指出 R22 系统中的油分离器，由于油与制冷剂的互溶性，其分油效率不高，还有很多油进入冷凝器、蒸发器等设备中，在系统设计时还应注意回油问题。

5. 不凝性气体分离器与系统

有多种原因造成制冷系统中可能有空气等不凝性气体存在。这些原因有：制冷系统安装完后或检修完毕后，未能彻底把系统中的空气或氮气（当用氮气打压时）抽尽；添加制冷剂或润滑油时，因操作不严格而带进空气；制冷系统的低压部分在低于大气压力下工作时，从不严密处漏入空气；制冷剂和润滑油分解等。

在制冷系统中，当存在空气等不凝性气体时，对运行是非常有害的。

1）导致冷凝温度升高。因为空气等不凝性气体在冷凝器中的传热面附近形成气膜热阻，使冷凝器的传热系数下降，从而导致冷凝温度升高。由此引起系统的制冷系数下降，制冷量减小。

2）使压缩机的排气压力升高。冷凝器内的总压力（排气压力）应是制冷剂蒸气的分压力和不凝性气体分压力之和。由于冷凝温度升高，相对应的饱和压力（即制冷剂分压力）增加，再加上不凝性气体分压力，其总压力比无不凝性气体时的冷凝器内压力大得多。排气压力升高导致压缩机的容积效率降低，制冷量减小，功率消耗增加。另外，压缩机中对不凝性气体进行压缩，既消耗了功，又无制冷效应。

3）使压缩机的排气温度升高。冷凝压力升高会导致压缩机排气温度升高；空气的等熵指数大，压缩后的终点温度高，从而也导致排气温度升高。排气温度升高导致压缩机润滑恶化；还可能使润滑油和制冷剂分解，影响压缩机正常工作；使压缩机的预热系数下降，即容积效率下降等。

4）腐蚀性增强。空气进入系统，空气中的水分和氧气加剧了对金属材料的腐蚀作用。

因此，当系统中有空气等不凝性气体时，应当及时排出。为了在排放不凝性气体时减少制冷剂的损失，一般先用不凝性气体分离器（又称空气分离器）把不凝性气体与制冷剂分离后，再放出不凝性气体。

分离不凝性气体的原理是：对不凝性气体与制冷剂的混合气体在高压下进行冷却，使其中低沸点的制冷剂蒸气大部分被冷凝成液体，使混合气体中不凝性气体的含量增加，从而在放气时减少制冷剂损失。表3-2 列出了三种制冷剂与空气的混合气体中空气的饱和含量。从表中可以看到，冷却使混合气体中空气含量增加的效果，R22 系统没有氨系统的好。

表3-2　混合气体中空气的饱和含量（质量分数,%）

压力/MPa	温度/℃	下列制冷剂中空气的饱和含量（质量分数,%）		
		R717	R22	R12
1.2	20	41	10	
	-20	90	55	
1.0	20	20	3	15
	-20	87	50	59
0.8	20	8	0	8
	-20	82	40	48
0.6	20	0	0	0
	-20	76	30	40

氨制冷剂系统用的不凝性气体分离器有两种结构——盘管式（立式）和四套管式（卧式）。图3-16所示为盘管式空气分离器。不凝性气体与氨气的混合气体在分离器中被冷却盘管所冷却，其中大部分氨气被冷下来，而空气等不凝性气体（含少量氨气）排出系统。冷却盘管中直接通以节流后的氨液。冷却盘管的出口接到压缩机的吸气管上，保证盘管内有低的蒸发温度。图3-17所示为四套管式空气分离器。它由四根直径不同的同心管焊接而成。从里往外数，第一根管与第三根管相通，第二根管与第四根管相通。节流后的氨液由第一根管进入，蒸发后的氨气由第三根管引出（接至压缩机的吸气管）。不凝性气体与氨气的混合气体由第四根管进入，被冷却后，其中的氨被冷却下来，而不凝性气体（仍含有少量氨）由第二根管放出。冷凝下来的氨液可通过旁通管经节流阀节流后进入第一根管中汽化，而后为压缩机吸走。

空气一般积聚在冷凝器和贮液器中。由于空气的密度比氨大，故宜在冷凝器中下部抽出空气与氨蒸气的混合物。从混合气体中分离下来的氨液沉于分离器的底部。这些氨经节流阀进入盘管中蒸发；也可以直接引到贮液器底部（这时空气分离器应高于贮液器）。放出的空气（含少量氨）一般引入水中，以吸收其中的氨。分离器上的温度计用于监视放气操作。当温度计的读数值低于冷凝压力下的饱和温度很多时，说明需要放空气；反之，当温度计的读数值接近于冷凝压力下的饱和温度时，则表示不需放空气或应停止放空气。

如图3-18所示，放空气的操作步骤应是：首先打开阀8，将混合气体引入空气分离器；然后打开阀7，再打开节流阀5，根据温度计的读数值确定是否放空气。若需要放空气，则打开阀9放出空气。放气完毕后，关闭阀9及节流阀5，再打开节流阀6，使冷凝下来的氨液进入盘管汽化后进入制冷剂系统。最后依次关闭阀6、7和8。

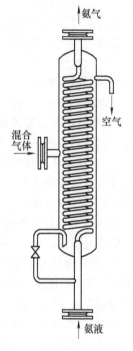

图3-16　盘管式空气分离器

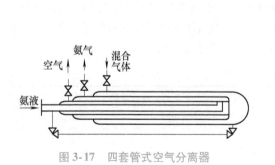

图3-17　四套管式空气分离器

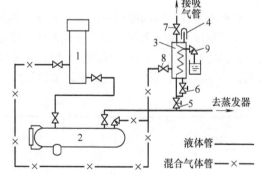

图3-18　氨制冷系统的放空气系统

1—冷凝器　2—贮液器　3—空气分离器
4—温度计　5、6—节流阀　7、8、9—截止阀

对于空调用的R22等制冷系统，用冷却法分离不凝性气体很困难，且蒸发器中压力都大于大气压力，运行中吸入空气的可能性很小，故一般不设空气分离器。如果需要放不凝性气体，在停机后，从冷凝器高处排放即可。

6. 安全设备

许多制冷剂的制冷系统都有较高的压力。当压力超过预定的压力时，不仅运行经济性下降，而且增加了不安全性。有些制冷剂（如氨）有爆炸、燃烧危险，并对人体有害，超压更有严重的危害性。此外，超压还可能出现损坏机器的事故。因此，在制冷系统中，必须设置一些安全设备防止压力过高，保证制冷系统安全运转。

安全阀是系统中常用的防止压力过高的安全设备。当系统中压力升高到规定值时，该阀开启，向外泄放制冷剂，使系统压力下降。大多数制冷机至少在冷凝器或贮液器上装一个安全阀。很多情况下，几个点（冷凝器、贮液器、蒸发器等）都设有安全阀。图 3-19 所示为微启式弹簧安全阀。当压力超过弹簧力（规定压力）时，阀门开启。容器上安全阀口径大小根据容器大小及制冷剂确定，可按下式计算，即

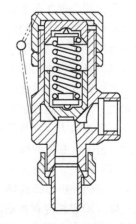

$$d = C\sqrt{DL} \tag{3-2}$$

式中　d——安全阀口径（mm）；
$\quad\quad D$——容器直径（m）；
$\quad\quad L$——容器长度（m）；
$\quad\quad C$——系数，见表 3-3。

图 3-19　微启式弹簧安全阀

表 3-3　系数 C

制冷剂	C	
	高压侧	低压侧
R13	5	5
R22、R502、R717	8	11

对人体有害的制冷剂（如 R717）的系统，安全阀出口均应接安全管引到室外，管径与安全阀口径相同。

多个安全阀可用同一个安全总管，但总管的截面面积不小于分支管截面面积之和。安全管伸出室外，出口应高于房檐口不少于 1m；高于立式冷凝器操作平台不少于 3m。

高压部分的安全阀，可以把安全阀排泄的高压蒸气引到系统的低压部分，而不直接泄放到大气中，这样既不损失制冷剂，又不污染周围环境。但安全阀的动作压力要考虑低压侧压力。

有些活塞式压缩机的内部装有安全阀，当压缩机高压腔内产生异常高压时，安全阀就打开，把高压气体排放到低压的曲轴箱内。安全阀的动作也受低压侧压力的影响。

有些小型的不可燃制冷剂（如 R12、R22 等）系统中，常采用熔塞代替安全阀。图 3-20 所示为熔塞的构造。在塞子的中间部分填满了低熔点合金，熔化温度一般在 75℃ 以下。熔塞仅限于用在容积小于 500L 的容器（冷凝器或贮液器）上。熔塞安装的位置应不受压缩机排气温度的影响，通常装在容器接近液面的气体空间部位。当容器内气体的饱和温度高于熔塞的熔点时，低熔点合金熔化，制冷剂气体从孔中喷出。

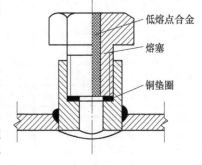

低熔点合金
熔塞
铜垫圈

图 3-20　熔塞

3.3　制冷剂管路管径的确定

1. 制冷剂管路的阻力

制冷剂管路设计是指管路布置、管路走向和坡度的确定、管件配置及管径确定。制冷剂管路系统设计的合理性关系到整个制冷系统（制冷机）运行的经济性和管理维修的合理性。而管径的大小直接影响管内的流速、压力降及管路系统的造价；而压力降又会影响制冷系统的制冷量、功率消耗。从管路系统造价来看，希望管径越小越好，但是，这将造成管路的压力降增大，系统制冷量下降，性能系数下降。对于氟利昂制冷系统，管径的大小还影响到系统中润滑油能否返回压缩机。如管径选得太大，则管内流速不能将润滑油携带回压缩机，从而导致压缩机缺油，损坏压缩机。目前，制冷剂管路的管径大多是根据允许压力降来确定。制冷剂管路的压力降包括两部分——摩擦阻力（又称沿程阻力）引起的压力降和局部阻力引起的压力降。摩擦阻力与流体的流速、密度、黏度、管长、管径和管壁粗糙度等因素有关，局部阻力与局部阻碍形状、流速、密度等因素有关。而流速又与管径、流量、密度有关。如果局部阻力用等值的摩擦阻力来替代，则任一局部构件可以折合成某一长度的管段，这一长度称当量长度。系统总阻力就等于管路当量总长度（沿程长度和各局部构件当量长度之和）的摩擦阻力。在制冷系统中，在一定冷凝温度和蒸发温度下的制冷剂流量就意味着制冷量。由此可见，制冷剂管路的阻力（压力降）是制冷量、冷凝温度、蒸发温度（以上参数决定了制冷剂的流量、密度、黏度）、当量总长度、管径、管材（决定了粗糙度）的函数。为方便计算，通常将上述函数关系按不同制冷剂制成表或图。

表3-4中给出了制冷系统中常用的阀门、管件的局部阻力折合成摩擦阻力的当量长度。

表 3-4　各种阀门和管件的当量长度　　　　　　　　（单位：m）

管径/mm	球阀[①]全开	角阀全开	闸阀[②]全开	旋启式止回阀	90°弯头 $R=d$	90°弯头 $R=1.5d$	三通旁流	三通直流
15	5.5	2.1	0.2	1.8	0.5	0.3	0.9	0.3
20	6.7	2.1	0.3	2.2	0.6	0.4	1.2	0.4
25	8.8	3.7	0.3	3.0	0.8	0.5	1.5	0.5
32	12	4.6	0.5	4.3	1.0	0.7	2.1	0.7
40	13	5.5	0.5	4.9	1.2	0.8	2.4	0.8
50	17	7.3	0.73	6.1	1.5	1.0	3.0	1.0
65	21	8.8	0.9	7.6	1.8	1.2	3.7	1.2
80	26	11	1.0	9.1	2.3	1.5	4.6	1.5
100	37	14	1.4	12	3.0	2.0	6.4	2.0
125	43	18	1.8	15	4.0	2.5	7.6	2.5
150	52	21	2.1	18	4.9	3.0	9.1	3.0
200	62	26	2.7	24	6.1	4.0	12	4.0

管径/mm	突然扩大			突然缩小			容器接管	
	$d/D=1/4$	$d/D=1/2$	$d/D=3/4$	$d/D=1/4$	$d/D=1/2$	$d/D=3/4$	入口	出口
15	0.5	0.3	0.1	0.3	0.3	0.1	0.5	0.3
20	0.8	0.5	0.2	0.4	0.3	0.2	0.9	0.4
25	1.0	0.6	0.2	0.5	0.4	0.2	1.1	0.5
32	1.4	0.9	0.3	0.7	0.5	0.3	1.6	0.8

（续）

管径/	突然扩大			突然缩小			容器接管	
mm	$d/D = 1/4$	$d/D = 1/2$	$d/D = 3/4$	$d/D = 1/4$	$d/D = 1/2$	$d/D = 3/4$	入口	出口
40	1.8	1.1	0.4	0.9	0.7	0.4	2.0	1.0
50	2.4	1.5	0.5	1.2	0.9	0.5	2.7	1.3
65	3.0	1.9	0.6	1.5	1.2	0.6	3.7	1.7
80	4.0	2.4	0.8	2.0	1.5	0.8	4.3	2.2
100	5.2	3.4	1.2	2.7	2.1	1.2	6.1	3.0
125	7.3	4.6	1.5	3.7	2.7	1.5	8.2	4.3
150	8.8	6.7	1.8	4.6	3.4	1.8	10	5.8
200	—	7.6	2.6	—	4.6	2.6	14	7.3

注：R—曲率半径；d—管径，d/D—突然扩大（缩小）时，小管直径与大管直径之比。
① 重力式止回阀的当量长度与球阀相同。
② 全开的旋塞阀的当量长度与闸阀相同。

2. R22 制冷剂管路管径的确定

图 3-21 和图 3-22 分别是确定 R22 吸气管管径和排气管、高压液体管管径的线算图。这是在吸气管允许压力降相当于饱和温度差的压差，排气管、高压液体管允许压力降相当于饱和温度差 0.5℃ 的压差，以及节流阀前温度为 40℃ 条件下编制的。虽然吸气管的允许饱和温度差 1℃，比高压管的允许温度差 0.5℃ 大了一倍，但由于随着压力升高，1℃ 温差所对应的压差增大，因此实际吸气管的压力降比排气管的大。在上述条件下，蒸发温度在 −30 ~ 0℃ 范围内的吸气管压力降为 6.8 ~ 16kPa（温差 1℃），排气管的压力降为 18.8kPa（0.5℃）。这正是管路设计所希望的，因为吸气管路的压力降对系统的制冷量及性能系数的影响比排气管要大。

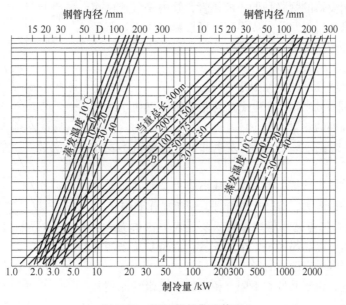

图 3-21　R22 吸气管线算图

图 3-21、图 3-22 中的制冷量是按节流阀前温度为 40℃ 确定的，其他温度应进行修正，其修正值一般在 0.95 ~ 1.15 之间。在一般的估算中，应用上述图表时可不进行修正。

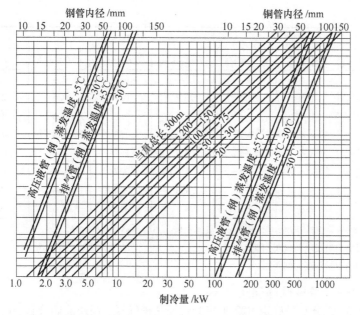

图 3-22   R22 排气管与高压液体管线算图

从贮液器（或冷凝器）到膨胀阀的高压液体管的压力降不影响系统的制冷量。但要求其压力降不致引起膨胀阀前产生闪发蒸气，否则会影响膨胀阀的正常工作。当蒸发器高于贮液器时，应把高差作为压力降，这时应加大过冷度，防止闪发蒸气。

由贮液器到节流阀的高压液体管的管径按图 3-22 确定。冷凝器到贮液器的泄液管的管径按图 3-23 确定。

由节流阀到蒸发器的管路是低压液体管，管内是气液两相流动，阻力大大增加。但此管一般很短，可按膨胀阀出口管径或蒸发器入口管径选用。

3. 制冷剂管路的设计原则

制冷剂管路系统设计的总原则是：

1）按既定的制冷剂系统流程配置管路系统，以使系统按所要求的循环、预期的效果运行。

2）保证压缩机运行安全，如不发生回液，压缩机不发生失油现象等。

3）管路系统走向力求合理，尽量减小阻力，尤其应优先考虑减小吸气管路的阻力；阀门配置合理，便于操作和维修。

4）根据制冷剂特点选用管材、阀门及仪表。氨系统禁用铜管及铜合金材料。氟利昂系统常采用铜管，大型系统采用无缝钢管。正确选择各种管路的管径。

不同的制冷剂，由于其性质不同，相应的管路设计原则及解决方法也不一样。

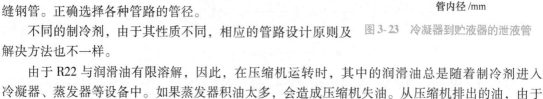

图 3-23   冷凝器到贮液器的泄液管

由于 R22 与润滑油有限溶解，因此，在压缩机运转时，其中的润滑油总是随着制冷剂进入冷凝器、蒸发器等设备中。如果蒸发器积油太多，会造成压缩机失油。从压缩机排出的油，由于排气温度不高，未被炭化，可以重复使用。因此，在设计管路时，应使润滑油随制冷剂一起返回压缩机, 同时又应防止大量油液涌入压缩机而发生液击现象。

（1）吸气管　吸气管的水平管应有朝向压缩机的 0.01 坡度。上升管应保证有一定速度, 以携带润滑油一起流动。氟利昂上升立管的最低速度查图 3-24。如果按允许压力降确定立管管径, 当其速度小于图中数值时, 则可减小立管管径, 增大水平管的管径, 这样既满足了回油速度的要求, 又不增大管路的压力降。

对于变负荷系统中的上升立管, 如果保证最小负荷时的流速, 势必导致在最大负荷时阻力太大; 反之, 如果保证最大负荷时的流速, 则在最小负荷时难以保证回油所必需的速度。当负荷变到全负荷的 25% 以下时, 应采用图 3-25 所示的双立管。其中 A 管的直

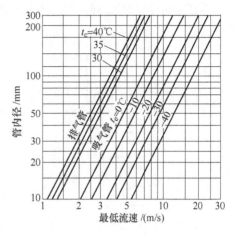

图 3-24　氟利昂上升立管的最低速度

径按最小负荷确定, A、B 管的总截面面积应满足最大负荷时最低流速的要求。在满负荷时, 两管同时工作。当负荷降低, 其中流速不足以带走润滑油时, 油就积存于油弯内, 最终形成油封, B 管被隔断, A 管单独工作, 从而保证了一定的上升速度。如果负荷转而增大, A 管内的流动阻力增加, 则在压差作用下, 油弯内的润滑油被带走。双立管应从上部接到水平管, 以避免单管工作时, 有油进入不工作的管内。

当蒸发器在压缩机上部时, 采用图 3-26 所示的连接方式。对于停机时不对蒸发器抽空的系统, 用实线的连接方式, 这样避免在停机时蒸发器液体流入压缩机。而对于停机时对蒸发器抽空的系统, 可以采用虚线的连接方法。当蒸发器在压缩机下面时, 图 3-26 所示蒸发器出口接油弯后直接向上接到压缩机。在负荷降低时, 润滑油积存在油弯内, 当油弯内的油使管路隔断时, 则在压差作用下, 使油返回压缩机。

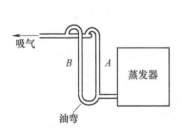

图 3-25　变负荷系统中的双上升立管

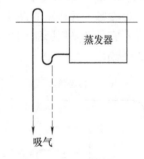

图 3-26　蒸发器在压缩机上部时的吸气管布置

（2）排气管　排气管应有 0.01 的坡度, 坡向油分离器或冷凝器。上升立管要求有一定流速, 以保证制冷剂携带油流动, 其最低速度如图 3-24 所示。在负荷变化较大的系统中, 上升立管可采用双立管的连接方式。

当压缩机停止工作时, 立管内蒸气凝结的液体和油在重力作用下沉到底部。如果立管高大于 2.5m, 降落下来的油和液体量就很多, 为了防止这些油和液体流入压缩机的排气口, 造成压缩机在重新起动时发生液击现象, 上升立管应设油弯, 每升高 8m 设一油弯（见图 3-27）。当排气管及压缩机的环境温度比冷凝器、贮液器的环境湿度低时, 为防止压缩机排气口处积聚冷凝

液（当压缩机停机时），排气管先弯到地面后再上升（见图3-28）。升高的高度超过8m时应再设油弯。

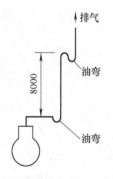

图3-27   压缩机排气立管的连接方式（1）

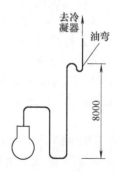

图3-28   压缩机排气立管的连接方式（2）

（3）泄液管   泄液管应保证液体流动通畅，冷凝器中不存液体。图3-29所示是冷凝器与贮液器之间泄液管的连接方式。水平管应有0.02的坡度，坡向贮液器。管内流速在满负荷时，不应超过0.5m/s。当冷凝器与贮液器之间设有平衡管时，管内流速不超过0.75m/s。

（4）贮液器到膨胀阀的高压液体管   高压液体管的设计除了注意选择合适的管径，保证膨胀阀有一定的工作压力差，以使蒸发器得到正常供液外，还应着重注意避免产生闪发蒸气。闪发蒸气会干扰膨胀阀的正常工作，并使管内阻力增大而使膨胀阀工作压力差减小；在多蒸发器时，还会发生蒸发器分液不均。

产生闪发蒸气的原因有：过冷度太小；阻力太大或上升管过长；环境温度过高等。因此，对于R134a、R123，应当尽量采用回热循环，或将液体管与吸气管绑在一起，以增大过冷度。R22系统中，若液体管路过长，宜采用回热循环。液体管路处在较高环境温度下时，应采取保温措施。

（5）低压液体管   低压液体管主要应保证各蒸发器或各通路供液均匀。目前工厂生产的氟利昂蒸发器，已考虑了各通路的供液均匀问题，如采用分液器和毛细管分配液体。

多台蒸发器宜分别采用膨胀阀供液。当合用一只膨胀阀供液时，应通过液体分配器分配液体，如图3-30所示。

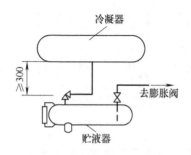

图3-29   泄液管的连接方式

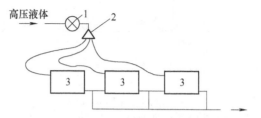

图3-30   多台蒸发器的低压液体管的连接
1—膨胀阀   2—分配器   3—蒸发器

3.4   制冷系统自动控制与运行调节

由制冷压缩机、蒸发器、冷凝器、节流机构等设备组成的制冷系统是一个有机的整体。这些设备必须互相匹配，互相适应。一个稳定工作的系统，当其中任一设备的某一参数改变时，必然会影响其他设备和整个系统的工作。因此，在制冷系统运行中，必须对各个设备或整个系统进行调节与控制，使其按要求进行工作。调节的目的首先是使蒸发器的制冷量与冷负荷相适应；而节流机构、压缩机等设备的工作必须与蒸发器相适应。调节可以由管理人员手动操作实现，也可以由全自动控制或半自动控制来实现。此外，为了保证系统安全、可靠、高效地工作，还需有安全保护、放气、放油等功能，这些功能也都可以通过自动控制来实现。本节将简单介绍制冷系统常用的一些自控设备、自控方案和运行中故障的分析。

3.4.1 制冷系统的自动阀门

1. 电磁阀

电磁阀是制冷系统中广泛使用的一种双位式自动阀门，其启闭常由控制器发出的电气信号所控制，它在系统中起截止阀的作用。图 3-31 所示是直动式电磁阀。当线圈通电后，线圈内产生磁场，将动铁心吸到上面，使阀门开启。反之，断电后，动铁心靠自重下落，将阀门关闭。直动式只用在小型电磁阀中，较大口径（≥6mm）的电磁阀采用导压控制式。

2. 主阀

大口径管路的流体流动用主阀-导阀组来控制。主阀是由导阀控制的自动阀门，它必须与导阀配合使用，即由导阀控制其启闭或按比例开启。图 3-32 所示是气用常闭型主阀的结构示意图。当主阀的活塞上部导入进口压力或比出口压力高 0.014MPa 的压力后，推动活塞下移，使阀门开启。反之，当导压（主阀导入的压力称导压。导压可以用电磁阀、恒压导阀或恒温导阀控制）被切断，活塞上部的压力通过压力平衡孔与活塞下部的压力达到平衡，活塞在弹簧力的作用下上移，阀门关闭。未导入压力时阀门呈关闭状态，称为常闭型。图 3-32 所示的阀门是用于气体制冷剂管路上控制流动的主阀。图 3-33 是液用常闭型主阀的结构示意图，图 3-34 所示为气用常开型主阀的结构示意图。这两阀的工作原理与气用常闭型主阀相似。所不同的是液用常闭型主阀导入出口压力或比进口压力低 0.018MPa 的压力；气用常开型主阀导入比进口压力高 0.1MPa 的压力，使阀门关闭。

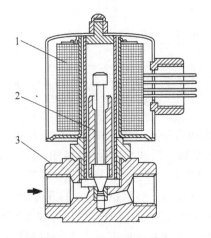

图 3-31 直动式电磁阀
1—线圈 2—动铁心 3—阀体

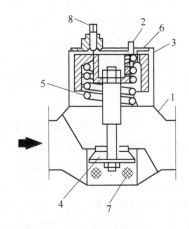

图 3-32 气用常闭型主阀
1—阀体 2—导压接口 3—活塞 4—阀芯
5—弹簧 6—压力平衡孔 7—滤网 8—手动顶杆

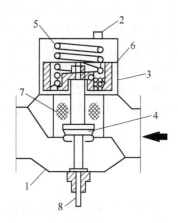

图 3-33 液用常闭型主阀

1—阀体　2—导压接口　3—活塞　4—阀芯
5—弹簧　6—压力平衡孔　7—滤网　8—手动顶杆

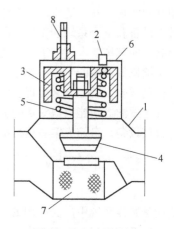

图 3-34 气用常开型主阀

1—阀体　2—导压接口　3—活塞　4—阀芯
5—弹簧　6—压力平衡孔　7—滤网　8—手动顶杆

3. 压力调节阀

（1）蒸发器压力调节阀　蒸发器压力调节阀是保持蒸发器压力（阀的入口压力）恒定的一种自动阀门，又称背压阀。图 3-35 所示是直接作用的蒸发器压力调节阀。阀的入口压力（蒸发压力）作用在阀芯的下面；经阀孔节流后的出口压力作用在阀芯的上面和波纹管上，因阀芯和波纹管的面积相等而相互抵消，因此，阀门的出口压力对阀芯的动作没有影响，阀的入口压力与弹簧力相平衡。当蒸发压力升高时，阀门开大，通过阀孔的流量增大，使蒸发压力下降；反之，当蒸发压力降低时，阀门关小，使蒸发压力回升。不难看到，随着阀开启度的增大，弹簧力也有所增加，因此阀门只能将蒸发压力恒定在某一范围内。蒸发压力的设定值可通过调节弹簧的预紧程度来实现。另外，当蒸发器负荷增大时，蒸发压力上升，而导致阀门开启度增大，通过阀门的流量增加，即蒸发器的制冷量增加，因此该阀门也有一定的制冷量调节作用。直接作用的蒸发压力调节阀用于小型系统中。在大型系统中用主阀与恒压导阀来控制。

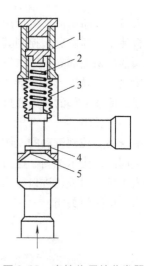

图 3-35 直接作用的蒸发器
压力调节阀

1—设定压力的调节螺钉　2—弹簧
3—波纹管　4—阀芯　5—阀座

（2）吸气压力调节阀　吸气压力调节阀是保证压缩机吸气压力（阀门的出口压力）不超过某一设定值的自动阀门，以防止压缩机吸气压力过高而超负荷，该阀又称为曲轴箱压力调节阀。图 3-36 所示是直接作用的吸气压力调节阀。它的工作原理与蒸发压力调节阀相似，不同点是这种阀门的动作不受阀门入口压力的影响，而是随着阀门出口压力（吸气压力）的升高而关小。直接作用的吸气压力调节阀只用在小型系统中，大型系统的吸气压力用主阀与恒压导阀来控制。

（3）恒压导阀　图 3-37 所示是恒压导阀的结构示意图。当膜片下的压力超过上部弹簧力时，膜片顶起，阀孔开启，并随着压力的升高，阀孔的开启度增加。这种"升压开大"的阀门称正恒压阀。另外，还有"升压关小"的反恒压阀。图 3-37 所示的恒压阀的特点是被控压力的流体（作用在膜片下，控制阀的开启度）就是通过阀孔的流体（主阀的导压）。还有一种外接管的恒压阀，被控压力的流体并不通过阀孔，通过阀孔的导压流体与它是隔开的，这类阀门称正恒压阀Ⅱ型和反恒压阀Ⅱ型。

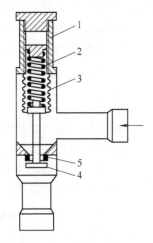

图 3-36 直接作用的吸气压力调节阀
1—设定压力的调节螺钉 2—弹簧
3—波纹管 4—阀芯 5—阀座

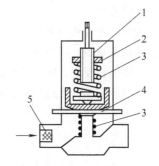

图 3-37 恒压导阀结构示意图
1—调节螺杆 2—可调弹簧座
3—弹簧 4—弹性膜片 5—进口滤网

4. 主阀-导阀组

主阀与导阀配合使用，可以完成各种流动控制。图 3-38 所示是主阀与电磁阀或恒压阀组合使用的几种情况。其中图 3-38a、b 所示两种主阀与电磁阀的组合可以在气体管或液体管上作为自动启闭的截止阀；图 3-38c 所示是正恒压阀与气用常闭型主阀组合，可起蒸发压力调节阀的作用，当蒸发压力升高时，主阀开大，反之，当蒸发压力下降时，主阀关小；图 3-38d 所示是正恒压阀Ⅱ型与气用常开型主阀组合，可起吸气压力调节阀的作用，当吸气压力升高时，恒压阀开大，使主阀关小，以使吸气压力不超过规定值。

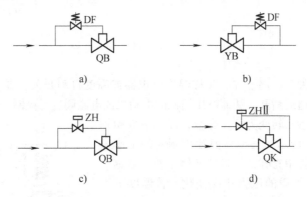

图 3-38 主阀与电磁阀或恒压阀组合
DF—电磁阀 QB—气用常闭型主阀 YB—液用常闭型主阀
QK—气用常开型主阀 ZH—正恒压阀 ZHⅡ—正恒压阀Ⅱ型

电磁阀与主阀或恒压阀与主阀常组装在一起，称为电磁主阀或恒压主阀。电磁阀或恒压阀直接装在主阀顶上，形成整体形结构。这种电磁主阀或恒压主阀根据组合体的阀型不同而起不同的作用。

5. 止回阀

止回阀又称逆止阀或单向阀，用于保证管路中的流动只能是一个方向，不能倒流。图 3-39 所示是止回阀示意图。其工作原理是，当流体顺止回阀箭头所示的方向流动时，流体的压力克服弹簧力（或阀芯重力）和背压的作用，使止回阀开启；反之，当背压大时，由于背压和弹簧力或阀芯重力的作用，阀门关闭。安装止回阀时，一定要注意方向。弹簧式止回阀可以水平、垂直或倾斜安装；重力式止回阀只能水平安装。

6. 水量调节阀

水量调节阀用于水冷式冷凝器上，它根据冷凝压力的变化来调节冷却水量。图 3-40 所示是水量调节阀的结构示意图。压力接口引入冷凝压力，当冷凝压力升高时，波纹管被压缩，阀门开大，冷却水流量增加；反之，随着压力的减小，阀门关小，冷却水流量减少，从而保证冷凝压力在一定范围内。当压缩机停止运转时，由于冷凝压力大大地降低，水量调节阀自动关闭。冷凝压力的设定值可通过旋转压力调节螺杆，使可调弹簧座上下移动，改变弹簧力来实现。

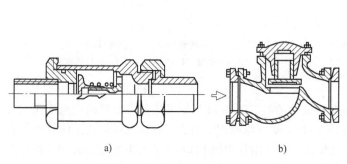

图 3-39 止回阀示意图
a）弹簧式止回阀 b）重力式止回阀

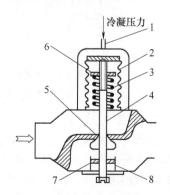

图 3-40 水量调节阀
1—压力入口 2—波纹管 3—弹簧
4—调节螺杆 5—阀芯 6—可调弹簧座
7—导向套 8—防漏小活塞

3.4.2 制冷系统的控制器

1. 温度控制器

温度控制器是一种双位调节器，又称温度继电器或温度自动开关。温度控制器根据被调温度的变化，使触点接通或断开，从而对压缩机的电动机或电磁阀进行控制。温度控制器通常用压力式感温元件将温度参数转变为压力参数，以此来推动触点通与断。图 3-41 所示是某型号温度控制器的工作原理。感温包和波纹管中充有易挥发的液体工质。当感温包的温度变化时，工质的压力相应变化。若温度下降，波纹管的推力减小，在弹簧力的作用下，杠杆绕 O' 逆时针转动，杠杆的 A、B 两点将微动开关的按钮按下，使常闭触点断开，从而切断了电路。反之，若温度上升，波纹管推力增大，使杠杆绕 O' 顺时针转动，A、B 两点脱离微动开关的按钮，微动开关在自身弹簧力的作用下使触点闭合，电路接通。温度控制器有两个微动开关，各有一个常闭触点和常开触点，用作两个温度范围

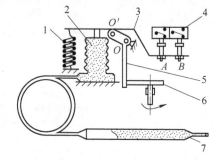

图 3-41 温度控制器的工作原理
1—弹簧 2—波纹管 3—杠杆 4—微动开关
5—曲杆 6—偏心轮 7—感温包

的控制。偏心轮用来给定被调温度的调定值。当转动偏心轮，使曲杆绕 O 顺时针转动，则 O' 上移，增加了弹簧的拉力，即提高了温度控制器的调定值；反之，当 O' 向下移时，温度调定值降低。

2. 压力控制器

压力控制器也是一种双位调节器。它是受压力信号控制的电气开关，又称压力继电器。压力控制器分为高压和低压两种，也可以把高压控制器和低压控制器组合在一起，称高低压力控制器。高压控制器用于制冷压缩机的排气管上，当压力超过调定值时，高压控制器切断电路，使压缩机停止运转，从而达到自动保护的目的。低压控制器用于压缩机吸气管上，当压力低于调定值时，低压控制器切断电路，当压力高于调定值时，电路接通。低压控制器可作为自动安全保护，防止蒸发压力过低时导致被冷却液体冻结；或防止压缩机在吸气压力过低状态（通常有故障存在）下运行。低压控制器也可用于压缩机的能量自动调节。

图 3-42 所示是 KD 型高低压力控制器的工作原理图。图的左侧是高压控制器，右侧是低压控制器。其工作原理如下：高压控制器在正常工作（微动开关上触点闭合，a、c 成通路）时，作用于传动杆上的向下弹簧力与向上作用的高压蒸气压力（由波纹管传递到传动杆）和碟形簧片升高时，传动杆上移，碟形簧片的弹力消失。若压力超过弹簧力，开关推动，a、c 断开，使压缩机停止运转；a、b 成通路，相应的压力下降，传动杆下移，使碟形簧片压缩。若压力小于弹簧力，开关动作，a、c 成通路。作为压缩机超压保护的高压控制器，要手动复位，这样可避免故障未消除前压缩机又重新起动。低压控制器在正常工作（微动开关下触点闭合，a、c 成为通路）时，调节弹簧和碟形簧片弹力与向上力（低压蒸气压力）相平衡，当蒸气压力降低，传动杆下移，碟形簧片弹力消失，直到压力下降到弹簧的压力调定值时，微动开关下部触点脱开，a、c 断路。当压力恢复到克服调节弹簧和碟形簧片弹力之和时，下触点重又闭合，a、c 接通。转动压力调节盘可给定高压和低压的压力调定值，而转动压差调节盘可给定微动开关的触点闭合与断开之间的压力幅差。

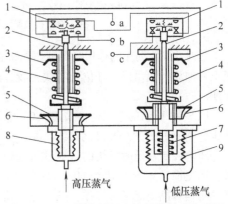

图 3-42　KD 型高低压力控制器的工作原理
1—微动开关　2—传动杆　3—压力调节盘
4—弹簧　5—压差调节盘　6—碟形簧片
7—复位弹簧　8、9—波纹管

3. 压差控制器

压差控制器也是双位调节器，又称压差继电器，用于控制压缩机的油泵、制冷剂液体泵的排出口和吸入口之间的压差。图 3-43 所示是 JC3.5 型压差控制器的工作原理。这种控制器用于控制油泵出口和入口之间的压差，即控制油泵的供油压力，以保证压缩机安全运行。压差控制器的高压波纹管接到油泵出口，低压波纹管接到曲轴箱，其压差与弹簧力相平衡。当压差值大于给定值（一般为 0.15MPa 左右）时，角形杠杆位于图示的位置，线路 b-K-D_2 接地成通路，正常工作信号灯 16 亮；另一回路 b-X-K_1-SX-a 也成通路，电动机的交流接触器 C 通电，触点闭合，电动机正常运转。当压差小于给定值时，角形杠杆逆时针转动，并处于虚线位置，正常工作信号灯的回路 b-K-D_2 断开，正常工作信号灯灭；回路 b-X-K_1-SX-a 仍接通，压缩机继续运转；而电路 b-K-YJ-电加热器 8-D_1-X-K_1-SX-a 接通，电加热器通电发热，加热双金属片，大约延迟 60s 后，双金属片向右弯曲，致使 K_1 和 S_1 接通，事故信号灯亮，交流接触器和电加热器的回路同时被切断，压缩机停机，电加热器停止加热。消除压差过小的故障后，按动手动复位按钮 10，使交流接触器 C 的线圈通电，压缩机才能起动。

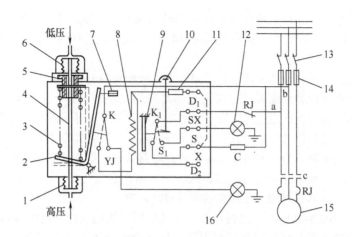

图 3-43　JC3.5 型压差控制器的工作原理

1—高压波纹管　2—角形杠杆　3—弹簧　4—传动杆　5—压差调节盘　6—低压波纹管
7—试验按钮　8—电加热器　9—双金属片　10—手动复位按钮　11—降压电阻（380V 用）
12—事故信号灯　13—电源闸刀　14—熔丝　15—电动机　16—正常工作信号灯
C—交流接触器线圈与主触点　RJ—热继电器与触点

延时 60s 才动作的作用是保证压缩机在尚未建立起正常油压时能起动。只要在 60s 以内建立起正常油压，使角形杠杆位于实线位置，压缩机就能处于正常工作状态，同时把电加热器电路切断。

图 3-43 所示的电路连接采用 380V 电压的接法；如用 220V 电压，则应拆除 X、D_1 间的接线（虚线），而在 X、D_2 间接线。

压差控制器延时机构的可靠性可通过试验按钮测试。测试时，向左推动试验按钮约 60s，如能切断电动机的电源电路，则说明延时机构能正常工作。压差控制器所控制的压差值可通过转动压差调节盘 5 调节弹簧力来给定。

4. 浮球液位控制器

浮球液位控制器用于指示和自动控制（与电磁阀或电磁主阀配合使用时）容器的液位。浮球液位控制器由液位信号传感器和电子控制器所组成。图 3-44 为 UQK-40 型浮球液位控制器的浮球传感器结构图。当浮球上升或下降时，不锈钢浮球带动浮杆在线圈内上升或下降，使线圈内的电感发生变化，输出与液位相对应的交流电压，从而使电子控制器的继电器触点动作。所控制的上下液位差一般为 40~60mm。当浮球上升经下液位时，继电器不动作，只有达到上液位时，继电器才动作；反之，当浮球下降经上液位时，继电器不动作，只有达到下液位时，继电器才动作。

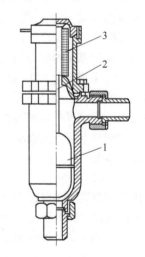

图 3-44　UQK-40 型浮球液位控制器的浮球传感器

1—浮球　2—浮杆　3—线圈

3.4.3　蒸发器的自动调节

蒸发器调节的首要任务是调节蒸发器的制冷量适应负荷的变化，以维持被冷却物温度一定。除此之外，对蒸发器的调节还包括对蒸发器的供液量、蒸发压力（温度）的调节。

1. 双位调节

双位调节是制冷系统自动调节中最常用、最简单的方法。双位调节是指调节系统中的执行机构只有两个位置（全开或全关）的调节。蒸发器的双位调节主要是对蒸发器的供液阀进行控制。图 3-45 是蒸发器双位调节的原理图。每个冷室有一个蒸发器，蒸发器的供液管上有电磁阀（或电磁主阀），由温度控制器根据冷室的温度控制供液管上的电磁阀（或电磁主阀）的启或闭。每台蒸发器供液量的大小由恒温膨胀阀来调节。如果蒸发器有风机，温度控制器还同时控制风机电动机的停开。小型制冷装置，如房间空调器、冰箱、冷藏柜等，常常是一机一蒸发器。在这种制冷装置中，温度控制器可以直接控制压缩机的停开，或同时控制蒸发器电磁阀的启闭与压缩机的停开。

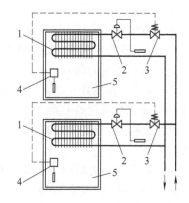

图 3-45　蒸发器双位调节的原理图
1—蒸发器　2—恒温膨胀阀　3—电磁阀
4—温度控制器　5—冷室

双位调节适用于负荷变化不大也不频繁、调节滞后的制冷装置中。

2. 阶梯式分级调节

对于多台蒸发器为同一对象服务的制冷系统，可以控制蒸发器工作的台数来调节能量。调节方法之一是对蒸发器实行阶梯式分级调节。图 3-46 所示是阶梯式分级调节的原理。冷冻水由三台蒸发器共同控制，每台蒸发器的工作受各自温度控制器控制。设冷冻水的供水温度最低为 t_1，最高为 t_2，总的幅差为 $\Delta t_0 = t_2 - t_1$；每台蒸发器所控制的幅差为 Δt。三台蒸发器都投入运行时的制冷量为 100%。若蒸发器的负荷下降，供水温度就下降，当供水温度下降到 $t_2 - \Delta t$ 时，温度控制器Ⅲ使蒸发器Ⅲ的供液管电磁阀关闭，这时剩两台蒸发器工作，提供 66.7% 的制冷量；当负荷继续下降，供水温度也随之下降，当达到温度控制器Ⅱ所控制的下限温度时，将蒸发器Ⅱ的供液电磁阀关闭，这时只剩一台蒸发器工作，提供 33.3% 的制冷量；当负荷再继续下降，供水温度下降到 t_1 时，则将蒸发器Ⅰ的供液管电磁阀关闭。反之，供水温度升高，依次使蒸发器Ⅰ、Ⅱ、Ⅲ投入工作。图 3-47 所示为供水温度与负荷的关系。阶梯式分级调节法比较简单，但控制精度差（即幅差 Δt_0 比较大）。

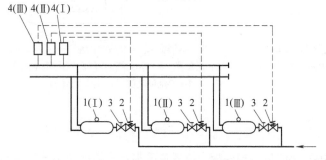

图 3-46　阶梯式分级调节的原理
1—卧式蒸发器　2—电磁阀　3—膨胀阀　4—温度控制器

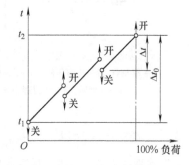

图 3-47　供水温度与负荷的关系

3. 延时分级调节

对于多台蒸发器为同一对象服务的制冷系统，且分级较多而不宜用阶梯式分级调节时，可采用延时分级调节。这种调节方法的特点是控制每台蒸发器停开的上下限都一样，只是每台蒸发器的停开都有一定的次序，并有一定的延时。

4. 蒸发压力调节

对蒸发器的蒸发压力进行调节的作用如下：

1) 蒸发压力（温度）的变化预示着蒸发器负荷的变化，调节蒸发压力也就意味着对蒸发器的制冷量进行适当的调节。

2) 保持蒸发压力（温度）恒定，以保证冷却质量，如冷库中太低的蒸发温度会导致空气过于干燥，造成冷藏食品干耗；又如，冷却液体时，蒸发温度太低会导致液体凝固。

3) 在多蒸发温度的系统中，必须对蒸发器蒸发压力进行调节，以保持各蒸发器有各自的蒸发温度。

蒸发器蒸发压力的调节可以用主阀和恒压阀（或恒压主阀）或直接作用的蒸发压力调节阀来实现。图3-48所示是多蒸发温度系统中的蒸发压力调节原理。0℃蒸发温度的蒸发器出口装有主阀，使回气节流到-10℃对应的蒸发压力。当0℃蒸发器中压力升高时，则由恒压阀指挥主阀的开启度增加；反之，当蒸发压力下降时，主阀关小。止回阀的作用是防止停机时制冷剂从高蒸发温度的蒸发器流到低蒸发温度的蒸发器。

5. 蒸发器供液量调节

蒸发器的供液量必须随着负荷的变化进行调节。除可用恒温膨胀阀或浮球膨胀阀对蒸发器的供液量进行自动调节外，还可以用其他自动流量控制的办法，如自动控制电磁阀或主阀来调节供液量。图3-49所示是用浮球液位控制器自动调节满液式蒸发器的供液量。浮球液位控制器根据设定的最低液位与最高液位自动控制电磁阀的启或闭，从而调节蒸发器的供液量。电磁阀后的手动膨胀阀对高压液体起节流的作用。另一手动膨胀阀作为备用。这种自动调节供液量的方法也可以用于液体分离器等设备上。

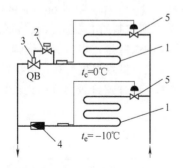

图3-48　多蒸发温度系统中的蒸发压力调节原理
1—蒸发器　2—正恒压阀　3—常闭型主阀
4—止回阀　5—热力膨胀阀

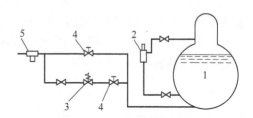

图3-49　满液式蒸发器的供液量自动调节原理
1—蒸发器　2—浮球液位控制器　3—电磁阀
4—手动膨胀阀　5—液体过滤器

3.4.4　压缩机的自动调节

制冷系统中的压缩机能量通常与蒸发器的负荷相匹配，或者说根据蒸发器的负荷进行调节。压缩机能量的自动调节方法有以下几种。

1. 双位调节

对压缩机进行停开控制的双位调节方法是最简单的调节方法，只适用于小型压缩机。由小型压缩机所组成的制冷机，通常只有一机一蒸发器一冷凝器。因此，在对压缩机进行停开控制的同时，也对蒸发器、冷凝器等设备进行相应的控制，实质上就是对制冷机整机进行控制。这时，压缩机（或制冷机）直接根据被冷却物或空间的温度进行停开控制。为避免压缩机频繁起动，这种调节方法不宜用在负荷变化频繁的场合，控制精度不宜过高，一般为 ±2℃。

2. 控制压缩机运行台数或缸数的调节

在多台压缩机或用多缸压缩机的制冷系统中，可控制压缩机的运行台数或气缸数进行能量调节。当多台压缩机系统中的每台压缩机都各自与对应的蒸发器、冷凝器等设备组成独立系统，而所有蒸发器都为同一被冷却对象服务时，可以在根据被冷却物体或空间的温度对蒸发器进行阶梯式分级控制或延时分级控制的同时，对其对应的压缩机（包括冷凝器等设备）进行相应的控制。换句话说，对于多台独立制冷机为同一被冷却对象服务的制冷系统可以根据被冷却物体或空间的温度对每台制冷机进行阶梯式分级控制或延时分级控制。对于多台压缩机并联的系统或用多缸压缩机的系统，则运行的压缩机台数或气缸数可根据系统的吸气压力进行控制，因为吸气压力（实质上是蒸发压力）的变化表示了负荷的变化，蒸发器负荷减少，吸气压力就下降，这时减少压缩机运行的台数或气缸数，以使吸气压力上升；反之，当吸气压力上升时，就增加压缩机运行的台数或气缸数。

图 3-50 所示是多缸压缩机延时分级能量调节原理。压缩机有 8 个气缸，共分 4 级，每级 2 个气缸，由一个卸载油缸控制。当向油缸供油时，则气缸工作，反之，气缸卸载。卸载油缸的供油受三通电磁阀控制。当三通电磁阀失电时，则阀的直通（a-b）成通路，油泵的有压油供给卸载油缸，气缸工作；当三通电磁阀得电时，则阀的旁通（b-c）成通路，油缸内的油返回曲轴箱，气缸卸载。每一级的三通电磁阀都在同样的吸气压力上、下限调定值时动作，但每一级按预定的程序延时动作。图 3-51 所示为每 2 个气缸（每一级）卸载与工作的情况下，吸气压力与压缩机负荷的关系。当压缩机开始工作时，气缸 I（2 个）投入工作，若吸气压力保持在上、下限调定值（p_2、p_1）之间，则表明压缩机的能量与外界负荷相适应；如果此时压力仍高于 p_1，则表明压缩机能量小于负荷，经适当延时（由分级步进调节器控制）后，使气缸 II（2 个气缸）投入工作；如果吸气压力仍高于 p_1，则经适当延时后，又起动气缸 III、IV（各 2 个气缸）。反之，随着负荷的下降，经适当延时，依次使气缸 IV、III、II、I 卸载。

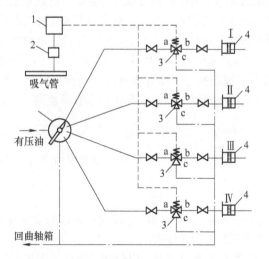

图 3-50　多缸压缩机延时分级能量调节原理

1—压力变压器　2—分级步进调节器　3—三通电磁阀　4—卸载油缸

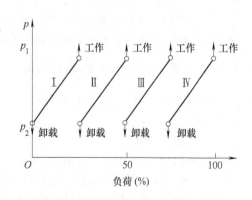

图 3-51　压缩机吸气压力与负荷的关系

多台压缩机或用多缸压缩机的制冷系统也可以按阶梯式分级调节能量，即每台压缩机或每对气缸按各自的上、下限调定值开或停。

3. 吸气节流调节

压缩机吸入蒸气节流可以使压缩机的制冷量减小，因此可在压缩机的吸气管路上装上自动阀门对吸气进行节流。通常根据蒸发压力的变化来控制自动阀门的开启度，即控制吸气节流的程度。其工作原理与蒸发压力调节是一样的。这种控制方法比较简单，但能量损失大，并引起排气温度升高。因此不宜用于过热损失大的制冷剂（如氨）的制冷系统中。通常用于无能量调节的小型氟利昂压缩机中。

4. 热气旁通调节

前面已经指出，用热气旁通可以调节压缩机的制冷量。热气旁通调节实际上有两种调节方案：其一是将一部分热气（压缩机的排气）经节流后旁通到压缩机吸入口，减少压缩机实际吸气量；其二是将一部分热气经节流后旁通到蒸发器与节流阀之间的低压管段上，以抵消一部分制冷量。实现这两种调节方案的方法很简单，只需在热气旁通管上设控制阀门即可。最简单的办法是在旁通管上装电磁阀进行双位控制，旁通的热气流量利用一定长度的毛细管或手动调节阀（出厂前预先调整好）限定在一定范围内。当电磁阀开启时，旁通一定量的热气，使压缩机的制冷量下降一定的百分比（如25%或50%）。热气旁通管可设置两支或多支，分别用电磁阀控制，实现分级调节。这种调节方法常用于小型制冷机组（包括空调机）中，或作为一种补充调节手段。

热气旁通调节比较简单，但能量损失大。热气旁通到压缩机吸气口时，会导致吸气温度过高，因此不宜用于压缩后排气温度太高制冷剂（如氨）的压缩机中。但可以利用喷液冷却的方去来弥补热气旁通后排气温度过高的弊端，即在热气旁通的同时，在吸气管内喷入一部分经节流的制冷剂液体，以降低吸气温度，从而降低排气温度。喷液量可用恒温膨胀阀来控制。

5. 变频调节

压缩机吸气量（制冷量）的调节可以通过改变压缩机的转速来实现。目前在小型家用空调器、变制冷剂流量（VRV）系统中，比较常用的一种方法是用改变电源的频率来调节压缩机电动机的转速，称为变频调节或变频控制。变频调节需要有一变频器，它先将交流电转变为直流电，再变换到所要求频率的交流电。变频调节的优点是可实现无级调节，所控制的参数（如温度）比较平稳；调节过程能量损失少。它的主要缺点是在变频过程中产生有害的高次谐波。有害的原因是高次谐波电流在电路上产生谐波压降，从而造成电网电压波形畸变，这种畸变会造成电源变压器、电动机的损耗增加，使电容器发热烧毁，对通信设备和仪表带来严重的电磁干扰等。虽然各公司生产的变频空调、变频 VRV 系统都在电路上安装了抑制高次谐波的措施，但并没有完全消除。目前许多国家（包括我国）都有关于严格控制高次谐波注入电网的规定，但在实际执行上有所差别。

3.4.5 制冷系统的自动安全保护

为了保证制冷系统安全可靠运行，常在系统中设自动安全保护系统。制冷系统的主要自动保护有以下几种。

1. 压缩机自动保护

压缩机是制冷系统的"心脏"，保证压缩机安全可靠运行对制冷系统的正常运行非常重要。压缩机的安全保护有压力保护、温度保护、断水保护和电动机保护。

（1）压力保护 压缩机通常都设有高低压控制器和压差控制器，以保护压缩机的高压不超高（通常 R22 和 R717 不超过 1.5MPa），低压不过低（不低于设计蒸发温度减 5℃ 所对应的饱和压力）和油压差不过小（有卸载机构的压缩机不低于 0.15MPa，无卸载机构的压缩机不低于 50kPa）。

（2）温度保护 压缩机排气温度太高，会影响机器寿命及引发事故。对于可能有较高排气温度的制冷系统，对压缩机排气温度必须进行安全保护。排气温度的保护通常采用温度控制器。

将温度控制器的感温包绑在靠近压缩机排气口的排气管上,以感应排气温度。当排气温度超过调定值时,压缩机发生事故停车。

另外,压缩机运行过程中可能出现油温太高的现象,这会导致压缩机润滑恶化。在曲轴箱中无冷却盘管的压缩机中,宜用温度控制器保护油温不过高。温度控制器的感温包感应曲轴箱中润滑油的温度,当油温超过规定值(一般为 60℃)时,使压缩机停车。

(3)断水保护 压缩机冷却水套如发生断水现象,将会引起压缩机排气温度过高。冷却水套断水保护可以在冷却水套的出水管上装一对触点,当有水流过时,触点接通,继电器发出信号,使压缩机处于可以起动或正常运转的状态。若水流中断,触点断路,继电器发出信号,使压缩机不能起动或事故停车。

(4)电动机保护 压缩机电动机的保护主要是短路保护和过载保护。常用的保护元件有热继电器和过电流继电器。

2. 蒸发器、冷凝器、贮液器的安全保护

蒸发器、冷凝器、贮液器都应设置安全阀,当压力超高时自动泄压。在壳管式蒸发器的冷冻水或盐水的出水管上设温度过低和断水的安全保护,以防蒸发器中水或盐水冻结而毁坏设备。

3.5 冷库制冷系统

3.5.1 冷库概述

冷库是以人工制冷的方法对易腐食品进行加工和贮藏的设施,实际上就是大型的固定式冰箱,简称冷库。食品在冷库中低温贮藏,抑制了引起食品腐败变质的微生物的生命活动和食品中酶所进行的生物化学反应,因此食品可以在较长时间保持其原有质量而不会腐败变质。

各种食品应按其特点和贮藏要求,选用适宜的温度,即采用不同的冷加工工艺。食品的冷加工是指利用低温贮存食品的过程,包括食品的冷却、冻结和冷藏等。

(1)食品的冷却 食品的冷却是将食品的温度降低到指定的温度,但不低于食品所含汁液的冻结点温度。在较低温度下,微生物的活动受到抑制,因而可以延长食品的保存期限。冷却间的温度通常为 0℃左右,并以冷风机为冷却设备。

(2)食品的冻结 食品的冻结是将食品中所含的水分大部分冻结成冰。因为微生物的活动被阻碍或停止,因此,经过冻结的食品可以进行较长时间的贮存。冻结间的温度通常为 −30 ~ −23℃。冻结间是借助冷风机或专用冻结装置来冻结食品的。

(3)食品的冷藏 食品的冷藏是将经过冷却或冻结的食品,在不同温度的冷藏间内进行短期或长期的贮存。冷藏间分为冷却物冷藏间和冻结物冷藏间两类。

冷却物冷藏间的温度为 −2 ~ 4℃,相对湿度保持在 85% ~ 90%,它主要用于贮存经过冷却的鲜蛋、水果和蔬菜等。为了消除贮存期中的异味和供给贮存食品呼吸之用,冷却物冷藏间需要定期通风换气。冻结物冷藏间的温度为 −25 ~ −18℃,相对湿度保持在 90% ~ 95%,用于较长期的贮存冻结食品。

冷却物冷藏间采用的冷却设备为冷风机,冻结物冷藏间多采用冷却排管(包括墙排管、顶排管等),这样可以减少贮藏物品的干耗。但近年来也趋向于在冻结物冷藏间使用冷风机,尤其是在食品采用塑料包装之后,不会有很大的干缩损耗。

冷库一般按下列方法分类:

(1)按结构型式分 冷库主要分为土建式冷库和装配式冷库,此外还有山洞冷库和覆土冷库等。

（2）按冷藏温度分　冷库分为高温冷库和低温冷库。一般高温冷库的冷藏温度为0℃左右，低温冷库的冷藏温度在 −15℃以下。

（3）按使用性质分　冷库分为生产性、分配性和综合性三种类型。生产性冷库主要建在货源较集中的地区。通常是与肉、鱼类联合加工厂或食品工业企业建在一起，作为该企业的一个组成部分。企业所加工食品进入冷库进行冷却或冻结，经过短期冷藏贮存后运往销售地区。生产性冷库的特点是具有较大的冷却及冻结加工能力和一定的冷藏容量。分配性冷库一般建在大中城市、人口密集的工矿区，主要是接收经过加工的食品作为贮存和市场供应之用。其特点是：多品种贮藏、冷藏能力大、冷加工能力小。其冷加工能力仅对运输过程中升温后的食品进行冷加工和对当地的少量食品进行冷加工。由于食品流通的特点是整进零出或整进整出，所以要求库内进出流畅，吞吐迅速。

3.5.2　冷库制冷系统

在冷库制冷系统中，制冷循环的几个主要过程，只有蒸发过程是在库内完成的，节流过程一般是在机房或设备间完成，而压缩过程及冷凝过程则全部在机房完成。建筑设计时，总是将机房及设备间布置在库房隔热建筑结构之外。

库房制冷系统的供液方式有直接膨胀供液、重力供液和液泵供液等。根据冷库的大小和冷却设备的型式而选用不同的供液方式。

（1）直接膨胀供液系统　直接膨胀供液系统结构简单，但在供液期间，需要根据负荷变化情况随时调节节流阀的开启度，避免发生供液量不足或供液量过多的现象。直接膨胀供液方式适宜于单独的冷却设备，或小型冷库的制冷系统。对于自动控制的小型氟利昂制冷系统，利用热力膨胀阀供液，大多采用这种供液方式。

（2）重力供液系统　重力供液系统必须在冷却设备的上方设置气液分离器，并且保证合适的液位差。在工程中，气液分离器应高于冷间冷却设备最高点0.5~2.0m。在多层冷库中，可以分层设置气液分离器，也可以多层共用一个气液分离器。重力供液系统的优点是：经过气液分离器后，节流后的闪发气体不进入冷却设备，提高了冷却设备的传热效果；回气经过气液分离后进入压缩机，可避免发生湿压缩。由气液分离器向并联的冷却设备供液时，可以利用液体分调节站调节各冷却设备的供液量，容易做到均匀供液。缺点是：气液分离器的安装位置高于冷却设备，所以一般需要加建阁楼，增加了土建的造价；另外，制冷剂液体在较小的压差下流动，流速小，其传热系数较小，而且冷却设备内容易积油影响传热。因此，在大、中型冷库中，已较少采用重力供液系统。

（3）液泵供液系统　液泵供液系统利用氨泵将低压循环贮液器内的低温液体制冷剂送向冷却设备，进行强制供液，供液量比冷却设备蒸发所需的流量大，多余的液体随同蒸发的气体回到低压循环贮液器，与低压循环贮液器内液体一起再由氨泵供至冷却设备，气体则被压缩机吸走。液泵供液系统虽然增加了液泵及其动力消耗，但具有下列优点：由于依靠液泵的机械作用输送液体，因而气液分离器的高度可以降低；液体在冷却设备中是强制流动，因而提高了冷却设备的传热效果，容易实现系统的自动化。这种供液系统起初只用于大型多层冷库，由于它具有很多优点，所以目前在国内外的多层或单层冷库中都广泛采用，一些本来采用重力供液的老冷库，也都改造成为液泵供液系统。对于采用氟利昂为制冷剂的大、中型冷库的制冷系统，也可采用液泵供液。

根据库房温度要求的不同，机房系统有单级压缩系统、双级压缩系统或同时有单级和双级压缩系统。机房制冷系统一般由压缩机、冷凝器、贮液器、调节站等几部分组成。如果采用热气融霜，还应包括融霜系统。所采用的压缩机和其他制冷设备的型号及台数，根据具体设计选定。图 3-52 所示为某冷库制冷系统原理。这是一个蒸发温度为 −33℃的氨泵供液、双级压缩制冷系统。

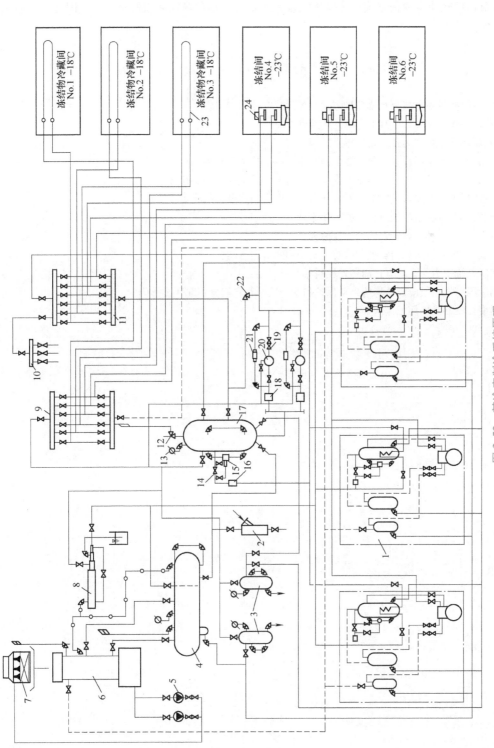

图 3-52　某冷库制冷系统原理

1—单机双级制冷压缩机组　2—紧急泄氨器　3—集油器　4—高压贮氨器　5—循环水泵　6—立式壳管式冷凝器　7—冷却塔　8—空气分离器　9—气体分调节站　10—充氨站　11—液体分调节站　12—安全阀　13—压力表　14—手动节流阀　15—浮球阀　16, 18—过滤器　17—低压循环贮液器　19—止回阀　20—氨泵　21—压差控制器　22—自动阀　23—双层 U 形顶排管　24—冷风机供液、回液都通过调节站进行调节。冷藏间仅设置双层顶排管，冻结间采用冷风机。排管除霜采用人工扫霜和热氨冲霜两种方式；冷风机除霜采用水力除霜和热氨冲霜两种方式。因此，设有热氨冲霜系统。

思考题与习题

1. 制冷系统按供液方式分有哪几种形式？各形式有什么特点？
2. 贮液器的作用是什么？其上有哪几种接管？
3. 氟利昂制冷系统中为什么要设置干燥剂？
4. 为什么制冷系统要设置油分离器？制冷系统的油分离器有哪几种？
5. 为什么制冷系统中要设置不凝性气体分离器？它的工作原理是什么？
6. 电磁阀根据什么原理进行工作？有什么用途？导动式电磁阀有哪些特点？
7. 主阀有哪几种类型？试述它们的工作原理。
8. 恒压阀有哪几种？试述它们的工作原理。
9. 高低压力控制器是如何实现制冷装置安全和经济运行的？
10. 制冷系统中为什么要设置油压差控制器？
11. 制冷压缩机一般应设置哪些自动保护和安全控制？它们分别起什么作用？
12. 温度控制器是如何工作的？

第4章
溴化锂吸收式机组

4.1 溴化锂吸收式制冷的基本原理

4.1.1 吸收式制冷的工作过程

吸收式制冷是用热能作为动力的制冷方法，它也是利用制冷剂汽化吸热来实现制冷的。因此，它与蒸气压缩式制冷有类似之处，所不同的是两者把热量由低温处转移到高温处所用的补偿方法不同，蒸气压缩式制冷用机械功补偿，而吸收式制冷用热能来补偿。图4-1所示是吸收式制冷的工作原理。吸收式制冷机中所用的工质是由两种沸点不同的物质组成的二元混合物（溶液）。低沸点的物质是制冷剂，高沸点的物质是吸收剂。吸收式制冷机中有两个循环——制冷剂循环和溶液循环。

1. 制冷剂循环

由发生器 G 出来的制冷剂蒸气在冷凝器 C 中冷凝成高压液体，同时释放出冷凝热量。高压液体经膨胀阀 EV 节流到蒸发压力，进入蒸发器 E 中。低压制冷剂液体在蒸发器中蒸发成低压蒸气，并同时从外界吸取热量（实现制冷）。低压制冷剂蒸气进入吸收器 A 中，而后由吸收器、发生器组成的溶液循环将低压制冷剂蒸气转变成高压蒸气。

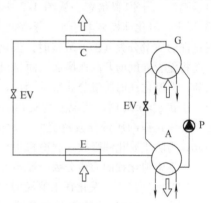

图 4-1　吸收式制冷的工作原理

A—吸收器　G—发生器　C—冷凝器
E—蒸发器　EV—膨胀阀　P—溶液泵

2. 溶液循环

在吸收器中，由发生器来的浓溶液（有的参考书中溶液的浓度以制冷剂的含量计，注意区别）吸收蒸发器来的制冷剂蒸气，从而成为稀溶液，吸收过程释放出的热量用冷却水带走。由吸收器出来的稀溶液经溶液泵 P 提高压力并输送到发生器 G 中。在发生器中，利用外热源对稀溶液加热，其中低沸点的制冷剂蒸气被蒸发出来，而稀溶液成为浓溶液。从发生器出来的高压浓溶液经膨胀阀 EV 节流到蒸发压力，又回到吸收器中。溶液由吸收器—发生器—吸收器的循环实现了将低压制冷剂蒸气转变为高压制冷剂蒸气。

不难看到，吸收式制冷机中制冷剂循环的冷凝、蒸发、节流三个过程与蒸气压缩式制冷机是相同的，所不同的是低压蒸气转变为高压蒸气的方法。蒸气压缩式制冷是利用压缩机来实现的，消耗机械能；吸收式制冷机是利用吸收器、发生器等组成的溶液循环来实现的，消耗热能。

吸收式制冷机中所用的二元混合物主要有两种——氨水溶液和溴化锂水溶液。氨水溶液中氨为制冷剂，水为吸收剂。溴化锂水溶液中水为制冷剂，溴化锂为吸收剂。在空调工程中目前普遍采用的是溴化锂水溶液,这种制冷机称为溴化锂吸收式制冷机。本章将主要讨论这种制冷机的热力循环、结构与性能。

吸收式制冷机的效率常用热力系数衡量。热力系数的定义为

$$\zeta = \frac{Q_e}{Q_g} \tag{4-1}$$

式中 Q_e——吸收式制冷机的制冷量,即蒸发器中吸取的热量(kW);

Q_g——发生器中消耗的热量(kW)。

4.1.2 溴化锂水溶液的特性及热力状态图

1. 溴化锂水溶液的特性

溴化锂水溶液是溴化锂溶解于水中所形成的溶液。溴化锂(LiBr)是无色结晶物,无毒,化学稳定性好,在大气中不变质、不分解和不挥发。溴化锂的相对分子质量为86.856,熔点为549℃,沸点为1265℃,溴化锂水溶液是无色液体,有咸味。

(1)溶解度 图4-2给出了溴化锂溶解度曲线。图中左边是析冰线,右边是结晶线,曲线上的任一点表示溶液处于饱和状态。从图4-2中可以看到,在0℃以上,溴化锂极易溶于水,溶解度可达55%,当溴化锂的质量分数(ξ)>37%时,溴化锂在水中的溶解度将随着温度的升高而增加。而且溴化锂的结晶线很陡,即溴化锂的质量分数略有变化,结晶温度相差很大。在ξ>65%时,情况尤为突出,这时溶液中水蒸发而溴化锂的质量分数稍变大,就有结晶的危险。因此,为防止溴化锂吸收式制冷机中出现结晶,溴化锂水溶液中溴化锂的质量分数一般不大于65%。

(2)吸收能力 溴化锂水溶液的水蒸气分压力很小。例如,ξ=58%的溴化锂水溶液,当溶液温度为32℃时,溶液的水蒸气分压力为479.96Pa,而纯水在32℃时的饱和蒸气压力为4759.6Pa,前者仅为后者的1/100。溶液的水蒸气分压力小,表明溴化锂水溶液对水蒸气的吸收能力强。溴化锂水溶液中溴化锂的质量分数越高,温度越低,它对水蒸气的吸收能力就越强。

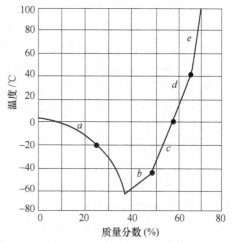

图4-2 溴化锂溶解度曲线

a—析冰线 b—结晶线(LiBr·5H₂O析出)

c—结晶线(LiBr·3H₂O析出)

d—结晶线(LiBr·2H₂O析出)

e—结晶线(LiBr·H₂O析出)

(3)与水的沸点相差大 1个标准大气压下,水的沸点为100℃,而溴化锂的沸点为1265℃,两者相差1165℃。因此,溶液沸腾时,产生的蒸气几乎全是水的成分,而无溴化锂成分。这样,在溴化锂吸收式制冷机中,无须设分离蒸气中吸收剂的精馏装置。

(4)腐蚀性 溴化锂水溶液对一般金属(如碳钢、纯铜)具有强烈的腐蚀性。在有空气(氧气)存在时腐蚀更为严重。因此,溴化锂吸收式制冷机在实际运行中,应严格保持系统内的真空度,此外,应在溶液中添加缓蚀剂,以减缓腐蚀。

2. 溴化锂水溶液的压力-饱和温度图(p-t图)

溴化锂水溶液在饱和状态下,温度不只与压力有关,而且与溴化锂的质量分数有关,即温度是压力和溴化锂的质量分数的函数$[t=f(p,\xi)]$。这种关系可以用p-t图来表示(见图4-3)。图中左侧第一条斜线是纯水的压力和饱和温度的关系;对应一溴化锂的质量分数,就有一条压

力与饱和温度关系的斜线，并随着溴化锂的质量分数的增加，斜线依次向右排列。从图 4-3 上不难看到，在同一压力下，随着溴化锂的质量分数的增加，相对应的饱和温度将增加；或者说，在同一温度下，随着溴化锂的质量分数的增加，相对应的饱和压力将降低。图 4-3 的右下角的折线是结晶线，不难看到，溶液的溶解度随着溶液温度的降低而减小。

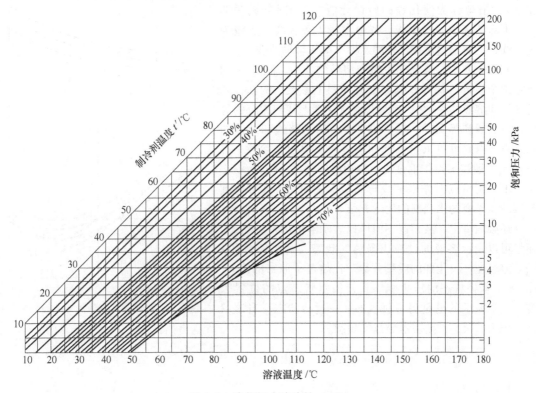

图 4-3　溴化锂水溶液的 *p-t* 图

在 *p-t* 图上还可以清楚地表示出发生器和吸收器中的发生和吸收过程，如图 4-4 所示。

若对压力为 9.6kPa，$\xi = 58\%$（对应的饱和温度为 87℃）的溶液（状态点 A）进行等压加热，则溶液中的水分被蒸发出来，溶液中溴化锂的质量分数随之增大。当温度升高到 96℃时，溶液中溴化锂的质量分数增大到 62%，即状态点 B。AB 过程为发生器中的等压发生过程，亦即等压沸腾过程。AB 线的延长线与图右侧的纵坐标（见图 4-3）相交，即得蒸发出来的水蒸气相对应的饱和温度为 45℃（即冷凝器中水的冷凝温度）。图 4-4 中 CD 过程为吸收器中的等压吸收过程。若状态点 C 的溶液（$p = 0.87\text{kPa}$，$\xi = 62\%$，$t = 49℃$）在等压下吸收水蒸气并被冷却，则溴化锂的质量分数减少。当温度降到 41℃时，溶液中溴化锂的质量分数降到 58%（状态点 D）。在此压力（0.87kPa）下吸收的水蒸气所对应的饱和温度为 5℃（即蒸发器中水的蒸发温度）。为防止结晶，C 点应远离结晶线。

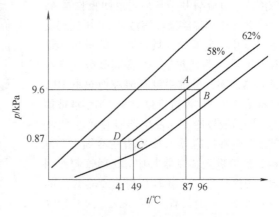

图 4-4　发生和吸收过程在 *p-t* 图上的表示

3. 溴化锂水溶液的比焓-溴化锂的质量分数图（h-ξ 图）

h-ξ 图是进行吸收式制冷循环过程的理论分析、热力计算和运行特性分析的主要线图。图 4-5 给出了溴化锂水溶液的 h-ξ 示意图。该图描述了溴化锂水溶液的压力、温度、溴化锂的质量分数和比焓这四个参数之间的关系。图上的纵坐标为比焓 h，横坐标为溴化锂的质量分数 ξ。全图分成两部分：下面是液相区的图线，其中虚线为等温线，实线为等压线；上面是溶液相平衡的水蒸气等压辅助曲线。

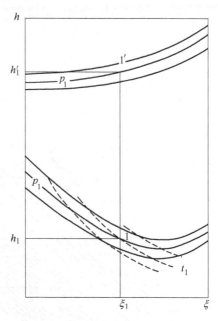

利用 h-ξ 图，只要知道饱和溶液的 p、t、h、ξ 中的任意两个参数，就可以确定出另外两个参数。例如，若已知饱和溶液的 ξ_1、t_1，就可以在 h-ξ 图上找到相应的等质量分数线和等温线，它们的交点 1 即为该饱和液体的状态点。由此可以求得该饱和溶液的其他两个参数——p_1 和 h_1。通过 1 点作垂直线，与相应的辅助等压线 p_1 交于点 1′，再由点 1′ 作水平线与纵坐标轴相交，即可得到与溶液相平衡的水蒸气的比焓 $h_{1'}$。

还必须指出，液相区不但可以表示溶液的饱和状态，而且可以表示溶液的过冷或湿蒸气状态。例如状态点 1 的溶液温度、溴化锂的质量分数、比焓还是原来的值 t_1、ξ_1、h_1，当该状态的压力 $p_2 > p_1$，虽然状态点的位置未变，但它表示的已是另一种状态——过冷状态；当该状态的压力 $p_3 < p_1$，则表示湿蒸气状态。

图 4-5　溴化锂水溶液的 h-ξ 示意图

4.1.3　溴化锂吸收式制冷机的工作原理

1. 溴化锂吸收式制冷机的工作流程

溴化锂吸收式制冷机是靠水在低压下不断汽化而产生制冷效应的。图 4-6 所示是溴化锂吸收式制冷机的流程图。发生器 G 中设有加热盘管，通以 0.1MPa（表压）左右的工作蒸气或 120℃左右的高温水，加热稀溶液，使之沸腾，产生水蒸气，从而溶液变为浓溶液。浓溶液经节流阀 B 节流后再返回吸收器 A；吸收器 A 中的稀溶液经溶液泵 SP 压送到发生器 G 中。为了减少吸收器 A 的排出热量和发生器 G 的耗热量，并提高吸收式制冷机的热效率，系统中设有溶液换热器 HE，使稀溶液和浓溶液进行热交换，稀溶液被预热，浓溶液被冷却。发生器 G 中产生的冷剂水蒸气在冷凝器 C 中冷凝成冷剂水，再经 U 形管进入蒸发器 E 中。U 形管起冷剂水的节流作用。冷凝器 C 与蒸发器 E 间的压差很小，一般只有 6.5~8kPa，即 U 形管中水柱高差 H 有 0.7~0.85m 即可。

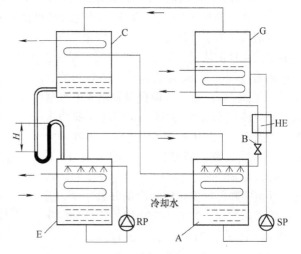

图 4-6　溴化锂吸收式制冷机的流程

A—吸收器　B—节流阀　C—冷凝器　E—蒸发器

G—发生器　SP—溶液泵　HE—溶液换热器

图 4-6 所示的溴化锂吸收式制冷机的流程只有一个发生器，称为单效溴化锂吸收式制冷机。为提高所使用的工作蒸气的压力或高温水的温度，在系统中增设一个高压发生器，即有两个发生器，这种溴化锂吸收式制冷机称为双效溴化锂吸收式制冷机。

2. 溴化锂吸收式制冷机理论循环在 h-ξ 图上的表示

溴化锂吸收式制冷机理论循环的含义是指工作过程中工质流动没有压力损失，所有设备及管路与周围空气不发生热量交换，发生过程和吸收过程终了的溶液均达到稳定状态。图 4-7 给出了溴化锂吸收式制冷循环在 h-ξ 图上的表示。图中 p_c 为冷凝压力，也是发生器中的压力；p_e 为蒸发压力，也是吸收器中的压力。ξ_w 为吸收器出口的稀溶液的溴化锂的质量分数，ξ_s 为发生器出口的浓溶液的溴化锂的质量分数。在 h-ξ 图上由两条等压线（p_c、p_e）和两条等质量分数线（ξ_w、ξ_s）组成的四边形即为溶液循环的状态变化过程。

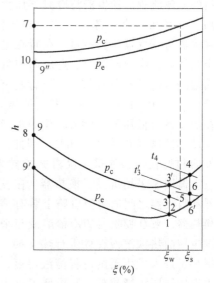

图 4-7 在 h-ξ 图上的理论制冷循环

（1）稀溶液的加压和预热过程 由吸收器出来的稀溶液（点 1）压力为 p_e，质量分数为 ξ_w，温度为 t_1。经泵加压后，压力升高到 p_c，溶液状态由点 1→点 2，此时，浓度不变，温度 $t_2 \approx t_1$，因此，点 2 与点 1 基本上是重合的。这两个状态点的区别在于点 1 是压力 p_e 下的饱和液体，点 2 是压力 p_c 下的过冷液体。点 2 状态的溶液经溶液换热器被预热，由点 2→点 3。

（2）发生器中的蒸气发生过程 稀溶液（点 3）进入发生器后，先从过冷状态加热到饱和状态（过程 3-3'），此时浓度不变，温度由 t_3 升高到 t_3'；而后继续被加热，稀溶液在压力 p_c 下沸腾汽化，其中冷剂水被蒸发出来，溶液浓度变浓，温度也逐渐升高。点 4 是发生过程的终了状态，此时温度为 t_4，浓度为 ξ_s。

（3）浓溶液的冷却与节流过程 由发生器出来的浓溶液（点 4）在溶液热交换器中被冷却到点 5，温度由 t_4 降到 t_5。点 5 是压力 p_c 下的过冷液体。5→6 是浓溶液的节流过程，浓度不变，焓值不变，则点 6 与点 5 重合。此时点 6 是压力 p_e 下的湿蒸气状态。

（4）吸收器中的吸收过程 状态 6 的浓溶液进入吸收器中，在等压下与蒸发器来的冷剂水蒸气混合，浓溶液吸收水蒸气并放出热量，最后达到状态点 1。这个过程可以看成溶液由 6 冷却到饱和状态 6'，再进一步冷却并吸收水蒸气达到点 1。

3. 溴化锂吸收式制冷循环过程

溴化锂吸收式制冷循环中的冷剂水经历了以下三个过程：

（1）冷凝过程 发生器蒸发出来的蒸气应该是发生过程 3'-4 所产生蒸气的混合物，可看成是 3'-4 过程平均状态的蒸气（即状态点 7）。由于产生的是纯水蒸气，故位于 $\xi = 0$ 的纵坐标轴上。该蒸气进入冷凝器后，在压力 p_c 下冷凝成饱和水（点 8），同时放出冷凝热量。过程 7→8 即是冷剂水蒸气在冷凝器中的冷凝过程。

（2）节流过程 压力为 p_c 的饱和水（点 8）经 U 形管节流后，压力降到 p_e，焓值不变，故节流后的状态点 9 与 8 重合。但状态点 9 是在压力 p_e 下的湿蒸气状态，即由大部分的饱和水（点 9'）与小部分的饱和水蒸气（点 9''）所组成。

（3）蒸发过程 节流后的冷剂水（点 9）进入蒸发器中，吸收冷冻水的热量而汽化。9→10 表示了冷剂水在蒸发器中的等压汽化过程。

4. 单效溴化锂吸收式制冷机

单效溴化锂吸收式制冷机是溴化锂吸收式制冷机的基本型式，这种制冷机具有结构简单、操作维护简便的特点，但制冷机的热力系数较低，为 0.65 ~ 0.7。在有余热、废热、生产工艺过程中的排热等低位热能可以利用的场合，特别是热、电、冷联供中配套使用，有着明显的节能效果。

图 4-8 所示为单效溴化锂吸收式制冷机的循环流程。发生器与冷凝器压力较高，布置在一个筒体内，称为高压筒；吸收器与蒸发器压力较低，布置在另一个筒体内，称为低压筒。高压筒与低压筒之间通过 U 形管连接，U 形管起节流减压的作用，以维持两筒之间的压差。在蒸发器的低压下，100mm 高的水层就会使蒸发温度升高 10 ~ 20℃，因此，蒸发器和吸收器必须采用喷淋式换热器；发生器则多采用沉浸式换热器。在发生器和吸收器之间的溶液管路上装有溶液换热器，来自吸收器的冷稀溶液与来自发生器的热浓溶液在此进行热交换，既提高了进入发生器的冷稀溶液温度，减少发生器所需耗热量，又降低了进入吸收器的浓溶液温度，减少了吸收器的冷却负荷，故溶液换热器又被称为节能器。

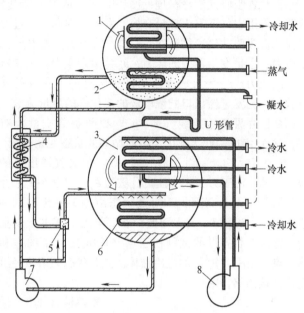

图 4-8 单效溴化锂吸收式制冷机的循环流程
1—冷凝器 2—发生器 3—蒸发器 4—溶液换热器
5—引射器 6—吸收器 7—溶液泵 8—冷剂泵

单效溴化锂吸收式制冷的工作过程如下：在低压筒下部的吸收器 6 内贮有吸收蒸气后的稀溶液，稀溶液通过溶液换热器 4 后，压入高压筒中的发生器 2。在发生器内稀溶液被加热、升温至沸腾，解析出蒸气。产生的蒸气在冷凝器 1 内冷凝，冷凝后的冷剂水经 U 形管流入低压筒内的蒸发器 3，被收集在蒸发器水盘内，由冷剂泵 8 送往蒸发器内的喷淋系统，淋洒在蒸发器管簇外表面上，在蒸发器的低压力下冷剂水蒸发，吸收冷媒水的热量，使冷媒水温度降低，制取成空调用的冷水。冷剂水的喷淋量一般是实际蒸发量的 10 ~ 15 倍，使冷剂水能够均匀地淋洒在传热管表面上。未蒸发的大部分冷剂水与来自冷凝器的冷剂水一起被蒸发器泵重新送往喷淋系统进行蒸发制冷。在蒸发器内产生的蒸气被喷洒在吸收器管簇外表面上的浓溶液吸收，成为稀溶液流入吸收器下部，稀溶液被溶液泵 7 抽出后分成两路：一路通过溶液换热器而进入发生器，另一路进入引射器 5，引射从发生器来的浓溶液，混合后进入吸收器的喷淋系统，目的在于加大溶液喷淋量，提高喷淋式换热器喷淋侧的传热系数。

溴化锂溶液对一般金属有腐蚀作用。腐蚀不但缩短机器的使用寿命，而且产生不凝性气体，使筒内的真空度难以维持。为了防止溶液对金属腐蚀，一方面需确保机组的密封性，经常维持机内的高度真空，在机组长期不运行时充入氮气；另一方面需在溶液中加入有效的缓蚀剂。在溶液温度不超过 120℃ 的条件下，在溶液中加入 0.1% ~ 0.3%（质量分数，下同）的铬酸锂（Li_2CrO_4）和 0.02% 的氢氧化锂，使溶液呈酸性，pH 值在 9.5 ~ 10.5 的范围内，对碳钢-铜的组合结构防腐蚀效果良好。

当溶液温度高达 160℃ 时，上述缓蚀剂对碳钢仍有很好的缓蚀效果。此外，还可选用其他耐高温缓蚀剂，如在溶液中加入 0.001% ~0.1% 的氧化铅，或加入 0.2% 的三氧化二锑与 0.1% 的铌酸钾（$KNbO_3$）的混合物等。

4.2　溴化锂吸收式制冷机的热力计算

4.2.1　热力计算过程

1. 蒸发器单位热负荷

若 1kg 冷剂水进入蒸发器，根据蒸发器的热平衡（见图 4-7），可得

$$q_e = h_{10} - h_9 \tag{4-2}$$

式中　q_e——蒸发器单位热负荷，即单位制冷量（kJ/kg）；

h_9、h_{10}——蒸发器进、出口冷剂水和蒸气的比焓（kJ/kg）。

2. 冷剂水循环量

$$\dot{m}_R = \frac{Q_e}{q_e} = \frac{Q_e}{h_{10} - h_9} \tag{4-3}$$

式中　$\dot{m}_R$——冷剂水循环量（kg/s）；

Q_e——溴化锂吸收式制冷机的制冷量（kW）。

3. 冷凝器单位热负荷及冷凝器热负荷

若 1kg 冷剂水蒸气进入冷凝器，根据冷凝器的热平衡有

$$q_c = h_7 - h_8 \tag{4-4}$$

式中　q_c——冷凝器单位热负荷，即每 kg 冷剂水的冷凝热量（kJ/kg）；

h_7、h_8——冷凝器进口水蒸气和出口饱和水的比焓（kJ/kg）。

若有 $\dot{m}_R$ 的冷剂水蒸气进入冷凝器，则有

$$Q_c = \dot{m}_R q_c = m_R(h_7 - h_8) \tag{4-5}$$

式中　Q_c——冷凝器热负荷（kW）。

4. 循环倍率

设送往发生器的稀溶液的流量为 $\dot{m}_{ws}$（kg/s），根据发生器中溴化锂的质量平衡有

$$\dot{m}_{ws}\xi_w = (\dot{m}_{ws} - \dot{m}_R)\xi_s \tag{4-6}$$

$$\frac{\dot{m}_{ws}}{\dot{m}_R} = \frac{\xi_s}{\xi_s - \xi_w} \tag{4-7}$$

令

$$a = \frac{\dot{m}_{ws}}{\dot{m}_R} \tag{4-8}$$

则

$$a = \frac{\xi_s}{\xi_s - \xi_w} \tag{4-9}$$

式中　a——循环倍率，它的物理意义是发生器每发生 1kg 水蒸气所需的稀溶液量；

$\xi_s - \xi_w$——放气范围。

5. 溶液循环量

送往发生器的稀溶液循环量可以根据式（4-10）求得，即

$$\dot{m}_{ws} = a\dot{m}_R \tag{4-10}$$

根据发生器的质量平衡，不难求得送入吸收器的浓溶液循环量为

$$\dot{m}_{ss} = \dot{m}_{ws} - \dot{m}_R = (a-1)\dot{m}_R \tag{4-11}$$

6. 吸收器单位热负荷与吸收器热负荷

根据吸收器的热平衡有

$$q_a + ah_1 = (a-1)h_6 + h_{10} \tag{4-12}$$

则

$$q_a = a(h_6 - h_1) + h_{10} - h_6 \tag{4-13}$$

式中　q_a——吸收器单位热负荷，即吸收每 kg 冷剂水蒸气所释放出的热量（kJ/kg）；

　　　h_6——进入吸收器的浓溶液的比焓（kJ/kg）；

　　　h_1——吸收器出口溶液的比焓（kJ/kg）。

因此，有

$$Q_a = \dot{m}_R q_a \tag{4-14}$$

式中　Q_a——吸收器热负荷（kW）。

7. 发生器单位热负荷和发生器热负荷

根据发生器的热平衡有

$$q_g + ah_3 = h_7 + (a-1)h_4 \tag{4-15}$$

则

$$q_g = a(h_4 - h_3) + h_7 - h_4 \tag{4-16}$$

式中　q_g——发生器单位热负荷，即每发生 1kg 冷剂水蒸气所需的热量（kJ/kg）；

　　　h_3——发生器进口稀溶液的比焓（kJ/kg）；

　　　h_4——发生器出口浓溶液的比焓（kJ/kg）。

因此，有

$$Q_g = \dot{m}_R q_g \tag{4-17}$$

式中　Q_g——发生器热负荷（kW）。

8. 溶液换热器单位热负荷和换热器负荷

从图 4-7 可以看到

$$q_{he} = a(h_3 - h_2) = (a-1)(h_4 - h_5) \tag{4-18}$$

并有

$$Q_{he} = \dot{m}_R q_{he} \tag{4-19}$$

式中　q_{he}——溶液换热器单位热负荷，即 1kg 冷剂水在换热器中的换热量（kJ/kg）；

　　　h_2——稀溶液进入换热器时的比焓（kJ/kg）；

　　　h_5——浓溶液离开换热器时的比焓（kJ/kg）；

　　　Q_{he}——溶液换热器热负荷（kW）。

9. 热力系数

$$\zeta = \frac{Q_e}{Q_g} = \frac{h_{10} - h_8}{a(h_4 - h_3) + h_7 - h_4} \tag{4-20}$$

4.2.2　制冷循环工作参数的确定

1. 冷却水温度

冷却水的进口温度 t_{w1} 一般是已知的。由于溴化锂吸收式制冷机的冷却负荷远比蒸气压缩式制冷机大很多，为了减少冷却水的流量，通常使冷却水串联通过吸收器和冷凝器。有时也采用冷

却水并联通过吸收器和冷凝器，这时冷却水的流量增多，但要求冷却塔处理的温降可减小，并且有利于提高吸收式制冷机的性能。当串联通过吸收器和冷凝器时，为了增强吸收器中的吸收能力，并考虑到吸收式制冷机可以允许有较高的冷凝压力，通常使冷却水先经吸收器，再经冷凝器，冷却水的总温升一般取 $8 \sim 9\text{℃}$。冷凝器与吸收器负荷之比约为 $1:1.30 \sim 1:1.25$，因此，冷凝器与吸收器中冷却水温升的分配也是这个比例。当总温升为 8℃ 时，可取吸收器中冷却水温升 Δt_a 为 4.5℃，冷凝器中温升 Δt_c 为 3.5℃；当总温升为 9℃ 时，Δt_a 取 5℃，Δt_c 取 4℃。最后应当根据由吸收器和冷凝器负荷分别计算出的冷却水流量是否相等来判别假定是否合理。

根据吸收器和冷凝器的温升，即可求得吸收器的冷却水出口温度为

$$t_{w2} = t_{w1} + \Delta t_a \tag{4-21}$$

冷凝器的冷却水出口温度为

$$t_{w3} = t_{w2} + \Delta t_c \tag{4-22}$$

2. 冷凝温度 t_c 和冷凝压力 p_c

冷凝温度一般比冷却水出口温度高 $3 \sim 5\text{℃}$，即

$$t_c = t_{w3} + 3 \sim 5\text{℃} \tag{4-23}$$

冷凝压力可根据 t_c 查饱和水蒸气表求得。

3. 蒸发温度 t_e 和蒸发压力 p_e

蒸发温度一般比冷冻水出口水温低 $2 \sim 4\text{℃}$，冷冻水出口水温通常是根据生产工艺或空调要求确定的，但希望不低于 5℃。

蒸发压力可根据 t_e 查饱和水蒸气表求得。

4. 稀溶液溴化锂的质量分数 ξ_w

稀溶液溴化锂的质量分数根据吸收器中的压力和溶液最低温度在 h-ξ 图上确定，吸收器中的压力稍小于蒸发压力，在理论循环热力计算时，认为等于蒸发压力。吸收器内稀溶液最低温度 t_1 比冷却水出口温度 t_{w2} 高 $3 \sim 5\text{℃}$。

5. 浓溶液溴化锂的质量分数 ξ_s

从溴化锂吸收式制冷循环运行的经济性和可靠性考虑，循环的放气范围（$\xi_s - \xi_w$）在 $4\% \sim 5\%$ 范围内。因此

$$\xi_s = \xi_w + 0.04 \sim 0.05 \tag{4-24}$$

增大放气范围，减小循环倍率，可以提高制冷机的热力系数。但是，ξ_s 太大，容易产生结晶现象，故 ξ_s 不宜超过 65%，相应的浓溶液最高温度 t_4 不宜超过 101℃。

6. 溶液换热器浓溶液出口温度 t_5

温度 t_5 关系到制冷机的运行费用、设备费用和运行的可靠性。t_5 低，既可减少发生器消耗的热量，又可减少冷却水的流量，提高了热力系数，对运行的经济性是有利的。但是，由于换热器的热负荷增大，传热温差减小，设备费用就增大；另外浓溶液温度太低有可能发生结晶现象，运行不可靠。因此，t_5 通常比吸收器出口的稀溶液温度高 $15 \sim 25\text{℃}$。

4.3 双效溴化锂吸收式制冷机

对于单效溴化锂吸收式制冷机，为了防止浓溶液出现结晶，从发生器流出的浓溶液溴化锂的质量分数不能过高。为了控制浓溶液的溴化锂的质量分数，发生器中溶液加热后的温度不能超过 110℃，加热热源的温度也不能过高。如果工作蒸气压力高，需要节流减压后才能使用，从

而造成能量利用上的浪费。为充分利用高位热能，如高压蒸气或燃气、燃油，开发了双效溴化锂吸收式制冷机。蒸气型双效溴化锂吸收式制冷机采用 0.25～0.8MPa（表压）的饱和蒸气为驱动热源，直燃型双效溴化锂吸收式制冷机使用燃气或燃油为驱动热源。

双效溴化锂吸收式制冷机设有高、低压两级发生器，以高压发生器中所产生的高温冷剂蒸气作为低压发生器加热溶液的热源，然后再与低压发生器中产生的冷剂蒸气汇合在一起，作为制冷剂，进入冷凝器。高压蒸气的能量在高压发生器和低压发生器中两次得到利用，故称为双效循环。由于利用了高压发生器中冷剂蒸气的凝结热，使发生器的耗热量减少，因此双效机的热力系数可达 1.0 以上。冷凝器中冷却水带走的主要是低压发生器的冷剂蒸气的凝结热，冷凝器的热负荷仅为普通单效机的一半左右。根据溶液循环流程的不同，常用的双效溴化锂吸收式制冷机主要有串联流程和并联流程两大类。

4.3.1 蒸气型双效溴化锂吸收式制冷机

1. 串联流程双效溴化锂吸收式制冷机

串联流程的特点是流出吸收器的稀溶液经过低温和高温换热器后，先后进入高压和低压发生器。如图 4-9 所示为串联流程双效溴化锂吸收式制冷机的工作流程。从吸收器 5 引出的稀溶液经发生器泵 9 输送至低温换热器 7，吸收从低压发生器流出的浓溶液放出的热量；然后输送至高温换热器 6，吸收从高压发生器流出的中间浓度溶液放出的热量，最后进入高压发生器 1。稀溶液在高压发生器中被加热沸腾，产生高温冷剂蒸气和中间浓度溶液，此中间浓度溶液经高温换热器进入低压发生器 2，被来自高压发生器的高温冷剂蒸气加热，产生的冷剂蒸气直接进入冷凝器 3，被冷却凝结成冷剂水。而来自高压发生器的高温冷剂蒸气在低压发生器中加热溶液后凝结成冷剂水，经节流后进入冷凝器，高压发生器和低压发生器中产生的冷剂水汇合在一起，经过节流降压后进入蒸发器。

在串联流程循环中，由于利用高压发生器出来的品位较低的冷剂蒸气，作为低压发生器中较高浓度溶液的热源，致使低压发生器的放气范围较小，热力系数较低。

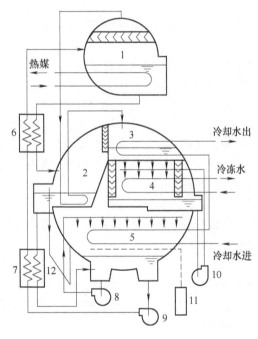

图 4-9 串联流程双效溴化锂吸收式制冷机的工作流程
1—高压发生器 2—低压发生器 3—冷凝器 4—蒸发器
5—吸收器 6—高温换热器 7—低温换热器 8—吸收器泵
9—发生器泵 10—蒸发泵 11—抽气装置 12—防晶管

2. 并联流程双效溴化锂吸收式制冷机

并联流程的特点是流出吸收器的稀溶液经过低温和高温换热器后，以并联方式进入高压和低压发生器。并联流程可以增大低压发生器的放气范围，提高机组的热力系数。为了利用热源蒸气的凝水热量，还设有凝水回热器。图 4-10 所示为并联流程双效溴化锂吸收式制冷机的工作流程。发生器泵 10 将吸收器 5 中的稀溶液抽出后分成两路：一路经高温换热器 6，进入高压发生器 1，在高压发生器中被高温蒸气加热沸腾，产生高温蒸气，高压发生器中流出的浓溶液在高温换热器内放热后与吸收器中的部分稀溶液以及来自低压发生器 2 的浓溶液混合，经吸收器泵 9 输送至吸收器的喷淋系统；另一路稀溶液在低温换热器 8 和凝水回热器 7 中吸热后进入低压发生器，在低压发生器中被来自高压发生器的高温蒸气加热，产生水蒸气与浓溶液。此浓溶液在低温换热器中放热后，与吸收器中的部分稀溶液以及来自高压发生器的浓溶液混合后，输送至吸收器的喷淋系统。

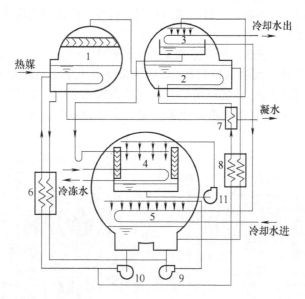

图 4-10　并联流程双效溴化锂吸收式制冷机的工作流程
1—高压发生器　2—低压发生器　3—冷凝器　4—蒸发器　5—吸收器　6—高温换热器
7—凝水回热器　8—低温换热器　9—吸收器泵　10—发生器泵　11—蒸发器泵

4.3.2　直燃型双效溴化锂吸收式冷热水机组

直燃型双效溴化锂吸收式冷热水机组（简称直燃机）以燃气或燃油为能源，其制冷原理与蒸气型双效溴化锂吸收式制冷机完全相同，只是其高压发生器不采用蒸气加热，而采用锅筒式火管锅炉，由燃气或燃油直接加热稀溶液，制取高温水蒸气。直燃机既可用于夏季供冷，又可用于冬季供暖，必要时还可提供生活热水。直燃机的溶液循环流程也有串联流程与并联流程之分，通常采用以下三种方式构成热水回路提供热水。

1. 将冷却水回路切换成热水回路

图 4-11 所示为将冷却水回路切换成热水回路的直燃机按串联流程工作的原理。机组制冷运行时，关闭 A 阀，开启 B 阀，形成串联流程双效溴化锂吸收式制冷系统。

该直燃机制热运行时，开启 A 阀，关闭 B 阀，将冷却水回路切换成热水回路，发生器泵 10和吸收器泵 9 运行，蒸发器泵 8 和冷冻水泵停止运转。

从吸收器 5 返回的稀溶液，在高压发生器 1 中吸收燃气或燃油的燃烧热，产生高温蒸气，溶液浓缩后经高温换热器 6 进入低压发生器 2；高压发生器发生的蒸气进入低压发生器的加热管中，加热其中的溶液，产生的蒸气进入冷凝器 3 冷凝放热，加热管内热水。低压发生器加热管内的凝水和冷凝器中产生的凝水经过 A 阀一同进入低压发生器，稀释由高压发生器送入的浓溶液。温度较高的稀溶液通过低温换热器 7 返回吸收器，经喷淋系统喷洒在吸收器的换热管簇表面，预热管内流动的热水，被预热后的热水进入冷凝器盘管内，被进一步加热，制取温度更高的热水。积存在吸收器底部的稀溶液经发生器泵 10 先后进入低温换热器和高温换热器进行换热，最后进入高压发生器。

2. 将冷水回路切换成热水回路

图 4-12 所示为将冷水回路切换成热水回路的直燃机按串联流程工作的原理。制冷运行时，需关闭 A 阀与 B 阀。制热运行时，开启 A 阀与 B 阀，将冷水回路切换成热水回路，冷却水回路及冷剂水回路停止运行。

稀溶液由发生器泵 10 送往高压发生器 1，加热沸腾，产生冷剂蒸气，经 A 阀进入蒸发器 4；同时高温浓溶液经 B 阀进入吸收器 5，因压力降低浓溶液会闪发出部分冷剂蒸气，也进入蒸发器。两股高温蒸气在蒸发器换热管表面冷凝释放热量，加热换热管内的水，制取热水。凝结水流回吸收器与浓溶液混合成稀溶液，稀溶液再由发生器泵送往高压发生器被加热。

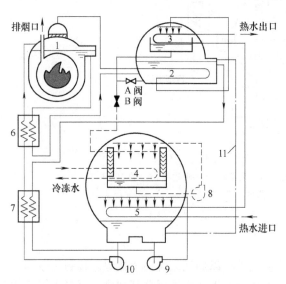

图 4-11　冷却水回路切换成热水回路的直燃机工作原理
1—高压发生器　2—低压发生器　3—冷凝器　4—蒸发器
5—吸收器　6—高温换热器　7—低温换热器　8—蒸发器泵
9—吸收器泵　10—发生器泵　11—防晶管

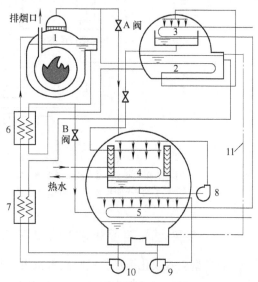

图 4-12　冷水回路切换成热水回路的直燃机工作原理
1—高压发生器　2—低压发生器　3—冷凝器
4—蒸发器　5—吸收器　6—高温换热器
7—低温换热器　8—蒸发器泵　9—吸收器泵
10—发生器泵　11—防晶管

3. 设置与高压发生器相连的热水器

上述两种类型机组通过转换阀实现制冷工况与制热工况的转换，只能交替供应冷水和热水。如果设置与高压发生器相连的热水器，则可以同时制取冷水和生活热水，也可以单独供应热水。图 4-13 所示为采用该方式的直燃机的工作原理。直燃机在高压发生器的上方设置一个热水器，机组制热运行时，关闭与高压发生器 1 相连管路上的 A、B、C 阀，热水器借助高压发生器所发生的高温蒸气的凝结热来加热管内热水，凝水则流回高压发生器。制冷运行时，开启 A、B、C 阀，机组按串联流程双效溴化锂吸收式制冷机的原理工作，制取冷水，也可以在制取冷水的同时制取生活热水。

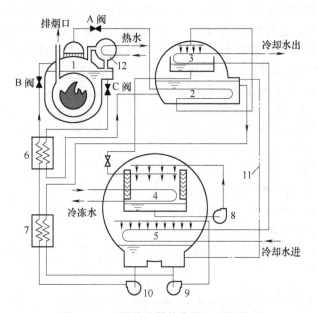

图 4-13 设置热水器的直燃机工作原理

1—高压发生器 2—低压发生器 3—冷凝器 4—蒸发器 5—吸收器 6—高温换热器
7—低温换热器 8—蒸发器泵 9—吸收器泵 10—发生器泵 11—防晶管 12—热水器

4.4 溴化锂吸收式制冷机的型式与结构

4.4.1 溴化锂吸收式制冷机的主要型式

常见的单效溴化锂吸收式制冷机有双筒和单筒两种类型。在双筒型机组中，工作压力较高的发生器和冷凝器布置在上面的筒体内，而工作压力较低的蒸发器和吸收器布置在下面的筒体内，这种类型的机组结构简单，制造方便；同一筒体内温差小，热应力小；发生器与蒸发器、吸收器置于两个筒体内，相互之间的传热损失小；机组可分开运输，现场组装。图 4-14 所示为三种常见的双筒型单效溴化锂吸收式制冷机的布置方式。上筒中的发生器与冷凝器多为上下排列，这样可以使发生器管排数减少，溶液液位降低，静液柱对发生过程的影响较小，有利于发生器中溶液的沸腾，同时冷凝器的管排数也相应减少。下筒中的蒸发器与吸收器有三种排列方式，图 a 所示为上下排列；图 b 所示为左右排列；图 c 所示为左中右排列，蒸发器布置在中间，两个吸收器布置在两旁。

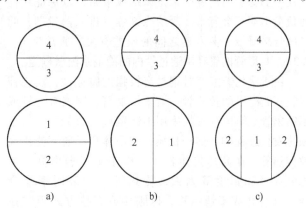

图 4-14 双筒型机组的布置方式

1—蒸发器 2—吸收器 3—发生器 4—冷凝器

单筒型机组将蒸发器、吸收器、发生器、冷凝器全都布置在一个筒体内，工作压力较高的发生器和冷凝器布置在筒体的上部,工作压力较低的蒸发器和吸收器则布置在筒体的下部。上下两部分之间用隔板分开。这种类型的机组具有结构紧凑、安装方便、气密性好的优点,由于发生器与蒸发器、吸收器置于一个筒体中,热损失和热应力大,较大的筒体使运输和安装较困难。图4-15所示为两种常见的单筒型单效溴化锂吸收式制冷机的布置方式。

双效溴化锂吸收式制冷机在单效机组的基础上加设高压发生器、高温溶液换热器和凝水换热器等部件,有双筒型和三筒型两种类型。双筒型机组一般将高压发生器单独布置在一个筒体内,将低压发生器、冷凝器、蒸发器和吸收器布置在另一个筒体内。三筒型机组的高压发生器也单独设于一个筒体内,而将低压发生器和冷凝器置于一个筒体内,蒸发器和吸收器置于一个筒体内,实际中应用较多的为三筒型机组。

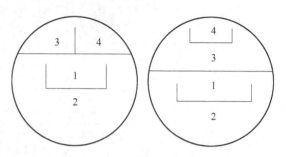

图4-15 单筒型机组的布置方式

1—蒸发器 2—吸收器 3—发生器 4—冷凝器

4.4.2 溴化锂吸收式制冷机的主要部件与附属设备

1. 发生器和冷凝器

发生器通常为壳管式换热器,多采用沉浸式结构。余热利用的蒸气型和热水型单效机组一般采用喷淋式发生器。这是考虑到发生器内热流密度低、传热温差小,溶液浸没高度的影响显得比较大,对发生不利。采用喷淋式发生器能消除溶液浸没高度的影响,提高其传热、传质效果。有的双效机组中的低压发生器也采用喷淋式结构。

冷凝器的结构也是壳管式结构。传热管通常采用光管或双侧强化的高效管,冷剂水由换热管簇下面的水盘收集,经过节流后进入蒸发器。通常采用U形管节流,U形管的结构简单,制作方便,对机组变工况运行具有很强的适应能力。如图4-16所示,将冷凝器和蒸发器的连接水管做成U形管,其蒸发器一侧管子的高度必须足以形成液封,以保证在任何负荷下都不会有未冷凝的冷剂蒸气进入蒸发器,此高度与冷凝器、蒸发器之间的压差有关,通常为1~1.3m。U形管的管径由通过管内的冷剂水流量确定。

由于溴化锂溶液对钢材有较强的腐蚀性,溴化锂吸收式制冷机的传热管一般采用铜管、铜镍合金管或不锈钢管,筒体和管板采用不锈钢或复合钢板。为了强化发生过程的传热、传质、减小体积,通常使用高效传热管。在高压发生器中,由于蒸气温度高,考虑到腐蚀和强度等因素,传热管一般采用铜镍合金、钛合金或不锈钢管,以胀接或焊接方式固定在管板上。

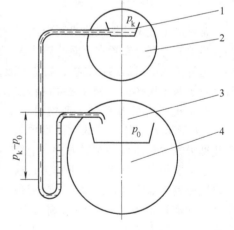

图4-16 U形管节流装置

1—冷凝器 2—发生器 3—蒸发器 4—吸收器

为了避免飞溅的溴化锂溶液液滴被冷剂蒸气带入冷凝器中,造成冷剂水污染,需要在发生器和冷凝器之间设置挡液板。通常在发生器的浓溶液出口处设有液囊。液囊内设有限位板,以保持液位高度。限位板的高度以保持液面之上暴露1~2排传热管为宜,暴露的管排为鼓动换热，既有利于传热、传质，又可对溶液的飞溅起阻尼作用。图 4-17 所示为按上下布置的冷凝器与发生器结构。

当发生器加热温度过高时，可能会在发生器的浓溶液侧发生结晶现象。发生结晶时，浓溶液通路被阻塞，浓溶液不能及时流回吸收器，使发生器的液位上升，吸收器的液位下降。为解决换热器浓溶液侧的结晶问题，在发生器的液囊中设有防晶管。该防晶管直接与吸收器的稀溶液囊相连，发生器的液位上升至防晶管的开口处，浓溶液经防晶管直接流回吸收器，与吸收器内的稀溶液混合，使进入发生器的稀溶液温度升高，加热管外结晶的浓溶液，使结晶熔解。

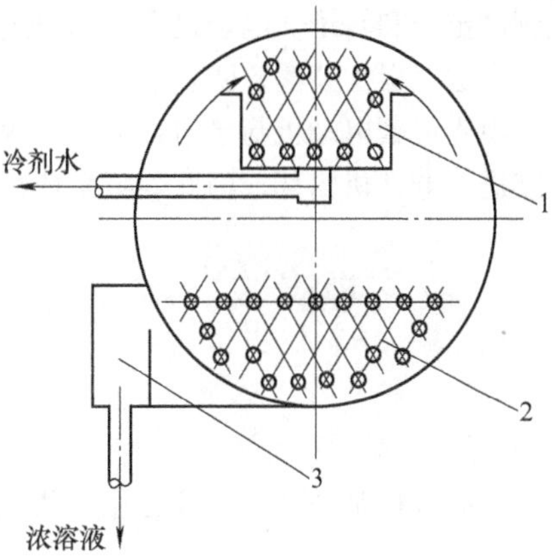

图 4-17　上下布置的冷凝器与发生器结构
1—冷凝器　2—发生器　3—液囊

2. 蒸发器和吸收器

蒸发器和吸收器均为壳管式结构的喷淋式热交换器，为了防止蒸发后的冷剂蒸气夹带微小水滴进入吸收器，必须在气道中设置挡水板。喷淋系统的性能直接影响到蒸发器和吸收器的性能。为了提高蒸发器和吸收器的传热、传质效果，必须将冷剂水和溴化锂溶液均匀分布在传热管外侧，保证一定的喷淋密度，在传热管表面形成均匀液膜，以增加气液两相的接触面积，有利于传热、传质。蒸发器和吸收器的喷淋系统有淋激式和喷嘴式两种。

淋激式喷淋系统通常使溶液通过钻有许多小孔的淋板，均匀地喷淋在传热管上。淋板有压力式和重力式两种。压力式淋板依靠泵的压力进行喷淋，具有较好的喷淋效果。重力式淋板是靠槽内液体的自身重力进行喷淋，其喷淋压力较低，但是结构简单，耗泵功率小，因此应用比较普遍。

喷嘴式喷淋系统就是冷剂水或溶液在一定的压力下通过喷嘴喷出，形成均匀的雾状液滴，喷洒在传热管上。喷嘴通常采用旋涡式或离心式。

3. 抽气装置

由于溴化锂吸收式冷水机组在极高的真空状态下运行，其工作压力远低于大气压力，尽管设备密封性好，也难免有少量空气渗入，腐蚀也会产生一些不凝性气体，因此，必须设有自动抽气装置，排出聚积在筒体内的不凝性气体，保证制冷机的正常运行。

自动抽气装置的型式很多，其基本原理都是利用溶液泵排出高压稀溶液，作为引射器的动力，在引射器的出口端形成低压区，以抽取机组内的不凝性气体，形成的气液混合物进入气液分离器进行分离，溶液则流回吸收器。当不凝性气体积累到一定程度时，被排出机组外。此外，为了自动排出因腐蚀而产生的氢气，钯管排氢装置也是一种常用设备，但是，钯管排氢装置的工作温度约为 300℃，需要利用加热器进行加热。

自动抽气装置的抽气量较小，只能在机组正常运行时使用。一般还需要配置一套机械真空泵，以便在机组初始抽真空、长时间停机后第一次起动抽真空或应急时使用。

4. 屏蔽泵

屏蔽泵在溴化锂吸收式制冷机中起着输送介质的作用，是机组中极其重要的运动部件，包括输送溶液的溶液泵和输送冷剂水的冷剂泵。

屏蔽泵是由单级离心泵和屏蔽电动机组成一体的密封部件。泵的叶轮直接安装在电动机的轴上，这样不但取消了传动机构，还提高了密封性能。屏蔽电动机的定子和转子各有一个非磁性的不锈钢薄套，这样既可以保证密封性能，又能防止被输送的液体进入定子和转子的绕组中，避免腐蚀定子和转子。电动机采用 H 级绝缘材料，屏蔽泵允许的最高进液温度可达 110℃，电动机内设有过热保护装置，防止意外情况导致电动机烧毁。

由于屏蔽电动机与泵组合成一个密封整体，泵与电动机之间没有传动密封，被输送的液体直接进入电动机内部，因此屏蔽泵依靠被输送的液体来实现润滑和冷却。

4.5 溴化锂吸收式制冷机的性能调节

4.5.1 外界条件变化对机组性能的影响

下面分析某一外界条件变化而机组的其他运转条件不变时，溴化锂吸收式冷水机组性能的变化。

当冷水出口温度降低时，稀溶液溴化锂的质量分数上升，而浓溶液溴化锂的质量分数上升很少，使放气范围减小，制冷量和热力系数降低；当冷水出口温度升高时，放气范围增大，制冷量和热力系数增加。图 4-18 所示为某型号蒸气型双效溴化锂吸收式制冷机在其他运转条件不变时，冷水出口温度与制冷量的关系。该制冷机的运行条件为：蒸气压力 0.6MPa（表压），冷水及冷却水流量 100%，污垢系数 0.086m² · ℃/kW。

机组的冷水出口温度只能在一定的范围内变化，不能过低，也不能过高。过低可能会引起溶液结晶、冷剂水结冻等问题；过高则会使蒸发器

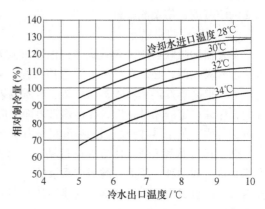

图 4-18 冷水出口温度与制冷量的关系

液囊中冷剂水位下降，造成冷剂泵吸空。对于名义工况冷水出口温度为 7℃ 的机组，变化范围为 5～10℃；冷水出口温度为 10℃ 的机组，变化范围为 8～13℃。

在使用冷却塔的冷却水系统中，冷却水进口温度与周围空气的干湿球温度有关，故冷却水温度随季节而变化。当其他条件不变而冷却水进口温度降低时，稀溶液温度下降，吸收效果增强，放气范围增大，制冷量和热力系数增加。当冷却水进口温度升高时，稀溶液温度升高，吸收效果减弱，放气范围减小，制冷量和热力系数降低。图 4-18 中也表示出了不同的冷却水进口温度下制冷量的变化情况。

冷却水进口温度不能过低，过低会引起稀溶液温度过低，也会引起浓溶液溴化锂的质量分数升高，两者都有可能导致结晶。反之，如果冷却水进口温度过高，制冷量降低，严重时将引起结晶。为了避免冷却水流量和进口温度超出正常范围而发生事故，机组中需要设置自动控制系统，出现异常情况时自动进行调节，避免事故的发生。

4.5.2 部分负荷时的能量调节

由于外界的空调负荷经常变化，这就要求机组的制冷量也要做出相应的改变。能量调节的目的就是要使机组的制冷量与外界空调负荷相匹配。调节机组的制冷量使之与外界空调负荷相匹配，就要稳定机组的冷水出口温度。因此能量调节系统以稳定机组冷水出口温度为目的，通过对驱动热源、溶液循环量的检测和调节，保证机组运行的经济性和稳定性。驱动热源的调节和溶液循环量的调节同时进行，共同完成机组制冷量的调节。

1. 驱动热源的调节

调节驱动热源的供热量将会使发生器中冷剂的发生量发生变化，使制冷量也发生相应的变化。

对于直燃机组，在满负荷时燃烧器处于最大燃烧量状态。当空调负荷减小，冷水出口温度下降时，燃烧器将减小燃烧量，以适应减小的负荷；当所需燃烧器的热量低于最小燃烧量时，燃烧器将断续工作。图4-19所示为燃气直燃机制冷量调节的自动控制原理。温度传感器是经过标定的热电阻温度传感器，温度控制器采用模拟控制器或微机控制器，执行机构采用电动执行机构，燃气调节阀采用角行程蝶阀。为了保证燃烧器中具有一定的助燃空气，在燃烧管路和空气管路上同时设有流量调节阀，两者通过连杆机构保证同步动作。空气流量调节阀也采用角行程蝶阀。温度传感器安装在冷水进口或出口处，被测冷水温度与设定的冷水温度相比较，根据它们的偏差与偏差积累，控制进入燃烧器中的燃料和空气的量，尽量减少被测冷水温度与设定冷水温度的偏差。控制器所采用的控制规律通常为比例积分规律，具有很高的控制精度。

图4-20所示为蒸气或热水型机组制冷量调节的自动控制原理图。调节阀安置在发生器蒸气或热水进口管道上，通过调节蒸气或热水的流量，保证冷水的出口温度稳定在设定值上。在满负荷时调节阀全开；当负荷减小时，冷水温度下降到设定温度以下时，调节阀将调节蒸气或热水流量，以适应负荷的变化，使冷水出口温度回升至设定值。随着发生器获取热量的变化，发生器中溶液的液位也会随之变化，特别是双效机组更为明显。因此，发生器中要有液位保护和液位控制，以保持稳定的液位。

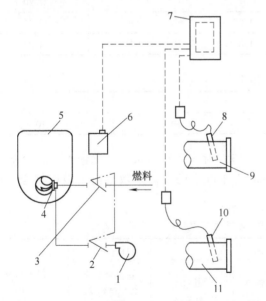

图4-19　燃气直燃机制冷量调节的自动控制原理

1—燃烧器风机　2—空气流量调节阀　3—燃气调节阀　4—燃烧器
5—高压发生器　6—调节电动机　7—温度控制器
8、10—温度传感器　9—冷/热水出口水管　11—冷/热水进口水管

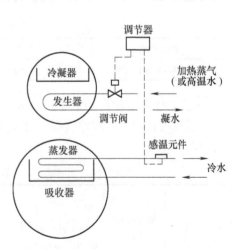

图4-20　蒸气或热水型机组制冷量
调节的自动控制原理

2. 溶液循环量调节

驱动热源的调节通常要与溶液循环量的调节配合，共同完成制冷量的调节，以保证稀溶液循环量随着发生器得热量的变化而变化，保证机组在低负荷运行时，仍然具有较高的热力系数。

溶液循环量的调节主要有两种方法：一种方法是通过安装在蒸发器冷水管道上的温度传感器发出信号，调节进入发生器的溶液循环量，使机组的制冷量发生改变，保持冷水温度在设定的范围内；另一种方法是通过安装在高压发生器中的液位计检测液位，根据液位的变化对溶液循环量进行控制，使低液位时进入发生器的溶液循环量增加，高液位时进入发生器的溶液循环量减小。调节进入发生器的溶液循环量可通过溶液调节阀来实现，也可以采用变频器控制溶液泵转速，从而控制进入发生器的溶液循环量。变频器控制是目前常用的一种控制方式，采用这种方式能够进行有效的流量调节，减小溶液泵的能耗，延长溶液泵的寿命。

溶液循环量调节所用的调节阀需安装在溶液管道上，将会对机组的真空度带来一定的影响，而且调节阀中与溴化锂溶液接触的元器件还必须考虑防腐蚀的问题，给调节阀的制造和安装带来困难。

4.5.3 溴化锂吸收式冷水机组性能参数限值

《溴化锂吸收式冷水机组能效限定值及能效等级》（GB 29540—2013）中，溴化锂吸收式冷水机组能效等级分为 3 级，其中 1 级能效等级最高，2 级为节能。具体参数见表 4-1、表 4-2。

表 4-1 溴化锂吸收式冷水机组能效等级（蒸气型）

能 效 等 级		1	2	3
单位制冷量蒸气耗量/ [kg/(kW·h)]	饱和蒸气 0.4MPa	1.12	1.19	1.40
	饱和蒸气 0.6MPa	1.05	1.11	1.31
	饱和蒸气 0.8MPa	1.02	1.09	1.28

表 4-2 直燃型机组能效等级

能效等级	1	2	3
性能系数 COP/（W/W）	1.40	1.30	1.10

《公共建筑节能设计标准》（GB 50189—2015）对蒸气和热水型溴化锂吸收式冷却机组及直燃型溴化锂吸收式冷（温）水机组，在名义工况下的性能参数给出了限值规定，详见表 4-3。

表 4-3 溴化锂吸收式冷水机组的性能参数限值

机型	蒸气压力/ MPa	名义工况			性能参数	使用范围/ MPa
		冷（温）水进/出口温度/℃	冷却水进口温度/℃	冷却水出口温度/℃	单位制冷量加热源耗量/ [kg/(kW·h)]	
蒸气单效	0.1			40	2.17	0.087～0.12
蒸气双效	0.4	12/7	32(24～34)	38	1.19	0.35～0.45
	0.6				1.11	0.50～0.65
	0.8				1.09	0.65～0.85
直燃	—	12/7	出口 60	30	35 → 1.30（W/W）	—

4.6　溴化锂吸收式热泵

吸收式热泵以热能为动力，实现从低温热源吸热，提高温度后向高温热源或被加热物体供热。按照供热温度的高低，吸收式热泵分为第一类（增热型）热泵与第二类（升温型）热泵。第一类吸收式热泵的供热温度低于驱动热源温度；第二类吸收式热泵的供热温度高于驱动热源温度。前者以增大制热量为主要目的，而后者以提高热量品位为主要目的。图 4-21 所示为吸收式热泵能量转换示意图。

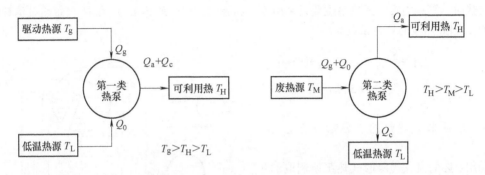

图 4-21　吸收式热泵能量转换示意图

可作为吸收式热泵的工质对很多，但获得应用的仍为氨-水和溴化锂-水。由于溴化锂吸收式热泵结构简单，故应用更为广泛。

4.6.1　第一类吸收式热泵

第一类吸收式热泵以消耗高温热能为代价，通过向热泵输入高温热能，从低温热源中吸收热能，提高其品位后以中温的形式供给用户。第一类吸收式热泵可用以夏季制冷，冬季制热。图 4-22 所示是以溴化锂-水为工质对的第一类吸收式热泵的系统图，机组按双效循环工作（如果驱动热源温度较低，也可做成按单效循环工作的热泵机组）。高压发生器 9 的驱动热源可以是燃料（燃气或燃油）或蒸气。该系统由高压发生器、低压发生器、冷凝器、蒸发器、吸收器、溶液换热器、泵等组成。这种热泵的工作过程是由吸收器 3 出来的稀溶液，先后经过低温和高温溶液换热器 7、8，温度升高后进入高压发生器 9，被驱动热源加热，产生高温水蒸气，溴化锂溶液的质量分数变高，由高压发生器 9 排出，经高温溶液换热器 8 降温后，进入低压发生器 1。

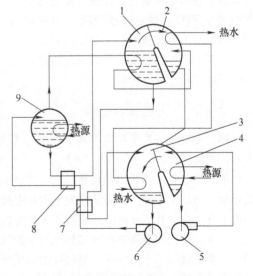

图 4-22　第一类溴化锂吸收式热泵（1）

1—低压发生器　2—冷凝器　3—吸收器　4—蒸发器
5—水泵　6—溶液泵　7—低温溶液换热器
8—高温溶液换热器　9—高压发生器

高压发生器 9 中产生的高温水蒸气，进入低压发生器 1 加热其中的溴化锂溶液，而高温水蒸气放出潜热后凝结成水，节流后与低压发生器 1 产生的水蒸气一起进入冷凝器 2，向管内的热水放出热量而凝结成水。该水节流后进入蒸发器 4，由于蒸发器中的压力较低，节流后的水在蒸发器中吸收低温热源的热量而汽化。由低压发生器 1 出口的浓溶液，经低温换热器 7 温度降低后进入吸收器 3，吸收来自蒸发器 4 中的水蒸气，并向回水管中的热水放出热量。吸收终了的稀溶液再由溶液泵 6 送往高压发生器 9，这样便完成了一个循环。在理想情况下，假如不考虑热泵的散热损失，由高压发生器输入的驱动热源的热量为 Q_g，通过蒸发器吸收低温热源的热量为 Q_0，在冷凝器和吸收器中放出的热量分别为 Q_c 和 Q_a。根据热力学第一定律，如果忽略系统中溶液泵等的耗功，则循环的能量平衡式为

$$Q_g + Q_0 = Q_c + Q_a \qquad (4-25)$$

供热时，第一类吸收式热泵主要是利用冷凝和吸收过程的放热量 Q_c 和 Q_a，而热泵消耗的热能为 Q_g，因此热泵的热力系数为

$$\zeta_{hI} = \frac{Q_c + Q_a}{Q_g} \qquad (4-26)$$

式中　ζ_{hI}——第一类吸收式热泵的热力系数。

第一类吸收式热泵的热力系数总是大于 1。

利用上述的溴化锂吸收式热泵所制取的热水温度一般为 40～45℃。如果需要制取更高温度的热水，可在图 4-22 所示的热泵系统中，增设一个热水换热器，如图 4-23 所示。

由高压发生器 9 发生出来的高温蒸气，一部分引到热水换热器 10，其余部分进入低压发生器 1，放出热量后均以水的状态进入冷凝器。利用这种系统，在热水换热器中可制取 60～70℃ 的热水，在冷凝器中可制取 40～45℃ 的热水。整个系统中虽消耗了部分高温水蒸气来加热热水，但对机组从低温热源中吸收的热量没有影响。

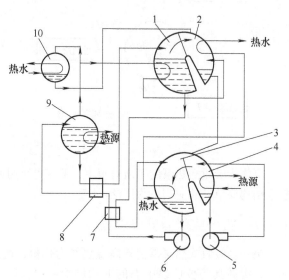

图 4-23　第一类溴化锂吸收式热泵（2）

1—低压发生器　2—冷凝器　3—吸收器　4—蒸发器
5—水泵　6—溶液泵　7—低温溶液换热器
8—高温溶液换热器　9—高压发生器　10—热水换热器

4.6.2　第二类吸收式热泵

第二类吸收式热泵利用中温的废热作为驱动热源。它的工作原理是基于某物质在吸收过程中所产生的化学反应热。图 4-24 所示为单效第二类溴化锂吸收式热泵的系统图。

第二类吸收式热泵的特点是循环中发生器的压力低于吸收器的压力，冷凝器的压力低于蒸发器的压力。工作时，稀溶液在发生器 6 中被中温的废热热源加热，产生水蒸气；发生器中的浓溶液由溶液泵 5 升压并经溶液换热器 3 升温后送入吸收器 2，吸收来自蒸发器 1 的水蒸气。在吸收过程中，放出的溶解热和凝结热使溶液温度升高，这样就加热了在管内流动的热水，供用户利用。浓溶液吸收了水蒸气后，溴化锂的质量分数降低，通过换热器后温度下降，经节流阀 4 降压后进入发生器 6，重新被外界热源加热，从而完成溶液循环。从发生器 6 中产生的水蒸气进入冷凝器 7，被冷却水冷却和冷凝，然后通水泵 8 加压并泵入蒸发器 1 中；在蒸发器中水吸收低温热源的热量而汽化，产生的水蒸气进入吸收器 2 中被溴化锂浓溶液吸收。整个循环周而复始地进行。

同样，若不考虑热泵的热量损失和忽略系统中的泵功，系统的能量平衡式仍然为

$$Q_g + Q_0 = Q_a + Q_c \quad (4\text{-}27)$$

第二类吸收式热泵主要利用吸收过程放热量 Q_a，消耗的热能为（$Q_g + Q_0$），因此它的热力系数为

$$\zeta_{hⅡ} = \frac{Q_a}{Q_g + Q_0} \quad (4\text{-}28)$$

式中 $\zeta_{hⅡ}$——第二类吸收式热泵的热力系数。

由式（4-28）可以得出，$\zeta_{hⅡ}$ 总小于1。但是，由于第二类吸收式热泵的驱动能源多为工业生产中排放的废热或余热，所以它在节约能源和提高能源利用率方面的效果还是非常显著的。

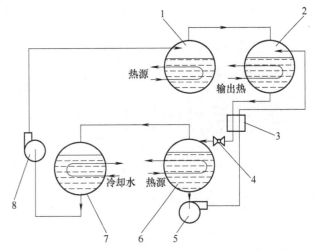

图4-24 单效第二类溴化锂吸收式热泵的系统图
1—蒸发器 2—吸收器 3—溶液换热器 4—节流阀
5—溶液泵 6—发生器 7—冷凝器 8—水泵

应该说明，以上分析中未考虑系统中各种泵的耗功和装置的热量损失。所以，无论是第一类吸收式热泵，还是第二类吸收式热泵，实际运行中的热力系数必然有所降低。

思考题与习题

1. 绘图并简述 LiBr 吸收式制冷的工作原理。
2. 什么是溴化锂在水中的溶解度？为什么溴化锂水溶液中溴化锂的质量分数一般不大于65%？
3. 溴化锂水溶液的饱和温度与压力、浓度有什么关系？与纯水的关系一样吗？
4. 已知发生器的压力为11kPa，出口溶液的温度为94℃，求该溶液的浓度和比焓。
5. 已知溴化锂吸收式制冷机的冷凝温度为44℃，蒸发温度为6℃，吸收器出口稀溶液的温度为42℃，发生器出口浓溶液的温度为95℃，请将此循环表示在 $p\text{-}t$ 图及 $h\text{-}\xi$ 图上。
6. 上题中，若冷剂水的流量为0.75kg/s，求该制冷机的制冷量及冷凝器的热负荷。
7. 什么是双效溴化锂吸收式制冷系统？
8. 什么是放气范围？
9. 溴化锂吸收式制冷机有哪几种结构型式？
10. 溴化锂吸收式制冷机如何进行防腐？
11. 溴化锂吸收式制冷机如何进行部分负荷下的冷量调节？
12. 直燃式溴化锂吸收式制冷机有哪几种机型？
13. 试简要描述直燃式溴化锂吸收式机组的制冷流程及供暖流程。
14. 什么是第一类吸收式热泵？什么是第二类吸收式热泵？

5

第 5 章
冷源系统设计

5.1 冷源方案的选择

5.1.1 概述

空调工程的冷源有天然冷源和人工冷源。所谓天然冷源，是利用自然的江水、湖水、地下水或自然冰或海水等用于空气冷却。空调工程利用天然冷源用于空气的冷却时，江水、湖水、地下水等的水质应符合卫生要求，各种水的温度、硬度等应符合使用要求。经空调工程使用后的天然水应回收再利用，若为地下水，在使用后应全部回灌并不得有所污染。在具体工程项目中采用天然冷源时，除上述要求外，尚应注意所选用天然冷源的持续供应的预测和对社会、生态环境的影响，尤其是大规模利用天然冷源时，应进行充分的考量。

空调工程的人工冷源主要是采用不同型式的制冷机制冷。目前常用的制冷设备有电动蒸气压缩式制冷机和蒸气吸收式制冷机。电动蒸气压缩式制冷机的型式有涡旋式、活塞式、螺杆式和离心式等，大、中型空调冷源主要可采用离心式、螺杆式，中、小型空调冷源主要可采用活塞式、涡旋式。空调工程应用的蒸气吸收式制冷机主要是溴化锂吸收式冷水机组，有热水型、蒸气型和直燃型等型式，对于有余热可利用的空调工程一般采用热水型、蒸气型吸收式制冷机。经一次能源利用效率和经济性比较，在合适的有燃气供应的空调工程中也可采用直燃型吸收式制冷机。

5.1.2 空调冷源选择的基本要求

1. 准备工作

在进行冷源机房工艺设计之前，必须对用户的要求和水源等方面的情况进行调查研究，了解和收集有关原始资料，以作为设计工作的重要依据。

（1）用户要求　包括用户需要的冷负荷及其变化情况、供冷方式、冷冻水的供水温度和回水温度，以及用户使用场所和使用安装方面的要求。

（2）水源资料　指冷源机房附近的地面水和地下水的水量、水温、水质等情况。

（3）气象条件　指当地的最高和最低气温、大气相对湿度、土壤冻结深度以及全年主导风向和当地大气压力等。

（4）能源条件　指当地的天然气、油料、煤质、电力等物性资料及能源增容费及使用价格。

（5）地质资料　指冷源机房所在地区土壤等级、承压能力、地下水位和地震烈度等资料。

（6）发展规划　设计冷源机房时，应了解冷源机房的近期和远期发展规划，以便在设计中考虑冷冻站的扩建余地。

2. 空调冷源选择的基本原则

1）在满足使用要求的情况下，空调工程的冷源应优先考虑采用天然冷源；不能采用天然冷源时，可采用人工冷源。

2）制冷机组的选型应根据空调工程的规模、用途，所在地区的能源供应状况（含政策、价格等）、环保要求等因素进行技术经济比较后确定。

3）若所在地区、企业、建筑群内有余热可利用时，应优先考虑采用热水型或蒸气型溴化锂吸收式制冷机供冷，但不得以任何形式的蒸汽或热水锅炉产生的蒸汽或热水进行吸收式制冷。

4）在有充裕的燃气供应的地区或企业或建筑群，根据其建设的规模，冷（热）负荷及其变化情况，经一次能源利用效率和经济性比较，合适的公共建筑、商业建筑和企业可采用燃气冷热电联供分布式能源供冷、供暖和供应部分电力。

5）干旱缺水地区的中、小型建筑，可考虑采用风冷式机组。

6）全年各季节都有冷（热）负荷的建筑物（如工业洁净室等），根据全年各季节空调系统所需的冷负荷、热负荷及其变化情况，经技术经济比较采用合适的热回收的空调供冷、供暖系统。

7）在城市电网实施分时电价制，且峰谷时段电价差较大的城市、地区，经技术经济比较后，宜采用蓄冷式空调供冷系统（详见第 6 章）。

5.2 冷水机组的选择

冷源设备的选择计算主要是根据工艺的要求和系统总耗冷量来确定的，是在耗冷量计算的基础上进行的。冷源设备选择得恰当与否，将会影响整个冷源装置的运行特性、经济性能指标以及运行管理工作。冷源设备的选择计算一般按下列步骤进行。

1. 确定制冷系统的总制冷量

制冷系统的总制冷量应包括用户实际所需要的制冷量，以及制冷系统本身供冷系统的冷损失，可按下式计算，即

$$Q_0 = (1 + A)Q = \sum K_i Q_i \tag{5-1}$$

式中 Q_0——制冷系统的总制冷量；

Q——用户实际所需要的制冷量；

A——冷损失附加系数；

Q_i——各个冷用户所需最大制冷量；

K_i——各个冷用户同时使用系数，$K_i \leqslant 1$。

一般对于间接供冷系统，当空调工况制冷量小于 174kW 时，$A = 0.15 \sim 0.20$；当空调工况制冷量为 174 ~ 1744kW 时，$A = 0.10 \sim 0.15$；当空调工况制冷量大于 1744kW 时，$A = 0.05 \sim 0.07$；对于直接供冷系统，$A = 0.05 \sim 0.07$。

2. 确定制冷剂种类和系统形式

制冷剂种类、制冷系统形式以及供冷方式，一般根据系统总制冷量、冷媒水量、水温以及使用条件来确定。

一般说来，对于空调工况制冷量大于 350kW 以上的间接供冷系统，或对卫生和安全没有特殊要求时，均宜用氨作为制冷剂。当空调工况制冷量小于 350kW，而且对卫生和安全要求较高的系统或直接供冷系统，均应采用对大气环境无公害或低公害的氟利昂类制冷剂及其替代物。当然，在热源条件合适或有废热可供利用的情况下，也可考虑采用吸收式或蒸气喷射式制冷

系统。

所谓制冷系统形式，是指使用多台制冷压缩机时，采用并联系统还是单机组系统。制冷系统形式除与使用条件和使用要求有关外，还与整个系统的能量调节与自动控制方案有关，应同时考虑，一并确定。一般说来，对于制冷量较大、连续供冷时间较长、自动化程度要求较高的系统，均应采用多机组并联系统。

供冷方式是指直接供冷还是间接供冷，一般根据工程的实际需要来确定。例如，大中型集中式空调系统，均宜采用间接供冷方式；而冷库的冷排管，则多采用直接供冷方式。

此外，应根据总制冷量的大小和当地的气候条件及水源情况，初步确定冷凝器的冷却方式以及冷凝器的型式，并根据供冷方式和使用冷媒的种类，初步确定蒸发器的型式。

3. 确定系统的设计工况

制冷系统的设计工况包括蒸发温度、冷凝温度，以及压缩机吸气温度和过冷温度。

(1) 冷凝温度 t_c 冷凝温度即制冷剂在冷凝器中凝结时的温度，其值与冷却介质的性质及冷凝器的型式有关。

1) 采用水冷式冷凝器时，冷凝温度可按下式计算，即

$$t_c = \frac{t_{s1} + t_{s2}}{2} + 5 \sim 7℃ \tag{5-2}$$

式中 t_c——冷凝温度；

t_{s1}——冷却水进冷凝器的温度；

t_{s2}——冷却水出冷凝器的温度。

冷却水进冷凝器的温度，应根据冷却水的使用情况来确定。对于使用冷却塔的循环水系统，冷却水进水温度可按下式计算，即

$$t_{s1} = t_s + \Delta t_s \tag{5-3}$$

式中 t_s——当地夏季室外平均每年不保证50h的湿球温度；

Δt_s——安全值，对自然通风冷却塔或冷却水喷水池，$\Delta t_s = 5 \sim 7℃$，对机械通风冷却塔，$\Delta t_s = 3 \sim 4℃$。

至于直流式冷却水系统的冷却水进水温度则由水源温度来确定。

冷却水出冷凝器的温度，与冷却水进冷凝器的温度以及冷凝器的型式有关，一般不超过35℃。可按下式确定：

立式壳管式冷凝器 $t_{s2} = t_{s1} + 2 \sim 4℃$

卧式或组合式冷凝器 $t_{s2} = t_{s1} + 4 \sim 8℃$

淋激式冷凝器 $t_{s2} = t_{s1} + 2 \sim 3℃$

一般来说，当冷却水进水温度较低时，冷却水温差取上限值；当进水温度较高时，取下限值。

2) 采用风冷式冷凝器或蒸发式冷凝器，冷凝温度可用下式计算，即

$$t_c = t_s + 5 \sim 10℃ \tag{5-4}$$

(2) 蒸发温度 t_e 蒸发温度即制冷剂在蒸发器中沸腾时的温度，其值与所采用的冷媒种类及蒸发器的型式有关。

1) 以淡水或盐水为冷媒，采用螺旋管或直立管水箱式蒸发器时，蒸发温度一般比冷媒出口温度低 $4 \sim 6℃$，即

$$t_e = t_{l2} - 4 \sim 6℃ \tag{5-5}$$

式中 t_e——制冷剂的蒸发温度；

t_{12}——冷媒出蒸发器的温度，根据用户实际要求确定。

当采用卧式壳管式蒸发器时，蒸发温度一般比冷媒出口温度低 2~4℃，即

$$t_e = t_{12} - 2 \sim 4℃$$

2）以空气为冷媒，采用直接蒸发式空气冷却器时，蒸发温度一般比送风温度低 8~12℃，即

$$t_e = t_2' - 8 \sim 12℃$$

式中　t_2'——空气冷却器出口空气的干球温度，即送风温度。

3）冷库用冷排管，其蒸发温度一般比库温低 5~10℃，即

$$t_e = t - 5 \sim 10℃$$

式中　t——冷库温度，库温越低，温差越小。

4. 制冷机组的选择

机组的选择计算，主要是根据制冷系统总制冷量及系统的设计工况，确定机组的台数、型号和每台机组的制冷量以及配用电动机的功率。

（1）制冷机组的选择原则

1）机组型式的选择。常用的制冷机组有活塞式、离心式和螺杆式三种型式。对于一般小型冷库，多采用活塞式和螺杆式；对空调冷源的大、中型冷冻站，一般采用离心式和螺杆式；中、小型冷冻站则普遍采用活塞式制冷压缩机。

2）制冷机组台数的选择。台数应根据下式来确定，即

$$m = \frac{Q_0}{Q_{0g}} \tag{5-6}$$

式中　m——机组台数；

Q_{0g}——每台机组在设计工况下的制冷量。

台数一般不宜过多，除全年连续使用的以外，通常不考虑备用。对于制冷量大于 1744kW 的大、中型制冷装置，机组不应少于两台，而且应选择相同系列的压缩机组。这样，压缩机的备件可以通用，也便于维护管理。

3）压缩机级数的选择。压缩机级数应根据设计工况的冷凝压力与蒸发压力之比来确定。一般若以氨为制冷剂，当压缩比小于或等于 8 时，应采用单级压缩机；当压缩比大于 8 时，则应采用两级压缩机。若以 R22 或 R134a 为制冷剂，当压缩比小于或等于 10 时，应采用单级压缩机；当压缩比大于 10 时，则应采用两级压缩机。

（2）机组制冷量的计算　每台活塞式制冷压缩机在设计工况下的制冷量的计算方法有三种：

1）根据压缩机的理论输气量计算机组的制冷量。机组的制冷量可由压缩机的理论输气量 V_g，乘以输气系数 λ 以及单位容积制冷量 q_v 求得，即

$$Q_{0g} = \lambda V_g q_v \tag{5-7}$$

2）由制冷量换算公式计算机组的制冷量。同一台压缩机在不同的工况下，制冷量是不同的，压缩机铭牌上的制冷量，一般是指名义工况或标准工况下的制冷量。工况改变后的制冷量可进行换算。制冷量的换算公式，是根据同一台制冷压缩机在不同工况下理论输气量不变的原则推导的，即

$$V_{g(A)} = V_{g(B)} \tag{5-8}$$

式（5-8）中的（A）、（B）分别表示两种工况。

设（A）为标准工况（或名义工况），则压缩机在该工况下的制冷量为

$$Q_{0(A)} = V_{g(A)} \lambda_{(A)} q_{v(A)} \tag{5-9}$$

设（B）为实际工况（设计工况），则压缩机在（B）工况下的制冷量为

$$Q_{0(B)} = V_{g(B)}\lambda_{(B)}q_{v(B)} \tag{5-10}$$

由于 $V_{g(A)} = V_{g(B)}$，则

$$\frac{Q_{0(A)}}{\lambda_{(A)}q_{v(A)}} = \frac{Q_{0(B)}}{\lambda_{(B)}q_{v(B)}} \tag{5-11}$$

如果已知工况（A）的制冷量，则工况（B）的制冷量为

$$Q_{0(B)} = Q_{0(A)}\frac{\lambda_{(B)}q_{v(B)}}{\lambda_{(A)}q_{v(A)}} = Q_{0(A)}K \tag{5-12}$$

式中 K——压缩机制冷量换算系数，即

$$K = \frac{\lambda_{(B)}q_{v(B)}}{\lambda_{(A)}q_{v(A)}} \tag{5-13}$$

有些资料给出不同压缩机型式和工作温度的制冷量换算系数，可供计算时参考。

已知标准工况下压缩机的制冷量 $Q_{0(A)}$ 和设计工况下的制冷量换算系数 K，利用式（5-13）便可求出设计工况下的制冷量 Q_{0g}（相反，已知设计工况下的制冷量，利用公式也能求出标准工况的制冷量）。

3）根据机组的特性曲线图表确定机组在设计工况下的制冷量。每一种型号的制冷压缩机组都有其一定的特性曲线图表，因此，可以根据设计工况，在特性曲线图表上查得该工况的制冷量。利用压缩机的特性曲线图表，不但能求出不同工况下的制冷量，而且能确定不同工况下的轴功率。

（3）压缩机轴功率的计算　制冷压缩机的轴功率可按式（5-14）计算，也可以从特性曲线图表中查得。

$$P_z = \frac{V_g\lambda(h_2 - h_1)}{v_1\eta_i\eta_m} \tag{5-14}$$

5.3 冷冻水系统及循环水泵的选择

在空气调节中，常常将水作为输送冷量的介质和冷水机组的冷却剂，因此水系统是中央空调系统的一个重要组成部分，其设计和安装的好坏直接影响到空调系统的效果、能耗和使用寿命。

空调水系统包括冷冻水系统、冷却水系统和冷凝水排放系统。

空调冷水系统中的冷冻水在冷水机组的蒸发器内将热量传给制冷剂，温度降低，然后被送入空调设备的表冷器或冷却盘管内，与被处理的空气进行热交换，吸收热量，温度升高，然后再回到冷水机组内进行循环再冷却。

5.3.1 冷冻水系统的形式

空调水系统根据配管形式、水泵配置、调节方式等的不同，可以设计成不同的系统类型。空调冷冻水系统，按照系统水压特征，可分为开式循环和闭式循环；按照管道的设置方式，可分为两管制、三管制、四管制及分区两管制水系统；按照空调末端设备的水流程，可分为同程式系统和异程式系统；按照末端用户侧水流量的特征，可分为定流量系统和变流量系统；按系统中循环泵的配置方式，可分为单级泵系统和双级泵系统。

1. 开式系统和闭式系统

如图 5-1 所示，开式系统的管路系统与大气相通，而闭式系统的管路系统与大气不相通或仅在膨胀水箱处局部与大气有接触。凡采用淋水室处理空气或回水直接进入水箱，再经冷却处理

后经泵送到系统中的水系统均属于开式系统。开式系统中的水质易脏，管路和设备易腐蚀，且为了克服系统静压水头，水泵的能耗大，因此空调冷冻水系统很少采用开式系统。开式系统适用于利用蓄冷水池节能的空调水系统中。

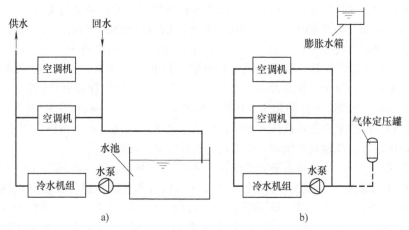

图 5-1　开式系统和闭式系统
a）开式系统　b）闭式系统

与开式系统相比，闭式系统水泵能耗小，系统中的管路和设备不易产生污垢和腐蚀。闭式系统最高点通常设置膨胀水箱，以便定压和补充或容纳水温度变化膨胀的水量。

空调水系统宜采用闭式循环。当必须采用开式系统时，应设置蓄水箱；蓄水箱的蓄水量，宜按系统循环水量的 5% ~ 10% 确定。

2. 两管制、三管制、四管制及分区两管制水系统

如图 5-2 所示，两管制系统只有一供一回两根水管，供冷和供热采用同一管网系统，随季节的变化而进行转换。两管制系统简单，施工方便，但是不能用于同时需要供冷和供热的场所。《民用建筑供暖通风与空气调节设计规范》（GB 50736—2012）指出："当建筑物所有区域只要求按季节同时进行供冷和供热转换时，应采用两管制的空调水系统。"目前，两管制系统能满足绝大部分公共建筑的空调要求，是广泛采用的空调水系统方式。

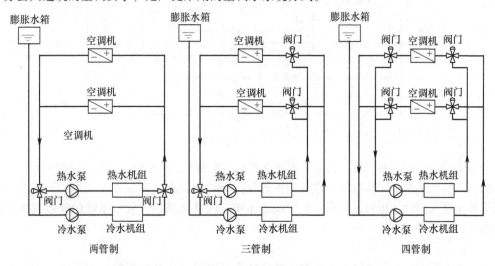

图 5-2　两管制、三管制、四管制系统

　　三管制系统分别设置供冷管路、供热管路、换热设备管路三根水管，其冷水与热水的回水管共用。三管制系统能够同时满足供冷和供热的要求，管路系统较四管制简单，但是比两管制复杂，投资也比较高，且存在冷、热回水的混合损失。

　　四管制系统的冷水和热水完全单独设置供水管和回水管，可以满足高质量空调环境的要求。四管制系统的各末端设备可随时自由选择供热或供冷的运行模式，相互没有干扰，所服务的空调区域均能独立控制温度等参数；由于冷水和热水在管路和末端设备中完全分离，不像三管制系统那样存在冷热抵消的问题，有助于系统的稳定运行和节省能源。但由于四管制系统管路较多，系统设计变得较为复杂，管道占用空间较大，投资较大，运行管理相对复杂，这些缺点使该系统的使用受到一些限制。《公共建筑节能设计标准》（GB 50189—2015）规定：全年运行过程中，供冷和供热工况频繁交替转换或需同时使用的空气调节系统，宜采用四管制水系统。因此，它较适合于内区较大，或建筑空调使用标准较高且投资允许的建筑。

　　如图5-3所示，分区两管制系统分别设置冷热源并同时进行供冷与供热运行，但输送管路为两管制，冷热分别输送。该系统同时对不同区域（如内区和外区）进行供冷和供热；管路系统简单，初投资和运行费用省；但需要同时分区配置冷源与热源。《公共建筑节能设计标准》（GB 50189—2015）规定：当建筑物内有些空气调节区需全年供冷水，有些空气调节区则冷热水定期交替供应时，宜采用分区两管制水系统。分区两管制系统设计的关键在于合理分区：如分区得当，可较好地满足不同区域的空气要求，其调节性能可接近四管制系统。关于分区数量，分区越多，可实现独立控制的区域数量就越多，但管路系统也就越复杂，不仅投资相应增多，管理起来也复杂了，因此设计时要认真分析负荷变化特点，一般情况下分两个区就可以满足需要了。如果在一个建筑里，因内外区和朝向引起的负荷差异都比较明显，也可以考虑分三个区。

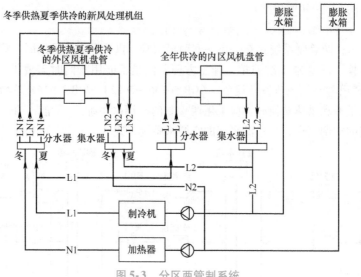

图5-3　分区两管制系统

　　全年运行的空气调节系统，仅要求按季节进行供冷和供热转换时，应采用两管制水系统；当建筑物内一些区域需全年供冷时，宜采用冷热源同时使用的分区两管制水系统。当供冷和供热工况交替频繁或同时使用时，可采用四管制水系统。两管制风机盘管水系统的管路宜按建筑物的朝向及内外区分区布置。

3. 同程式与异程式系统

　　如图5-4所示，水流通过各末端设备时的路程都相同（或基本相等）的系统称为同程式系统。同程式系统各末端环路的水流阻力较为接近，有利于水力平衡，因此系统的水力稳定性好，流量分配均匀。但这种系统管路布置较为复杂，管路长，初投资相对较大。一般来说，当末端设备支管环路的阻力较小，而负荷侧干管环路较长，且阻力所占的比例较大时，应采用同程式。

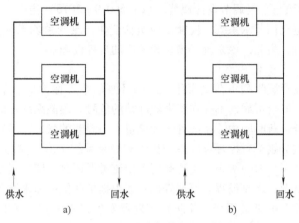

图 5-4　同程式与异程式系统
a) 同程式　b) 异程式

异程式系统中，水流经每个末端设备的路程是不相同的。采用这种系统的主要优点是管路配置简单，管路长度短，初投资低。由于各环路的管路总长度不相等，故各环路的阻力不平衡，从而可能导致流量分配不均匀。在支管上安装流量调节装置，增大并联支管的阻力，可使流量分配不均匀的程度得以改善。

4. 定流量与变流量系统

如图 5-5 所示，定流量系统中循环水量为定值，或夏季和冬季分别采用不同的定水量，通过改变供、回水温度来适应空调负荷的变化。定水量系统简单，操作方便，不需要复杂的自控设备和变水量定压控制。用户采用三通阀，改变通过表冷器的水量，各用户之间互不干扰，运行较稳定。系统水量均按最大负荷确定，配管设计时不能考虑同时使用系数；输送能耗始终处于最大值，不利于节能。

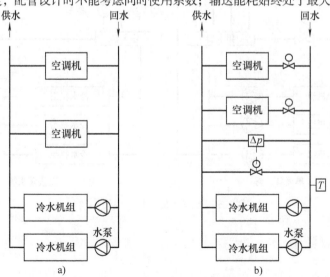

图 5-5　定流量与变流量系统
a) 定流量系统　b) 变流量系统

所谓变流量系统是指系统中供、回水温度保持不变，当空调负荷变化时，通过改变供水量来适应。变水量系统的水泵能耗随负荷减少而降低，在配管设计时可考虑同时使用系数，管径可相应减小，降低水泵和管道系统的初投资；但是需要采用供、回水压差进行流量控制，自控系统较复杂。

《工业建筑供暖通风与空气调节设计规范》（GB 50019—2015）指出："设置 2 台或 2 台以上冷水机组和循环泵的空气调节水系统，应能适应负荷变化，改变系统流量。"也就是说，负荷侧环路应按照变流量运行，为此，该系统必须设置相应的自控设施。

5. 单级泵系统与双级泵系统

如图 5-6 所示，在冷源侧和负荷侧合用一组循环泵的系统称为单级泵系统。单级泵系统简单，初始投资低；运行安全可靠，不存在蒸发器冻结的危险。但该系统不能适应各区压力损失悬殊的情况；在绝大部分运行时间内，系统处于大流量、小温差的状态，不利于节约水泵的能耗。

在冷源侧和负荷侧分别配置循环泵的系统称为双级泵系统。冷源侧与负荷侧分成两个环路，冷源侧配置定流量循环泵，即一级泵，负荷侧配置变流量循环泵，即二级泵。双级泵系统能适应各区压力损失悬殊的情况，水泵扬程有可能降低；能根据负荷侧的需求调节流量，节省一部分水泵能耗；由于流过蒸发器的流量不变，能防止蒸发器发生结冻事故，确保冷水机组出水温度恒定。但该系统自控复杂，初始投资高。

中、小型工程宜采用单级泵系统；系统较大，阻力较高，且各环路负荷特性或阻力相差悬殊时，宜在空气调节水的冷热源侧和负荷侧分别设一级泵和二级泵。

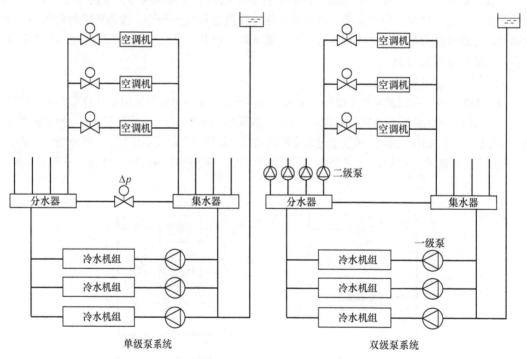

图 5-6　单级泵系统与双级泵系统

5.3.2　冷冻水系统设计

1. 水系统的承压、竖向分区及设备布置

（1）水系统的承压　水系统的最高压力点一般位于水泵出口处的"A"点，如图 5-7 所示。

通常，系统运行有三种状态：

1）系统停止运行时。系统的最高压力 p_A（Pa）等于系统的静水压力，即

$$p_A = \rho g h \qquad (5\text{-}15)$$

2）系统开始运行的瞬间。水泵刚起动的瞬间，由于动压尚未形成，出口压力 p_A（Pa）等于该点静水压力与水泵全压 p（Pa）之和，即

$$p_A = \rho g h + p \qquad (5\text{-}16)$$

3）系统正常运行时。出口压力等于该点静水压力与水泵静压之和，即

$$p_A = \rho g h + p - p_d \qquad (5\text{-}17)$$

$$p_d = \frac{\rho v^2}{2}$$

式中 ρ——水的密度（kg/m³）；

g——重力加速度（m/s²）；

h——水箱液面至叶轮中心的垂直距离（m）；

p_d——水泵出口处的动压（Pa）；

v——水泵出口处的流速（m/s）。

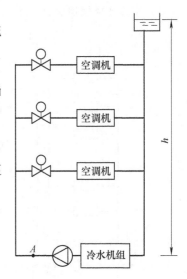

图 5-7 水系统的静水压力图

空调水系统由冷热源机组、末端装置、管道及其附件组成。这些设备与部件有各自的承压值。如普通型冷水机组的额定工作压力为 1.0MPa；加强型冷水机组的额定工作压力为 1.7MPa；气冷却器、风机盘管机组的额定工作压力为 1.6MPa；普通焊接钢管的额定工作压力为 1.0MPa，无缝钢管的额定工作压力大于 1.6MPa。因此，在高层建筑中，当水系统超过一定高度时，就必须进行竖向分区，以保证系统的安全。

（2）竖向分区 水系统的竖向分区应根据设备、管道及附件等的承压能力确定。分区的目的是避免因压力过大造成系统泄漏，如果制冷空调设备、管道及附件等的承压能力处在允许范围内，就不应分区，以免造成浪费。

系统静水压力 $p_s \leqslant 1.0$MPa 时，冷水机组可集中设于地下室，水系统竖向可不分区。

系统静水压力 $p_s \geqslant 1.0$MPa 时，竖向应分区。一般宜采用中间设备层布置换热器的供水模式；冷水换热温差宜取 1 ~ 1.5℃；热水换热温差宜取 2 ~ 3℃。

（3）设备布置 在多层建筑中，习惯上将冷热源设备都布置在地下室的设备用房内，若没有地下层，则布置在一层或室外专用的机房（动力中心）内。

在高层建筑中，为了减少设备及附件的承压，冷热源设备通常有以下几种布置方式：

1）布置在裙楼顶层，冷却塔则设于裙楼的屋顶上，如图 5-8 所示。

2）布置在塔楼中间的技术设备层（或防火层）内，如图 5-9 所示。当竖向各分区采用同一冷热源设备时，在中间技术设备层布置水-水换热器，使静水压力分段承受。

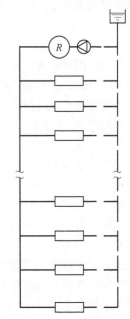

图 5-8 冷热源设备布置在裙楼顶层

3）布置在塔楼顶层，如图 5-10 所示。

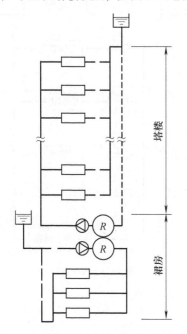

图 5-9 冷热源设备布置在中间设备层

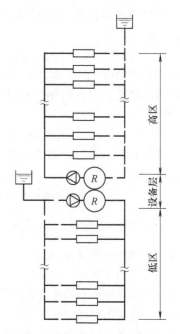

图 5-10 冷热源设备布置在塔楼顶层

2. 水系统的水温

一般舒适性空调水系统的冷热水温度可按下列推荐值采用：

冷冻水供水温度：5~9℃，一般取 7℃。

冷冻水供回水温差：5~10℃，一般取 5℃。

热水供水温度：40~65℃，一般取 60℃。

热水供回水温差：4.2~15℃，一般取 10℃。

3. 水系统的水力计算

（1）空调水系统阻力的组成　图 5-11 所示为最常用的闭式空调冷冻水系统，其主要阻力组成如图所示。图中 1 为冷水机组阻力，由机组制造厂提供，一般为 60~100kPa。3 为空调末端设备阻力，末端设备的类型有风机盘管机组、组合式空调器等，其阻力的额定工况值可查阅产品样本。4 为各种调节阀阻力，可以由设计者根据工程的实际要求来确定。2 为管路阻力，包括管路沿程阻力和局部阻力，空调水系统水力计算的主要工作就是计算该部分的阻力。

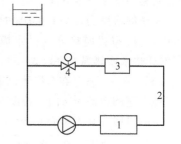

图 5-11　闭式空调冷冻水系统
1—冷水机组阻力　2—管路阻力
3—空调末端设备阻力　4—调节阀阻力

实际的空调水系统是存在多个并联环路的，水力计算时各并联环路压力损失差额不应大于 15%。

（2）流速与管径的选择　在空调水系统设计中，管道和附件的阻力主要取决于管道中的水流速（除自动控制的电动阀外，其他附件通常与管道同口径连接）。合理控制、设计水流速主要是为了符合两个原则：①控制系统的水流阻力——控制水泵的扬程和安装容量；②投资的合理性——管径过大，会导致占用空间较多，管道用材及相应的保温材料投资增加。

一般来说，空调冷水管道的比摩阻宜控制在 100~300Pa/m，同时，还必须考虑到管道内允许的最大流速超过 3m/s 时，会明显加快对管道和附件的冲刷腐蚀的情况。当管道的绝对粗糙度采用 $K=0.0005\text{m}$ 时，管道水流速可按表 5-1 选用。

表 5-1 冷水管道流速表

管径 DN	25	32	40	50	70	80	100
流速/(m/s)	<0.5	0.5~0.6	0.5~0.7	0.5~0.9	0.6~1.0	0.7~1.2	0.8~1.4
管径 DN	125	150	200	250	300	350	>400
流速/(m/s)	0.9~1.6	1.0~1.8	1.2~2.1	1.4~2.3	1.6~2.4	1.8~2.6	1.9~2.8

（3）水力计算的基本公式

1）沿程阻力损失计算的基本公式。

$$\Delta p_\text{m} = \frac{\lambda}{d} l \frac{v^2 \rho}{2} = l R_\text{m} \tag{5-18}$$

式中　Δp_m——沿程阻力损失（Pa）；

　　　R_m——比摩阻，单位长度沿程阻力损失（Pa/m）；

　　　λ——摩擦系数；

　　　d——管道内径（m）；

　　　l——管道长度（m）；

　　　v——流体在管道内的流速（m/s）；

　　　ρ——流体的密度（kg/m³）。

摩擦系数 λ 是管流雷诺数 Re 和管道相对粗糙度的函数，在不同的流态下有不同的具体数学关系。因此在同一基本原理下，具体的沿程阻力的计算公式会有不同，分别适用于不同的管材、流体、流态等实际情况。工程上常根据计算式编制出相应的计算图表，在使用时必须特别注意使用条件和修正方法。

2）局部阻力损失计算的基本公式。

$$\Delta p_\text{j} = \zeta \frac{v^2 \rho}{2} \tag{5-19}$$

式中　Δp_j——局部阻力损失（Pa）；

　　　ζ——局部阻力系数。

局部阻力系数 ζ 由试验方法确定，在设计手册或参考资料中给出了各种阀门和管道配件的局部阻力系数，可根据需要查取。

5.3.3 循环水泵的选择

1. 循环水泵的选用原则

空调水系统循环水泵应按下列原则选用：

1）两管制空气调节水系统，宜分别设置冷水和热水循环泵。当冷水循环泵兼作冬季的热水循环泵使用时，冬、夏季水泵运行的台数及单台水泵的流量、扬程应与系统工况相吻合。

2）单级泵系统的冷冻水泵以及双级泵系统中冷源侧水泵的台数和流量，应与冷水机组的台数及蒸发器的额定流量相对应。

3）双级泵系统的负荷侧水泵台数应按系统的分区和每个分区的流量调节方式确定，每个分区不宜少于 1 台。

4）空气调节热水泵台数应根据供热系统规模和运行调节方式确定，不宜少于2台；严寒及寒冷地区，当热水泵不超过3台时，其中一台宜设置为备用泵。

5）冷水机组和水泵可通过管道一对一连接，也可以通过共用集管连接。当通过共用集管连接时，每台冷水机组入口或出口管道上宜设电动阀，电动阀宜与对应运行的冷水机组和冷水泵联锁。

2. 循环水泵流量、扬程的确定

选择循环水泵时，宜对计算流量和计算扬程附加5%~10%的裕量。空调冷水泵的选型，宜选用低比转数的单级离心泵，一般选用单吸泵，流量大于500m³/h宜选用双吸泵。在高层建筑的空调系统设计中，应明确提出对水泵的承压要求。

（1）循环水泵的流量　冷水机组侧循环水泵的流量，应为所对应的冷水机组的冷水流量。负荷侧二级泵的流量，应为按该区冷负荷综合最大值计算出的流量。

（2）水泵的扬程　循环水泵的扬程，可按下列方法计算确定：

1）单级泵系统。如图5-12所示，单级泵系统（闭式）水泵扬程可按下式计算，即

$$H_p = H_y + H_j + H_e + H_f \tag{5-20}$$

式中　H_y、H_j——管路系统总的沿程水头损失和局部水头损失（m）；

H_e——冷水机组蒸发器的水头损失（m）；

H_f——末端设备（风机盘管、柜式空调机或新风机等用冷设备）的水头损失（m）。

开式系统：除应取上述闭式系统中的各项阻力之和外，还应加上系统的静水压力（大小等于从蓄水池或蓄冷水池最低水位至末端换热器之间的高差）。

2）双级泵系统。如图5-13所示，冷水机组侧一级泵的扬程应取机组侧管路、部件、自控调节阀、过滤器、冷水机组的蒸发器等的水头损失之和，即环路：2→冷水机组→一级泵→1。负荷侧二级泵的扬程应取负荷侧管路、部件、自控调节阀、过滤器、末端设备换热器等的水头损失之和，环路：1→二级泵→末端装置→2，即

$$H_{p1} = H_{y1} + H_{j1} + H_e \tag{5-21}$$
$$H_{p2} = H_{y2} + H_{j2} + H_f \tag{5-22}$$

式中符号含义与式（5-20）相同，下标1表示冷水机组侧，2表示负荷侧。

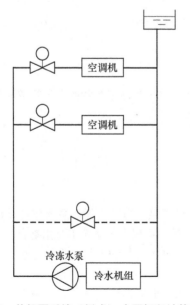
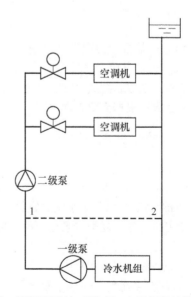

图5-12　单级泵系统（闭式）水泵扬程计算示意图　　图5-13　双级泵系统（闭式）水泵扬程计算示意图

开式系统：一级泵的扬程除应取冷水机组侧管路、部件、自控调节阀、过滤器、冷水机组的蒸发器等的水头损失之和外，还应加上系统的静水压头（从蓄水池或蓄冷水池最低水位至蒸发器之间的高差）；二级泵的扬程除应取负荷侧管路、部件、自控调节阀、过滤器、末端设备换热器等的水头损失之和外，还应包括从蓄水池或蓄冷水池最低水位至末端换热器之间的高差，如设喷水室，末端设备换热器的阻力应以喷嘴前需要保证的压力替代。

5.3.4 其他辅助设备的选择

1. 膨胀水箱

空调冷热水循环系统的补水、定压与膨胀，一般可通过膨胀水箱来完成，膨胀水箱是空调水系统中的主要部件之一。国内应用比较广泛的是开式膨胀水箱与隔膜式膨胀水箱。开式膨胀水箱定压，不仅设备简单、控制方便，而且水力稳定性好，初始投资低，因而在空调水系统中应用比较普遍。

开式膨胀水箱必须配置供连接各种功能管的接口，如图 5-14 所示。各配管的功能如下所述：

膨胀管：将系统中因膨胀而增加的水量导入水箱，在水冷却时，将水箱中的水导入系统。

溢流管：用于排出水箱内超过规定水位的多余的水。

信号管：用于监测水箱内的水位。

补水管：用于补充系统水量，自动保持膨胀水箱的恒定水位。

循环管：在水箱和膨胀管可能发生冻结时，用来使水缓慢流动，防止水冻结。

排污管：用于排污。

通气管：使水箱和大气保持相通，防止产生真空。

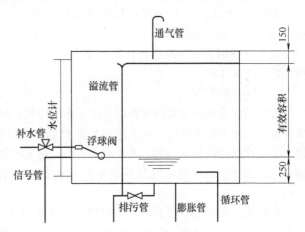

图 5-14 开式膨胀水箱

膨胀水箱的安装高度应至少高出系统最高点 0.5m（通常取 1.0~1.5m），使系统运行时各点压力均高于静止时的压力。在机械循环空调水系统中，为了确保膨胀水箱和水系统的正常工作，膨胀水箱的膨胀管应连接在循环水泵的吸入口前（该接点即为水系统的定压点）。膨胀管和溢流管上，严禁安装阀门，以防止系统超压或水从水箱溢出。

在设计时，应根据膨胀水箱的有效容积，选择开式膨胀水箱的规格、型号及配管的直径。开式膨胀水箱的有效容积 V 可按下式计算，即

$$V = V_t + V_p \tag{5-23}$$

式中 V_t——水箱的调节容量（m^3），一般不应小于平时运行时的 3min 补水泵流量，且保持水箱调节水位高差不小于 200mm；

V_p——系统最大膨胀水量（m^3）。

膨胀水量 V_p 可按下式估算，即

$$V_p = \alpha \Delta t V_s = 0.0006 \Delta t V_s \tag{5-24}$$

式中 α——水的体胀系数，$\alpha = 0.0006/℃$；

Δt——最大的水温变化值（℃）；

V_s——系统水容量（系统中管道和设备内存水量总和，m^3），可根据空调系统型式，按建筑面积确定。

当缺乏安装开式膨胀水箱的条件时，可考虑采用补水泵和气压罐定压。

2. 分水器、集水器

在中央空调系统中，为了各空调系统分区流量分配和调节灵活方便，常在水系统的供、回水干管上分别设置分水器（供水）和集水器（回水），再分别连接各空调分区的供水管和回水管。分/集水器也称为集管、母管，在蒸气系统中则称为分气缸。

分/集水器的构造如图5-15所示，是一种利用一定长度、直径较粗的短管，焊上多根并联接管接口形成的并联接管设备。设置分/集水器的目的：一是便于连接通向各个并联环路的管道；二是均衡压力，使汇集在一起的各个环路具有相同的起始压力或终端压力，确保流量分配均匀。分/集水器本体上应安装温度计和压力表；分/集水器的进、出水干管应安装阀门；集水器分路阀门前的管道上应安装温度计；分水器和集水器的底部应设有排污管接口，一般选用DN40。

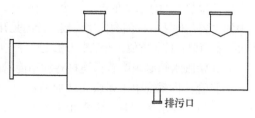

图 5-15　分/集水器

分/集水器的直径 D 通常可按并联接管的总流量通过集管断面时的流速 $v_m = 0.5 \sim 1.5 \text{m/s}$ 来确定；流量特别大时，流速允许适当增大，但最大不应大于 4.0m/s。

3. 水处理设备

对于目前常用的开式冷水系统，由于水与空气接触、水蒸发等原因，导致水中溶解氧含量达到饱和、钙离子析出结垢、灰尘增加甚至微生物的滋生等，将分别产生对金属管道的电化学腐蚀、影响换热器传热等问题。闭式水系统中，由于水温的变化，以及系统的补水，也容易产生溶解氧较高和结垢的情况。因此不论是开式水系统还是闭式水系统，都应该考虑适当的水处理措施。

空调水处理方法有两大类，即物理水处理法与化学水处理法。物理水处理器主要有内磁水处理器、电子水处理器、静电水处理器、射频水处理器等，物理水处理方法对水系统结垢、除垢有一定的作用。化学水处理法是利用在水系统中添加化学药物，进行管道初次化学清洗、镀膜，达到缓蚀、阻垢、灭菌杀藻的目的。水处理的投放药物应根据当地水质情况，由从事水处理的专业公司确定，并应定期进行水质分析，随时调整药物成分与剂量。

5.4　冷却水系统及设备的选择

合理选择冷却水源和冷却水系统对制冷系统的运行费用和初始投资有重要意义。为了保证制冷系统的冷凝温度不超过制冷压缩机的允许工作条件，冷却水进水温度一般应不高于32℃。

5.4.1　冷却水系统的布置形式

冷却水系统的布置形式可分为重力回水式和压力回水式，如图5-16所示。

重力回水式系统的水泵设置在冷水机组冷却水的出口管路上，经冷却塔冷却后的冷却水借重力流经冷水机组，然后经水泵加压后送至冷却塔进行再冷却。冷凝器只承受静水压力。

压力回水式系统的水泵设置在冷水机组冷却水的入口管路上，经冷却塔冷却后的冷却水借水泵的压力流经冷水机组，然后再进入冷却塔进行再冷却。冷凝器的承压为系统静水压力和水泵全压之和。

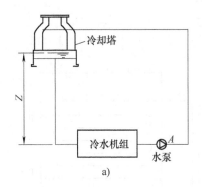 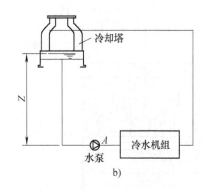

图 5-16　冷却水系统的布置形式

a）重力回水式　b）压力回水式

5.4.2　冷却塔的选择及布置

1. 冷却塔的种类及结构

冷却塔的类型很多，根据循环水在塔内是否与空气直接接触，可分为湿式、干式和干湿式。湿式冷却塔让水与空气直接接触，水与空气进行热质交换，从而把冷却水的温度降低。干式冷却塔则把冷却水通入安装于冷却塔中的散热器内，冷却水被盘管外的空气冷却。干湿式冷却塔中冷却水在密闭盘管中进行冷却，管外循环水（喷淋水）蒸发冷却对盘管间接换热。

空调制冷常用的冷却塔类型如图 5-17 ~ 图 5-20 所示。图 5-17 和图 5-18 均为湿式机械通风型冷却塔，利用风机使空气流动。图 5-17 所示为逆流式冷却塔，在这种冷却塔中空气与水逆向流动，进出风口高差较大。图 5-18 所示为横流式冷却塔，空气沿水平方向流动，冷却水流垂直于空气流动，与逆流式相比，进出风口高差小，塔稍矮，占地面积较大。图 5-19 所示为引射式冷却塔，该型冷却塔取消风机，高速喷水引射空气进行换热，设备尺寸较大。图 5-20 所示为干湿式机械通风型冷却塔，冷却水全封闭，不易被污染。

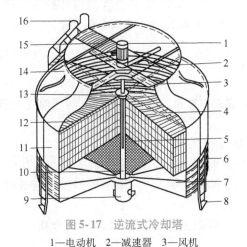

图 5-17　逆流式冷却塔

1—电动机　2—减速器　3—风机

4—淋水填料（需要五层填料）

5—消声网　6—进风窗　7—下塔体

8—塔脚　9—进出水总成　10—进水管

11—中塔体　12—布水管　13—布水器

14—上塔体　15—电动机支架　16—扶梯

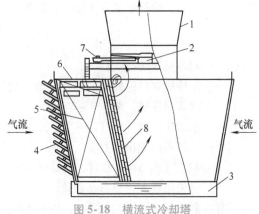

图 5-18　横流式冷却塔

1—风筒　2—风机　3—钢筋混凝土水池

4—百叶窗　5—填料21层

6—开口配水池及管嘴

7—电动机　8—除水器

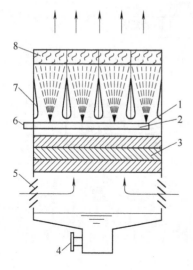

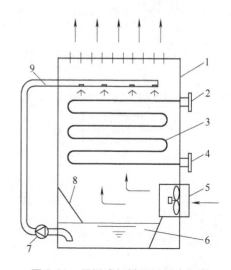

图 5-19　引射式冷却塔

1—喷水口　2—布水管　3—填料
4—出水口　5—进风口　6—进水口
7—扩散器　8—挡水板

图 5-20　干湿式机械通风型冷却塔
（闭式冷却塔）

1—外壳　2—进水口　3—冷却盘管　4—出水口　5—风机
6—水池　7—水泵　8—导流板　9—循环水管

通常，在民用建筑和小型工业建筑空调制冷中，宜采用湿式冷却塔，但在冷却水水质要求很高的场所或缺水地区，则宜采用干式冷却塔或干湿式冷却塔。

2. 冷却塔的选择

冷却塔的类型很多，通常在民用建筑和小型工业建筑空调系统中，宜采用湿式冷却塔。冷却塔选型需根据建筑物功能、周围环境条件、场地限制与平面布局等诸多因素综合考虑。对塔型与规格的选择还要考虑当地气象参数、冷却水量、冷却塔进出口水温、水质以及噪声和水雾对周围环境的影响，最后经技术经济比较确定。

选用冷却塔时，冷却水量 G（kg/s）按下式确定，并应考虑 1.1 ~ 1.2 安全系数：

$$G = \frac{kQ_0}{c(t_{w1} - t_{w2})} \tag{5-25}$$

式中　Q_0——制冷机冷负荷（kW）；

k——制冷机制冷时耗功的热量系数，对于压缩式制冷机，取 1.2 ~ 1.3，对于溴化锂吸收式制冷机，取 1.8 ~ 2.2；

c——水的比热容 [kJ/(kg·℃)]，取 4.19kJ/(kg·℃)；

t_{w1}、t_{w2}——冷却塔的进出水温度（℃）：压缩式制冷机取 4 ~ 5℃，溴化锂吸收式制冷机取 6 ~ 9℃，（当 $\Delta t \geqslant 6$℃时，最好选用中温塔），当地气候比较干燥，湿球温度较低时，可采用较大的进出水温差。

为了节水和防止对环境的影响，应严格控制冷却塔飘水率，宜选用飘水率为 0.01% ~ 0.005% 的优质冷却塔。

当运行工况不符合标准设计工况时，可根据生产厂家产品样本所提供的热力性能曲线或热力性能表进行选择。

3. 冷却塔的布置

冷却塔运行时，会产生一定的噪声、飘水，设计冷却水系统时，必须合理布置冷却塔，充分考虑并注意防止噪声与飘水对周围环境造成的影响。

冷却塔设置位置应通风良好，避免气流短路及建筑物高温高湿排气或非洁净气体的影响。当制冷站设在建筑物的地下室时，冷却塔可设在通风良好的室外绿化地带或室外地面上。当制冷站为单独建造的单层建筑时，冷却塔可设置在制冷站的屋顶上或室外地面上。当制冷站设在多层建筑或高层建筑的底层或地下室时，冷却塔可设在高层建筑裙房的屋顶上。如果没有条件这样设置，只好将冷却塔设在高层建筑主（塔）楼的屋顶上，应考虑冷水机组冷凝器的承压在允许范围内。

冷却塔台数宜按制冷机台数一对一匹配设计；多台组合塔设置，应保证单个组合体的处理水量与制冷机冷却水量匹配。冷却塔不设备用。多台冷却塔并联使用时，积水盘下应设连通管，或进出水管上均设电动两通阀。多台冷却塔组合在一起，使用同一积水盘时，各并联塔之间风室应采取隔断措施。

5.4.3　冷却水泵的选择

冷却水泵宜按制冷机台数一对一匹配设计，不设备用泵。

冷却水泵流量应按冷水机组技术资料确定，并附加 5% ~ 10% 的裕量。

参考图 5-21，冷却水泵所需扬程可按式（5-26）计算，并附加 5% 的裕量。

$$H_p = H_y + H_j + H_c + H_s + H_o \qquad (5\text{-}26)$$

式中　H_y、H_j——冷却水管路系统总的沿程水头损失和局部水头损失（m）。

H_c——冷凝器水头损失（m）。

H_s——冷却塔中水的提升高度（从冷却塔积水盘到喷嘴的高差，m）。

H_o——冷却塔喷嘴所需的喷雾压头（m），约等于 5m。

冷却水泵的选型、承压等要求同空调冷冻水泵。

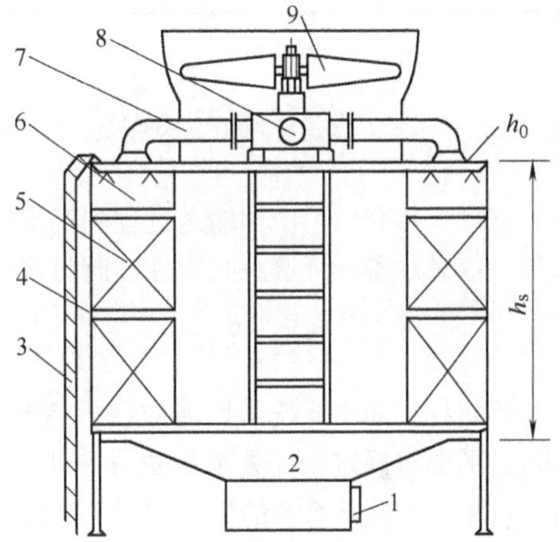

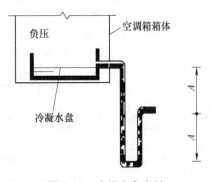

图 5-21　冷却塔结构图

1—出水管　2—水盘　3—扶梯　4—围板　5—填料
6—布水盘　7—布水管　8—进水管　9—风机

5.5　凝结水系统

5.5.1　凝结水管设置原则

空气处理设备冷凝水管道应按下列规定设置：

1) 当空气调节设备的冷凝水盘位于机组的正压段时，冷凝水盘的出水口宜设置水封；位于负压段时，应设置水封。水封高度 A 应大于冷凝水盘处正压值或负压值，设置方式如图 5-22 所示。

2) 冷凝水盘的泄水支管沿水流方向坡度不宜小于 0.01，冷凝水水平干管不宜过长，其坡度不应小于 0.003，且不允许有积水部位。

图 5-22　冷凝水盘水封

3）冷凝水水平干管始端应设置扫除口。

4）冷凝水管道宜采用排水塑料管或热镀锌钢管,管道应采取防凝露措施。

5）冷凝水排入污水系统时,应有空气隔断措施,冷凝水管不得与室内密闭雨水系统直接连接。

6）冷凝水管管径应按冷凝水的流量和管道坡度确定。

5.5.2 凝结水管管径

空调凝结水管可按末端设备制冷量选用,见表 5-2。

表 5-2 空调凝结水管估算表

冷负荷/kW	< 10	11 ~ 20	21 ~ 100	101 ~ 180	181 ~ 600
DN	20	25	32	40	50
冷负荷/kW	601 ~ 800	801 ~ 1000	1001 ~ 1500	1501 ~ 12000	> 12000
DN	70	80	100	125	150

5.6 管路系统的隔热措施

在冷、热介质生产和输送过程中产生冷热损失的部位,以及防止外壁、外表面产生冷凝水的部位,应对设备、管道及其附件、阀门等采取隔热保温措施。

5.6.1 绝热材料及性能

绝热材料的主要技术性能应按国家现行标准《设备及管道绝热设计导则》(GB/T 8175—2008)的要求确定;优先采用热导率小、湿阻因子大、吸水率低、密度小、综合经济效益高的材料;用于冰蓄冷系统的保冷材料,除满足上述要求外,还应采用闭孔型材料和对异形部位保冷简便的材料;保冷、保温材料为不燃或难燃材料。

绝热材料应根据因地制宜、就地取材的原则,选取来源广泛、价廉、保温性能好、易于施工、耐用的材料。绝热材料的种类很多,在空调工程中常用材料为玻璃棉、岩棉和泡沫塑料等。岩棉由于具有较大的吸水性,在空调工程中应用范围逐步缩小;玻璃棉具有不燃和较低的吸水率等特点,目前使用越来越广泛;泡沫塑料具有热导率低、易加工成形等优点,但由于不属于不燃材料,因而在高层建筑中要慎重使用。目前常用的绝热材料性能见表 5-3。

表 5-3 常用绝热材料的主要性能

材料名称		一般性能				主要优缺点	
		密度/ (kg/m³)	热导率/ [W/(m·K)]	适用温度/℃	吸水性	优 点	缺 点
软木板		< 180	0.058		< 8%（质量分数）	强度大，不腐蚀	能燃烧，易被虫蛀，密度大
		< 200	0.07		< 10%（质量分数）		
玻璃纤维板	$d = 18 ~ 25 \mu m$	90 ~ 105	0.04 ~ 0.046	-50 ~ +250		耐冻，密度小，无臭，不燃，不腐	吸湿性大，耐压力很差
	$4 \le d < 16 \mu m$	70 ~ 80	0.037				
	$d < 4 \mu m$	40 ~ 60	0.031 ~ 0.035				
玻璃棉管壳		120 ~ 150	0.035 ~ 0.058	≤ 250			

（续）

材料名称	一般性能				主要优缺点	
	密度/ （kg/m³）	热导率/ [W/(m·K)]	适用温 度/℃	吸水性	优　点	缺　点
矿渣棉	100~130	0.04~0.046	-200~250		耐火，成本低	吸湿性大， 松散易沉陷
泡沫塑料　自熄聚乙烯	25~50	0.029~0.035	-80~75		热导率小，吸 水性低，无臭， 无毒，耐腐蚀	能燃烧，易 自燃
泡沫塑料　自燃聚氯乙烯	<45	<0.034	-35~80	<0.2kg/m²		
泡沫塑料　聚氨酯硬质泡沫塑料	<40	0.04~0.046	-30~80		就地发泡，施 工方便	发泡时有毒 气产生
岩棉保温管壳	100~200	0.052~0.058	-268~350		适用温度范围 大，施工简单	岩棉对人体 有危害
岩棉保温板	80~200	0.047~0.058	-268~350			

注：d 为纤维直径。

5.6.2　绝热层厚度的确定

绝热工程中绝热层厚度计算的方法有经济厚度法、控制允许损失量法、表面温度法等。应根据工艺要求和技术经济分析选择绝热计算公式。

1. 保温层厚度计算

为减少散热损失，保温层厚度应按经济厚度方法计算，对于管道或圆筒面，可用式（5-27）计算。

$$D_1 \ln \frac{D_1}{D_0} = 3.795 \times 10^{-3} \sqrt{\frac{f_n \lambda \tau (t - t_a)}{P_i S}} - \frac{2\lambda}{k}$$

$$\delta = \frac{D_1 - D_0}{2} \tag{5-27}$$

式中　D_0——管道或设备外径（m）；

D_1——保温层或保冷层外径（m）；

δ——保温层或保冷层厚度（m）；

f_n——热价（元/GJ）；

λ——保温或保冷材料制品热导率，对于软质材料，应取安装密度下的热导率 [W/(m·K)]；

τ——年运行时间（h）；

t——设备和管道的外表面温度（K）；

t_a——环境温度（K）；

P_i——保温结构单位造价（元/m³）；

S——保温工程投资贷款年分摊率，按复利计息，$S = \frac{i(1+i)^n}{(1+i)^n - 1} \times 100\%$；

i——年利率（复利率）；

n——计息年数；

k——保温或保冷层外表面与大气的传热系数 [W/(m²·K)]。

1）设置在室外的设备和管道在经济保温厚度和散热损失计算中，环境温度 t_a 常年运行的取历年之年平均温度的平均值；季节性运行的取历年运行期日平均温度的平均值。

2）设置在室内的设备和管道在经济保温厚度及散热损失计算中，环境温度 t_a 均取 293K（20℃）。

3）设置在地沟中的管道，当介质温度 $t = 352K$（80℃）时，环境温度 t_a 取 293K（20℃）；当介质温度 $t = 354 \sim 383K$（81 ~ 110℃）时，环境温度 t_a 取 303K（30℃）；当介质温度 $t \geqslant 383K$（110℃）时，环境温度 t_a 取 313K（40℃）。

4）在校核有工艺要求的各保温层计算中，环境温度 t_a 应按最不利的条件取值。

2. 保冷层厚度计算

为减少冷量损失（热量吸入）并防止外表面凝露的保冷，采用经济厚度法计算保冷层厚度，以热平衡法计算其外表面温度，该温度应高于环境的露点温度，否则应加厚重新计算，直到满足要求。

为防止外表面凝露的保冷，采用表面温度法计算保冷层厚度。

工艺上允许冷损失量的保冷，采用热平衡法计算保冷层厚度，并校核其外表面温度，该温度应高于环境的露点温度，否则应加厚重新计算，直到满足要求。

对于管道或圆筒面，可用下列公式计算。

（1）按经济厚度计算

$$D_1 \ln \frac{D_1}{D_0} = 3.795 \times 10^{-3} \sqrt{\frac{f_n \lambda \tau (t_a - t)}{P_i S}} - \frac{2\lambda}{k}$$

$$\delta = \frac{D_1 - D_0}{2} \tag{5-28}$$

（2）按防止表面凝露计算

$$\frac{D_1}{D_0} \ln \frac{D_1}{D_0} = \frac{2\lambda (t_a - t)}{D_0 k (t_a - t_s)}$$

$$\delta = \frac{D_0}{2} \left(\frac{D_1}{D_0} - 1 \right) \tag{5-29}$$

式中　t——金属管道、圆筒形设备及球形容器壁的外表面温度（℃）；

　　D_1——管道、圆筒形设备及球形容器单层保冷层的外径，或第一层（内层）保冷层外径（m）。

（3）按控制允许损失量计算

$$\ln \frac{D_1}{D_0} = 2\pi\lambda \left(\frac{t - t_a}{q_L} - \frac{1}{\pi D_1 k} \right)$$

$$\delta = \frac{1}{2} (D_1 - D_0) \tag{5-30}$$

或

$$\ln \frac{D_1}{D_0} = 2\pi\lambda \left(\frac{t - t_a}{q_L} - R_1 \right)$$

$$\delta = \frac{1}{2} (D_1 - D_0) \tag{5-31}$$

式中　q_L——圆筒面保冷层单位冷损失（W/m）；

　　R_1——圆筒面保冷层对周围空气的吸热阻（m·K/W）。

环境温度 t_a（℃）的取值：常年运行者，取历年之年平均温度的平均值；季节性运行者，取累年运行期日平均温度的平均值。

年运行时间 τ（h）取值：常年运行一般按 8000h 计算；间歇或季节性运行按设计或实际规定的运行天数计。

为方便设计人员选用，《工业建筑供暖通风与空气调节设计规范》（GB 50019—2015）对目前空调工程中最常用的几种性能较好的保冷材料，按不同的介质温度、不同的系统分别给出了设备和管道最小保冷层厚度及凝结水管防凝露厚度，详见表5-4～表5-7。

表 5-4　空气调节供冷管道最小保冷层厚度（介质温度≥5℃）　（单位：mm）

保冷位置	保冷材料							
	柔性泡沫橡塑管壳、板				玻璃棉管壳			
	Ⅰ类地区		Ⅱ类地区		Ⅰ类地区		Ⅱ类地区	
	管径	厚度	管径	厚度	管径	厚度	管径	厚度
房间吊顶内	DN15～25 DN32～80 ≥DN100	13 15 19	DN15～25 DN32～80 ≥DN100	19 22 25	DN15～40 ≥DN50	20 25	DN15～40 DN50～150 ≥DN200	20 25 30
地下室机房	DN15～50 DN65～80 ≥DN100	19 22 25	DN15～40 DN50～80 ≥DN100	25 28 32	DN15～40 ≥DN50	25 30	DN15～40 DN50～150 ≥DN200	25 30 35
室外	DN15～25 DN32～80 ≥DN100	25 28 32	DN15～32 DN40～80 ≥DN100	32 36 40	DN15～40 ≥DN50	30 35	DN15～40 ≥DN50～150 ≥DN200	30 35 40

表 5-5　蓄冰系统管道最小保冷层厚度（介质温度≥-10℃）　（单位：mm）

保冷位置	管径、设备	保冷材料			
		柔性泡沫橡塑管壳、板		聚氨酯发泡	
		Ⅰ类地区	Ⅱ类地区	Ⅰ类地区	Ⅱ类地区
机房内	DN15～40 DN50～100 ≥DN125 板式换热器 蓄冰罐、槽	25 32 40 25 50	32 40 50 32 60	25 30 40 — 50	30 40 50 — 60
室外	DN15～40 DN50～100 ≥DN125 蓄冰罐、槽	32 40 50 60	40 50 60 70	30 40 50 60	40 50 60 70

表 5-6　空气调节风管最小保冷层厚度　（单位：mm）

保冷位置		保冷材料			
		玻璃棉板、毡		柔性泡沫橡塑板	
		Ⅰ类地区	Ⅱ类地区	Ⅰ类地区	Ⅱ类地区
常规空气调节 （介质温度≥14℃）	在非空气调节房间内	30	40	13	19
	在空气调节房间吊顶内	20	30	9	13
低温送风 （介质温度≥4℃）	在非空气调节房间内	40	50	19	25
	在空气调节房间吊顶内	30	40	15	21

表 5-7　空气调节凝结水管防凝露厚度　　　　　（单位：mm）

位　置	材　料			
	柔性泡沫橡塑管壳		玻璃棉管壳	
	Ⅰ类地区	Ⅱ类地区	Ⅰ类地区	Ⅱ类地区
在空气调节房间吊顶内	6	9	10	10
在非空气调节房间内	9	13	10	15

5.7　冷源综合制冷性能系数

　　只对单一空调设备的能效相关参数限值进行规定而不对整个空调冷源系统的能效水平进行规定不能客观反映空调冷源的能效水平。实际上，最终决定空调系统耗电量的是包含空调冷热源、输送系统和空调末端设备在内的整个空调系统，整体更优才能达到节能的最终目的。《公共建筑节能设计标准》引入空调系统电冷源综合制冷性能系数（SCOP）这个参数，保证空调冷源部分的节能设计整体更优。

　　电冷源综合制冷性能系数（SCOP）考虑了机组和输送设备以及冷却塔的匹配性，一定程度上能够督促设计人员重视冷源选型时各设备之间的匹配性，提高系统的节能性；但仅从 SCOP 数值的高低并不能直接判断机组的选型及系统配置是否合理。

　　冷源系统的总耗电量按主机耗电量、冷却水泵耗电量及冷却塔耗电量之和计算（不包括冷冻水泵）。SCOP 为名义制冷量（kW）与冷源系统的总耗电量（kW）之比。

$$SCOP = \sum Q / \sum P \tag{5-32}$$

式中　$\sum Q$——制冷机的额定制冷量之和（kW）；

　　　$\sum P$——冷源的净输入功率之和（kW），包括冷水机组、冷却水泵及冷却塔或风冷式冷水机组的风机的输入功率，计算时均采用设备的轴功率。

　　SCOP 的计算应注意以下事项：

　　1）制冷机的名义制冷量、机组耗电功率应采用名义工况运行条件下的技术参数；当设计与此不一致时，应进行修正。冷水机组名义工况温度条件见表 5-8。

表 5-8　冷水机组名义工况的温度条件

类型	进水温度/℃	出水温度/℃	冷却水进水温度/℃	空气干球温度/℃
水冷式	12	7	30	—

　　2）当设计设备表上缺乏机组耗电功率，只有名义制冷性能系数（COP）数值时，机组耗电功率可通过名义制冷量除以名义性能系数获得。

　　3）冷却水流量按冷却水泵的设计流量选取，并应核对其正确性。由于水泵选取时会考虑富裕系数，因此核对流量时可考虑 1～1.1 的富裕系数。冷却水泵扬程按设计设备表上的扬程选取。水泵效率按设计设备表上的水泵效率选取。

　　4）名义工况下冷却塔水量是指室外环境湿球温度为28℃，进出水塔水温为37℃、32℃工况下该冷却塔的冷却水流量。确定冷却塔名义工况下的水量后，可根据冷却塔样本查对风机配置功率。冷却塔风机配置电功率，按实际参与运行冷却塔的电动机配置功率计入。

根据现行国家标准《蒸气压缩循环冷水（热泵）机组 第 1 部分：工业或商业用及类似用途的冷水（热泵）机组》（GB/T 18430.1—2007）的规定，风冷机组的 COP 计算中消耗的总电功率包括了放热侧冷却风机的电功率，因此风冷机组名义工况下的 COP 值即为其 SCOP 值。

上述方法适用于采用冷却塔冷却、风冷或蒸发冷却的冷源系统，不适用于通过换热器换热得到的冷却水的冷源系统。利用地表水、地下水或地埋管中循环水作为冷却水时，为了避免水质或水压等各种因素对系统的影响而采用了板式换热器进行系统隔断，这时会增加循环水泵，SCOP 就会下降；同时对于地源热泵系统，机组的运行工况也不同，因此，不适用于上述方法。

表 5-9 是《公共建筑节能设计标准》中给定的空调系统的 SCOP。

表 5-9　空调系统的 SCOP

类　别		名义制冷量 CC/kW	SCOP/（W/W）					
			严寒 A、B 区	严寒 C 区	温和地区	寒冷地区	夏热冬冷地区	夏热冬暖地区
水冷	活塞式/涡旋式	CC≤528	3.3	3.3	3.3	3.3	3.4	3.6
	螺杆式	CC≤528	3.6	3.6	3.6	3.6	3.6	3.7
		528＜CC＜1163	4	4	4	4	4.1	4.1
		CC≥1163	4	4.1	4.2	4.4	4.4	4.4
	离心式	CC≤1163	4	4	4	4.1	4.1	4.2
		1163＜CC＜2110	4.1	4.2	4.2	4.4	4.4	4.5
		CC≥2110	4.5	4.5	4.5	4.5	4.6	4.6

思考题与习题

1. 在制冷系统设计过程中，其设计工况（蒸发温度、冷凝温度、压缩机吸气温度和过冷温度）如何确定？

2. 在制冷系统设计过程中如何进行不同工况下的制冷量的换算？

3. 冷热源机房的位置如何确定？

4. 什么是开式冷冻水系统？什么是闭式冷冻水系统？

5. 什么是冷冻水同程式系统及异程式系统？

6. 什么是冷冻水单级泵系统及双级泵系统？

7. 如何进行冷冻水系统的分区？

8. 对于单级泵系统及双级泵系统，其循环水泵的流量及扬程分别如何确定？

9. 如何选择冷却塔？冷却塔的安装应注意哪些问题？

10. 如何确定凝结水系统管径？

11. 冷却水泵的流量及扬程如何确定？

12. 制冷系统绝热材料的厚度如何确定？

13. 什么是电冷源综合制冷性能系数？

第 6 章
蓄冷系统

6.1 概述

6.1.1 蓄冷空调技术的原理

众所周知，建筑物的空调负荷分布是很不均匀的。以办公楼、写字楼为例，其空调系统一般在白天运行，而晚上停止运行。蓄冷空调技术，即是在电力负荷低的夜间用电低谷期，采用电制冷机制冷，利用蓄冷介质的显热或潜热特性，用一定的方式将冷量贮存起来。在空调负荷高的白天，也就是用电高峰期，把贮存的冷量释放出来，以满足建筑物空调的需要。蓄热（冷）介质的种类如图 6-1 所示。显热蓄冷是通过降低蓄冷介质的温度进行蓄冷，常用的介质为水。潜热蓄冷是利用蓄冷介质发生相变来蓄冷，常用的介质为冰、共晶盐水化合物等相变物质。蓄冷空调技术中多采用水蓄冷和冰蓄冷方式。

蓄冷空调技术主要适用于两类场合：一类是白天空调负荷大、晚上空调负荷小的场合，如办公楼、写字楼、商场等；另一类是空调周期性使用，空调负荷只集中在某一个时段的场合，如影剧院、体育馆、大会堂、教堂、餐厅等。由于蓄冷空调系统转移了制冷机组的用电时间，起到了转移电力高峰负荷的作用，蓄冷空调技术成为移峰填谷的一种重要手段。应用

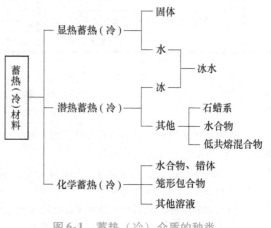

图 6-1 蓄热（冷）介质的种类

蓄冷空调技术是否经济，取决于当地电力部门的峰谷电价政策，峰谷电价差值越大，蓄冷空调系统所节省的运行费用越多。

6.1.2 蓄冷设计模式与控制策略

1. 设计模式

蓄冷系统设计中，蓄冷装置容量大小是首先应予考虑的问题。通常蓄冷容量越大，初始投资越大，而制冷机开机时间越短，运行电费越省。按照蓄冷设计思想（运行策略），系统设计中需对蓄冷装置和制冷机两者供冷的份额做出合理安排，即对设计模式加以选择。蓄冷模式的确立应以设计循环周期（即设计日或周等）内建筑物的负荷特性及冷量需求为基础，同时还应综合考虑电费结构及其他一些具体设计条件。工程中常用的蓄冷设计模式有全负荷蓄冷和部分负荷蓄冷两种。

（1）全负荷蓄冷 全负荷蓄冷即将建筑物典型设计日（或周）白天用电高峰时段的冷负荷全部转移到电力低谷时段，起动制冷机进行蓄冷；在白天运行时制冷机组不运行，而由蓄冷装置释冷，承担空调所需的全部冷量。图 6-2 所示是全负荷蓄冷模式的一个示例，例如采用常规空调系统，制冷机容量按周期内的最大冷负荷确定为 1000kW。图中面积 A 表示用电低谷期（下午 6 时至次日上午 8 时）的全部蓄冷量，制冷机在该运行时段内的平均制冷量约为 590kW。不难看出，这一模式下蓄冷系统需要配置较大容量的制冷机和蓄冷装置，虽然节省了运行电费，但其设备投资增加，蓄冷装置占地面积也会增大。因此，除非建筑物峰值需冷量大且用冷时间也短，一般是不采用这一设计模式的。

（2）部分负荷蓄冷 部分负荷蓄冷就是按建筑物典型设计日（或）周全天所需冷量部分由蓄冷装置供给，部分由制冷机供给，制冷机在全天蓄冷与用冷时段，基本上是 24h 持续运行。图 6-3 所示是部分负荷蓄冷模式的一个示例，图中面积 D 是制冷机在用电低谷期的蓄冷量，面积 E 则代表同一制冷机在电力峰值期运行的供冷量（注意其上部曲线位置要比面积 D 高）。显然，部分负荷蓄冷不仅蓄冷装置容量减小，而且由于制冷机利用效率提高，其装机容量大幅降低至约 400kW，是一种更为经济有效的蓄冷设计模式。

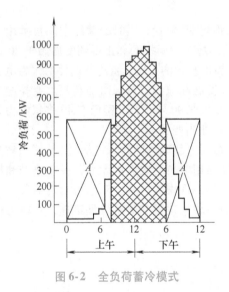

图 6-2 全负荷蓄冷模式

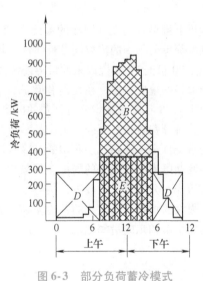

图 6-3 部分负荷蓄冷模式

2. 控制策略

蓄冷空调系统在运行中的负荷管理或控制策略关系到能否最终确保蓄冷静空调的使用效果，并尽可能获取最大效益的问题。原则上应使蓄冷装置充分发挥其在电力非高峰期的蓄冷作用，并保证在高峰期内满足负荷要求，应尽可能保持制冷机长时间处在满负荷、高效率、低能耗的条件下运行。控制策略应按蓄冷模式分别考虑，不同控制策略下的运行效果、效益将会各有不同。此外，蓄冷系统中按制冷机和蓄冷装置所处位置有并联流程和串联流程之分，后者又有制冷机置于上游或下游两种情况，不同条件下的运行特性也是不同的。

（1）全负荷蓄冷 全负荷蓄冷中只存在制冷机蓄冷和蓄冷装置供冷两种运行工况，两者在时间上截然分开，运行中除设备安全运转、参数检测以及工况转换等常规控制外，无须特别的控制策略。

（2）部分负荷蓄冷 部分负荷蓄冷涉及制冷机蓄冷、制冷机供冷、蓄冷装置供冷或制冷机和蓄冷装置同时供冷等多种运行工况，在运行中需要合理分配制冷机直接供冷量和蓄冷装置释冷供冷量，使两者能最经济地满足用户的冷量需求。常用的控制策略有三种，即制冷机优先、蓄冷装置优先和优化控制。

1）制冷机优先。尽量使制冷机满负荷供冷，只有当用户需冷量超过制冷机的供冷能力时才启用蓄冷装置，使其承担不足部分。这种控制策略实施简便（尤其在串联流程中制冷机位于上游时），运行可靠，能耗较低，但蓄冷装置利用率不高，不能有效地削减峰值用电、节约运行费用，因而采用不多。

2）蓄冷装置优先。尽量发挥蓄冷装置的释冷供冷能力，只有在其不能满足用户需冷量时才起动制冷机，以补充不足部分的供冷量。这种控制策略有利于节省电费，但能耗较高，在控制程序上比制冷机优先复杂。它需要在预测用户冷负荷的基础上，计算分配蓄冷装置的释冷量及制冷机的直接供冷量，以保证蓄冷量得到充分利用，又能满足用户的逐时冷负荷的要求。

3）优化控制。根据电价政策，借助于完善的参数检测与控制系统，在负荷预测、分析的基础上最大限度地发挥蓄冷装置的释冷供冷能力，使用户支付的电费最少，系统实现最佳的综合经济性。根据国内一些分析数据，采用优化控制比制冷机优先控制可以节省运行电费25%以上。

6.1.3 蓄冷空调技术的发展与应用

世界上最早采用人工制冷的蓄冷空调出现在20世纪30年代，当时的蓄冷空调技术用于教堂、剧院等负荷集中的需要间歇性供冷的场合。不过，蓄冷空调技术真正得到发展始于20世纪70年代，20世纪70年代以来的世界能源危机促进了蓄冷技术的发展，蓄冷空调技术作为电力负荷移峰填谷的重要手段，在北美和欧洲许多国家得到发展和应用。美国南加利福尼亚爱迪生电力公司于1978年率先制定分时计费的电费结构，到20世纪90年代，美国已有40多家电力公司制定了分时计费电价。至今，美国的蓄冷空调系统已经相当普及。

与欧美许多国家相比，我国的蓄冷空调技术起步较晚。我国电网的峰谷差大，为了缓解夏季用电高峰期电力供应紧张的局面，缓解电力建设和高峰用电负荷之间的矛盾，一些电网和城市陆续实行峰谷分时计价的政策，促进了蓄冷技术在空调工程中的应用，对电力负荷的移峰填谷做出了很大的贡献。已建成的蓄冷空调工程主要集中在城市建设和经济发展迅速，且电力供应紧张的北京市和东南沿海地区。

6.2 水蓄冷空调系统

6.2.1 水蓄冷空调系统的特点

水蓄冷系统采用空调用冷水机组在电力谷段时间制取4~6℃的冷水，蓄存在保温的蓄冷水池中，空调时将蓄存的冷水抽出来使用。水蓄冷空调系统具有如下优点：

1）可以使用常规的冷水机组、水泵、空调末端设备、配管等，适合于常规空调系统的扩容和改造，可以在不增加制冷机容量的前提下增加供冷量；用于旧系统改造也十分方便，只需要增设蓄冷槽，原有的设备仍然可用，所增加的费用不多。

2）蓄冷、放冷时冷水温度相近，冷水机组在这两种工况下均能维持较高的制冷效率。

3）可以利用消防水池、原有蓄水设施或地下室等作为蓄冷槽，从而降低初始投资。

4）可以实现蓄热和蓄冷的双重功能，适合于采用热泵系统的地区用于冬季蓄热、夏季蓄冷，提高蓄冷槽的利用率。

5）其设备及控制方式与常规空调系统相似，可直接与常规空调系统匹配，运行维护管理方便，无须特殊的技术培训。

水蓄冷系统也存在一些不足之处：

1）只能贮存水的显热，不能贮存潜热，因此需要较大体积的蓄冷槽，其应用受到空间条件的限制。

2）蓄冷槽体积较大，表面散热损失也相应增加，保温措施需要加强。

3）蓄冷槽内不同温度的冷水混合，会影响蓄冷效率，使蓄存冷水的可用冷量减少。

4）开式蓄冷槽中的水与空气接触易滋生菌类和藻类，管路易锈蚀，需增加水处理设施。

6.2.2　水蓄冷空调系统的形式

常见的水蓄冷空调系统的形式有直接供冷和间接供冷两种方式。如图6-4所示为直接供冷式系统的流程图。其蓄冷槽为开式水池，而空调冷水系统一般采用闭式系统。系统中的 V_5 为调节阀，V_6 为阀前压力调节阀。系统共设3台水泵，水泵 P_1 为冷水机组供冷水泵；水泵 P_2 为蓄冷水泵，P_2 的流量小于 P_1 的流量，以增大进出水温差，有利于蓄冷；水泵 P_3 为取冷水泵。

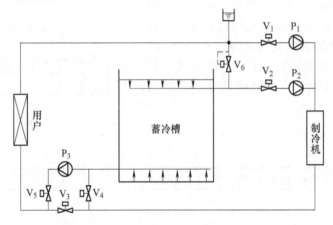

图6-4　直接供冷式系统的流程图

该系统有4种运行工况，即蓄冷工况、制冷机供冷工况、蓄冷槽供冷工况、制冷机与蓄冷槽联合供冷工况，见表6-1。只要采用蓄冷槽供冷，就必须依靠 V_6 调节阀保证阀前压力为膨胀水箱维持的系统静水压力。这样可保证系统全部充满水，使运行可靠。该系统在空调水蓄冷系统中应用较普遍，具有系统简单、初始投资低、温度梯度损失小等优点，但也存在一些不足之处：

1）蓄冷槽与大气相通，水质易受环境污染，水中含氧量高，易生长菌藻类植物。为防止系统管路与设施的腐蚀，需要设置水处理装置。

2）整个水蓄冷槽为常压运行，其制冷与供冷回路应注意避免因虹吸、倒空而引起的运行工况破坏。为维持系统静压力，膨胀水箱内必须充满水。

表6-1　直接供冷式系统的各运行工况

工　况	P_1	P_2	P_3	V_1	V_2	V_3	V_4	V_5	V_6
蓄　冷	关	开	关	关	开	关	开	关	关
制冷机供冷	开	关	关	开	关	开	关	关	关
蓄冷槽供冷	关	关	开	关	关	关	关	调节	调节
联合供冷	开	关	开	开	关	开	关	调节	调节

图 6-5 所示为间接供冷式水蓄冷系统的流程图。该系统在供冷回路中采用换热器与用户形成间接连接，换热器一次侧与水蓄冷槽组成开式回路，而用户侧形成一个闭式回路。这样用户侧回路的压力稳定，可防止其管路出现氧化腐蚀、有机物及菌藻类繁殖的现象。间接式系统同样可以实现 4 种运行工况，各工况的设备和阀门运行情况与直接式系统有一定的区别，见表 6-2。

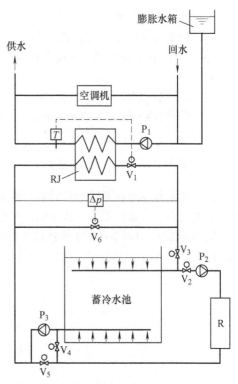

图 6-5　间接供冷式水蓄冷系统的流程图

间接式系统可根据用户的要求，选用相应的设备，以承受各种静压，因此，该系统主要适用于高层、超高层空调供冷。由于用户的换热器二次侧回路为闭式流程，水泵扬程降低，故水泵能耗减少，但需增加换热设备及相应的投资。另外，由于系统中设置了中间换热器，使其供水温度将比直接供冷提高 1 ~ 2℃，系统的蓄冷效率降低。故此形式应根据系统规模大小及供冷条件，进行技术经济比较后再进行选择。一般认为，对于高于 35m 的建筑物，采用间接供冷方式较为经济。

表 6-2　间接供冷式系统的各运行工况

工　况	P_1	P_2	P_3	V_1	V_2	V_3	V_4	V_5	V_6
蓄　　冷	关	开	关	关	开	开	开	开	关
制冷机供冷	开	开	关	调节	开	开	关	开	调节
蓄冷槽供冷	开	关	开	调节	关	开	关	关	调节
联合供冷	开	开	开	调节	开	开	关	开	调节

6.2.3　水蓄冷槽的类型及其特点

水蓄冷系统贮存冷量的大小取决于蓄冷槽贮存冷水的数量和蓄冷温差。蓄冷温差是指空调回水与蓄冷槽供水之间的温差，蓄冷温差的维持可以通过降低蓄冷温度、提高回水温度及防止回水与贮存的冷水之间混合等措施来实现。蓄冷温度一般为 4 ~ 7℃，回水温度取决于负荷及末端设备的状况。在水蓄冷技术中，关键问题是蓄冷槽的结构型式应能够有效地防止回水与贮存的冷水之间混合。就结构型式而言，水蓄冷槽的类型主要有以下几种。

1. 温度分层型

温度分层型水蓄冷槽是最简单、有效和经济的一种蓄冷槽型式。水蓄冷槽中水温的分布是按照其密度自然地进行分层，水温高于 4℃时，温度低的水密度大，位于贮槽的下部，而温度高的水密度小，位于贮槽的上部。图 6-6 所示为温度分层型蓄冷槽温度分布示意图。为了实现温度分层，在蓄冷槽的上下部设置了均匀分配水流的稳流器。在蓄冷（释冷）过程中，温水从上部稳流器流出（流入），冷水从下部稳流器流入（流出），并且控制水流缓慢地自下而上（自上而下）平移运动，在蓄冷槽内形成稳定的温度分布。

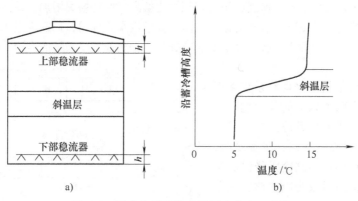

a)   b)

图 6-6　温度分层型蓄冷槽温度分布示意图

a）自然分层蓄冷槽　b）斜温层

在上部温水区和下部冷水区之间存在一个温度剧变层，即斜温层，依靠稳定的斜温层阻止下部的冷水与上部的温水混合。当蓄冷时，随着冷水不断从下部送入和温水不断从上部被抽出，斜温层逐渐上移，当斜温层在蓄冷槽顶部被抽出时，抽出温水的温度急剧降低。反之，当释冷时，随着温水不断从上部流入和冷水不断从下部被抽出，斜温层逐渐下降，当斜温层在蓄冷槽底部被抽出时，蓄冷槽的供冷水温度急剧升高。因此，蓄冷槽实际释放的冷量小于理论可用蓄冷量，若设计合理，实际释放的冷量一般可以达到理论可用蓄冷量的 90%。

2. 迷宫型

迷宫型蓄冷槽是指采用隔板将大蓄冷槽分隔成多个单元格，水流按照设计的路线依次流过每个单元格。如果单元格的数量较多，可以控制整体蓄冷槽中冷温水的混合，蓄冷槽的供冷水温度变化缓慢。图 6-7 所示为迷宫型蓄冷槽的水流线路图，蓄冷时的水流方向与释冷时的水流方向刚好相反。单元格的连接方式有堰式和连通管式两种，图 6-7 中的断面图便是堰式连接的示意图，蓄冷时的水流方向为下进上出，释冷时的水流方向为上进下出。堰式结构简单，节省空间，适合于单元格数量多的场合，在工程中应用较多。

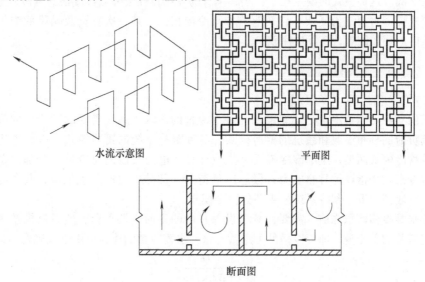

水流示意图　　　　　　　　　　　　平面图

断面图

图 6-7　迷宫型蓄冷槽的水流线路图

虽然整体上蓄冷槽冷温水的混合能得到较好的控制，但在相邻两个单元格之间仍然存在局部混合现象。另外，迷宫型蓄冷槽表面积与容积之比偏高，使冷损失增加，蓄冷效率下降。蓄冷槽中水流速度的控制非常重要，若水流速度过高，会导致水流扰动，加剧冷温水的混合；若水流速度过低，会在单元格中形成死区，冷量不能充分利用，降低蓄冷系统的容量。

3. 多槽型

图 6-8 所示为多槽型水蓄冷系统流程图。在系统中设有两个以上的蓄冷槽，将冷水和温水贮存在不同的蓄冷槽中，并且要保证其中一个贮槽是空的。在蓄冷时，其中一个温水槽中的水经制冷机降温后送入空槽中，空槽蓄满后成为冷水槽，原温水槽成为空槽。然后重复上述过程，直至所有的温水槽中的温水变成冷水。蓄冷结束时，除其中的一个贮槽为空槽外，其他贮槽均为冷水槽。释冷时，抽取其中一个冷水槽中的冷水，空调回水送入空槽，当空槽成为温水槽时，原冷水槽成为空槽。如此周期性地循环，以确保运行中冷水与温水不混合。

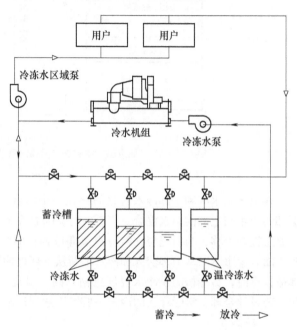

图 6-8 多槽型水蓄冷系统流程图

此类蓄冷槽必须设置一个空槽，占用空间大；要求使用的阀门多，系统的运行管理和控制复杂，初始投资和运作维护费用较高，在实际中应用较少。

4. 隔膜型

在蓄冷槽内部安装一个可以活动的柔性隔膜或一个可移动的刚性隔板，将蓄冷槽分隔成分别贮存冷水和温水的两个空间，从而消除冷、温水混合的现象。为了减少温水对冷水的影响，一般冷水放在下部。这种型式的缺点在于：隔膜本身的导热特性会降低蓄冷槽的蓄冷效率，而且隔膜的材料要求高，水槽结构复杂。与其他的水蓄冷槽相比，其一次投资及隔膜的维护费用均较高，因此推广应用较困难，实际应用较少。

6.2.4 水蓄冷空调系统设计

1. 蓄冷槽的蓄冷量与体积确定

蓄冷槽的实际可用蓄冷量必须满足系统对蓄冷量的需求。系统需要的蓄冷量取决于设计日内逐时空调负荷的分布情况和系统的蓄冷模式。各种蓄冷系统的蓄冷模式可以归纳为全部蓄冷模式和部分蓄冷模式两类，全部蓄冷模式是指设计日非电力谷段的总冷负荷全部由蓄冷装置供应；部分蓄冷模式是指设计日非电力谷段总冷负荷的一部分由蓄冷装置供应，其余冷负荷由制冷机供应；一般情况下，蓄冷系统采用部分蓄冷模式。

在确定水蓄冷槽体积之前，需要计算出设计日内的逐时空调负荷，然后根据系统的蓄冷模式确定系统需要的蓄冷量，即蓄冷槽的可用蓄冷量。水蓄冷槽的体积可由下式确定，即

$$V = \frac{Q_s}{\Delta T \rho c_p \varepsilon \alpha} \tag{6-1}$$

式中 V——蓄冷槽实际体积（m^3）；

$\quad\quad Q_s$——蓄冷槽的可用蓄冷量（kJ）；

$\quad\quad \rho$——蓄冷水密度（kg/m^3）；

$\quad\quad c_p$——水的比定压热容 [$kJ/(kg \cdot ℃)$]；

$\quad\quad \Delta T$——释冷时回水温度与蓄冷时进水温度之间的温差，可选取为 $8 \sim 10℃$；

$\quad\quad \varepsilon$——蓄冷槽的完善度，考虑混合和斜温层等的影响，一般取 $85\% \sim 90\%$；

$\quad\quad \alpha$——蓄冷槽的体积利用率，考虑稳流器布置和蓄冷槽内其他不可用空间等的影响，一般取 95%。

2. 水蓄冷槽的结构设计

由于温度分层型水蓄冷槽应用得最广泛，这里只介绍温度分层型水蓄冷槽的结构设计方法。

（1）水蓄冷槽的形状和安装　水蓄冷槽的外表面积与容积之比越小，冷损失越小。在同样的容积下，圆柱体蓄冷槽外表面积与容积之比小于长方体或立方体蓄冷槽，在实际中应用较多的便是圆柱体蓄冷槽。此类蓄冷槽的高度与直径之比（高径比）增加，会降低斜温层体积在蓄冷槽中的比例，有利于温度分层，提高蓄冷效率，但一次投资将会提高。高径比一般通过技术经济比较来确定，据有关文献介绍，钢筋混凝土贮槽的高径比宜取 $0.25 \sim 0.5$，其高度最小为 7m，最大一般不高于 14m。地面以上的钢贮槽高径比采用 $0.5 \sim 1.2$，其高度宜在 $12 \sim 27m$ 范围内。蓄冷槽的材料通常选用钢板焊接、预制混凝土、现浇混凝土，必须对蓄冷槽采取有效的保温和防水措施，尽可能避免或减少槽体内因结构梁、柱形成的冷桥。

由于水蓄冷采用的是显热贮存，蓄冷槽的体积较冰蓄冷槽的体积要大，因此，安装位置是蓄冷槽设计时要考虑的主要因素。若蓄冷槽体积较大，而空间有限，则可在地下或半地下布置蓄冷槽。对于新建项目，蓄冷槽应与建筑物在结构上组成一体，以降低初始投资，这比新建一个蓄冷槽要合算。还应综合考虑水蓄冷槽兼作消防水池功能的用途。蓄冷槽应布置在冷水机组附近，靠近制冷机及冷水泵。循环冷水泵应布置在蓄冷槽水位以下的位置，以保证水泵的吸入压头。

（2）稳流器的设计　稳流器的作用就是使水以重力流的方式平稳地导入槽内（或由槽内引出），减少水流进入蓄冷槽时对贮存水的冲击，促使并维持斜温层的形成。在 $0 \sim 20℃$ 范围内，水的密度变化不大，形成的斜温层不太稳定，因此要求通过稳流器进出口水流的流速足够小，以免造成对斜温层的扰动破坏。这就需要确定恰当的弗劳德数（Fr）和稳流器进口高度，确定合理的 Re。

Fr 是表示作用在流体上的惯性力与浮力之比的无因次特征数，该特征数反映了进口水流能否形成密度流的条件，其定义式为

$$Fr = \frac{Q}{L\sqrt{gh^3(\rho_i - \rho_a)/\rho_a}} \tag{6-2}$$

式中 Fr——稳流器进口的弗劳德数；

$\quad\quad Q$——通过稳流器的最大流量（m^3/s）；

$\quad\quad L$——稳流器的有效长度，即稳流器上所有开口的总长度（m）；

$\quad\quad g$——重力加速度（m/s^2）；

$\quad\quad h$——稳流器最小进口高度（m）；

$\quad\quad \rho_i$——进口水的密度（kg/m^3）；

$\quad\quad \rho_a$——周围水的密度（kg/m^3）。

研究表明：当 $Fr \leqslant 1$ 时，进口水流的浮力大于惯性力，可以很好地形成重力流；当 $1 < Fr < 2$ 时，也能形成重力流；当 $Fr \geqslant 2$ 时，惯性力作用增大，会产生明显的水流混合现象，并且 Fr 的

微小增加就会造成混合作用的显著增加。一般要求 $Fr<2$，设计时通常取 $Fr=1$。

若已知空调冷水循环流量和稳流器的有效长度，通过计算 Fr 后，就可以确定稳流器所需的进口高度。稳流器的进口高度定义为：当水以重力流从下部稳流器的孔眼流出时，其孔眼与蓄冷槽底所需的垂直距离。对于上部稳流器，其进口高度应为其开孔与蓄冷槽液面所需的垂直距离。

如果进口稳流器单位长度的流量过大，Re 过大，会造成蓄冷槽上下不同温度（即不同密度）的水混合，破坏斜温层。Re 表示流体的惯性力与黏滞力的比值，稳流器进口 Re 的定义式为

$$Re = \frac{Q}{L\nu} \tag{6-3}$$

式中　Re——稳流器进口雷诺数；

　　　ν——进口水的运动黏度（m^2/s）。

稳流器的设计应控制在较低的 Re 值，较低的进口 Re 值有利于减小由于惯性流而引起的冷、温水的混合作用。一般来说，进口 Re 值取在 $240\sim800$ 时，能取得理想的分层效果。对于高度小或带倾斜侧壁的蓄冷槽，其 Re 值下限通常取 200；对于高度大于 5m 的蓄冷槽，其 Re 值一般取为 $400\sim850$。在设计中，已知蓄冷所需的循环水量时，可以通过调整稳流器的有效长度来得到所需的 Re 值。

稳流器的结构型式主要有：水平缝隙型、圆盘辐射型（见图 6-9）、H 型、八边型。其中的 H 型稳流器采用的也是缝隙型出口，只是将水平缝隙加长，以降低稳流器的出水流速，水平缝隙呈 H 形布置。图 6-10 所示为 H 型稳流器的布置。圆盘辐射型由两个相距很近的圆盘组成，平行安装在水槽的底部或顶部，自分配管进入盘间的水通过两盘之间的间隙，呈水平径向辐射状进入水槽。由于圆盘辐射型稳流器中水流方向是径向向外离开圆盘，在同样的条件下该类稳流器的 Re 值一般较高，可以通过增加稳流器的数量来降低 Re 值。对于圆柱形水槽，最适宜的是圆盘辐射型和八边型稳流器；对于正方形或长方形水槽，最适宜的是水平缝隙型和 H 型稳流器。

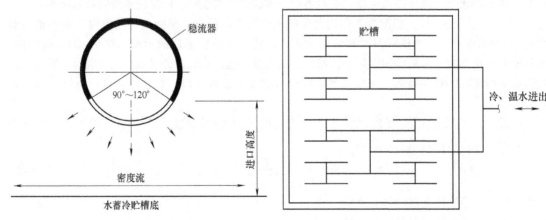

图 6-9　圆盘辐射型稳流器　　　　　　　图 6-10　H 型稳流器的布置

6.3　冰蓄冷空调系统

冰蓄冷系统利用冰的融解热进行蓄热，由于冰的融解热（335kJ/kg）远高于水的比热容，采用冰蓄冷时蓄冰池的容积比蓄冷水池的容积小得多，通常冰蓄冷时单位蓄冷量所要求的容积仅为水蓄冷时的 17% 左右。

总体而言，可以根据蓄冰系统所用冷媒的不同，将冰蓄冷空调系统分为间接冷媒式和直接蒸发式。所谓直接蒸发式，是指制冷系统的蒸发器直接用作制冰元件，来自膨胀阀的制冷剂进入蓄冰槽盘管内吸热蒸发，使盘管外的水结冰。直接蒸发式以蓄冰槽代替蒸发器，制冷剂与冷冻水只发生一次热交换，制冷机的蒸发温度比间接方式有所提高，但长度较长的蒸发盘管浸泡在蓄冰槽内，容易引起管路腐蚀，发生制冷剂泄漏，而且蒸发盘管内的润滑油易于沉积，这种方式用于一些小型蓄冰装置和冰片滑落式蓄冰装置。

间接冷媒式使用载冷剂在蒸发器中与制冷剂进行换热，冷却到0℃以下后被送入蓄冰槽的盘管内，使盘管外的水结冰。这种方式大大降低了制冷剂泄漏的可能性，不存在润滑油沉积的问题，提高了运行的可靠性，在冰蓄冷空调系统得到广泛使用，其载冷剂一般采用质量分数为25%的乙二醇溶液。

在冰蓄冷空调系统中，蓄冰槽内的水不一定全部结成冰，通常用蓄冰率IPF来衡量蓄冰槽内冰所占的体积。蓄冰率定义为蓄冰槽内冰所占的容积与蓄冰槽有效容积的比值。各种蓄冰装置的IPF不同，与蓄冰装置的结构和工作特性有关。

6.3.1 蓄冰技术

根据蓄冰技术的不同，冰蓄冷系统可以分为静态蓄冰和动态蓄冰两类。静态蓄冰是指冰的制备、贮存和融化在同一位置进行，蓄冰设备和制冰部件为一体结构，静态蓄冰方式主要有冰盘管式和封装式。动态蓄冰是指冰的制备和贮存不在同一位置，制冰机和蓄冰槽是独立的，主要有冰片滑落式和冰晶式。

1. 冰盘管式

根据融冰方式的不同，冰盘管式蓄冰可以分为内融冰方式和外融冰方式。

外融冰蓄冷系统可以采用间接冷媒式和直接蒸发式。图6-11所示为直接蒸发式外融冰蓄冷系统。蓄冰时，制冷剂进入盘管吸热蒸发，使管壁上结冰，当冰层达到规定厚度时结束蓄冰，蓄冰结束时槽内需保持50%以上的水，以便抽水进行融冰。融冰时，冷水泵将蓄冰槽内的冷水送至空调末端设备，升温后的空调回水进入结满冰的盘管外侧空间流动，使盘管外表面的冰层由外向内逐渐融化。外融冰蓄冷装置的蓄冰率较小，为20%～50%，但融冰速度快，释冷温度低，可以在较短时间内制出大量的低温冷水，适合于短时间内冷量需求大、水温要求低的场合。

对于外融冰蓄冷系统，如果上一周期的蓄冰没有完全融化而再次制冰，由于冰的热阻大，会导致传热效率下降，耗电量增加。因此，应在下一次制冰前将盘管外蓄冰的冷量用完。为了保证槽内结冰密度均匀，避免局部的冰层没有完全融化，常在槽内设置空气搅拌器，将压缩空气导入蓄冷槽的底部，产生大量气泡而搅动水流，促使管壁表面结冰厚度均匀。由于外融冰蓄冰系统为开式系统，且槽内导入大量空气，易导致盘管的腐蚀；另外，开式系统冷水泵的扬程比闭式系统大。

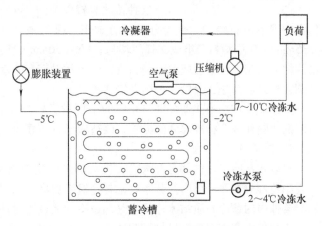

图6-11 直接蒸发式外融冰蓄冷系统

内融冰蓄冷系统均采用间接冷媒式，如图6-12所示。蓄冷时，低温的载冷剂在盘管内循环，将盘管外的水逐渐冷却至结冰。融冰时，从空调负荷端流回的升温后的载冷剂在盘管内循环，将盘管外表面的冰层由内向外逐渐融化，使载冷剂冷却到需要的温度，以供应空调负荷的需要。与外融冰方式相比，内融冰方式可以避免上一周期的蓄冰剩余引起的效率下降问题；另外，内融冰系统为闭式系统，盘管不易腐蚀，冷水泵扬程降低。因此，内融冰蓄冷系统在空调工程中应用较多。

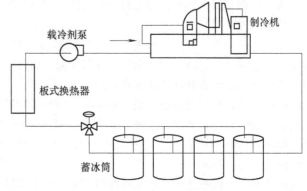

图 6-12　内融冰蓄冷系统

内融冰蓄冷装置的蓄冰率较大，为50%~70%。由于内层冰融化后形成的水膜层产生较大的传热热阻，内融冰的融冰速度不如外融冰方式。常用的内融冰盘管材料有钢和塑料，多采用小管径、薄冰层的方式蓄冰。根据盘管的结构形状，主要有以下几种：

(1) 蛇形盘管蓄冰装置　这种装置以美国BAC公司的产品为代表。多采用钢制盘管，加工成立置的蛇形状，组装在钢架上，外表面采用热镀锌处理。为了提高传热效率，相邻两组盘管的流向相反，使蓄冷和释冷时温度均匀。槽体一般采用双层镀锌钢板制成，内填聚苯乙烯保温层，也可采用玻璃钢或钢筋混凝土制成。

(2) 圆形盘管蓄冰装置　这种装置以美国Calmac公司和Dunham-Bush公司的产品为代表。将聚乙烯管加工成圆形盘管，用钢制构架将圆形盘管整体组装后放置在圆柱形蓄冰槽内。相邻两组盘管内载冷剂的流向相反，有利于改善和提高传热效率，并使槽内温度均匀。在蓄冷末期，蓄冰槽内的水基本上全部冻结成冰，故该装置又被称为完全冻结式蓄冷装置。以美国Calmac蓄冰筒为例，其标准系列产品有五种规格，其总蓄冷容量为288~570kW·h，盘管内的工作压力为0.6MPa，蓄冰筒直径为1.88~2.261m，高度为2.083~2.566m，盘管换热表面积为0.511m²/(kW·h)，蓄冰筒体积为0.019m³/(kW·h)。这种装置由于单管回路较长，因此盘管中流动阻力较大，一般约为80~100kPa。

(3) U形盘管蓄冰装置　这种蓄冰装置以美国Fafco系列产品为代表。盘管材料为耐高温与低温的聚烯烃石蜡脂，盘管分片组合成形，垂直放置于蓄冰槽内。每片盘管由200根外径为6.35mm的U形塑料管组成，管两端与直径为50mm的集管相连，结冰厚度通常为10mm。蓄冰槽的槽体采用镀锌钢板或玻璃钢制成，内壁敷设带有防水膜的保温层。U形盘管的管径很小，载冷剂需要过滤后进入盘管，否则会堵塞盘管。

上述盘管作为换热器分别与相应的不同种类贮槽组合为成套的标准型号设备。也可以根据实际需要制作成非标准尺寸的盘管，以适应各种建筑结构场合，合理使用建筑空间。

2. 封装式

封装式蓄冷是以内部充有水或有机盐溶液的塑料密封容器为蓄冷单元，将许多这种密封件有规则地堆放在蓄冷槽内。蓄冰时，制冷机组提供的低温载冷剂（乙二醇水溶液）进入蓄冷槽，使封装件内的蓄冷介质结冰；释冷时，载冷剂流过密封件之间的空隙，将封装件内的冷量取出。

密封件由高密度聚乙烯材料制成，由于水结冰时约有10%的体积膨胀，为防止冰球形成后体积增大对密封件壳体造成破坏，要预留膨胀空间。按照其形状可以分为冰球、冰板、哑铃形密封件。冰球直径为50~100mm，球表面有多处凹窝，结冰时凹处凸起成为平滑的球形。冰板一一般为长 750mm、宽 300mm、厚 35mm 的长方块, 内部有 90% 的空间充水。哑铃形密封件设计有伸缩折皱, 可适应制冰、融冰过程中的膨胀和收缩。在哑铃形密封件的一端或两端有金属芯伸入密封件内部, 以促进冰球的热传导, 其金属配重作用也可避免密封件在开敞式贮槽制冰时浮起。

封装式的蓄冷槽分为密闭式贮槽和开敞式贮槽。密闭式贮槽由钢板制成圆柱形, 有卧式和立式两种。开敞式贮槽通常为矩形结构, 可采用钢板、玻璃钢加工, 也可采用钢筋混凝土现场浇筑。蓄冷容器可布置在室内或室外, 也可埋入地下, 在施工过程中应妥善处理保温隔热、防腐及防水问题, 尤其应采取措施保证乙二醇水溶液在容器内和封装件内均匀流动, 防止开敞式贮槽中蓄冰元件在蓄冷过程中向上浮起。

3. 冰片滑落式

冰片滑落式蓄冰系统属于直接蒸发式, 设有专门的垂直板片式蒸发器, 如图 6-13 所示。蓄冰时, 通过水泵将水从蓄冷槽送至蒸发器上方喷淋在蒸发器表面, 部分冷水会冻结在其表面上。当冰层达到相当的厚度时 (一般为 3~6.5mm), 采用制冷剂热气除霜原理使冰层融化脱落, 滑入蓄冰槽, 蓄冰率为 40%~50%; 融冰时, 抽取蓄冰槽的冷水供用户使用。如果需要在融冰的同时进行制冰, 可以将从用户返回的温水喷淋在低温的蒸发器表面, 反复进行结冰和脱冰过程。

在这种系统中, 片状冰的表面积大, 换热性能好, 具有较高的释冷速率。通常情况下, 即使蓄冰槽内 80%~90% 的冰被融化, 仍能够保持释冷温度不高于 2℃。因此, 适合于负荷集中在较短时间内, 且供水温度低、供回水温差大的场合。不过, 这种蓄冷系统的初始投资高; 故障率较高, 维护保养费用高; 为了使冰片顺利落下, 需要占用的空间高度较大。

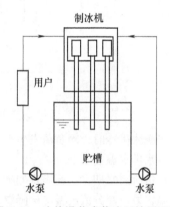

图 6-13　冰片滑落式蓄冰系统原理图

4. 冰晶式

冰晶式蓄冷系统如图 6-14 所示。特殊设计的制冷机将流经蒸发器的低浓度乙二醇溶液冷却到冻结点温度以下产生冰晶, 此类直径约 100μm 的细微冰晶与载冷剂形成泥浆状的物质, 其形成过程类似于雪花, 自结晶核以三维空间向外生长而成, 生成的冰晶经泵输送至蓄冷槽贮存。释冷时, 混合溶液被融冰泵送到换热器向用户提供冷量, 升温后的载冷剂回流至蓄冷槽, 将槽内的冰晶融化成水。

这种系统的蓄冷槽构造简单, 只要有足够的空间以及适当的防水和保温即可。由于系统生成的冰晶细小而均匀, 其总换热面积大, 融冰释冷速度快。冰晶的生成是在制冷机的蒸发器内进行的, 分布均匀, 不易形成死角和冷桥。

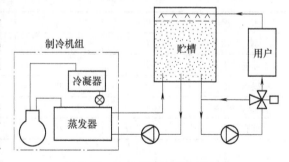

图 6-14　冰晶式蓄冷系统原理图

由于该系统的制冰过程发生在主机的蒸发器内, 随着制冰时间的延长, 流动的混合溶液的含冰率越来越大, 因此这类系统的制冷能力不能太大, 目前只能生产 180kW 左右的系统, 不适用于大型系统。

6.3.2 冰蓄冷空调系统的循环流程

根据制冷机与蓄冰槽的相对位置不同，冰蓄冷空调系统的循环流程有并联和串联两种形式。

1. 并联式蓄冰空调系统

图 6-15 所示为并联式蓄冰空调系统流程图，该系统由双工况制冷机、蓄冰槽、板式换热器、初级乙二醇泵 P_1、次级乙二醇泵 P_2、冷水泵 P_3 及调节阀等组成，整个系统由两个独立的环路组成，即空调冷水环路和乙二醇溶液环路，两个环路通过板式换热器间接连接，每个环路具有独立的膨胀水箱和工作压力。

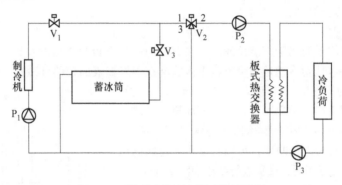

图 6-15 并联式蓄冰空调系统流程图

当融冰供冷时，冷负荷发生变化，通过调节三通阀 V_2 来调节通过板式换热器的溶液流量，保证冷水供水温度不变。

在负荷高峰期，需要实现融冰和制冷机联合供冷。来自板式换热器的溶液一部分经过制冷机降温，另一部分流经蓄冷槽降温，调节三通阀 V_2 同样可以调节通过板式换热器的溶液流量。

在空调负荷较低的电力谷段时间内，系统可能要同时制冰和供冷。泵 P_1 使一部分溶液流经三通阀 V_2 供给空调用户，另一部分溶液流经蓄冰槽升温后与来自板式换热器的溶液混合，然后进入制冷机。

该系统可以实现五种运行工况，各种运行工况的调节情况见表 6-3。

表 6-3 并联式流程各运行工况的调节情况

工　　况	P_1	P_2	V_1	V_2	V_3
制　　冰	开	关	开	关	开
制冰同时供冷	开	开	开	调节	开
融冰供冷	关	开	关	调节	开
制冷机供冷	开	开	开	1-2	关
联合供冷	开	开	开	调节	开

2. 串联式蓄冰空调系统

串联式流程可以分为制冷机位于蓄冰槽上游和制冷机位于蓄冰槽下游两种方式。图 6-16 所示为制冷机位于上游时的系统流程图。

该系统可以实现四种运行工况，各种运行工况的调节情况见表 6-4。蓄冰槽单独供冷时，停止运行的制冷机仍作为系统的通路，通过调节 V_2 和 V_3 的相对开度来控制进入板式换热器的溶液温度，以适应负荷的变化。

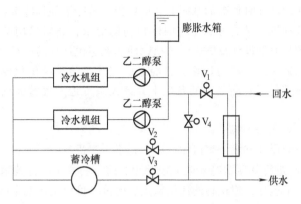

图 6-16　制冷机位于上游时的系统流程图

表 6-4　制冷机上游串联式流程各运行工况的调节情况

工　况	V_1	V_2	V_3	V_4
制　冰	关	关	开	开
融冰供冷	开	调节	调节	关
制冷机供冷	开	开	关	关
联合供冷	开	调节	调节	关

制冷机与蓄冰槽联合供冷时，从板式换热器流回的溶液先经过制冷机冷却后，再经过蓄冰槽释冷冷却，通过调节 V_2 和 V_3 的相对开度来控制进入板式换热器的溶液温度。

在制冷机位于上游的流程中，制冷机进液温度较高，制冷机效率较高，但蓄冰槽的融冰温差较小，蓄冰槽的容量较大。若制冷机位于下游，回流溶液先经过蓄冰槽冷却后，再经过制冷机冷却，制冷机进液温度较低，制冷机效率较低，但蓄冰槽的融冰温差较大，蓄冰槽的容量小一些。为了节省制冷机运行费用，在实际应用中倾向于采用制冷机位于上游的形式，除非制冷机位于下游时蓄冰槽容量的减少具有更大意义（如蓄冰槽投资过大，或受设备布置场地限制）时，才考虑采用制冷机位于下游的形式。

串联系统运行于联合供冷工况时，载冷剂要经过制冷机和蓄冰槽两次冷却，可以获得比并联系统更大的温差，特别适合于冷水温差大的系统和低温送风系统。

6.3.3　冰蓄冷空调系统设计

1. 冰蓄冷空调系统的运行策略

一个空调蓄冷系统在运行中要合理分配制冷机直接供冷和蓄冷装置的释冷量，使两者能最经济地满足负荷需求，这就涉及运行策略问题。全部蓄冷运行的系统不存在这个问题；对于部分蓄冷运行的系统，存在制冷机优先策略和释冷优先策略这两种运行策略。制冷机优先策略以制冷机供冷为主，当负荷超过制冷机的供冷能力时，由蓄冰槽承担不足的部分。制冷机优先策略在运行中较容易控制，但蓄冰槽的使用率低，不能充分利用电力谷段低廉的电价，运行电费高，在实际中很少采用。

释冷优先策略以蓄冰槽释冷为主，不足部分由制冷机补充。如果释冷优先策略使用得当，能获得最大的经济效益，故在实际中应用较多。释冷优先策略在控制程序上比制冷机优先策略复杂，如果释冷量不能很好地控制和合理分配，有可能会造成负荷高峰时供冷量不够，或者蓄冷量未能充分利用。需要在预计逐时负荷的基础上，计算分配蓄冷槽的释冷量和制冷机的供冷量，以保证蓄冷量既得到充分利用，又能够满足逐时冷负荷的要求，通常采用基本恒定的逐时释冷速率。系统设计时采用的是典型设计日的逐时负荷，而非典型设计日的逐时负荷分布是变化的，这就要求根据负荷预测的情况优化释冷速率。已经有一些冰蓄冷系统优化控制软件，结合计算机控制系统应用，可以在满足逐时冷负荷的基础上，最大限度地发挥蓄冰槽的作用，使运行电费最少。

2. 蓄冷空调系统的设计步骤

各种蓄冷空调系统的设计基本上可以按照以下几个步骤进行：

1) 可行性分析。在进行某项蓄冷空调工程设计之前，需要先进行技术和经济方面的可行性分析。要考虑的因素通常包括：建筑物的使用特点、电价、可以利用的空间、设备性能要求、使用单位意见、经济效益以及操作维护等问题。

2) 计算设计日的逐时空调负荷，按空调使用时间逐时累加，并计入各种冷损失，求出设计日内系统的总冷负荷。

3) 选择蓄冷装置的型式。目前在蓄冷空调工程中应用较多的有水蓄冷、内融冰和封装式系统。在进行系统设计时，应根据工程的具体情况和特点选择合适的型式。

4) 确定系统的蓄冷模式、运行策略及循环流程。蓄冷空调系统有多种蓄冷模式、运行策略及循环流程。如蓄冷模式中有全部蓄冷模式和部分蓄冷模式；运行策略中有主机优先和蓄冷优先策略；系统循环流程有串联和并联；在串联流程中又有主机和蓄冷槽哪一个在上游的问题。这些都需要做出明确、合理的选择，才能对设备容量进行确定。

5) 确定制冷机和蓄冷装置的容量，计算蓄冷槽的容积。

6) 系统设备的设计及附属设备的选择。主要指制冷机选型、蓄冷槽设计、泵及换热器等附属设备的选择等。对于宾馆、饭店等夜间仍需要供冷的商业性建筑，往往需要配置基载冷水机组。这是由于夜间制冷机在效率低的制冰工况下运行，若同时有供冷要求，则需将0℃以下的载冷剂经换热器后供应7℃的空调冷水，制冷机的运行效率较低。如果夜间负荷很小，可以直接由蓄冰用的低温载冷剂供冷；如果夜间负荷能有合适的冷水机组可供选用，应该在空调侧水环路上设置基载冷水机组，在蓄冰时间直接供应7℃的空调冷水。

7) 经济效益分析。包括初始投资、运行费用、全年运行电费的计算，求出与常规空调系统相比的投资回收期。

3. 冰蓄冷设备容量确定

冰蓄冷系统的主机一般采用双工况的螺杆式制冷机。制冰工况时制冷机的冷量将会有明显的降低，当出水温度从5℃降至 -5℃时，螺杆机的冷量约下降至70%。因此，在确定主机容量时必须考虑制冰工况下冷量降低带来的影响。采用制冷机优先的运行策略时，要求夜间蓄冷量和设计日内制冷机直接供冷量之和能够满足设计日内系统的总冷负荷，所需的制冷机及蓄冷槽容量最小，其制冷机容量按下式确定，即

$$R = \frac{Q}{H_C C_1 + H_D} \tag{6-4}$$

式中　　R——制冷机在空调工况下的制冷量（kW）；

　　Q——设计日内系统的总冷负荷（kW·h）；

　　H_C——蓄冷装置在电力谷段的充冷时间（h）；

　　C_1——制冷机在制冰工况下的容量系数，一般为 0.65 ~ 0.7；

　　H_D——制冷机在设计日内空调工况运行的时间（h）。

式（6-4）是按充冷与供冷在满负荷下运行来计算的。若出现有 n 个小时的空调负荷小于计算出的制冷机容量，制冷机不会在满负荷下运行，应该将这 n 个小时折算成满负荷运行时间，然后代入式（6-4）对 R 进行修正。折算后的 H_D 应修正为

$$H_D' = \frac{(H_D - n) + \sum_{i=1}^{n} Q_i}{R} \tag{6-5}$$

式中　Q_i——n 个小时中的第 i 个小时的空调负荷（kW）。

如果采用融冰优先的运行策略，则要求高峰负荷时的释冷量与制冷机供冷量之和能够满足高峰负荷，一般采用恒定的逐时释冷速率，则有

$$\frac{RH_cC_1}{H_s} + R = Q_{max} \tag{6-6}$$

式中　H_s——系统在非电力谷段融冰供冷的时间（h）；

Q_{max}——设计日内系统的高峰负荷（kW）。

由式（6-6）可以得出采用融冰优先策略时的制冷机容量为

$$R = \frac{Q_{max}H_s}{H_cC_1 + H_s} \tag{6-7}$$

蓄冰槽的容积可按下式计算，即

$$V = \frac{RH_cC_1b}{q} \tag{6-8}$$

式中　b——容积膨胀系数，一般取 $b = 1.05 \sim 1.15$；

q——单位蓄冷槽容积的蓄冷量，取决于蓄冷装置的型式（$kW \cdot h/m^3$）。

4. 冰蓄冷低温送风空调系统

低温送风空调系统是指送风温度小于或等于 11℃ 的空调系统，一般要求冷水温度不高于 4℃，而冰蓄冷系统可以提供 4℃ 以下的冷水。因此，随着冰蓄冷技术的发展，低温送风空调逐渐兴起。低温送风空调系统具有以下特点：

（1）初始投资低　在低温送风空调系统中，送风温差可达 13 ~ 20℃，减小了送风系统的设备及风管尺寸，因此也降低了送风系统的初始投资。低温送风与常规送风相比，空调水系统与风系统的投资可减少 14% ~ 19%，而总投资可减少 6% ~ 11%。

（2）提高空调舒适性　根据人体热舒适理论，只要降低相对湿度，即使提高干球温度，也可以获得同等的舒适性。低温送风系统的空气相对湿度一般为 35% ~ 45%，在此情况下，干球温度即使提高 1 ~ 2℃，人体同样会感到舒适。较低的相对湿度使人体对空调送风有较强的新鲜感和舒适感。低温送风还大大减少了空调区域细菌生存和繁衍的条件，从而提高了空调区域的空气质量，更有利于人体的健康。

（3）减少高峰电力需求，降低运行费用　空调系统的风机大多在电力峰值时间运行，低温送风系统减少了送风量，因此相应地降低了风机的功率，采用低温送风系统可以进一步减小蓄冷空调系统的峰值电力需求。另外，采用低温送风系统时，可将室内干球温度提高 1 ~ 2℃，这样可以减少空调冷负荷，从而节省运行电费。

（4）节省空间，降低建筑造价　由于低温送风系统的送风量减少，空气处理设备及风道尺寸相应减少，所占的建筑空间减小。

由于低温送风系统的送风温度低，为了防止风口表面结露，需要采用软起动方式。即起动时，逐渐降低送风温度，待室内露点温度低于风口外表面温度时，才进入正常运行。另外，低温

送风系统的送风量小会影响室内气流组织，冷热极不均匀，室内人员有吹冷风感。为了解决这些问题，低温送风系统通常采用的送风方式有以下两种：

1）在送风末端加设空气诱导箱或混合箱，使一次送风和部分回风在混合箱内混合至常规送风状态后，直接通过一般常规空气用散流器送入空调房间。此类设备又分为三种型式，即带风机的串联式混合箱、带风机的并联式混合箱及不带风机的诱导型混合箱。

2）采用低温送风系统专用的散流器，直接将一次低温风送入室内，使之在出风口附近卷吸周围空气，与之迅速混合，增强了室内空气流动，使送风在到达工作区域前完成混合，送入工作区域的空气温度得到升高。

思考题与习题

1. 常用的蓄冷介质有哪些？
2. 蓄冷空调系统设计模式及控制策略有哪些？
3. 水蓄冷空调系统有哪些优缺点？
4. 简要说明水蓄冷系统间接供冷系统的流程。
5. 根据结构型式不同，水蓄冷槽有哪几种类型？
6. 如何确定水蓄冷槽的蓄冷量与体积？
7. 根据融冰方式的不同，冰盘管式蓄冰可以分为哪几种方式？它们各有哪些特点？
8. 根据制冷机与蓄冰槽的相对位置不同，冰蓄冷空调系统的循环流程可分为哪几种？试绘图描述其工作过程。
9. 如何确定冰蓄冷空调系统蓄冰槽的容积？

第 7 章

热　　泵

7.1　热泵的工作原理及热源

7.1.1　热泵的工作原理

热泵是一种以消耗部分能量作为补偿条件使热量从低温物体转移到高温物体的能量利用装置，它能够把空气、土壤、水中所含的不能直接利用的低品位热能、工业废热等转换为可以利用的热能。在暖通空调工程中可以用热泵作为热源提供100℃以下的低温热能。

根据热力学第二定律，热量是不能自发从低温区向高温区传递的，必须向热泵输入一部分驱动能量才能实现这种热量的传递。热泵虽然需要消耗一定的驱动能，但根据热力学第一定律，所供给用户的热量却是消耗的驱动能与吸取的低品位热能的总和。用户通过热泵获得的热量永远大于所消耗的驱动能，所以说热泵是一种节能装置。

热泵与制冷机从热力学原理上说是相同的，都是按逆卡诺循环工作。但两者的使用目的不同。制冷机吸取热量而使对象变冷，达到制冷的目的；而热泵则是利用排放热量向对象供热，达到供热的目的。另外，两者的工作温度范围也不同，如图7-1所示。

制冷机在环境温度 T_a 和被冷却物体温度 T_e 之间工作，从作为低温热源的被冷却物体中吸热，向作为高温热源的环境介质排热，以维持被冷却物体温度低于环境温度。

热泵在被加热物体温度 T_h 和环境温度 T_a 之间工作，从作为低温热源的环境介质中吸热，向作为高温热源的被加热物体供热，以维持被加热物体温度高于环境温度。

热泵制热时的性能系数称为制热系数，用 COP_h 表示。如图7-2所示，对逆卡诺循环，由热力学定理可以证明，其制热系数为

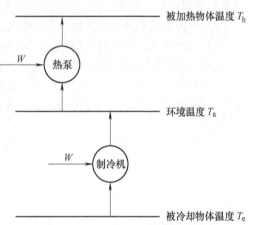

图 7-1　制冷机和热泵的工作温度范围

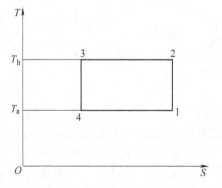

图 7-2　按逆卡诺循环工作的热泵循环 T-s 图

$$COP_h = \frac{T_h}{T_h - T_a} \qquad (7-1)$$

热泵的热源是指可利用的自然界低位能源（空气、水及土壤等）和生活、生产中排出的废热热源。这些热源的温度虽然较低，但能量很大，可以通过热泵提高品位向生活和生产过程提供有用的热量。

7.1.2 热泵的热源

热泵运行时，通过蒸发器从热源吸收热量，而向供热对象提供热量。所以，不同的热源对热泵的装置、工作特性、经济性等都有重要的影响。热泵的供热温度取决于热泵的用途及供热对象的要求。比如，暖通空调的供热介质温度通常约在40℃以上，因而冷凝温度应在45℃以上；而茶叶烘干需要的空气温度为85~95℃，因而要求冷凝温度比较高。

作为热泵的热源一般应满足下列要求：

1）热源的温度尽可能高。因为在一定的供热温度条件下，热泵的热源温度与供热温度之间的差值越小，其制热系数越大。

2）热源尽可能多地提供热量，以免设置辅助加热装置，这样可以减少附加投资。

3）热源的热能应便于输送，而且输送热量的热（冷）媒动力消耗应尽可能小，以减少热泵的运行费用。

4）热源对换热设备的材料无腐蚀作用，而且尽可能不产生污染和结垢现象。

5）热源温度的时间特性和供热的时间特性应尽量一致，以免造成热量供求的矛盾。

热泵可利用的热源分为两大类：一类为自然能源，其温度较低，如空气、水（地下水、海水、江河水等）、土壤、太阳能等；另一类为生活或生产中的废热，如建筑物内部的排热，工业生产过程的排热，生产或生活废水、地下铁道、垃圾焚烧过程的排热等，这种热源的温度较高。

7.2 地源热泵系统的组成及类别

7.2.1 地源热泵系统的组成及工作原理

1. 系统组成

地源热泵系统主要由地表浅层地能采集系统、热泵机组和建筑物空调供暖系统三部分组成。系统示意图如图7-3所示。

图7-3 地源热泵系统示意图

（1）浅层地能采集系统 是指通过水循环或含有防冻剂的水溶液循环将岩土体或地下水、地表水中的热量或冷量采集出来并输送给水源热泵机组的换热系统。通常分为地埋管换热系统、地下水换热系统和地表水换热系统。

（2）水源热泵机组 主要有水/水热泵和水/空气热泵两种。

（3）室内供暖空调系统 主要有风机盘管系统、地板辐射供暖系统等。

热泵与地能之间的换热介质为水，与建筑物采暖空调末端的换热介质可以是水或空气。

2. 系统工作原理

地源热泵系统通过输入少量的电能，最大限度地利用地表浅层能量，实现由低温位向高温位或由高温位向低温位的转换。即在冬季，把地下的热量"取"出来，经过热泵进一步换热后为室内供暖，同时将冷能传输到地下；在夏季，把地下的冷能"取"出来，经过热泵进一步制冷后供室内使用，同时将热能释放到地下。

7.2.2 地源热泵系统的分类

太阳能的 47% 被地表吸收，地表浅层蕴藏大量的能量。地表向下 1.5~130m，一年四季的温度是相对恒定的，一般为 16~20℃。只要是以岩土体、地下水或地表水为低温热源，由水源热泵机组、地热能交换系统、建筑物内系统组成的供暖空调系统，统称为地源热泵系统。

地源热泵系统根据地热能交换系统形式的不同，分为地埋管地源热泵系统（简称地埋管系统）、地下水地源热泵系统（简称地下水系统）和地表水地源热泵系统（简称地表水系统）。其中，地埋管地源热泵系统也称地耦合系统或土壤源地源热泵系统。地表水系统中的地表水是一个广义概念，包括河流、湖泊、海水、中水或达到国家排放标准的污水、废水等。地表水系统和地下水系统由于涉及开采利用地表水或地下水，有些地区可能受到当地政府政策法规的限制。三种地源热泵系统的主要区别在于室外地能换热系统（见表 7-1）。

表 7-1　地源热泵室外地能换热系统的比较

比较内容	室外地能换热系统		
	地埋管系统	地下水系统	地表水系统
换热强度	土壤热阻大，换热强度低	水质比地表水好，换热强度高	水热阻小，换热强度比土壤高
运行稳定	运行性能比较稳定	短期稳定性优于地表水，长期可能变化	气候影响较大
占地面积	较多	较少	不计水体占用面积，占地最少
建设难度	设计难度、施工量及投资较大	设计难度、施工量及投资较小	设计难度、施工量及投资最小
运行维护	基本免维护	维护工作量及费用较大	维护工作量及费用较小
环境影响	基本无明显影响	对地下水及生态的影响有待观测和评估	短期无明显影响，长期有待观测和评估
使用寿命	寿命在 50 年以上	取决于水井寿命，优质井可达 20 年以上	取决于换热管或换热器寿命
应用范围	应用范围比较广泛	取决于地下水资源情况	取决于附近是否有大量或大流量水体

7.2.3 地源热泵系统的特点

1）利用可再生能源。地源热泵从常温土壤或地表水（地下水）中吸热或向其排热，利用的是可再生清洁能源，可持续使用。

2）高效节能、运行费用低。地源热泵的冷热源温度一年四季相对稳定，冬季比环境空气温度高，夏季比环境空气温度低，这种温度特性使地源热泵比传统空调系统运行效率要高 40%；另外，地能温度较恒定，使热泵机组运行更稳定、可靠，也保证了系统的高效性和经济性；这都使整个系统的维修量极少，折旧费和维修费大大低于传统空调，所以其运行费用比传统集中式空调系统低 40% 左右。

3）节水、省地。不消耗水资源，不会对其造成污染；省去了锅炉房及附属煤场、储油房、冷却塔等设施，机房面积大大小于传统空调系统，节省建筑空间，也有利于建筑的美观。

4）环境效益显著。该系统运行没有任何污染，可以建造在居民区内。供暖时，无燃烧和排烟，也无废弃物，不需要堆放燃料废物的场地，不会产生城市热岛效应。外部噪声低。对环境非常友好。

5）运行安全可靠。地源热泵系统中无燃烧设备，因此运行中不产生 CO_2、CO 之类的废气，也不存在丙烷气体，因而不会有爆炸危险，使用安全。

6）一机多用，应用范围广。地源热泵系统可供暖、制冷、供生活热水，一套系统可以代替原来的锅炉加制冷机两套装置或系统。可应用于宾馆、商场、办公楼、学校等建筑，更适合于住宅的供暖、供冷。

7）自动化控制程度高。地源热泵机组由于工况稳定，所以系统简单，部件较少，机组运行简单可靠，维护费用低，易于实现较高程度的自动控制，可无人值守。

8）机组使用寿命长，均在 20 年以上。

7.3 土壤源热泵系统

7.3.1 土壤源热泵系统的分类及特点

1. 土壤源热泵系统的分类

土壤源热泵系统以土壤为热源和热汇。它是利用地下土壤的温度相对稳定的特性，通过消耗少量高位能（电能），在夏季把室内余热转移到土壤热源中，在冬季把低位能转到需要供暖的地方；同时可以提供生活热水，是一种高效、节能的空调装置。系统中最主要的设备之一是室外地表浅层换热器。

如图 7-4 所示，根据地埋管换热器埋管方式的不同，土壤源热泵系统可分为水平式地埋管换热器系统和竖直式地埋管换热器系统。

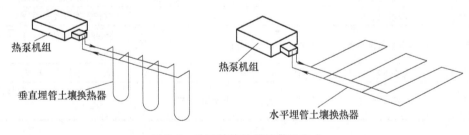

图 7-4 地埋管换热器的敷设方式

水平式地埋管埋深通常为 $1.2 \sim 3.0 m$，如果埋深太浅，埋管周围土壤温度易受地上空气温度波动的影响，甚至可能出现冻冰现象；同时埋管易受到地面载荷的碾压破坏，所以最上层埋管顶部应在冻土层以下 $0.4 m$，且距地面不宜小于 $0.8 m$。常采用单层或多层串、并联水平平铺埋管。每管沟埋 $1 \sim 6$ 根管子。管沟长度取决于土壤状态和管沟内管子的数量与长度。根据埋管形式可分为水平式埋管换热器和螺旋换热器。水平式的特点是施工方便、造价低；但换热效果差，受地面温度波动影响大，热泵运行不稳定；占地面积较大，一般用于地表面积不受限制的场合。

竖直式地埋管换热器的埋管形式有 U 形埋管、套管和螺旋管等。竖直式根据埋深分为浅埋和深埋两种，浅埋埋深为 $8 \sim 10 m$，深埋埋深为 $33 \sim 180 m$，一般埋深为 $23 \sim 92 m$。目前，一般常用 U 形竖直埋管。竖直式地埋管换热器的特点是占地面积小，土壤温度全年比较稳定，热泵运行稳定，所需的管材较少，流动阻力损失小，但初投资（钻孔、打井等土建费用）大。

水平式地埋管和竖直式地埋管的形式中都有螺旋形埋管形式，它结合了水平地埋管和竖直地埋管的优点，占地面积小，安装费用低，但其管道系统结构复杂，管道加工困难，系统运行阻力较大。

早期的地埋管换热器，主要采用热阻小、抗压抗拉强度高的金属材料。实际使用中，发现金属材料耐蚀性能较差，使用寿命短，造价相对较高。现在的地埋管换热器一般采用与土壤匹配性能好、耐蚀能力强、造价相对合理的聚乙烯塑料管等。

2. 土壤源热泵系统的主要特点

土壤源热泵系统除了具有地源热泵的优点外，与空气源热泵相比，还有以下特点：

1）土壤温度全年波动较小且数值相对稳定。地表面约 5m 以下的土壤温度基本不受地面温度的影响，而保持一个定值。有研究表明，地下约 10m 深处的土壤温度比全年的平均温度（在多数情况下）高出 $1\sim2℃$，并且几乎无季节性波动。因此，可以提供相对较低的冷凝温度和较高的蒸发温度，这说明无论是夏季还是冬季，都非常适用于空调系统。土壤源热泵机组不因外界空气的变化而影响运行效率，因此，运行效率较高。

2）土壤具有良好的蓄热性能，冬、夏从土壤中取出（或放入）的能量可以分别在夏、冬季得到自然补偿。

3）运行工况平稳。在室外空气温度高于 35℃ 时，空气源热泵的制冷量就会降低；而在冬季，当室外气温低于 5.8℃，相对湿度大于 67% 时，蒸发器容易结霜，如不及时清除，有可能堵塞风流通道，导致制冷剂不能完全蒸发，压缩机产生回液，热泵不能正常工作，故在冬季空气源热泵需频繁化霜，制热效率低，常需增设辅助加热器。与之相比，地下土壤温度较高且相对稳定，几乎不受地上温度变化的影响，没有结霜之忧，土壤源热泵运行工况平稳。同时，也节省了空气源热泵结霜、除霜所消耗的能量。

土壤源热泵系统也存在一些缺点，其表现主要有：

1）地埋管换热器的换热性能受土壤热物性参数的影响较大。长期连续运行时，热泵的冷凝温度或蒸发温度受土壤温度变化的影响而发生波动。

2）当换热量较大时，地埋管换热器的占地面积较大。

3）初始投资较高。

7.3.2　土壤换热器

1. 土壤换热器的设计步骤

与传统的空调系统设计相比，设计计算土壤换热器的管长是土壤源热泵系统设计所特有的内容。设计时首先要收集和确定设计所需的初始数据，包括当地的气象数据和土壤的性质以及传热特性、选用热泵的特性、建筑供暖和供冷的负荷、选用管材的特性等。由基于能量分析的温频法计算得到空调系统的冷热负荷，然后根据最冷的一月份热负荷和最热的七月份冷负荷分别计算出冬、夏季土壤换热器所需的长度。土壤源热泵系统的土壤换热器设计步骤如下：

1）确定建筑物的供暖、制冷和热水供应（如果选用）的负荷，并根据所选择的建筑空调系统的特点确定热泵的型式和容量。可根据有关计算负荷的软件或计算负荷方法，如度日法、温频法等确定建筑物的月负荷。

2）确定土壤换热器的布置形式。土壤换热器的布置形式主要包括水平埋管、竖直埋管闭式循环以及串联、并联的管路连接形式。选择水平系统还是垂直系统，根据可利用的土地、当地土壤的水文地质条件和挖掘费用而定。如果有大量的土地且没有坚硬的岩石，应该考虑经济的水平系统。考虑到我国人多地少的实际情况，在大多数情况下，竖直埋管方式是唯一的选择。当采用竖直埋管的土壤换热器时，每个钻井中可设置一组或两组 U 形管。

3）选择换热器管材。目前主要采用高密度聚乙烯（HDPE），管径（内径）通常采用 20 ~ 40mm，管径的选择应根据热泵本身换热器的流量要求以及选用的串联或并联的形式确定。即一方面应保证管中流体的流速应足够大，以在管中产生湍流利于传热；另一方面，该流速又不应过大，以使循环泵的功耗保持在合理的范围内。

4）如果设计工况中热泵主机蒸发器出口的流体温度低于 0℃，应选用适当的防冻液作为循环介质。

5）合理设计分、集水器。分、集水器是从热泵到并联环路的土壤换热器的流体供应和回流的管路。为使各支管间的水力平衡，应采用并联同程对称布置。为有利于系统排除空气，在水平供、回水干管应各设置一个自动排气阀。

6）根据所选择的土壤换热器的类型及布置形式，计算土壤换热器的管长。最大吸热量和最大释热量相差不大的工程，应分别计算供热与供冷工况下换热器的长度，取其大者，确定换热器容量。当两者相差较大时，宜通过技术经济比较，采用辅助散热（增加冷却塔）或辅助供暖的方式来解决，一方面经济性较好，另一方面，也可避免因吸热与释热不平衡引起土壤体温度的逐年降低或升高。全年冷、热负荷平衡失调，将导致换热器区域土壤体温度持续升高或降低，从而影响换热器的换热性能，降低换热器换热系统的运行效率。因此，土壤换热器换热系统的设计应考虑全年冷热负荷的影响。

2. 土壤换热器（地埋管）的布置形式

（1）埋管形式　在现场勘测结果的基础上，确定换热器采用竖直地埋管形式还是水平地埋管形式，现场可用地表面积是一个需要考虑的因素。当可利用地表面积较大，浅层岩土体的温度及热物性受气候、雨水、埋设深度影响较小时，宜采用水平地埋管换热器。否则，宜采用竖直地埋管换热器。竖直地埋管换热器根据竖井的深度，每千瓦负荷需要 $2 \sim 7m^2$ 的地表面积，其位置不限。竖井深度由当地环境条件和现有钻孔设备决定。竖井深度可以在 45 ~ 150m 范围内选取。

另一个需要考虑的因素是建筑物高度。对水平换热器，建筑高度不是问题，埋设地埋管换热器的地面面积是唯一的限制。如果地下换热器盘管和建筑物内管路间没有用换热器隔开，竖直地埋管换热器将被限制在一定高度内的建筑物中使用。超过这个高度，系统静压将可能超过地下埋管的最大额定承压能力。以上是在未考虑地下水的静压抵消作用时，如果考虑静压抵消后，竖直地埋管换热器可以在更高的建筑物中使用。工程上应进行相应计算，以验证系统静压是否在管路最大额定承压范围内。

在应用中还需要考虑竖直式或水平式换热器区域的预定位置，换热器的位置也会影响系统的性能。例如，位于沥青表面下的水平式换热器与位于草地或森林地面下的换热器相比，根据当地水文地质条件的不同，其夏季运行温度较高，冬季运行温度较低。这要归因于沥青表面的吸收率较高。目前还没有足够的数据可供在设计方法中量化处理这种现象。

经过恰当选型后，水平式系统和竖直式系统的性能相当，也就是说两种系统的运行费用近似相等。如果上述选择水平式或垂直式系统的限制因素都不存在，安装费用就成了主要考虑因素。

竖直地埋管换热器的构造有多种，主要有竖直 U 形埋管和竖直套管。图 7-5 给出了其中几种。几种构造中多采用的是图 a 所示的每个竖井中布置单根 U 形管换热器，各 U 形管进行并联同程连接。另一种构造方式是每个竖井中布置两根 U 形管换热器，如图 b 所示。图 c 表示的是一种由两个竖井组成一个环路的布置方式。在预布置时，各竖井的间距可在 4 ~ 6m 范围内，是为保证在大多数情况下各竖井间的相互热干扰和长时间后的热积聚可以忽略不计，也可以保证此后确定的竖井的各种条件满足设计要求。图 d 所示的是竖直套管式型式。

单 U 形埋管的竖井内热阻比双 U 形埋管大 30% 以上，但实测与计算结果均表明：双 U 形埋管比单 U 形埋管仅可提高 15% ~ 20% 的换热能力。这是因为竖井内热阻仅是埋管传热总热阻的一部分。竖井外的岩土层热阻，对双 U 形埋管和单 U 形埋管来说是一样的。双 U 形埋管管材用量大，安装较复杂，运行中水泵的功耗也相应增加。因此一般地质条件下，多采用单 U 形埋管。对于较坚硬的岩石层，经过经济技术分析后，因选用双 U 形埋管而节省的钻竖井的费用，有可能补偿因双 U 形埋管使用的管道数量多而增加的费用。这种情况下，选用双 U 形埋管，有效地减少了竖井内热阻，使单位长度 U 形埋管的热交换能力明显提高，同时可以减少地下埋管空间。

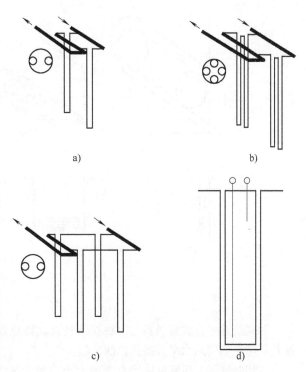

图 7-5　竖直地埋管换热器的典型环路构造
a）单竖井/环路，单 U 形管/竖井　b）单竖井/环路，双 U 形管/竖井　c）多竖井/环路，单 U 形管/竖井　d）套管式

图 7-6 给出了水平地埋管换热器的一些常见布置形式。其中图 a 是双管水平式布置的图例，左边的常称为并排方式，右边的称为上下排方式。两种排列方式可以组成单环路或双环路系统，即图示可以看作为单环路系统的供回水断面图，也可以看作为两个平行布置的相互独立的环路断面图。图 b 是四管水平式布置的图例，它可以表示双环路或四环路换热器。图 c 表示的是双层六管水平式布置的图例，它可以表示三环路或六环路换热器。图 7-7 给出了几种新近开发的地埋管换热器的布置形式。

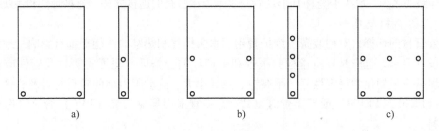

图 7-6　几种常见的水平地埋管换热器布置形式
a）单环路或双环路　b）双环路或四环路　c）三环路或六环路

（2）连接方式　竖直地埋管换热器和水平地埋管换热器都有并联管路和串联管路两种形式。并联管路竖直式换热器与串联管路竖直式换热器相比，U 形管管径可以更小，从而可以降低管路费用、防冻液费用，由于较小的管路更容易制作，人工费用也可能减少。如果 U 形管管径的减小使竖井直径也相应变小，钻孔费用也能相应降低。并联管路换热器同一环路集管连接的所有竖井的传热量是相同的，而串联管路换热器每个竖井的传热量是不同的。

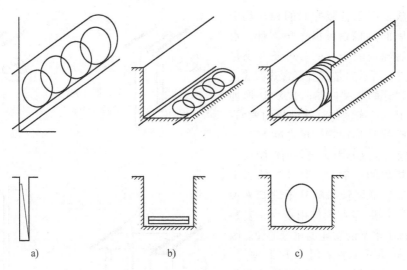

图 7-7　几种新型水平地埋管换热器的布置形式

a）垂直排圈式　b）水平排圈式　c）水平螺旋式

并联管路竖直式换热器与串联管路竖直式换热器的比较结果也同样适用于并联管路水平式换热器与串联管路水平式换热器的比较。

采用并联还是串联取决于系统的大小、埋管深浅及安装成本的高低等因素。串联系统的主要优点是具有单一流体通道和同一型号的管道。由于串联系统管路管径大，因此对于单位长度埋管来说，串联系统的热交换能力比并联系统的高。串联系统有许多缺点，首先，由于采用大管径管道，管内体积大，需较多的防冻液；管道成本及安装费用高于并联系统；管道不能太长，否则阻力损失太大且可靠性降低。目前，工程上以并联管路为主。需要说明的是：对于并联管道，在设计和制造过程中必须特别注意，应确保管内水流速较高，以排走空气。此外，并联管道每个管路长度应尽量一致（偏差宜控制在 10% 以内），以使每个环路都有相同的流量。

（3）水平连接集管　分、集水器是防冻液从热泵到地热换热器各并联环路之间循环流动的调节控制装置。设计时应注意各并联环路间的水力平衡及有利于系统排除空气。与分、集水器相连接的各并联环路的多少，取决于竖直 U 形埋管与水平连接管路的连接方法、连接管件和系统的大小。

3. 地埋管管材与传热介质

地埋管管材的选择，对初装费、维护费用、水泵扬程和热泵的性能等都有影响。地埋管及管件应符合设计要求，且应具有质量检验报告和生产厂的合格证。地埋管管材及管件应符合下列规定：地埋管应采用化学稳定性好、耐腐蚀、热导率大、流动阻力小的塑料管材及管件，宜采用聚乙烯管（PE80 或 PE100）或聚丁烯管（PB），不宜采用聚氯乙烯（PVC）管。管件与管材应为相同材料。

传热介质应以水为首选，也可选用符合下列要求的其他介质：

1）安全，与地埋管管材无化学反应。

2）具有较低的冰点。

3）具有良好的传热特性，较低的摩擦阻力。

4）易于购买、运输和储藏。

传热介质的安全性包括毒性、易燃性及腐蚀性；良好的传热特性和较低的摩擦阻力是指传热介质具有较大的热导率和较低的黏度。可采用的其他传热介质包括氯化钠溶液、氯化钙溶液、乙二醇溶液、丙醇溶液、丙二醇溶液、甲醇溶液、乙醇溶液、醋酸钾溶液及碳酸钾溶液。

在有可能冻结的地区，传热介质应添加防冻剂。防冻剂的类型、浓度及有效期应在充注阀处注明。可选择的防冻剂包括盐类（氯化钙和氯化钠）、乙二醇（乙烯基乙二醇和丙烯基乙二醇）、酒精（甲醇、异丙基、乙醛）、钾盐溶液（醋酸钾和碳酸钾）。为了防止出现结冰现象，添加防冻剂后的传热介质的冰点宜比设计最低使用水温低 3 ~ 5℃。

地埋管换热系统的金属部件应与防冻剂兼容。这些金属部件包括循环泵及其法兰、金属管道、传感部件等与防冻剂接触的所有金属部件。同时，应考虑防冻剂的安全性、经济性及其对换热的影响。

4. 地埋管管长的确定

根据所选择的地热换热器的类型、布置形式及建筑物负荷，设计计算地热换热器的管长。与传统的空调系统设计相比，这是地源热泵空调系统设计所特有的内容，而且也不同于一般的换热器的设计计算。

地热换热器计算的基本任务：一是给定地热换热器和热泵的参数以及运行条件，确定地热换热器循环液的进出口温度，以保证系统能在合理的工况下工作；二是根据用户确定的循环液工作温度的上下限确定地热换热器的长度。

根据所选择的土壤换热器的类型及布置形式，设计计算换热器的管长。但迄今为止土壤换热器的长度计算尚未有统一的规范，目前可根据现场实测土壤体及回填料热物性参数，采用专用软件计算土壤换热器的容量。在换热器设计计算时，环路集管作为安全裕量一般不包括在换热器长度内。但对于水平埋管量较多的垂直埋管系统，水平埋管应折算成适量的换热器长度。

首先，应确定土壤换热器容量计算所需的设计参数：

1）确定钻井参数，包括钻井的几何分布形式、钻井半径、模拟计算所需的钻井深度、钻井间距及回填材料的热导率等。

2）确定 U 形管参数，如管道材料、公称外径、壁厚及两支管的间距。

3）确定土壤的热物性和当地土壤的平均温度，其中土壤热物性最好使用在现场实测的等效热物性值。

4）确定循环介质的类型，如纯水或某一防冻液。

5）确定热泵性能参数或热泵性能曲线，如热泵主机循环介质的不同入口温度值所对应的不同制热量（或制冷量）及压缩机的功率。

然后，根据已知的设计参数按如下步骤计算土壤换热器的长度：

1）初步设计土壤换热器，包括设计土壤换热器的几何尺寸及布置方案。

2）计算钻井内热阻，根据初步设计的土壤换热器几何参数、物性参数等计算。

3）计算运行周期内孔壁的平均温度和极值温度。

4）计算循环介质的进出口温度、极值温度或平均温度。

5）调整设计参数，使循环介质进出口温度满足设计要求。

5. 竖井、管沟数目及间距

对于竖直式埋管，知道所需的埋管长度就可以确定钻井的深度，但还要考虑钻井数目。对于水平式埋管，管沟的数目要由初始投资和占地面积等因素来确定。

《地源热泵系统工程技术规范》中规定，竖直地埋管换热器埋管深度宜大于 20m，钻孔孔径不宜小于 0.11m，钻孔间距应满足换热需要，宜为 3 ~ 6m。水平连接管的深度应在冻土层以下 0.6m，且距地面不宜小于 1.5m。

6. 管道压力损失计算与循环泵的选择

传热介质不同，其摩擦阻力也不同，水力计算应按选用的传热介质的水力特性进行计算。国内已有塑料管比摩阻均是针对水而言，对添加防冻剂的水溶液，目前尚无相应数据。为此，可参照《地源热泵系统工程技术规范》中给出的计算方法。

根据水力计算的结果，合理确定循环水泵的流量和扬程，并确保水泵的工作点在高效区。

7. 校核管材承压能力

校核地埋管换热器最下端管道的重力作用静压是否在其耐压范围内。换热器最下端管道的重力作用静压由循环系统最高点对该点的重力作用压力加上作用在环路最高点的所有正压决定，如果该静压超出管道耐压极限，则需换用耐压极限更高的管道或用板式换热器将土壤换热器与建筑环路分开。现场地下水的静压虽然可以起到抵消管内作用静压的作用，但除非确认地下水水位很稳定，否则不应将其抵消作用完全考虑在内。

8. 土壤换热器传热计算方法

在以半经验公式为主的土壤换热器的计算方法中，以国际地源热泵协会（IGSHPA）和美国供暖制冷与空调工程师协会（ASHRAE）共同推荐的 IGSHPA 模型方法的影响最大，我国《地源热泵系统工程技术规范》中土壤换热器的计算方法基本参考了此种方法。该方法是北美确定地下土壤换热器尺寸的标准方法，是以 Kelvin 线热源理论为基础的解析法。它是以年最冷月和最热月负荷作为确定土壤换热器尺寸的依据，使用能量分析的温频法计算季节性能系数和能耗。该能量分析只适用于民用建筑。该模型考虑了多根钻井之间的热干扰及地表面的影响，但没有考虑热泵机组的间歇运行工况，没有考虑灌浆材料的热影响，没有考虑管内的对流传热热阻，不能直接计算出热泵机组的进液温度，而是使用迭代程序得到近似的其他月平均进液温度。

垂直土壤换热器计算的基础是单个钻井的传热分析。在多个钻井的情况下，可在单孔的基础上运用叠加原理加以扩展。计算土壤换热器所需的长度时按以下步骤进行：

（1）根据地埋管平面布置计算土壤传热热阻　土壤换热器传热分析前必须事先确定埋设地埋管的群井的平面布置结构，根据选定的平面布置计算土壤换热器在土壤中的传热热阻。

定义单个钻井土壤换热器的土壤传热热阻为

$$R_s(X) = \frac{I(X_{r0})}{2\pi\lambda_s} \tag{7-2}$$

式中　$X_{r0} = \frac{r_0}{2\sqrt{a\tau}}$，$I(X_{r0}) = \int_{X_{r0}}^{\infty} \frac{1}{\eta} e^{-\eta^2} d\eta$ 为指数积分；

r_0——土壤换热器埋管外半径（m）；

a——土壤热扩散系数（m^2/s）；

λ_s——土壤热导率 [$W/(m\cdot\text{℃})$]；

τ——运行时间。

指数积分 $I(X)$ 可使用下式近似计算，即

当 $0 < X \leq 1$ 时

$$I(X) = 0.5(-\ln X^2 - 0.57721566 + 0.99999193X^2 - 0.249910055X^4 + 0.05519968X^6 - 0.00975004X^8 + 0.00107857X^{10})$$

当 $X \geq 1$ 时

$$I(X) = \frac{1}{2X^2 e^{X^2}} \frac{A}{B}$$

$$A = X^8 + 8.573328X^6 + 18.059017X^4 + 8.637609X^2 + 0.2677737$$

$$B = X^8 + 9.5733223X^6 + 25.632956X^4 + 21.099653X^2 + 3.9684969$$

定义多个钻井土壤换热器的土壤传热热阻，即

$$R_s = \frac{1}{2\pi\lambda_s}\left[I(X_{t0}) + \sum_{i=2}^{N} I(X_{SD_i})\right] \tag{7-3}$$

式中　$I(X_{t0})/(2\pi\lambda_s)$——半径为 r_0 的单管土壤换热器周围的土壤热阻；

　　　$I(X_{SD_i})/(2\pi\lambda_s)$——与所考虑的换热器距离为 SD_i 的换热器对该换热器热干扰引起的附加土壤热阻。

（2）土壤换热器管壁热阻　U 形土壤换热器的管壁传热热阻为

$$R_p = \frac{1}{2\pi\lambda_p}\ln\left(\frac{d_e}{d_e - (d_o - d_i)}\right) \tag{7-4}$$

式中　d_o——管外径（mm）；

　　　d_i——管内径（mm）；

　　　d_e——当量管的外径（mm）；

　　　λ_p——管壁的热导率［W/(m·℃)］。

对于 U 形土壤换热器，当量管的外径可表示为

$$d_e = \sqrt{n}d_o \tag{7-5}$$

式中　n——钻井内土壤换热器支管数目，对于单 U 形管，$n = 2$，对于双 U 形管，$n = 4$。

（3）确定热泵主机的最高进液温度、最低进液温度和供冷、供热运行份额　该方法建议热泵冬季供热最低进液温度要高出当地最冷室外气温 16～22℃，夏季制冷最大进液温度以 37.8℃作为初始近似值。根据最高和最低进液温度选择热泵机组，从而确定机组的供热/制冷能力（CAP_h/CAP_c）及供热/制冷系数（COP_h/COP_c）。

供热运行份额和制冷运行份额由式（7-6）、式（7-7）确定，即

$$F_h = \frac{最冷月中的运行小时数}{24 \times 该月天数} \tag{7-6}$$

$$F_c = \frac{最热月中的运行小时数}{24 \times 该月天数} \tag{7-7}$$

（4）确定土壤换热器的长度　根据前面的数据，分别计算满足供热和制冷所需的换热器的长度。

$$L_h = \frac{2CAP_h(R_p + R_sF_h)}{(T_M - T_{min})}\left(\frac{COP_h - 1}{COP_h}\right) \tag{7-8}$$

$$L_c = \frac{2CAP_c(R_p + R_sF_c)}{(T_{max} - T_M)}\left(\frac{COP_c + 1}{COP_c}\right) \tag{7-9}$$

式中　L_h、L_c——供热、制冷工况下土壤换热器的计算长度（m）；

　CAP_h、CAP_c——热泵机组处于最低和最高进液温度下的供热、制冷能力；

　COP_h、COP_c——处于最低和最高进液温度下的供热、制冷系数；

　T_{min}、T_{max}——供热工况下的最小进液温度、制冷工况下的最大进液温度（℃）；

　　　T_M——土壤未受热扰动时的平均温度（℃）。

为同时满足供热、制冷的空调负荷需求，应采用两种工况下土壤换热器长度的较大者作为设计值。

（5）逐月能耗分析　根据公式，使用温频法（BIN 法）进行逐月能耗分析。该方法需要根据最冷最热月计算的埋管长度来估计其他月的流体平均温度，其估算步骤如下：①对每个月假定一个 T_{min} 或 T_{max}，从而得到相应的热泵主机供热/制冷能力及性能系数；②将假定的 T_{min} 或 T_{max}

代入 BIN 法，计算每月热泵运行份额；③由公式计算每月 $T_M - T_{min}$ 或 $T_{max} - T_M$；④将假定的 T_{min} 或 T_{max} 与计算值进行比较，若假设值与计算值差的绝对值大于 0.1℃，则对 T_{min} 或 T_{max} 重新假设，重复①～③的步骤，直到得到合适的流体平均温度值。

其他较常用的半经验解析计算方法有 NWWA（National Water Well Association）模型法、Kavanaugh 模型法。前者也是以 Kelvin 线热源理论为基础，建立了线热源到周围土壤随时间变化的温度分布传热模型，是一种线源解析计算法；后者是以改进的柱热源理论为基础，建立了土壤换热器（柱热源）到周围土壤随时间变化的温度分布传热模型，是一种柱热源解析计算法，详情可参阅有关文献。

7.4　地下水源热泵系统

7.4.1　地下水源热泵系统的分类及特点

1. 地下水源热泵系统的分类

地下水源热泵系统是以地下水为热源或热汇的地源热泵系统。

按照地下水是否直接作为热泵的冷却介质，可以将地下水源热泵系统分为闭式环路（间接）地下水系统和开式环路（直接）地下水系统。

闭式环路地下水系统中，换热器把地下水和热泵机组隔开，采用小温差换热的方式运行。系统所用地下水由单个或供水井群提供，然后排入地下回灌。

闭式环路地下水系统有多种形式，在冬季制热工况下，主要有带有蓄热设备的分区地下水热泵系统、带有锅炉的分区地下水热泵系统和带有锅炉的集中地下水热泵系统，系统示意图如图 7-8 所示。制热工况下可以使用锅炉来辅助制热水，限制所需的地下水源系统的规模。在供

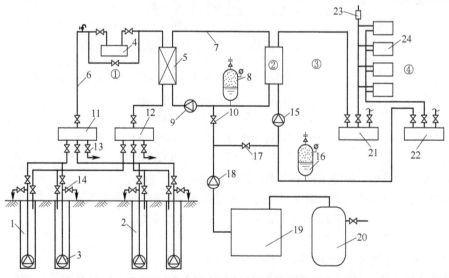

图 7-8　中央闭式环路地下水热泵系统

①—地下水换热系统　②—水源热泵机组　③—热媒或冷媒管路系统　④—空调末端系统

1—生产井群　2—回灌井群　3—潜水泵　4—除砂设备　5—板式换热器　6—一次水环路系统　7—二次水环路系统
8—二次水管路定压装置　9—二次水循环泵　10—二次水环路补水阀　11—生产井转换阀门组　12—回水井转换阀门组
13—排污与泄水阀　14—排污与回扬阀　15—热媒或冷媒循环泵　16—热媒或冷媒管路系统定压装置　17—热媒或冷媒管路
系统补水阀　18—补给水泵　19—补给水箱　20—水处理设备　21—分水缸　22—集水器　23—放气装置　24—风机盘管

冷工况下，闭式冷却塔或其他散热装置也能起到辅助制冷却水的作用。

开式地下水热泵系统是将地下水经处理后直接供给并联连接的每台热泵，与热泵中的循环工质进行热量交换后回灌。图 7-9 所示为一个开式地下水热泵系统示意图。系统定压由井泵和隔膜式膨胀罐来完成。由于地下水中含杂质，易将管道堵塞，甚至腐蚀损坏，所以地下水源热泵适用于系统设备、管道材质适于水源水质，或者具有较完善的水处理、防腐、防堵措施的系统。

2. 地下水源热泵系统的特点

地下水源热泵系统除了具有地源热泵系统的一般特点外，相对于传统的供暖（冷）方式及空气源热泵具有如下特点：

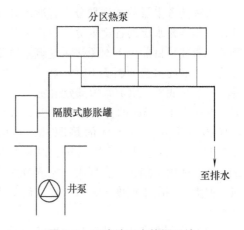

图 7-9　开式地下水热泵系统

（1）节能性　地下水的温度相当稳定，一般等于当年全年平均气温或高 $1 \sim 2 ℃$。国内的地下水源热泵的制热性能系数可达 $3.5 \sim 4.4$，比空气源热泵的制热性能要高 40%。

（2）经济性　一般来说，对于浅井（60m）的地下水源热泵不论容量大小，都是经济的；而安装容量大于 528kW，井深在 $180 \sim 240m$ 范围时，地下水源热泵也是经济的。这也是大型地下水源热泵应用较多的原因。地下水源热泵的维护费用虽然高于土壤源热泵，但与传统的冷水机组加燃气锅炉相比还是低的。据专家初步计算，使用地下水源热泵技术，投资增量回收期约为 $4 \sim 10$ 年。

（3）可靠的回灌措施　回灌是地下水源热泵的关键技术。如果不能将 100% 的井水回灌含水层内，那将带来地下水位降低、含水层疏干、地面下沉等环境问题，为此地下水源热泵系统必须具备可靠的回灌措施。

目前，国内地下水源热泵系统按回灌方式可分为两种类型：同井回灌系统和异井回灌系统。同井回灌系统，即取水和回灌水在同一口井内进行，通过隔板把井分成两部分：一部分是低压吸水区；另一部分是高压回水区。当潜水泵运行时，地下水被抽至井口换热器中，与热泵低温水换热、释放热量后，再由同井返回到回水区。异井回灌热泵技术是地下水源热泵最早的形式。取水和回水在不同的井内进行，从一口抽取地下水，送至井口换热器中，与热泵低温水换热、释放热量后，再从其他的回灌井内回到同一地下含水层中。若地下水水质好，地下水可直接进入热泵，然后再由另一口回灌井回灌。

3. 地下水源热泵的适用情况

如果有足够的地下水量、水质较好，当地政府规定又允许，就应该考虑使用地下水源热泵系统。

7.4.2　闭式环路地下水系统

闭式环路地下水系统使用板式换热器把建筑物内循环水系统和地下水系统分开，地下水由配备水泵的热源井或井群供给。

1. 热源井

（1）热源井的主要型式　热源井是地下水源热泵空调系统的抽水井和回灌井的总称。热源井的主要型式有管井、大口井和辐射井等。

管井按含水层的类型划分，有潜水井和承压井；按揭露含水层的程度划分，有完整井和非完整井。管井是目前地下水源热泵空调系统中最常见的。管井的构造如图 7-10 所示，主要由井室、井管壁、过滤器、沉淀管等部分组成。

井径大于 1.5m 的井称为大口井，大口井可以作为开采浅层地下水的热源井，其构造如图 7-11 所示，它具有构造简单、取材容易、施工方便、使用年限长、容积大、能调节水量等优点。但大口井由于深度小，对潜水水位变化适应性差。

辐射井由集水井与若干呈辐射状铺设的水平集水管（辐射管）组合而成。集水井用来汇集从辐射管来的水，同时又是辐射管施工和抽水设备安装的场所。辐射管是用来集取地下水的，辐射管可以单层铺设，可多层铺设，其结构如图 7-12 所示。

管井、大口井和辐射井的基本尺寸及适用范围列入表 7-2 中。

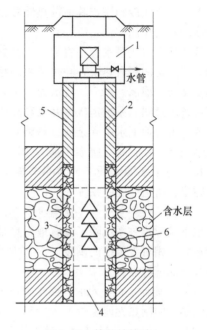

图 7-10　管井的构造

1—井室　2—井管壁　3—过滤器
4—沉淀管　5—黏土封闭　6—规格填砾

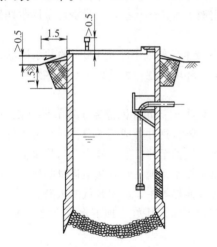

图 7-11　大口井构造图

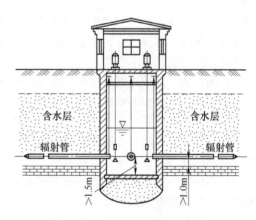

图 7-12　单层辐射管的辐射井

表 7-2　地下水取水构筑物的形式及适用范围

形式	尺寸	深度	适用范围				出水量
			地下水类型	地下水埋深	含水层厚度	水文地质特征	
管井	井径 50～1000mm，常用 150～600mm	井深 20～1000m，常用 300m 以内	潜水、承压水、裂隙水、溶洞水	200m 以内，常用在 70m 以内	大于 5m 或有多层含水层	适用于任何砂、卵石、砾石底层及构造裂缝隙、岩溶裂隙地带	单井出水量 500～6000m³/d，最大可达到 $(2\sim3)\times10^4$m³/d

（续）

形式	尺寸	深度	适 用 范 围				出水量
			地下水类型	地下水埋深	含水层厚度	水文地质特征	
大口井	井径1.5～10m，常用3～6m	井深20m以内，常用6～15m	潜水、承压水	一般在10m以内	一般为5～15m	适用于砂、卵石、砾石底层，渗透系数最好在20m/d以上	单井出水量500～$1\times10^4\,m^3/d$，最大为$(2\sim3)\times10^4\,m^3/d$
辐射井	集水井直径4～6m，辐射管直径50～300mm，常用75～150mm	集水井井深3～12m	潜水、承压水	埋深12m以内，辐射管距降水层应大于1m	一般大于2m	适用于补给良好的中粗砂、砾石层，但不可含有飘砾	单井出水量500～$1\times10^4\,m^3/d$，最大为$10\times10^4\,m^3/d$

（2）地下水的回灌 水文地质条件的不同，常常影响到回灌量的大小。对于砂粒较粗的含水层，由于孔隙较大，相对而言，回灌比较容易。但在细砂含水层中，回灌的速度大大低于抽水速度。表7-3列出了我国针对不同地下含水层情况，典型的灌抽比、井的布置和单井出水量。

表7-3 不同地质条件下地下水系统的设计参数

含水层类型	灌抽比（%）	井的布置	井的流量/(t/h)
砾石	>80	一抽一灌	200
中粗砂	50～70	一抽二灌	100
细砂	30～50	一抽三灌	50

1）回灌水的水质。对于回灌水的水质要求好于或等于原地下水水质，回灌后不会引起区域性地下水水质污染。实际上，地下水经过水源热泵机组或板式换热器后，只是交换了热量，水质几乎没有发生变化，回灌一般不会引起地下水污染。

2）回灌类型、回灌量。根据工程场地的实际情况，可采用地面渗入补给、诱导补给及注入补给。注入式回灌一般利用管井进行，常采用无压（自流）、负压（真空）及加压（正压）回灌、单井抽灌等方法。无压回灌适用于含水层渗透性好、井中有回灌水位和静水位差的情况。负压回灌适用于地下水位埋藏深（静水位埋深在10m以下）、含水层渗透性好的情况。加压回灌适用于地下水位高、透水性差的地层。对于抽灌两用井，为防止井间互相干扰，应控制合理井距。

回灌量大小与水文地质条件、成井工艺、回灌方法等因素有关，其中水文地质条件是影响回灌量的主要因素。一般来说，出水量大的井回灌量也大。在基岩裂隙含水层和岩溶含水层中回灌，在一个回灌年度内，回灌水位和单位回灌量变化都不大。在砾卵石含水层中，单位回灌量一般为单位出水量的80%以上；在粗砂含水层中，单位回灌量是单位出水量的50%～70%；在细砂含水层中，单位回灌量是单位出水量的30%～50%。采灌比是确定抽灌井数的主要依据。

3）负压回灌。负压回灌适用于地下水位埋藏较深、渗透性良好的含水层。负压回灌又称真空回灌。在密封性能良好的回灌井中，开泵扬水时井管和管路内充满地下水（见图7-13a）。停泵，并且关闭泵出口的控制阀门，此时由于重力作用井管内的水迅速下降，在管内的水面与控制阀之间造成真空度（见图7-13b）。在这种状态下，开启控制阀门和回灌水管路上的进水阀，水靠真空虹吸作用，迅速进入井管内，并克服阻力向含水层渗透。

4）无压回灌。无压回灌是依靠自然重力进行回灌，又称重力回灌、自流回灌。此法适用于低水位和渗透性良好的含水层。

5）加压回灌。加压回灌是通过提高回灌水压的方法将热泵系统用后的地下水灌回含水层内，适用于高水位和低渗透性的含水层和承压含水层。加压回灌又称为正压回灌、压力回灌。它的优点是有利于避免回灌的堵塞，也能维持稳定的回灌速率。但它的缺点是回灌时对井的过滤层和含砂层的冲击力强。

6）单井抽灌。从原理上讲，单井抽灌是在地下局部形成抽灌的平衡和循环，如图7-14所示，深井被人为地分隔为上部的回灌区和下部的抽水区两部分。当系统运行时，抽水区的水通过潜水泵提升到井口换热器，与热泵机组进行热交换后，通过回水管回到井中。抽水区的水被抽吸时，抽水区局部形成漏斗。回灌的回灌水在水头压力的驱动下，从井的四周往抽水区渗透，因此单井抽灌兼具负压及加压回灌的优点，在此过程中完成回灌水与土壤的热交换。此时回灌水所经过的土壤，就成为一个开放式的换热器。单井抽灌变多井间的小水头差为单井的高水头差，因此，单井抽灌比多井更容易解决水的回灌问题，同时还有占地面积小的优点。在实际应用中，单井回灌技术一般适用于供热制冷负荷较小的情况。

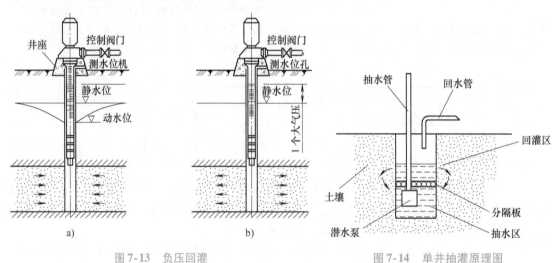

图7-13　负压回灌　　　　　　　　　图7-14　单井抽灌原理图

2. 板式换热器

在闭式地下水源热泵系统中常采用板式换热器作为地下水和水源热泵冷却水的换热器。板式换热器具有以下几个特点：优良的导热性能，紧凑且易扩容，可以用耐腐蚀的材料制作，造价较低，可拆卸进行维护。

当板式换热器需要在供冷和供热两种工况下运行时，需要比较两工况下地下水侧设计流量，取其较大值作为选择换热器的依据。计算地下水侧设计流量的步骤如下：

1）确定制冷和供热设计工况下地下水源侧的进水温度（T_{gw}）。该温度就是使用地点的地下水温度的每年最高值和最低值。

2）明确循环水运行温度范围对地下水水泵出水量的影响。运行的温度范围越大，则地下水水泵出水量越低。实际选择的温度对地下水的水量需求有巨大影响。使用进水温度范围较大的热泵，可以使循环水的运行温度范围更大。

3）计算制冷工况下，地下水侧设计流量。

① 计算循环水侧温差 ΔT_{wl}。

$$\Delta T_{wl} = \frac{Q_R}{\rho_{wl} c_{wl} G_{wl} C_{af}} \tag{7-10}$$

$$C_{af} = \frac{\rho_{af} c_{af}}{\rho_{wl} c_{wl}} \tag{7-11}$$

式中　ΔT_{wl}——循环水侧温差（℃）；

　　　Q_R——设计释热量（kW）；

　　　G_{wl}——循环水侧设计流量（m^3/s）；

　　　ρ_{wl}——循环水的密度（kg/m^3）；

　　　c_{wl}——循环水的比热容［$kJ/(kg \cdot ℃)$］；

　　　C_{af}——循环水中使用防冻液的修正系数；

　　　ρ_{af}——防冻液的密度（kg/m^3）；

　　　c_{af}——防冻液的比热容［$kJ/(kg \cdot ℃)$］。

② 计算循环水侧进水温度 T_{wl}。

$$T_{wl} = T'_{wl} + \Delta T_{wl} \tag{7-12}$$

式中　T'_{wl}——循环水侧的出水温度，即水源热泵机组的实际进水温度（℃）。

③ 选择换热器循环水侧出水与地下水侧回水的逼近温差（ΔT_{app}），一般为 1～3℃。

④ 计算地下水侧回水温度 T'_{gw}。地下水侧的回水温度（T'_{gw}）应在10℃以内或低于热泵循环水的进水温度，两者之间的微小逼近温差为 ΔT_{app}。

$$T'_{gw} = T'_{wl} - \Delta T_{app} \tag{7-13}$$

式中　T'_{gw}——地下水侧回水温度（℃）。

⑤ 计算地下水侧的温差 ΔT_{gw}。

$$\Delta T_{gw} = T'_{gw} - T_{gw} \tag{7-14}$$

式中　ΔT_{gw}——板式换热器地下水侧的地下水温差（℃）；

　　　T_{gw}——板式换热器地下水侧的进水温度，当地地下水最高温度，土壤平均温度可作为地下水温度的近似值（℃）。

⑥ 计算制冷工况下，地下水侧设计流量 G_{gw}。

$$G_{gw} = \frac{Q_R}{\rho_{gw} c_{gw} \Delta T_{gw}} \tag{7-15}$$

式中　G_{gw}——制冷工况下，地下水侧的设计流量（m^3/s）；

　　　ρ_{gw}——地下水的密度（kg/m^3）；

　　　c_{gw}——地下水的比热容［$kJ/(kg \cdot ℃)$］。

4）计算供热工况下，地下水侧的设计流量。

① 计算循环水侧温差 ΔT_{wl}。

$$\Delta T_{wl} = \frac{Q_H}{\rho_{wl} c_{wl} G_{wl} C_{af}} \tag{7-16}$$

式中　Q_H——设计吸热量（kW）。

② 计算循环水侧的进水温度 T_{wl}。

$$T_{wl} = T'_{wl} - \Delta T_{wl} \tag{7-17}$$

式中　T'_{wl}——循环水侧的出水温度，即水源热泵机组的实际进水温度（℃）。

③ 计算地下水侧的进水温度。选择换热器循环水侧出水与地下水侧回水的逼近温差（ΔT_{app}），一般在 1～3℃ 范围内。同时保证地下水侧的进水温度大于1℃。

$$T'_{gw} = T'_{wl} + \Delta T_{app} \tag{7-18}$$

④ 计算地下水侧的温差 ΔT_{gw}。

$$\Delta T_{gw} = T_{gw} - T'_{gw} \tag{7-19}$$

式中 T_{gw}——板式换热器地下水侧的进水温度,当地地下水最低温度（℃）。

⑤ 计算供热工况下,地下水侧设计流量 G_{gw}。

$$G_{gw} = \frac{Q_H}{\rho_{gw} c_{gw} \Delta T_{gw}} \tag{7-20}$$

5) 根据计算出的两个设计地下水流量的较大值确定板式换热器的选型。换热器循环水侧的阻力损失用来进行建筑物内水泵的选型,地下水流量用来进行地下水管路的设计和选型。

3. 水井水泵

首先画出水井、板式换热器及排水系统之间的管路系统图,然后计算水井水泵的扬程。有三种不同的设计方案:使用不带排气管的回水立管向地表排水;使用带排气管的回水立管向地表排水;使用不带排气管的回水立管向回灌井回灌。在设计中,应尽可能使用不带排气管的方案,因为带有排气管的回水立管噪声大,易产生水锤,并且与大气的不断接触容易在系统中产生腐蚀现象。这三种地下水设计方案的水井水泵的扬程确定如下:

（1）使用不带排气管的回水立管向地表排水 水泵的扬程为季节性水泵最低吸水平面到地下水循环系统管道最高点的垂直高度、污水井中回水立管的垂直淹没高度、井泵和进入污水池的回水立管之间的管道阻力与虹吸作用产生的压头的差值这三项之和。

（2）使用带排气管的回水立管向地表排水 水泵的扬程为季节性水泵最低吸水平面到地下水循环系统管道最高点的垂直高度与井泵和进入污水井的回水立管之间的管道沿程水头损失之和。

（3）使用不带排气管的回水立管向回灌井回灌 水泵的扬程为运行期间供水井季节性水泵最低吸水平面至回灌井最高水平面的垂直高度,回灌井中回水立管的垂直淹没高度,井泵和回灌井中回水立管之间的管道沿程水头损失、阀门的背压与虹吸作用产生的压头的差值这四项之和。

在能够输送设计水流量的条件下选择最接近最佳运行效率的最小水泵。井泵运行原则如下:

1) 板式换热器循环水的温度接近温度的上限或下限时,水泵应分级起动。

2) 水泵应按顺序交替轮班工作。

3) 如果地下水温度预计会达到10℃或者在建筑物核心区要求冷却塔等散热装置全年运行或有全年供冷要求,那么在核心区机组上加装水侧节能器是有利的。当地下水的温度低于10℃时,为了使系统能够全年运行,需要重新设定温度上限。一旦地下水温度升高,就要恢复对温度上限的控制。

7.4.3 开式地下水系统

经验表明在低温地下水系统中,存在腐蚀和结垢的潜在可能性,使用开式地下水热泵系统时应具备以下几个条件:地下水水量充足,水质好,具有较高的稳定水位,建筑物高度低（降低井泵能量损耗）,内部热回收潜力小（如果有）。首先,对地下水进行完整的水质分析是非常重要的,它可以确定地下水是否达到了高标准的水质要求,并且能鉴别出一些腐蚀性物质及其他成分,这些腐蚀性物质会影响热泵的换热器和其他部件的选择。

开式地下水系统的定压由井泵和隔膜式膨胀罐来完成。在供水管上设置电磁阀或电动阀用于控制在供热或供冷工况下向系统提供水流量。阀门被安装在热泵的换热器出口,使其维持一定的压力,这样也可以防止换热器结垢。为了解决一些腐蚀问题,推荐使用铜镍合金换热器。但是当水中含有硫化氢或氨成分时,则不能使用铜镍合金换热器。

开式地下水系统的设计步骤如下：

1）选择地下水井群与建筑物开式系统的接口方式。在井群与开式系统之间设置一个除污器，并设置旁通管，以方便拆除和维修除污器。在开式系统中，热泵供水干管与除污器之间的供水管上设置隔膜式膨胀罐，每根供水管均设置关断阀和泄水管。

2）热泵布置。热泵按排布置，每台热泵都与供水管和排水管连接。供水管起始端与供水干管相连，排水管末端与回水立管相连，然后接入排水系统。

3）计算每组供水管和排水管的流量。把在此组管线上所有热泵的设计流量相加即可得到，流量一般为 0.34~0.45kg/h。峰值流量可能由供热工况决定，也可能由供冷工况决定，设计流量取供冷工况水流量与供热工况水流量的较大者。

4）计算回水立管设计水流量。回水立管设计水流量是与回水立管相连的所有排水管流量之和。

5）确定从潜水泵至膨胀罐或板式换热器的管道管径，应根据设计水流量确定。

6）管材选择。在当地政府许可的情况下，开式地下水系统可选用铜管或 PVC 管，在对管材有强度要求的地方不应使用 PVC 管。

7）确定隔膜式膨胀罐出口侧每段管道的管径：比摩阻一般小于或等于 39Pa/m，当管径 <50mm 时，流速≤1.2m/s；当管径 >50mm 时，流速≤2.4m/s。

8）调节阻力，设定流量。管道的流量不同，其管径也不同。每个热泵应设置球阀，用于调节阻力损失，以最终设定流量。

9）确定最大、最小管径。根据管路总流量确定总管管径（即供水管的起始端、排水管的末端）。然后选择供、回水管道末端的最小管径，根据供、回水管线上第一个或最后一个机组的较大水流量确定这个管道末端的管径，并且阻力损失小于 39Pa/m。两末端之间管段的管径在每个热泵处改变或者依据上述最大管径和最小管径之间的标准管径改变，管径的改变量应采用较小值。

10）确定回水立管管径。如果回水立管没有排气管，选择适当的管材并根据每个管段流量确定管径，而每个管段流量是根据在此之前讲述的最大流速或阻力损失的标准来确定的。如果回水立管有排气管，使用标准的排气废水管。

11）选择局部阻力附件。根据需要选择堵头、三通管、异径三通、两异径管段之间的转接头以及弯头，完成开式系统管道的设计。

12）计算开式系统并联管路的阻力损失。选择从隔膜式膨胀罐内侧到回水立管（如果排气）或到排水系统出口之间（如果不排气）具有最大摩擦阻力的管段（一般是最长的管段）进行计算。

13）计算隔膜式膨胀罐出口侧的压头。同闭式环路地下水系统一样，压头取决于排水系统的设计以及优先选用不带有排气管的方案。分为三种情况：

① 使用不带排气管的回水立管向地面排水。该压头等于膨胀罐到开式系统供、排水管最高点的垂直距离，运行期间回水立管出口的垂直淹没高度，上面计算得出的并联管路最大水头损失，具有最大水头损失的热泵换热器的水头损失与虹吸作用产生的水头的差值这四部分的总和。

② 使用带排气管的回水立管向地面排水（即没有虹吸作用）。该压头等于从膨胀罐到开式系统供、排水管最高点的垂直距离，膨胀罐到回水立管末端之间并联管路的最大水头损失，具有最大水头损失的热泵换热器的水头损失这三项的总和。

③ 使用不带排气管的回水立管向回灌井回灌。该压头等于从膨胀罐到系统供回水管最高点的垂直距离，运行期间回水立管在回灌井中的淹没深度，并联管路中从膨胀罐至回灌井中的排水口之间管段的最大沿程水头损失，具有最大水头损失的热泵换热器的水头损失这四项的总和。

14）选择膨胀罐。膨胀罐的压力下限等于隔膜式膨胀罐的出口侧计算所得的压力，其主要取决于上面描述的三种设计方案。膨胀罐最小容积的数值为设计水流量数值的两倍。膨胀罐的压力上限等于压力下限加上 $700kgf/m^2$。

15）选择潜水泵及回灌井与膨胀罐之间的管道尺寸。潜水泵的扬程是供水井预计的水泵最低抽水水面与膨胀罐垂直高度和膨胀罐压头上限之和。根据井的水流量和上面计算得出的从膨胀罐到回水立管或出水口的压头损失，初步选择一个水泵。选择的水泵在设计工况下的扬程应比计算得到的压头高，并且是在水泵的最高效率点附近运行。

确定从潜水泵到隔膜式膨胀罐之间管道的管径后，计算这段管道的压头损失，这个压头损失就是满足流量要求的潜水泵的扬程与计算得到的压头的差值。

依据通过管道的比摩阻≤400Pa/m的条件及相应的井水流量，可选出最小的标准管径，每个供水井管道设计均按此方法进行。

供水干管的水流量是总设计水流量，而不是单个井的水流量。对于这部分管道的最大阻力损失应按照摩擦阻力最大的水井支管计算。

16）开式系统管道保温层的厚度计算。依据以下几个参数选定：选择的保温层类型、环路的预计最低温度、建筑物内空气温度、建筑物内空气的最大相对湿度、管径等。

7.5　地表水源热泵系统

7.5.1　地表水源热泵系统的分类及特点

地表水源热泵系统通过直接或间接换热的方式，利用江、河、湖、水库水以及海水作为热泵的冷热源。在制热的时候以水作为热源，在制冷的时候以水作为排热源。地表水的性质直接影响地表水源热泵系统的运行效率。

1. 地表水的性质

地表水作为地源热泵系统的冷热源，主要涉及水温和水质两方面问题。一般5~38℃的地表水能够满足水源热泵的运行要求，而最适宜的水温是10~22℃。水体若含氧量较高，则腐蚀性强；若矿化度较高、杂质和沉淀物多，则易使设备及系统结垢，时间长则系统效率下降，并且会增加设备维护量，同时也影响设备寿命。所以作为地源热泵系统冷热源的水体，应当水质良好、稳定，处理起来比较简单，否则会使系统工艺复杂或投资增大。海水和城市污水的情况比较复杂，需要特殊对待。

不同水源的水体特性参见表7-4，选择地表水源热泵的冷热源时应该综合考虑。

表7-4　各水源的水体特性

水　源	固态污染物的质量分数（平均，近似）	腐蚀性	可否直接进机组蒸发器与冷凝器	冬夏季温度范围
浅层地下水	很小	弱	可	在当地年均温附近
污水处理厂中的二级出水	不稳定	弱	可	15~30℃，夏季高，冬季低
江、河、湖水	0.003%（黄浦江）	弱	不可	接近当时大气湿球温度
海水	0.005%	强	不可	略高于当时大气湿球温度
城市污水渠中的原生污水	0.3%	弱	不可	当地自来水温度与当时日均外温的平均值

2. 地表水源热泵系统的组成

地表水源热泵系统一般由水源系统、水源热泵机房系统和室内供暖空调系统三部分组成。其中，水源系统包括水源、取水构筑物、输水管网和水处理设备等。

3. 地表水源热泵系统的分类

根据热泵机组与地表水连接方式的不同，可将地表水源热泵分为两类：开式地表水源热泵系统和闭式地表水源热泵系统。

开式系统是直接将地表水经处理后引入热泵机组或板式换热器，换热后排回原水体中。闭式系统是将中间换热装置放置在具有一定深度的水体底部，通过中间换热装置内的循环介质与水体进行换热，即地表水与机组冷媒水通过中间换热装置隔开。系统示意图如图7-15所示。

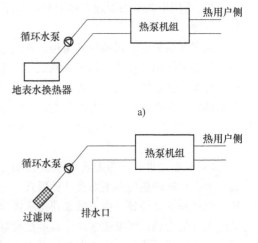

图7-15 地表水源热泵系统的类型
a) 闭式系统 b) 开式系统

4. 地表水源热泵的特点

除了具有地源热泵系统的一般特点以外，在冬季应用地表水源热泵系统还能避免空气源热泵冬季运行时结霜的问题；并且比地下埋管方式一次性投资要少许多，在大型项目上较划算。

（1）开式系统的特点 地表水开式换热系统的换热效率较高，初始投资较低，适合于区域供冷、供热等容量较大的场合。如果水体较深，水体底部的温度较低，夏季可以直接利用水体底部的低温水对新风或空调房间的回风进行预冷。将温水排放到温度较高的水域上层，对水体温度的影响较小。

由于需要将地表水提升到一定的高度，因此开式系统的水泵扬程较高。另外，因开式系统是直接将地表水引入热泵机组或板式换热器，所以对水质要求较高。

（2）闭式系统的特点 闭式系统容量一般比较小，通常与水-空气热泵机组相连。由于不需要将地表水提升到较高的高度，闭式系统循环水泵的扬程低于开式系统。虽然闭式系统内部结垢的可能性小，但是盘管的外表面往往会结垢，使外表面传热系数降低。

如果地表水换热器设于公共水域，有可能遭到人为的破坏。当水体比较浅时，水温受室外大气温度的影响比较大。

5. 目前在地表水源热泵系统应用中存在的问题

1）基础水温数据不全。由于国家没有准确的数据监测，使设计方不能明确取水点温度的全年变化情况；而现有数据难以适应地表水源热泵的设计需要。

2）地表水温受周围空气温度影响很大，尤其在取水点不够深的时候更是如此。夏季气温高时水温也高，机组的效率降低，出力下降。冬季气温最低的月份水温也最低，若地表水的最低温度低于4℃并采用开式系统，主机就有结冰的危险。

根据部分工程实践经验，如果取水点不够深，夏季可以利用喷泉、人工景观等加速地表水的自然蒸发冷却，降低水体温度。最好的方法是采用蓄冷技术来补充高温时刻的出力不足。

冬季可利用建筑物本身或附近的中水热量来预热地表水，也可增加辅助热源预热地表水或在供热高峰负荷期间，补偿地表水温度低带来的供热不足。

3）热泵所产生的冷热水循环温差不大，使循环水量上升。如果取水点距离用水设备过远，则不经济，这样可能导致 COP 从 5.5 下降到 4 以下。因此，设计时必须要避免水泵能耗过高使系统失去节能的优越性。

4）大规模应用时，水体温度以及生态环境的影响未经过测试。

6. 地表水源热泵的适用范围

1）适用于夏季有供冷需要，冬季有供暖要求，而且冬季水温不过低的区域，比如冬冷、夏热地区。或者对冷热水同时都有需求的场所，如配置游泳馆的宾馆、度假村等。

2）适用于建筑物附近有可以利用的江、河、湖、海水源的建筑工程。最好可以实现区域供热、供冷。

地表水系统分开式和闭式两种，开式系统类似于地下水系统，闭式系统类似于地埋管系统。但是地表水体的热特性与地下水或地埋管系统有很大不同。

与地埋管系统相比，地表水系统的优势是没有钻孔或挖掘费用，投资相对低；缺点是设在公共水体中的换热管有被损害的危险，而且如果水体小或浅，水体温度随空气温度变化较大。

7. 设计前应对所选地表水热源本身及其对环境影响进行评价

（1）地表水热源评价

1）水温评价。预测地表水系统长期运行对水体温度的影响，避免对水体生态环境产生影响。地表水体的热传递主要有三种形式：一是太阳辐射热；二是与周围空气间的对流换热；三是与岩土体间的热传导。由于很难获得水体温度的实测数据，而决定水温变化的因素中，最重要的是同大气的换热，所以通常水体温度是根据室外空气温度，通过软件模拟计算获得。确定换热盘管敷设位置及方式时，应考虑对行船等水面用途的影响。

2）水量评价。考虑到机组运行的稳定性，以及周围情况的限制，所有机组全工况运行下，应能满足其使用水量要求。

3）水质评价。地表水水质达到国家Ⅲ类水及以上标准，可以直接进入水源热泵机组主机。由于水中富有腐蚀、结垢等离子，因而地表水与换热器进行热交换时，必须处理好控制腐蚀、结垢和水生生物附着等问题。我国濒临渤海、黄海、东海、南海，有着很长的海岸线，海水作为热容最大的水体，理应成为地表水系统的首选低位热源。但海水对设备的腐蚀性成为海水源热泵发展的一个瓶颈。为此《地源热泵系统工程技术规范》中特别对海水源系统做了如下规定："当地表水体为海水时，与海水接触的所有设备、部件及管道应具有防腐、防生物附着的能力；与海水连通的所有设备、部件及管道应具有过滤、清理的功能。"

（2）环境评价

1）环境热评价。我国 1988 年 6 月 1 日起实施的《地面水环境质量标准》中规定：中华人民共和国领域内江、河、湖泊、水库等具有适用功能的地面水水域，人为造成的环境水温变化应限制在：夏季周平均最大温升≤1℃，冬季周平均最大温降≤2℃。

2）排放环境水质评价。江水进入水源热泵机组或板式换热器之前已进行预处理，故机组排放水的水质应好于进入的江水水质。

7.5.2 开式地表水源热泵系统

开式系统设计的关键是取、排水口和取水构筑物的设计。通常情况下，取、排水口的布置原则是上游深层取水，下游浅层排水；在湖泊、水库水体中，取水口和排水口之间还应相隔一定的距离，保证排水再次进入取水口之前温度能得到最大限度的恢复。

1. 取水构筑物的形式

从水源地向水源热泵机房供水，需要建设取水构筑物。按水源种类的不同，地表水取水构筑

物可分为河水、湖水、水库水和海水取水构筑物;按结构型式地表水取水构筑物可分为活动式和
固定式两种。活动式地表水取水构筑物有浮船式和活动缆车式。较常用的是固定式地表水取水
构筑物,其种类较多,但一般都包括进水口、导水管(或水平集水管)和集水井。地表水取水
构筑物受水源流量、流速、水位影响较大,施工较复
杂,要针对具体情况选择施工方案。

(1) 泵船取水形式 取水机泵、电控设备均设在
泵船上,机泵出口与输水管道之间为软塑管接口,接
口点根据水源水位变化情况设置多处,以适应水源水
位变幅要求,如图 7-16 所示。

(2) 岸边固定泵站取水形式 在圩堤外坡上修建
固定井筒式泵站,取水泵、电控设备均设在泵站内。
该泵站必须满足最低设计水位下的生产要求,同时又
要满足最高洪水位下的防洪安全,如图 7-17 所示。

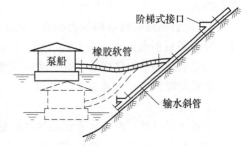

图 7-16 泵船取水构筑物

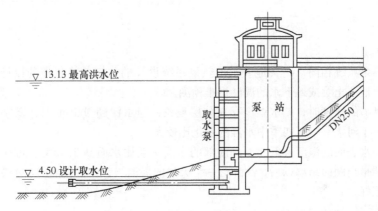

图 7-17 岸边固定泵站取水构筑物

(3) 堤后泵站取水形式 把取水头部设在堤外江中,满足设计取水要求,泵站设在堤后平
台上。泵站与取水头部用吸水管道穿堤连接,如图 7-18 所示。

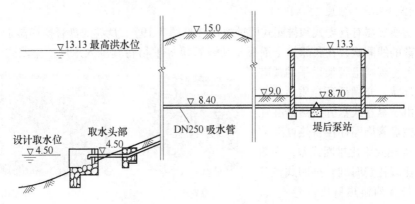

图 7-18 堤后泵站式取水构筑物

2. 取水构筑物形式的比较

1) 泵船取水构筑物的优点是能够最大限度地适应水位涨落,但是若地表水水位变幅较大,

则管道接口过于频繁，操作复杂；若来往停靠船只较多，还将直接影响泵船的安全。

2）岸边固定泵站取水构筑物取水的最大优点是操作管理较泵船取水方便，但岸边固定泵站侵占了部分航道，同时又改变了汛期洪水的局部流态，给船舶航运、取水构筑物本身都增加了不安全因素。

3）堤后泵站式取水构筑物的最大优点是操作管理较岸边固定泵站更方便，又无侵占航道之忧（建在堤后平台处或农田上）。该取水构筑物由于基础埋深较浅，其设计难度、处理费用均较岸边固定泵站小；并且堤后、堤外建筑物施工相互独立，可同时进行，工期较短。但埋设穿堤引水管道需破堤，工程土方量有所增加。

3. 设计要点

在夏季制冷时，由于地表水的温度总是低于空气温度，机组运行效率比较高。冷却水侧流量应根据放热负荷的大小，按照5℃温差设计即可。在冬季制热时，必须保证机组换热器出口水温在2℃以上，因此水侧进出口温差一般保持在3℃以内，每千瓦热负荷的最佳流量为0.083L/s。在气候寒冷地区，若冬季地表水温度在5℃以下时，则不适宜用开式热泵系统。

7.5.3 闭式地表水源热泵系统

1. 系统特点

与土壤源热泵系统相同，闭式地表水源热泵系统设计的关键是换热器的设计。湖水的温度变化更复杂，比地下土壤或地下水的温度更难预测。

当湖水有足够的深度时，湖水温度存在分层现象，当水深超过10m时，夏季湖底部水温几乎保持不变。对于河水，一年四季中水温的变化比较大。

在冬季，湖水表面的温度最低，而湖底部的水温一般比水面高3～5℃，可作为热泵机组的良好热源，特别是当湖面结冰以后，冰作为一个天然的保温层，使得底部的水不受表面冷空气的影响，效果会更好。

2. 地表水换热器的材料

制作地表水换热器最常用的材料是高密度聚乙烯塑料管，所以地表水换热器一般主要是指塑料盘管换热器。在美国也有采用铜管来制作换热器的，铜管导热性能比聚乙烯管要好，但使用寿命不如聚乙烯管长。

3. 塑料盘管换热器类型

塑料盘管换热器有盘卷式和排圈式两种类型（见图7-19）。盘卷式盘管换热器是指将塑料盘管捆绑成松散的线圈状，在底部加上混凝土块或石块等重物将其沉入水底。排圈式盘管换热器是指在水面上将塑料盘管架设平铺成有一定重叠的环状，充满循环介质后将其沉入水底。由于盘卷式盘管换热器往往相互重叠，在盘管周围存在"热点"或"冷点"，故传热效率比排圈式差，在制作安装时也比较耗费时间。排圈式盘管换热器单位长度的换热量比盘卷式大，因此所需换热器的长度大大减小。

盘卷式　　　　　排圈式

图7-19 塑料盘管换热器

4. 中间循环介质

闭式系统一般采用清水作为循环介质。当冬季地表水温度在5～7℃时，若换热器的进出口温差为5℃，则可能导致热泵机组入口水温低于0℃，此时必须采用防冻液。常用的防冻液有丙烯乙二醇、乙烯乙二醇、甲醇水溶液和乙醇水溶液。

5. 盘管换热器的流量对总传热系数的影响

盘管换热器的流量即管内流速,对总传热系数影响不大,主要热阻为管壁导热热阻,因此只要保证流动为湍流即可。每千瓦冷负荷的循环介质适宜流量为 0.05L/s,换热器的管径为 25～40mm。

6. 盘管换热器的设计步骤

1) 确定换热器的形式,即确定采用盘卷式或排圈式。

2) 根据建筑物的冷负荷和单位冷负荷的液体适宜流量,初步确定换热器的盘管直径。

3) 查出或测出地表水温度,然后分别确定夏季和冬季换热器的传热温差。当换热器传热温差一定时,热泵机组换热器的入口温度即可确定。

4) 根据换热器的类型、管径和传热温差,即可计算得到单位冷负荷和热负荷所需的换热器长度。

5) 根据建筑物的冷热负荷分别求出冷、热负荷所需的换热器长度,取其中最大值作为换热器的实际长度。

6) 确定换热器总的循环流量,并求出所需并联的环路数量。

7.5.4　特殊地表水源热泵

1. 海水源热泵

海洋面积约占地球表面积的 71%,汇集了地球 97% 的水量。海水不但容量巨大,而且比热容也较大,温度变化迟缓。夏季,海水的温度远低于环境空气温度;冬季,海水的温度远高于环境空气温度,其温度极值出现的时间也比气温延迟一段时间。受大洋环流、海域周围具体气候条件的影响,近海域海水温度会因地因时而异,同时,海水温度也会随其深度而变化(见表 7-5)。海水具有良好的热泵冷热源的温度特性。

表 7-5　我国四大海区的海水温度分布

月　份	深度/m	海水温度/℃		
		黄海、渤海	东　海	南　海
2 月	25	0～13	9～23	17～27
	50	5～12	11～23	19～26
5 月	25	6～11	10～26	23～29
	50	5～12	12～25	22～27
8 月	25	8～25	20～28	21～29
	50	7～16	15～27	21～29
11 月	25	12～19	20～26	22～28
	50	9～20	20～25	24～28

海水对设备和管道的腐蚀与海洋附着生物造成的管道和设备的堵塞是海水源热泵利用的两个重要问题。

1) 由于海水含盐量高,且成分复杂,仅海水的电导率就比一般淡水高两个数量级,这就决定了海水腐蚀时电阻性阻滞比淡水小得多,海水较淡水有更强的腐蚀性。海水所含盐分中氯化物比例很大,与海水接触的大多数金属(如铁、钢等)都很容易受到腐蚀。

2) 海洋附着生物十分丰富,有海藻类、细菌、微生物等。它们在适宜的条件下大量繁殖,附着在取水构筑物、管道与设备上，严重时可造成堵塞，并且不易清除。海洋生物的附着也会造成管路局部腐蚀，降低设备的使用寿命。

目前较常用的防腐措施和技术如下：

1）选用耐腐蚀材料。对于海水换热器来说，当流速较低时可以采用铜合金；当流速高或设备要求的可靠性高时，应选用镍合金或钛合金。

2）管道涂层保护。普遍使用的涂料有环氧树脂漆、环氧沥青涂料以及硅酸锌漆等。

3）阴极保护。通常的做法有牺牲阳极的阴极保护法和外加电流的阴极保护法。

防治和清除海洋附着生物的措施和技术如下：

1）设置拦污栅、格栅、筛网等粗过滤和精过滤装置。

2）投放氧化型杀生剂（氯气、二氧化氯、臭氧）或非氧化型杀生剂（十六烷基化吡啶、异氰尿酸酯）等药物。

3）用电解海水法产生的次氯酸钠杀死海洋生物幼虫或虫卵。

4）涂刷防污涂料进行防污。

2. 污水源热泵

排入城市污水管网的各种污水的总和称为城市污水，包括生活污水、各种工业废水，还有地面的降雨、融雪水。城市污水中夹杂各种垃圾、废物、污泥等。城市污水具有水量大、水质成分复杂、冬暖夏凉等特点。与河水水温、气温相比，城市污水温度冬季最高，夏季最低。城市污水的温度一年四季比较稳定，变化幅度较小，冬季即使气温在0℃以下时，城市污水温度也达到10~18℃，夏季即使气温在35℃以上时，城市污水温度仅为20~28℃。

污水源热泵系统取水换热过程为非循环利用，水体经过热交换后直接排走，而且，污水源水质不稳定，包含了大小不同的污物及溶解性化合物。因此，污水源热泵系统的取水换热在实际应用中存在堵塞、结垢和腐蚀等问题。

从热能利用的角度，城市污水主要分为三类：原生污水、一级污水和二级污水。原生污水就是未经任何处理的污水；一级污水是原生污水经过汇集输运到污水处理厂后，经过格栅过滤或沉砂池沉淀等物理处理后的污水；一级污水经过活性污泥法或生物膜法等生化方法处理后就称为二级污水。多数的污水处理厂排放的污水为二级污水。

原生污水广泛存在于城市的污水管道中，所赋存的热能多，但水质恶劣。一级污水基本上避免了大尺度污杂物的堵塞问题，缓解了换热面的结垢程度，但是在缓解腐蚀方面改善不明显。二级污水在结垢和腐蚀方面有了进一步的改善，且其热工特性和流变特性与清水差别不大。由于污水处理厂多位于偏僻之地，一级污水和二级污水都存在着空间局限性问题，所以原生污水在污水源热泵系统利用中占主导地位，但所面临的难题也最多。

为了解决换热器的堵塞与结垢问题，可根据不同情况采用不同的换热方式及相应的设备。按换热方式分，污水源热泵系统主要有浸泡式、淋激式、壳管式三类（见表7-6）。

表7-6 污水源热泵系统换热方式的比较

系 统	换 热	防堵处理	污染清洗	应用规模
浸泡式	较差	不需要	换热管外侧	600kW 以下
淋激式	较好	自动筛滤器	换热管外侧	2000kW 以上
壳管式	最好	自动筛滤器	换热管内侧	100~4000kW

由于污水处理的最低费用要高于从污水中提取热量或冷量的价值，污水源热泵系统只能进行初步除污，所以堵塞、结垢及腐蚀问题是不可避免的。

目前，国内已经开发出专用的防堵装置和污水换热器，效果较好。但污水换热器的污染结垢问题依然是需要解决的前沿问题。

一般通过采用耐腐蚀材料来解决腐蚀问题。鉴于金属合金价格昂贵，非金属材料换热效果较差，所以也有人建议采用普通碳钢材料。普通碳钢比较经济实用，只要定期更换即可。虽然城市污水水质极差，但其 pH 值却近似为 7，腐蚀问题并不是非常严重。

城市污水量一般为城市供水量的 85% 以上，热能利用的潜力巨大。冬季取其 5℃ 温差的显热就可以为北方城市 10% 的建筑物供暖。若能开发出水的潜热利用技术，则可解决包括城市污水在内的地表水的水量不足或水温过低问题，利用地表水地源热泵系统甚至仅利用污水源热泵系统，就能基本满足整个城市的供暖需求。

7.6 空气源热泵

7.6.1 空气源热泵的特点

以室外空气为热源（或热汇）的热泵机组，称为空气源热泵机组。其机组形式框图如图 7-20 所示。

空气源热泵机组具有以下特点：

1. 以室外空气为热源

空气是空气源热泵机组的理想热源，其热量主要来源于太阳对地球表面的直接或间接辐射。空气起太阳能贮存的作用，又称环境热。空气作为热源有以下优势：①在空间上，处处存在；②在时间上，时时可得；③在数量上，随需而取。

正是由于以上良好的热源特性，使空气源热泵机组的安装和使用都比较简单和方便，应用也最为普遍。

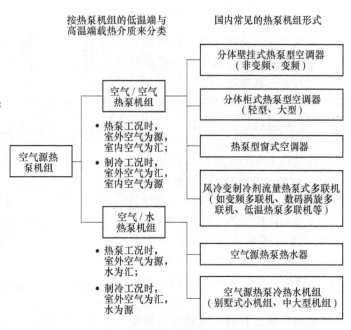

图 7-20 空气源热泵机组的形式框图

2. 适用于中小规模工程

由于空气源热泵机组难以实现空气流动方向的改变，因此为实现空气源热泵机组的制冷工况和热泵工况转换，只能通过四通换向阀改变热泵工质的流动方向来实现。基于此，空气源热泵机组必须设置四通换向阀，同时，由于机组的供热能力又受四通换向阀大小的限制，所以很难生产大型机组。据不完全统计，大型空气源热泵机组供热能力为 1000 ~ 1400kW。

3. 室外侧换热器冬季易于结霜

空气源热泵机组冬季运行时，当室外空气侧换热器表面温度低于周围空气的露点温度且低于 0℃ 时，换热器表面就会结霜。机组结霜将会降低室外侧换热器的传热系数，增加空气侧的流动阻力，使风量减小，导致机组的性能系数及供热能力下降，严重时机组会停止运行。因此，空气源热泵机组一般都具有必要的除霜系统。

4. 需必要措施提高机组低温适用性

空气源热泵机组的供热能力和制热系数的大小受室外空气状态参数的影响很大。室外环境温度越低，机组的供热能力和制热系数也越小。因此，在应用空气源热泵机组时，应正确合理地设置辅助热源或第二热源。另外，在北方寒冷地区应采取必要的特殊技术措施提高空气源热泵机组的低温适用性。

5. 需要考虑地域气象特点评价机组的综合性能

由于制热季节室外空气温度波动范围为 −25 ~ 15℃，因此，空气源热泵机组必须适应较宽的温度范围。同时，在应用空气源热泵机组时，仅知道应用场合室外空气最低的设计温度和温度波动范围是不够的，还要考虑制热季节能效比，以科学评价空气源热泵机组运行的经济性。

6. 室外机组运行噪声较大

由于空气的热容较小，因此其换热所需要的空气量较大，导致所选用的风机较大，产生的噪声也较大。

7.6.2 空气源热泵冷热水机组

空气源热泵冷热水机组在空调系统中应用较多，它可以实现冬季供暖夏季供冷，一机两用。图7-21所示为采用螺杆式压缩机的空气源热泵冷热水机组流程图。

机组冬季运行时，其制冷剂流程为：压缩机1→止回阀16→四通换向阀2→水/制冷剂换热器8→止回阀11（电磁阀12关闭）→贮液器4→液体分离器9中的换热盘管→干燥器5→电磁阀6→热力膨胀阀7（或电子膨胀阀）→空气/制冷剂换热器3→四通换向阀2→液体分离器9→压缩机1。此循环制备出45℃热水，送入空调系统。

机组夏季运行时，四通换向阀换向，电磁阀12开启，关闭电磁阀6，其制冷剂流程为：压缩机1→止回阀

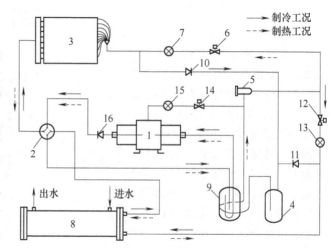

图7-21 空气源热泵冷热水机组流程图

1—压缩机 2—四通换向阀 3—空气/制冷剂换热器 4—贮液器
5—干燥器 6、12、14—电磁阀 7—热力膨胀阀 8—水/制冷剂换热器 9—液体分离器 10、11、16—止回阀
13—制冷膨胀阀 15—膨胀阀

16→四通换向阀2→空气/制冷剂换热器3→止回阀10→贮液器4→液体分离器9中的换热盘管→干燥器5→电磁阀12→制冷膨胀阀13（或电子膨胀阀）→水/制冷剂换热器8→四通换向阀2→液体分离器9→压缩机1。此循环制备出7℃冷冻水，送入空调系统。经电磁阀14、膨胀阀15降为低压、低温的R22液体喷入螺杆式压缩机腔内，供冷却用。

空气源热泵冷热水机组属于空气/水热泵机组，相对于空气/空气热泵而言，具有如下特点：

1) 供热工况时热源端为空气，供热端为水（热媒），供冷工况时放热端为空气，供冷端为水（冷冻水）。由此可见，空气源热泵冷热水机组供热与供冷符合空调水系统对冷媒与冷冻水的需求。因此，目前在集中空调设计中，常采用空气源热泵冷热水机组作为冷热源。冷源与热源合二为一，一机两用，甚至一机三用（供冷、供暖和热水供应）；机组通常布置在裙楼顶上，这样可以不占用建筑的有效面积。

2）需要较高的冷凝温度。因此在相同的室外空气温度下，相同容量大小的空气源热泵冷热水机组的制热系数要比空气/空气热泵小些。图 7-22 给出空气/空气热泵和空气/水热泵制热系数与压缩机容量 V_c（m³/h）、室外温度 t_a（℃）的关系。

由图 7-22 可见，当室外温度为 0℃，压缩机容量为 10m³/h 时，空气/空气热泵 COP_h 约为 3.6，而空气/水热泵 COP_h 约为 3.1，比空气/空气热泵约小 14%。但是，两者的 COP_h 在大容量压缩机时都比小容量压缩机时大。

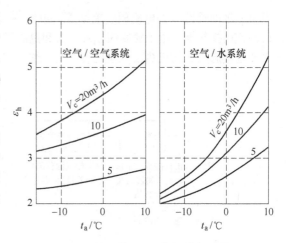

图 7-22　制热系数 COP_h 与压缩机容量 V_c、室外温度 t_a 的关系

注：在给定建筑及热泵结构型式条件下

7.6.3　空气源热泵多联机

空气源热泵多联机也称"多联式空调系统"。所谓多联式空调系统是指由一台或数台风冷（或水冷）室外机连接数台不同或相同型式、容量的直接蒸发式室内机组所构成的单一制冷循环系统。根据其功能不同，可分为单冷型、热泵型和热回收型三类。

1. 空气源热泵多联机组的工作原理

现以某热泵多联机组为例，介绍机组系统的组成和工作原理。

图 7-23 所示为某热泵多联机组的系统图。该系统的室外机由 4 台压缩机（其中 1 台是变频型，另外 3 台为恒速型）、油分离器、室外换热器、气液分离器、高压贮液器、过冷却器、轴流

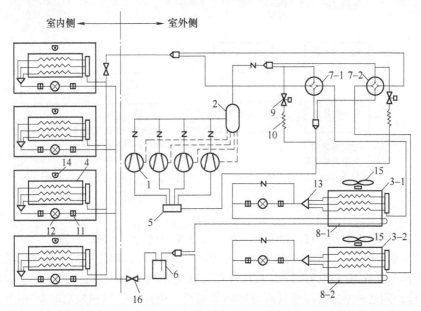

图 7-23　某热泵多联机组的系统图

1—压缩机　2—油分离器　3-1、3-2—室外换热器（制冷剂/空气换热器）　4—室内换热器　5—气液分离器
6—高压贮液器　7-1、7-2—四通换向阀　8-1、8-2—过冷却器　9—电磁阀　10—毛细管
11—过滤器　12—电子膨胀阀　13—分液器　14—离心风机　15—轴流风机　16—截止阀

风机和辅助器件（如电磁阀、毛细管、单向阀、过滤器、电子膨胀阀、分液器）等组成。室内机由室内换热器、电子膨胀阀、过滤器和离心风机等构成。室外机和室内机之间通过制冷剂管路系统连接起来，构成热泵多联机组空调系统。该系统的制冷剂流程如图7-24和图7-25所示。

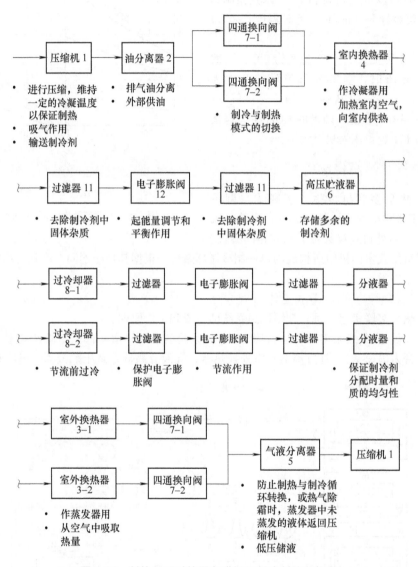

图7-24　制热工况时热泵多联机组制冷剂流程框图

为了提高系统的稳定性、可控性和可靠性，在系统中增设一些辅助回路，主要有：

（1）热气旁通回路　热泵多联机组由于管路长、高差大，常使冷凝器远离蒸发器，因此，在图7-23中由毛细管10和电磁阀9组成排气管与吸气管之间的热气旁通回路，可以将部分热气旁通至吸气管，用这种方法控制吸气压力和调节能量。为保证返回压缩机时制冷剂气体温度在允许范围内，应在气液分离器内使旁通热气、蒸发器回气和液体制冷剂充分混合。同时在热气旁通回路上接一电磁阀，用于关断和抽空循环用，以平衡压缩机高低压差，避免压缩机带压差起动。

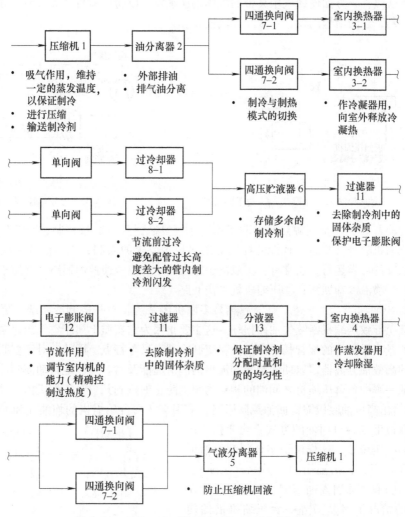

图 7-25 制冷工况时热泵多联机组制冷剂流程框图

（2）再冷却回路（过冷度与过热度的保障） 热泵多联系统管路长，且存在上升立管，这将引起高压液体沿程闪发，制冷剂到达室内机电子膨胀阀前已呈气液两相状态，严重影响电子膨胀阀的正常供液，或出现偏流现象而不能充分、完全地发挥室内换热器的换热作用。解决这一特殊问题的有效方法是对高压液体实现大幅度过冷，其技术措施有：

1）在室外换热器处设置一组过冷却器。如图 7-23 所示，高压液体制冷剂经过冷却器（8-1、8-2）进行冷却，再到电子膨胀阀节流。这是避免高压液体制冷剂沿程闪发的有效技术措施。

2）在高压贮液器出口液体管上设置过冷却回路，如图 7-26 所示。由贮液器出来的液态制冷剂分两路，一部分直接进入过冷却器 2，冷却后去电子膨胀阀；而另一部分液态制冷剂经节流阀节流，再进入过冷却器 2 中，从前一部分制冷剂中吸取热量而汽化，其蒸气返回压缩机或气液分离器，从而使第一部分液态制冷剂过冷。其过冷度大小是通过控制电子膨胀阀 4 的开度，调节两部分的流量比例来实现的。

3）在吸气管路上的气液分离器中设置高压液体盘管，实现回热循环，如图 7-27 所示。在热泵多联机组中将气液分离器与回热器结合在一起，高压液体制冷剂在换热器/气液分离器中与系统的回气进行换热：一方面使回气中夹带的液体迅速蒸发，以防压缩机回液；另一方面使高压液体制冷剂过冷却，以防沿程闪发，并减少节流损失。

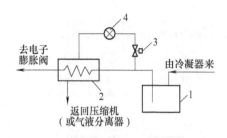

图7-26　过冷却回路
1—高压贮液器　2—过冷却器　3—电磁阀　4—电子膨胀阀

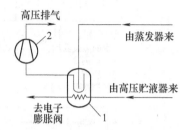

图7-27　换热器/气液分离器回热循环回路
1—换热器/气液分离器　2—压缩机

（3）安全保护回路　空气源热泵多联机由于系统复杂，且有容量控制、配管长度、制冷剂分流、并联压缩机吸排气状态一致性的控制等诸多技术要求的限制，必须设计一些安全保护回路，以保证系统的可靠运行。通常有：①双电子膨胀阀＋液侧旁通控制回路；②用于除霜的高低压旁通回路；③喷液冷却回路；④压缩机气平衡回路。

（4）压缩机回油与均油回路　空气源热泵多联机组系统相对一般制冷系统，更容易导致压缩机失油，甚至导致压缩机断续失油而损坏。这主要是因为它实质上属于空气源热泵，同时它具备变制冷剂流量多联机组的配管长、高差大、变制冷剂流量等特点。因此，对于多联机系统压缩机设置单独的高效油分离器，以便随制冷剂流出的润滑油能及时、可靠地自动回到压缩机中。同时，也要保证并联的各台压缩机之间油的相对均衡，防止油跑到某一台压缩机内。

图7-28给出高压油腔压缩机回油控制回路。采用交叉两台压缩机的均油孔和油分离器分离出的润滑油通过毛细管自回油的方式，均油孔开在压缩机油腔的一定位置，这样保证多余的润滑油可以在高压的作用下，自由溢出到达另一台压缩机。既可防止过多的润滑油引发油压缩，又可以保障在压缩机缺油的情况下可从另外一台压缩机借油使用。具体工作是从变频压缩机的均油孔溢出的润滑油通过油过滤器和溢油毛细管连接回到定频压缩机的吸气管，从定频压缩机的均油孔溢出的润滑油通过油过滤器和溢油毛细管连接回到变频压缩机的吸气管；同时从变频压缩机的油分离器分离出的润滑油通过油过滤器和回油毛细管连接回到变频压缩机吸气管，从定频压缩机的油分离器分离出的润滑油通过油过滤器和回油毛细管连接回到定频压缩机吸气管。毛细管内径大小和长度应经严格的试验确定，以保证分离出的润滑油回到吸气管，同时又要防止压缩机排气出现无谓的旁通。

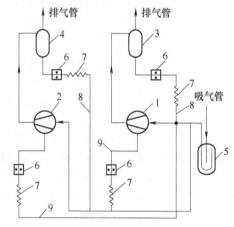

图7-28　高压油腔压缩机回油控制回路
1—变频压缩机　2—定频压缩机　3、4—油分离器
5—气液分离器　6—过滤器　7—毛细管
8—回油管　9—均油孔

2. 空气源热泵多联机组应用存在的问题

多联机组系统应用在大型建筑时，由于系统制冷剂管路配管过长、高差太大、变制冷剂流量

等，会存在以下一些问题：

1）制冷剂管路的配管长度过长，对系统性能将会带来不良影响。长配管由于流动阻力大、散热损失大等导致系统的制冷能力衰减；长配管对系统的总输入功影响不大，但使系统的能效比（EER）下降；长配管内制冷剂充灌量大，微小的泄漏又会影响系统的正常运行；长配管内润滑油量增多，使系统运行时可靠性下降。

2）室内室外机高差太大，将会对系统的正常运行带来不良影响。当室外机高于室内布置，在制冷工况时，室内室外机高差过大，将会影响室内机电子膨胀阀的正常运行；在制热工况时，室内室外机高差超过50m，可能使压缩机排气压力超过限值。而室外机低于室内机布置，在制冷工况时，室内室外高差超过40m时，在上升立管中可能会由于重力损失而出现液体闪蒸，同时也会引起压缩机吸气过热，排气温度上升；在制热工况时，室内室外机高差过大，会引起高温气态制冷剂在管路中冷凝和室外机电子膨胀阀前压力高于冷凝压力。

3）室内机之间高差过大，也会对系统的正常运行带来不良影响。在制冷工况时，若室内机之间高差较大，则安装在最高位置的室内机电子膨胀阀前液体过冷度最小，导致容量最小，全开时容量可能也不够；而安装在最低位置的室内机电子膨胀阀容量过大，在调节过程中可能出现振荡现象。

4）多联机系统回油困难，将会对系统的可靠运行带来不良影响。在制冷工况时，从室内机过热区到气液分离器这段吸气管路最易积油。特别是在长的配管和室内机高差较大的情况下，制冷剂流速并不能保证将分离出的润滑油携带回压缩机。另外，即使在额定工况，制冷剂流量足以携带润滑油返回压缩机，但对于多联机这种负荷变化大的系统，情况比较复杂。在低负荷工况时，制冷剂流量较小，当室内室外机高差超过一定范围后，可能不足以携带润滑油在上升管路中流动并返回压缩机，导致压缩机失油，甚至导致压缩机断续失油而损坏。

7.6.4 四通换向阀

四通换向阀是空气源热泵机组实现功能转换和热气融霜的一个关键部件，通过切换制冷剂循环回路，达到制冷或制热、热气融霜的目的。

四通换向阀的工作原理如图7-29所示。电磁线圈装在先导阀上，先导阀的两根毛细管分别

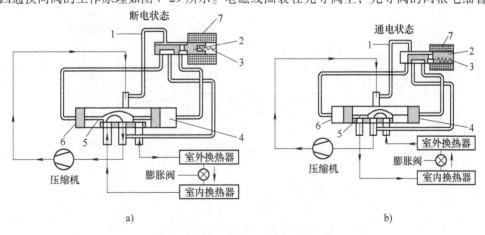

图7-29 四通换向阀的工作原理

a）制冷循环 b）制热循环

1—毛细管 2—先导滑阀 3—弹簧 4、6—活塞腔 5—主滑阀 7—电磁线圈

与排气管和回气管相连。制冷时，四通换向阀不通电，先导滑阀的排气管毛细管与四通阀活塞腔的右腔相通，低压部分的毛细管（回气管毛细管）与四通阀活塞腔的左腔相通，因此左右腔就存在压差，把活塞推到左边，于是压缩机的排气管与右边的连接管连通，回气管与左边的连接管连通。制热时电磁线圈通电，在电磁力的作用下，先导滑阀向右移动，排气管毛细管与四通阀的活塞腔左腔相通，回气管毛细管与活塞腔右腔相通，在压差的作用下，把活塞推向右边，压缩机的排气管与左边的管相通，压缩机的回气管与右边的管相通，从而完成制冷剂流动方向的变换。

7.6.5 蒸发器的除霜方法

空气源热泵机组冬季运行时，当室外空气侧换热器表面温度低于周围空气的露点温度且低于0℃时，换热器表面就会结霜。空气源热泵结霜后，需要不定期除霜，以恢复其供热能力。

常规除霜方法主要有自然除霜法、逆循环除霜法、热气旁通除霜法、显热除霜法、高压静电除霜法和声波除霜法等，其中逆循环除霜法和热气旁通除霜法被广泛应用在空气源热泵机组的除霜控制中。

1. 逆循环除霜法

逆循环除霜法是一种传统除霜方式，其原理是通过四通阀换向，改变制冷剂流向，将室外换热器转换成冷凝器，使机组进入除霜工况。如图7-30所示，当启动逆循环除霜时，四通换向阀3把机组从制热循环切换至制冷循环，压缩机1出来的高温高压制冷剂气体沿着图中实线进入风冷换热器4中放出热量进行除霜，同时制冷剂被冷凝为液体，经过高压贮液器12和干燥过滤器7后，在热力膨胀阀8中节流，再进入板式换热器10中从室内取热蒸发成气体，最后被压缩机吸入。当除霜结束后，四通换向阀3机组从制冷循环切换至制热循环，供热量逐渐恢复至正常状态。虽然这种方法被普遍采用，但是也存在很多缺点。该方法中除霜所需的热量主要源于4部分：从室内环境中吸收的热量、室内换热器蓄热量、压缩机电力消耗和压缩机蓄热量。而且恢复制热时，室内换热器表面温度较低，会吹出冷风，所以这种方法会造成室内温度波动，影响室内舒适性；当四通换向阀动作时，系统压力波动比较剧烈，产生极大的机械冲击和气流噪声等。

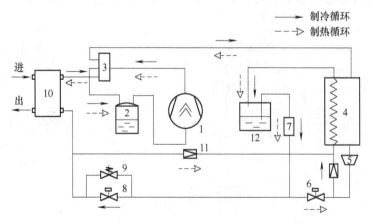

图7-30 逆循环除霜法原理示意图

1—压缩机 2—气液分离器 3—四通换向阀 4—风冷换热器 5—分液器 6、8—热力膨胀阀 7—干燥过滤器 9—电磁阀 10—板式换热器 11—单向阀 12—高压贮液器

2. 热气旁通除霜法

热气旁通除霜法是利用压缩机排气管和室外换热器与毛细管间的旁通回路，将压缩机的高温排气直接引入室外换热器中，通过蒸气液化放出的热量将换热器外侧霜层融化。如图 7-31 所示，当启动热气旁通法除霜时，电动三通阀 10 打开，关闭电磁阀 6。压缩机出口的高温高压气体通过旁通管道，经过气液分离器 2、电磁阀 5 和单向阀 11，然后到达蒸发器 4 中液化放出热量将霜层融化。除霜结束后，制冷剂经过电动三通阀 10，到达冷凝器 9，然后依次经过其他部件，最后回到压缩机入口。

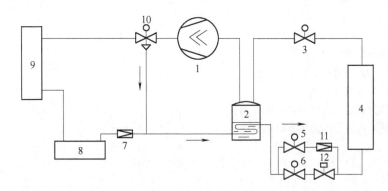

图 7-31　热气旁通法原理示意图

1—压缩机　2—气液分离器　3、5、6—电磁阀　4—蒸发器　7、11—单向阀　8—储液罐
9—冷凝器　10—电动三通阀　12—膨胀阀

热气旁通除霜法较逆循环除霜法在除霜性能上有所改进。首先四通换向阀不需要切换，系统压力波动不大，产生的机械冲击和气流噪声较小。再者，制冷剂不再反向流动，室内换热器表面温度不会降得很低，这样就不会从房间取热，而且制热恢复阶段可以马上吹出热风，因此舒适性较好。但是这种方法在除霜过程中能耗损失较大，节能效果不佳，从而并没有赢得良好的销售市场。

3. 其他常规除霜方法

其他的常规除霜方法还有自然除霜法、淋水融霜法、电加热法、显热除霜法等。

自然除霜法又称中止制冷循环法，主要用于包装间、冷却间等室温大于 0℃ 的库房。需要除霜时，停止制冷，冷风机的轴流风机继续运转使霜层融化。而空气源热泵系统很少采用。

淋水融霜法通过淋水装置向蒸发器表面淋水，用水流携带的热量融化霜层，融霜水温约为 25℃，配水量约 $35kg/(h \cdot m^2)$。

电加热法是在冷风机的翅片和水盘上设置电热管使其通电加热，融化霜层，配置规格约为 $150W/m^2$。该方法绝大部分用于以氟利昂为制冷剂的冷库内，蒸发面积均低于 $100m^2$。

显热除霜法是指利用旁通回路，将压缩机的高温高压排气直接引到电子膨胀阀前，再经过电子膨胀阀的等焓节流将压缩机排气引入室外空气换热器中，利用压缩机排气的热量将空气换热器翅片侧的霜层除掉，同时通过调节电子膨胀阀控制制冷剂流量，保证制冷剂在室外空气换热器中只进行显热交换而不进行冷凝。

思考题与习题

1. 根据地热能交换系统形式的不同，地源热泵系统可分为哪几种类型？各有什么特点？
2. 地源热泵系统有什么特点？
3. 什么是土壤源热泵系统？它有什么特点？
4. 什么是地下水源热泵系统？它有什么特点？
5. 什么是地表水源热泵系统？它有什么特点？
6. 什么是地源热泵系统的最大释热量和最大吸热量？
7. 土壤源热泵系统地埋管换热器的布置形式有哪几种？
8. 土壤源热泵系统地埋管管材与传热介质有哪些？
9. 如何确定土壤源热泵系统地埋管管长？
10. 地下水源热泵系统设计应遵循哪些基本原则？
11. 如何进行闭式环路地下水系统设计？
12. 空气源热泵有哪些特点？
13. 空气源热泵四通换向阀是如何工作的？
14. 空气源热泵蒸发器的除霜有哪些方法？

第8章

供 热 锅 炉

8.1 概述

锅炉是利用燃料或其他能源的热能，把工质加热到一定参数的换热设备。

锅炉是供热之源。锅炉及锅炉房设备的任务，在于安全、可靠、经济、有效地将燃料的化学能转化为热能，进而将热能传递给水，以产生热水或蒸汽。把用于动力、发电方面的锅炉，称为动力锅炉；把用于工业及供暖方面的锅炉，称为供热锅炉，通常称为工业锅炉。

8.1.1 锅炉房设备的组成

锅炉房设备主要可以分为两大部分：锅炉本体和辅助系统。

本体包括锅和炉及安全辅助设备。锅是管束、水冷壁、集箱和下降管等组成的一个封闭的汽水系统；炉是煤斗、炉排、炉膛、除渣板、燃烧器等组成的燃烧设备；安全辅助设备指安全阀、压力表、温度计、水位报警器、排污阀、吹灰器等。

锅炉的辅助系统包括运煤除灰系统、通风系统、水汽系统和仪表控制系统。

1. 运煤除灰系统

运煤除灰系统的作用是连续供给锅炉燃烧所需的燃料，及时排走灰渣。在图 8-1 所示的锅炉房中，煤由煤场运来，经碎煤机破碎后，用传动带运输机 11 送入锅炉前部的煤仓 12，再经其下部的溜煤管落入炉前煤斗中，依靠自重煤落到炉排上，煤燃尽后生成的灰渣则由灰渣斗落到刮板除渣机 13 中，由除渣机将灰渣输送到室外灰渣场。

2. 通风系统

通风系统的作用是供给锅炉燃料燃烧所需要的空气量，排走燃料燃烧所产生的烟气。空气经送风机 9 提高压力后，先送入空气预热器 5，预热后的热风经风道达到炉排 2 下的风室中，热风穿过炉排缝隙进入燃烧层。

燃烧产生的高温烟气在引风机 7 的抽吸作用下，以一定的流速依次流

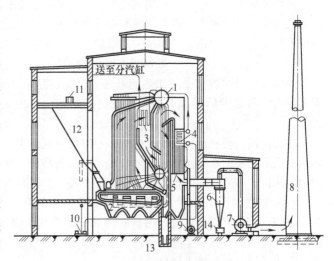

图 8-1　锅炉房设备简图

1—锅筒　2—炉排　3—蒸汽过热器　4—省煤器
5—空气预热器　6—除尘器　7—引风机　8—烟囱
9—送风机　10—给水泵　11—传动带输送机
12—煤仓　13—刮板除渣机　14—灰车

过炉膛和各部分烟道，烟气在流动过程中不断将热量传递给各个受热面，而使本身温度逐渐降低。

为了除掉烟气中携带的飞灰，以减轻对引风机的磨损和对大气环境的污染，在引风机前装设除尘器6，烟气经除尘器6净化，通过引风机7提高压力后，经烟囱排入大气。除尘器捕集下来的飞灰，可由灰车14送走。

3. 水汽系统

水汽系统的作用是不断向锅炉供给符合质量要求的水，将蒸汽或热水分别送到各个热用户。为了保证锅炉要求的给水质量，通常要设水处理设备（包括软化、除氧），经过处理的水进入水箱，再由给水泵10加压后送入省煤器4，提高水温后进入锅炉，水在锅内循环. 受热汽化产生蒸汽，过热蒸汽从蒸汽过热器引出送至分汽缸内，由此再分送到通向各用户的管道。

热水锅炉房的供热水系统则由热网循环水泵、换热器、热网补水定压设备、分水器、集水器、管道及附件等组成。

4. 仪表控制系统

为了使锅炉安全经济地运行，除了锅炉本体上装有的仪表外，锅炉房内还装设各种仪表和控制设备，如蒸汽流量计、压力表、风压计、水位表以及各种自动控制设备。

8.1.2 锅炉的工作过程

锅炉的工作可以分为三个过程，即燃料的燃烧过程，高温烟气向水或蒸汽的传热过程，以及蒸汽的产生过程。其中任何一个过程进行得正常与否，都会影响锅炉运行的安全性和经济性。

1. 燃料的燃烧过程

燃料燃烧所需的空气由鼓风机通过风道送入炉膛，与燃料混合燃烧，燃烧后形成的灰渣通过除渣装置排出，产生的高温烟气进入炉内传热的称为燃料的燃烧过程。

燃料的燃烧是燃料中的可燃成分与氧发生剧烈的氧化并放热、发光的反应过程，是一种极复杂的物理化学综合过程。不同的燃料，燃烧情况各不相同，如果燃烧条件改变了，燃烧的情况也随之变化。为了便于分析，常将复杂的燃烧过程人为地划分为几个基本阶段。对于固体燃料，习惯上划分为三个阶段，即燃烧的准备阶段、燃烧阶段和燃尽阶段。

（1）燃烧的准备阶段　燃料进入高温炉膛后，并不能马上燃烧，而是先受到炉内的高温烟气、炉墙和已燃的燃料层的加热而升温。当温度达到100℃以后，燃料中的水分迅速蒸发而干燥，随着燃料温度的继续升高，挥发物开始逸出，焦炭开始形成。这一阶段，是燃烧的准备阶段。

在此阶段，燃料还没有着火燃烧，不需要空气，由于燃料升温干燥，还要吸收热量。燃料的预热干燥所需要的热量大小和时间长短，与燃料特征、所含水分、炉内温度等因素有关。对一定的燃料来讲，缩短这一过程的关键是提高炉温，炉温越高，预热干燥进行得越快。

（2）燃料的燃烧阶段　随着燃料的继续加热升温，挥发物达到一定的温度和浓度时，开始着火燃烧，放出大量的热量。热量的一部分被受热面吸收，另一部分则用来提高燃料自身的温度，为焦炭的燃烧提供了高温条件。随着挥发物的燃烧，焦炭已被加热至一定的高温，炭粒表面开始着火燃烧，燃料进入燃烧阶段。

燃料的燃烧阶段是燃烧的主要阶段，燃料的可燃成分主要集中在这一阶段燃烧。燃料燃烧放出大量热能，同时需要向炉内供给大量的空气。为使这一阶段燃烧完全，除了供给充足适量的空气外，还必须使之与燃料有良好的混合接触。

（3）燃尽阶段　随着燃料中可燃成分的减少，燃烧速度的减慢，燃料进入燃尽阶段。

由于燃烧是从表面开始的，燃尽的过程是从外部向内部进行，使外部先形成灰壳。灰壳的形成阻碍了空气向内部扩散，使被灰壳包住的燃料难以燃尽。这也就导致这一阶段进行得很缓慢，放热不多，所需空气量也不多。

为使燃料能全部燃尽，进行必要的拨火以破坏灰壳，维持一定的炉温，延长灰渣在炉内的停留时间，以减少固体不完全燃烧热损失。

以上三个阶段虽有先有后，但不是截然分开的。由于燃煤的特性、燃烧方式及燃烧设备的不同，燃烧的各阶段常互相影响和互相重叠交叉进行。

2. 烟气向工质的传热过程

炉膛的四周墙面上布置有水冷壁。高温烟气与水冷壁进行强烈的辐射换热，将热量传递给管内工质。烟气经炉膛出口冲刷蒸汽过热器、省煤器及空气预热器，与管内工质进行对流换热。

3. 水的吸热、汽化、过热过程

锅炉工作时，经过水处理的锅炉给水由给水泵加压，先经过省煤器而得到预热，然后进入锅筒。一部分锅水经下降管、下集箱进入水冷壁中吸热，形成汽水混合物，进入锅筒。另一部分锅水经对流管束吸热后形成汽水混合物进入锅筒。

借助上锅筒内装设的汽水分离装置，分离出的饱和蒸汽进入蒸汽过热器，成为过热蒸汽；分离下来的饱和水仍回落到上锅筒。

8.1.3 锅炉的分类

锅炉的分类方法很多，主要按照锅炉用途、水循环方式、锅炉结构、出口工质压力、燃烧方式等方法进行分类，见表 8-1。

表 8-1 锅炉分类

分类方法	锅炉类型	简要说明
按用途	电站锅炉	用于发电，大多为大容量、高参数锅炉，燃烧效率高
	工业锅炉	用于工业生产和供暖，大多为低参数、小容量锅炉，热效率较低
	船用锅炉	用作船舶动力，一般采用低、中参数，要求锅炉体积小，自重轻
	机车锅炉	用作机车动力，锅炉设计紧凑
按出口介质	蒸汽锅炉	包括饱和蒸汽锅炉和过热蒸汽锅炉
	热水锅炉	包括低温热水锅炉和高温热水锅炉
	汽水两用锅炉	根据需要既可供蒸汽又可供热水
按水循环方式	自然循环锅炉	利用下降管和上升管中工质密度差产生工质循环，只能在临界压力以下
	强制循环锅炉	利用循环回路中的工质密度差和循环泵压头建立工质循环
按结构	火管锅炉	烟气在火管内流动
	水管锅炉	汽、水在管内流动，高低参数都有，水质要求高
按锅炉出口工质压力	低压锅炉	压力 $p \leqslant 2.5$MPa
	中压锅炉	2.5MPa $< p \leqslant 5.9$MPa
	高压、超高压锅炉	$p \geqslant 9.8$MPa
按燃烧方式	层燃炉	燃料主要在炉排上燃烧，包括固定炉排炉，活动手摇炉排炉，抛煤机链条炉排炉、振动炉排炉、下饲式炉排炉和往复推饲炉排炉等
	室燃炉	燃料主要在炉膛内悬浮燃烧，包括液体燃料、气体燃料和煤粉锅炉
	流化床炉	燃料在炉排上面的沸腾床上沸腾燃烧，送入炉排的空气流速较高，宜燃用劣质煤

（续）

分类方法	锅炉类型	简要说明
按所用燃料	固体燃料锅炉	燃用煤、煤矸石、生物固体等燃料
	液体燃料锅炉	燃用重油、水煤浆等液体燃料
	气体燃料锅炉	燃用天然气、生物燃气等气体燃料
	余热锅炉	利用冶金、石化等工业余热作为热源
	废料锅炉	利用垃圾、废液等废料作为燃料的锅炉
	电热锅炉	利用电能加热工质
按排渣方式	固态排渣锅炉	灰渣以固态形式排出
	液态排渣锅炉	灰渣以液态形式排出
按锅筒布置	单锅筒式 双锅筒式	工业锅炉采用单锅筒或双锅筒式
按炉型	倒 U 型，塔型、箱型、N 型、D 型、A 型	D 型及 A 型用于工业锅炉
按出厂形式	快装、组装、散装	

8.1.4　锅炉基本特性的表示方法

锅炉参数是表示锅炉性能的主要指标，用于区别各类锅炉构造、燃用燃料、燃烧方式、容量大小、参数高低、汽水流动方式以及运行经济性等特点，包括锅炉容量，蒸汽或热水参数，受热面蒸发率或发热率、金属耗率，锅炉热效率、煤水比或煤汽比、耗电率等。

1. 容量

锅炉的容量又称锅炉的出力，是锅炉的基本特性参数。对于蒸汽锅炉，用蒸发量表示；对于热水锅炉，用热功率表示。

（1）额定蒸发量　额定蒸发量是指蒸汽锅炉在额定蒸汽参数、额定给水温度、使用设计燃料和保证设计效率的条件下，连续运行时单位时间内产生的最大蒸汽量，也称为蒸汽锅炉的额定容量或出力，单位为 t/h。蒸汽锅炉铭牌上标示的蒸发量，指的就是该锅炉的额定蒸发量。

（2）额定热功率　额定热功率是指热水锅炉在额定供回水温度和额定水循环量下，长期连续运行时的最大供热量，单位为 MW。热水锅炉出厂铭牌所标示的热功率，指的就是该锅炉的额定热功率。

蒸汽锅炉热功率与蒸发量之间的关系为

$$Q = 0.000278 D (h_q - h_{gs}) \tag{8-1}$$

式中　Q——蒸汽锅炉的热功率（MW）；

　　　D——蒸汽锅炉的蒸发量（t/h）；

　h_q、h_{gs}——蒸汽和给水的焓值（kJ/kg）。

对于热水锅炉，热功率的计算公式为

$$Q = 0.000278 G (h_{cs} - h_{js}) \tag{8-2}$$

式中　Q——热水锅炉的热功率（MW）；

　　　G——热水锅炉每小时的出水量（t/h）；

　h_{cs}、h_{js}——锅炉出水和进水的焓值（kJ/kg）。

2. 蒸汽（或热水）参数

锅炉产生的蒸汽参数，是指锅炉出口处蒸汽的额定压力（表压）和温度。对生产饱和蒸汽的锅炉来说,一般只标明蒸汽压力;对生产过热蒸汽的锅炉,则需标明压力和过热蒸汽温度;对热水锅炉来说,则需标明出水压力和温度。

蒸汽锅炉出汽口处的蒸汽额定压力或热水锅炉出水口处热水的额定压力称为锅炉的额定工作压力,又称最高工作压力,单位为 MPa。

对于热水锅炉,则有额定出口热水温度和额定进口回水温度之分。

与额定热功率、额定热水温度及额定回水温度相对应的通过热水锅炉的水流量称为额定循环水量,单位为 t/h。

工业锅炉的容量、参数,既要满足生产工艺上对蒸汽的要求,又要便于锅炉房的设计,锅炉配套设备的供应以及锅炉本身的标准化,因而要求有一定的锅炉参数系列,见表 8-2 和表 8-3。

表 8-2 工业蒸汽锅炉参数系列 (GB/T 1921—2004)

额定蒸发量 /(t/h)	额定出口蒸汽压力(表压力)/MPa											
	0.1	0.4	0.7	1.0	1.25			1.6		2.5		
	额定出口蒸汽温度/℃											
	饱和	饱和	饱和	饱和	饱和	250	350	饱和	350	饱和	350	400
0.1	△	△										
0.2	△	△	△									
0.3	△	△	△									
0.5	△	△	△	△								
0.7		△	△	△								
1		△	△	△								
1.5			△	△								
2			△	△	△			△				
3				△	△			△				
4			△	△	△			△		△		
6				△	△	△	△	△	△	△		
8				△	△	△	△	△	△	△		
10				△	△	△	△	△	△	△	△	△
12					△	△	△	△	△	△	△	△
15					△	△	△	△	△	△	△	△
20					△	△	△	△	△	△	△	△
25					△	△	△	△	△	△	△	△
35					△		△	△	△	△	△	△
65											△	△

注:标有符号"△"处所对应的参数宜优先选用。

表 8-3 工业热水锅炉参数系列 (GB/T 3166—2004)

额定热功率 /MW	额定出口水压力(表压力)/MPa										
	0.4	0.7	1.0	1.25	0.7	1.0	1.25	1.0	1.25	1.25	1.6	2.5
	额定出口/进口水温度/℃										
	95/70				115/70			130/70		150/90		180/110
0.05	△										
0.1	△										
0.2	△										

（续）

额定热功率/MW	额定出口水压力（表压力）/MPa											
	0.4	0.7	1.0	1.25	0.7	1.0	1.25	1.0	1.25	1.25	1.6	2.5
	额定出口/进口水温度/℃											
	95/70				115/70			130/70		150/90		180/110
0.35	△	△										
0.5	△	△										
0.7	△	△	△	△	△							
1.05	△	△	△	△	△							
1.4	△	△	△	△	△							
2.1	△	△	△	△	△	△						
2.8	△		△	△	△	△	△	△	△	△		
4.2		△	△	△	△	△	△	△	△	△	△	
5.6			△	△	△	△	△	△	△	△	△	
7.0			△	△	△	△	△	△	△	△	△	
8.4				△	△	△	△	△	△	△	△	
10.5			△			△	△	△	△	△	△	
14.0					△	△	△	△	△	△	△	
17.5						△	△	△	△	△	△	
29.0						△	△	△	△	△	△	△
46.0						△	△	△	△	△	△	△
58.0						△	△	△	△	△	△	
116.0										△	△	△
174.0											△	△

注：标有符号"△"处所对应的参数宜优先选用。

3. 受热面蒸发率或发热率、金属耗率

锅炉受热面是指锅内的汽水等介质与烟气进行热交换的受压部件的传热面积，一般用烟气侧的金属表面积来计算受热面积，并用符号 A 表示，单位为 m^2。

每平方米受热面每小时所产生的蒸汽量，称为锅炉受热面蒸发率，用符号 D/A 表示，单位是 $kg/(m^2 \cdot h)$。同一台锅炉内，各处受热面所处的烟气温度不同，其受热面蒸发率也各不相同，例如炉内辐射受热面的蒸发率可能达到 $80kg/(m^2 \cdot h)$ 左右，对流受热面的蒸发率只有 $20 \sim 30kg/(m^2 \cdot h)$，对整台锅炉来讲，这个指标反映的只是蒸发率的一个平均值。

由于各种型号锅炉生产蒸汽的压力和温度各不相同，为了便于统计和比较，就引入了"标准蒸汽"的概念。"标准蒸汽"是指 1atm 下的干饱和蒸汽，取其焓值为 2676kJ/kg。把锅炉的实际蒸发量 D 换算成标准蒸汽蒸发量 D_{bz}，计算公式如式（8-3），则标准蒸发率以 D_{bz}/A 表示。

$$D_{bz} = \frac{D(h_q - h_{gs})}{2676} \times 10^3 \qquad (8-3)$$

式中　D_{bz}——蒸汽锅炉的热功率（kg/h）；

　　　　D——蒸汽锅炉的蒸发量（t/h）；

　h_q、h_{gs}——蒸汽和给水的焓值（kJ/kg）。

热水锅炉每小时每平方米受热面所产生的热量称为受热面的发热率，用符号 Q/A 表示，单

位是 $kJ/(m^2 \cdot h)$。

锅炉受热面蒸发率或发热率是反映锅炉工作强度的指标，其数值越大，表示传热效果越好，锅炉所耗金属量越少。一般蒸汽锅炉的 $D/A < 40kg/(m^2 \cdot h)$；热水锅炉的 $Q/A < 83700kJ/(m^2 \cdot h)$。

金属耗率是指相应于锅炉每吨蒸发量所耗用的金属材料的质量，工业锅炉这一指标为 $2 \sim 6t/t$。

4. 锅炉热效率、煤水比或煤汽比、耗电率

锅炉热效率是指锅炉有效利用热量与单位时间内锅炉的输入热量的百分比，也称为锅炉效率，用符号 η 表示，它是表明锅炉热经济性的指标。一般工业燃煤锅炉的热效率在 $60\% \sim 85\%$，燃油燃气锅炉的热效率为 $85\% \sim 92\%$。

有时为了粗略衡量蒸汽锅炉的热经济性，运行中常用煤水比或煤汽比来表示，即锅炉在单位时间内的耗标煤量和该段时间内循环水量或产汽量之比。

蒸汽锅炉房的耗电率为生产1t额定温度和压力的蒸汽，锅炉房耗电数 $[(kW \cdot h)/t]$，一般为 $10(kW \cdot h)/t$。热水锅炉房的耗电率为生产1t额定温度和压力的热水，锅炉房耗电数 $[(kW \cdot h)/t]$。

5. 锅炉型号及表示

《工业锅炉 产品型号编制方法》（JB/T 1626—2002）规定：

工业锅炉产品型号由三部分组成，各部分之间用短横线相连，如图8-2所示。

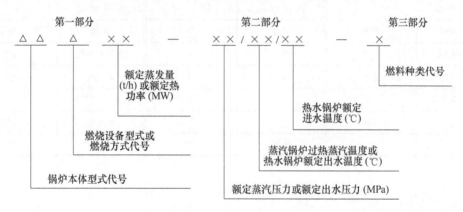

图8-2 锅炉型号

型号的第一部分分为三段：第一段用两个汉语拼音字母表示锅炉本体型式，型式代号见表8-4。第二段用一个汉语拼音字母表示锅炉的燃烧方式（废热锅炉无燃烧方式代号），燃烧方式代号见表8-5。第三段用阿拉伯数字表示蒸汽锅炉的额定蒸发量（t/h）或热水锅炉的额定热功率（MW），废热锅炉则以受热面面积（m^2）表示。

型号的第二部分表示介质参数。对蒸汽锅炉分两段，中间用斜线分开。第一段用阿拉伯数字表示额定蒸汽压力或允许工作压力（MPa）；第二段用阿拉伯数字表示过热蒸汽温度（℃），蒸汽温度为饱和温度时，型号的第二部分无斜线和第二段。对热水锅炉分三段，中间也以斜线相连。第一段用阿拉伯数字表示额定出水压力（MPa）；第二段和第三段分别用阿拉伯数字表示额定出水温度和额定进水温度（℃）。

型号的第三部分表示燃料种类。以汉语拼音字母表示燃料品种，同时以罗马数字代表同一燃料品种的不同类别与其并列，见表8-6。如同时使用几种燃料，主要燃料代号放在前面。

表 8-4　锅炉型式代号

锅炉类别	本体型式	代　号	锅炉类别	本体型式	代　号
锅壳锅炉	立式水管	LS（立水）	水管锅炉	单锅筒立式	DL（单立）
	立式火管	LH（立火）		单锅筒纵置式	DZ（单纵）
	立式无管	LW（立无）		单锅筒横置式	DH（单横）
	卧式外燃	WW（卧外）		双锅筒纵置式	SZ（双纵）
	卧式内燃	WN（卧内）		双锅筒横置式	SH（双横）

表 8-5　燃烧方式代号

燃烧方式	代　号	燃烧方式	代　号
固定炉排	G	抛煤机	P
固定双层炉排	C	下饲炉排	A
链条炉排	L	鼓泡流化床燃烧	F
往复炉排	W	循环流化床燃烧	X
滚动炉排	D	室燃炉	S

表 8-6　燃料种类代号

燃料种类	代　号	燃料种类	代　号	燃料种类	代　号
Ⅱ类无烟煤	WⅡ	贫煤	P	柴油	YC
Ⅲ类无烟煤	WⅢ	型煤	X	液化石油气	QY
Ⅰ类烟煤	AⅠ	木柴	M	天然气	QT
Ⅱ类烟煤	AⅡ	稻壳	D	焦炉煤气	QJ
Ⅲ类烟煤	AⅢ	甘蔗渣	G	油页岩	YM
褐煤	H	重油	YZ	其他燃料	T

8.2　锅炉燃料

不同的燃料因其性质各异，需采用不同的燃烧方式。燃料的燃烧特性与锅炉构造、运行操作以及锅炉工作的经济性有着密切的关系。因此，了解锅炉燃料的分类、组成、特性以及分析这些特性在燃烧过程中所起的作用具有重要意义。

燃烧计算包括燃料燃烧所需提供的空气量、燃烧生成的烟气量和空气及烟气焓计算。燃烧计算的结果，为锅炉的热平衡计算、传热计算和通风设备选择计算提供可靠的依据。

8.2.1　燃料的成分及分析基准

1. 燃料的元素分析成分

燃料是多种物质组成的混合物，主要成分有碳、氢、氧、氮、硫、灰分和水分等。

（1）碳　用符号 C 表示，是燃料的主要可燃成分，但不是以单质的形式存在，燃料中碳的质量分数越大，发热量越高。一般碳约占煤的可燃成分的50% ~95% 。

（2）氢　用符号 H 表示，是燃料中最活泼的成分，氢含量越多，燃料越容易着火。煤中氢的质量分数约为可燃成分的 2% ~ 6% 。液体燃料中氢的质量分数约为可燃成分的 10% ~ 14% 。

（3）硫　用符号 S 表示，是燃料中的一种有害元素。硫燃烧生成二氧化硫（SO_2）或三氧化硫（SO_3）气体，污染大气，对人体有害，这些气体又与烟气中水蒸气凝结在受热面上，生成亚硫酸（H_2SO_3）或硫酸（H_2SO_4）腐蚀金属。不仅如此，含硫烟气排入大气还会造成环境污染。含硫多的煤易自燃。我国煤中硫的质量分数为 0.5% ~ 5% 。

（4）氧　用符号 O 表示，是不可燃成分。

（5）氮　用符号 N 表示，是不可燃成分，但在高温下可与氧反应生成氮氧化物（NO_x），是有害物质。在阳光紫外线照射下，可与碳氢化合物作用而形成光学氧化剂，引起大气污染。

（6）灰分　用符号 A 表示，是煤中不能燃烧的固体灰渣，由多种化合物构成。熔化温度低的灰，易软化结焦，影响正常燃烧，所以，灰分多，煤质差。煤中灰分约占 5% ~ 35% 。

（7）水分　用符号 M 表示，煤中水分过多会直接降低煤燃烧所发生的热量，使燃烧温度降低，增大排烟热损失。

2. 分析基准

由于燃料中的灰分和水分含量是随着开采、运输和贮存条件的不同而变化的，所以，同一燃料各种成分的质量分数也随之变化。为了更准确地评价燃料的种类和特性，表示燃料在不同状态下各种成分的含量，通常采用四种分析基准对燃料进行分析，即收到基、空气干燥基、干燥基和干燥无灰基，如图8-3所示。

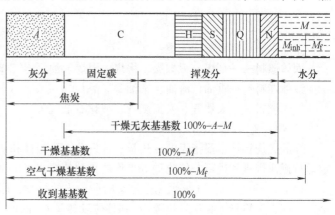

图 8-3　分析基准

用炉前准备燃烧的燃料成分总量为基准进行分析得出的各种成分称为收到基成分，用下标"ar"表示，它计入了燃料的灰分和全水分，其组成为

$$C_{ar} + H_{ar} + O_{ar} + S_{ar} + N_{ar} + M_{ar} + A_{ar} = 100\%$$

用经过自然风干除去外水分的燃料成分总量为基准进行分析得出的成分，称为空气干燥基成分，用下标"ad"表示，其组成为

$$C_{ad} + H_{ad} + O_{ad} + S_{ad} + N_{ad} + M_{ad} + A_{ad} = 100\%$$

以烘干除去全部水分的燃料成分总量为基准分析得出的各种成分称为干燥基成分，用下标"d"表示，其组成为

$$C_d + H_d + O_d + S_d + N_d + M_d + A_d = 100\%$$

以除去水分和灰分的燃料成分总量为基准进行分析得出的成分称为干燥无灰基成分，用下标"daf"表示，其组成为

$$C_{daf} + H_{daf} + O_{daf} + S_{daf} + N_{daf} + M_{daf} + A_{daf} = 100\%$$

以上四种分析基准各有用途，应根据不同情况加以选用。当锅炉进行热工计算和热平衡试验时，采用收到基成分；为了避免燃料中的水分在分析过程中变化，实验室中进行燃料分析时采用空气干燥基成分；为了表示燃料中的灰分含量，需要用干燥基成分，因为只有在不受水分变化的影响下，才能真实地反映灰分含量；为了表明燃料的燃烧特性和对煤进行分类，常采用比较稳定的干燥无灰基成分。

燃料的各种基之间可以互相换算。由一种基成分换算成另一种基成分时算系数即可，不同成分的换算系数见表 8-7。欲求基成分 = 已知基成分 × 换算系数。

表 8-7　燃料不同基成分的换算系数

x_0 \ x	收到基	空气干燥基	干燥基	干燥无灰基
收到基	1	$\dfrac{100-M_{ad}}{100-M_{ar}}$	$\dfrac{100}{100-M_{ar}}$	$\dfrac{100}{100-M_{ar}-A_{ar}}$
空气干燥基	$\dfrac{100-M_{ar}}{100-M_{ad}}$	1	$\dfrac{100}{100-M_{ad}}$	$\dfrac{100}{100-M_{ad}-A_{ad}}$
干燥基	$\dfrac{100-M_{ar}}{100}$	$\dfrac{100-M_{ad}}{100}$	1	$\dfrac{100}{100-A_d}$
干燥无灰基	$\dfrac{100-M_{ar}-A_{ar}}{100}$	$\dfrac{100-M_{ad}-A_{ad}}{100}$	$\dfrac{100-A_d}{100}$	1

8.2.2　燃料的种类及特性

工业锅炉用燃料分为三类：

固体燃料——烟煤、无烟煤、褐煤、泥煤、油页岩、煤矸石、垃圾燃料、生物质燃料等。

液体燃料——重油、渣油、柴油等。

气体燃料——天然气、人工燃气、液化石油气等。

1. 煤的燃烧特性

煤的燃烧特性主要指煤的发热量、挥发分、焦结性和灰熔点，它们是选择锅炉燃烧设备、制定运行操作规程和进行节能改造等工作的重要依据。

（1）煤的发热量　1kg 煤完全燃烧时所放出的热量，称为煤的发热量。根据燃烧产物中水的物态不同，发热量分高位发热量 Q_{gw} 和低位发热量 Q_{dw} 两种。

高位发热量（Q_{gw}）指 1kg 燃料完全燃烧后所产生的热量，包括燃料燃烧时生成的水蒸气完全凝结成水放出的汽化热。

低位发热量（Q_{dw}）指 1kg 燃料完全燃烧后所产生的热量，不包括燃料燃烧时生成的水蒸气完全凝结成水放出的汽化热。

我国目前的锅炉燃烧设备都是按实际应用煤的低位发热量来进行计算的。煤的品种不同，其发热量往往差别很大。为了便于比较不同煤种的发热量，引入"标准煤"的概念。通常将 $Q_{dw}=29307kJ/kg$ 的煤定义为标准煤。

（2）挥发分　将失去水分的干燥煤样置于隔绝空气的环境中加热至一定温度时，煤中有机质分解而析出的气态物质称为挥发物，其百分数含量即为挥发分。可见，挥发物不是以现成状态存在于燃料中的，而是在燃料加热中形成的。挥发物主要由各种碳氢化合物、氢、一氧化碳、硫化氢等可燃气体和少量的氧、二氧化碳及氮等不可燃气体组成。

煤的挥发分含量对燃烧过程的发生和发展有较大影响。挥发分含量高的煤，不但着火迅速，燃烧稳定，而且也易于燃烧完全。

（3）焦结性　煤在隔绝空气加热时，水分蒸发、挥发分析出后的固体残余物是焦炭，它由固定碳和灰分组成。煤种不同，其焦炭的物理性质、外观等也各不相同，有的松散呈粉末状，有的则结成不同硬度的焦块。

焦结性是煤的又一重要的燃烧特性,它对煤在炉内的燃烧过程和燃烧效率有很大影响。焦结性很强的煤,焦呈块状,焦炭内的质点难以与空气接触,使燃烧困难;同时,炉层也会因焦结而粘连成片失去多孔性,既增大阻力,又使燃烧恶化。

(4) 灰熔点 当焦炭中的可燃物——固定碳燃烧殆尽,残留下来的便是煤的灰分。灰分的熔融性在习惯上称为煤的灰熔点。

煤的灰熔点是用四个特征温度表示的,它们分别为变形温度、软化温度、半球温度和流动温度,其值通常用试验方法——角锥法测得。当灰锥尖端开始变圆或弯曲时的温度,称为变形温度。灰锥弯曲至锥尖触及托板或灰锥变成球形时的温度称为软化温度。当灰锥变形至近似呈半球体,即高度约等于底长一半时的温度,称为半球温度。灰锥熔化展开成高度在 1.5mm 以下薄层时的温度,称为流动温度。

灰熔点对锅炉工作有较大的影响。灰熔点低,容易引起受热面结渣。熔化的灰渣会把未燃尽的焦炭裹住而妨碍继续燃烧,甚至会堵塞炉排的通风孔隙而使燃烧恶化。工业上一般以煤灰的软化温度作为衡量其熔融性的主要指标。对固态排渣煤粉炉,为避免炉膛出口结渣,出口烟温要比软化温度低 100℃。

2. 液体燃料的燃烧特性

燃油锅炉的燃料多用重油,重油是石油炼制加工工艺中提取轻质馏分——汽油、煤油和柴油后重质残余物的总称,是燃料油中密度最大的一种油品。一般是由常压重油、减压重油和裂化重油等按一定比例调和制成的。

重油的成分与煤一样,但主要元素成分是碳和氢,其含量很高 ($C_{daf} = 81\% \sim 87\%$,$H_{daf} = 11\% \sim 14\%$),发热量高而稳定,极易着火与燃烧。而灰分、水分的含量很少,锅炉受热面很少积灰和腐蚀,对环境污染小,属于一种清洁型燃料,但易发生低温腐蚀。

(1) 发热量 (Q) 油的重度越小,则发热量越高。由于油中的碳、氢含量比煤高,因此其发热量约为 39800 ~ 44000kJ/kg。

(2) 黏度 油的流动速度,不仅取决于使油流动的外力,而且也取决于油层间在受外力做相对运动的内部阻力,这个内部阻力就称为黏度。

目前国内较常用的是 40℃ 运动黏度 (对馏分型燃料油) 和 100℃ 运动黏度 (对残渣型燃料油)。我国过去燃料油行业标准采用恩氏黏度 (80℃,100℃) 作为油品质量控制指标,用 80℃ 运动黏度划分油品牌号。

恩氏黏度是一种条件黏度。它是以 200mL 试验燃料油在温度为 t 时,从恩氏黏度计标准容器中流出的时间 τ_t 与 200mL 温度为 20℃ 的蒸馏水从同一黏度计标准容器中流出时间 τ_{20} 的比值,常用符号 E_t 表示,即

$$E_t = \frac{\tau_t}{\tau_{20}} \tag{8-4}$$

式中 E_t——恩氏黏度 (°E);

τ_{20}——黏度计常数,$\tau_{20} = (51 \pm 1)s$。

(3) 凝固点 油的凝固点表示油在低温下的流动特性。凝固点是指燃料油由液态变为固态时的温度。测定凝固点的标准方法是,将某一温度的试样油放在一定的试管中冷却,并将它倾斜 45°,如试管中的油面经过 5 ~ 10s 保持不变,这时的油温即为油的凝固点。

凝固点高低关系着燃油在低温下的流动性能,在低温下输送凝固点高的油时,油管内会析出粒状固体物,引起阻塞不通,必须采取加热或防冻措施。

(4) 闪点 燃油表面上的蒸气和周围空气的混合物与火接触,初次出现黄色火焰的闪光的

温度称为闪点或闪光点。

闪点是燃料油在使用、贮运中防止发生火灾的一个重要指标,因此燃料油的预热温度必须低于闪点。敞口容器中的油温至少应比闪点低10℃;封闭的压力容器和管道内的油温则可不受此限。闪点≤45℃的油品称为易燃品。在燃油运行管理中,除根据油种闪点确定允许的最高加热温度外,更需注意油种的变化及闪点的变化。

(5)燃点(着火点) 在常压下,油品着火连续燃烧(时间不少于5s)时的最低温度称为燃点或着火点。无外界明火,油品自行着火燃烧时的最低温度称为自燃点。燃点高于闪点,重油的闪点为80~130℃,燃点比闪点高10~30℃。

(6)爆炸极限 油蒸气与空气混合物的浓度在某个范围内,遇明火或温度升高就会发生爆炸,这个浓度范围就称为该油品的爆炸极限,在空气中所含可能引起爆炸的最小和最大的油品蒸气的体积分数或质量浓度,称为该油品的爆炸上限和爆炸下限,以%或g/m^3表示。

此外,油品很容易在摩擦时产生静电,在静电作用下,油层被击穿,导致放电,产生火花,此火花可将油蒸气引燃。因此,静电是使油品发生燃烧和爆炸的原因之一。

3. 气体燃料的燃烧特性

气体燃料通常按获得的方式分类,有天然气体燃料和人工气体燃料两大类。

天然气体燃料的主要成分是甲烷,主要有天然气、煤田气、油田气。天然气在标准状态下的低位发热量为36000~42000kJ/m^3;煤田气在标准状态下的低位发热量为13000~19000kJ/m^3;油田气在标准状态下的低位发热量为39000~44000kJ/m^3。

人工气体燃料主要有气化炉煤气、焦炉煤气、高炉煤气、油制气、液化石油气、沼气,是指以煤或石油产品为原料,经过各种加工方法而产生的燃气。

气化炉煤气又可分为发生炉煤气、水煤气和加压气化煤气,主要可燃成分为一氧化碳和氢气。发生炉煤气在标准状态下的低位发热量为5000~5900kJ/m^3;水煤气在标准状态下的低位发热量为10000~12000kJ/m^3;加压气化煤气的热值可达16000kJ/m^3。

焦炉煤气是煤在炼焦过程中的副产品,含有大量的氢和甲烷,在标准状态下的低位发热量为15000~17200kJ/m^3。

高炉煤气是炼铁高炉的副产品,主要可燃成分是一氧化碳和氢气,在标准状态下的低位发热量为3200~4000kJ/m^3。高炉煤气中带有大量的灰分,灰分的质量浓度可达60~80g/m^3。高炉煤气在使用前应进行净化处理,有时与重油或煤粉掺和作为工业炉窑和锅炉的燃料。

油制气是以石油及其加工制品作为原料,经由加热裂解等制气工艺获得的燃料气,主要可燃成分是甲烷、乙烯和氢气,标准状态下的低位发热量为35900~39700kJ/m^3。

液化石油气是在气田、油田的开采中或从石油炼制过程中获得的气体燃料,可燃成分主要是丙烷、丁烷、丙烯和丁烯,标准状态下的低位发热量为90000~120000kJ/m^3。在输送、贮存和使用过程中,液化石油气因其爆炸下限低(仅2%),如有泄漏,极易形成爆炸性气体,一旦遇明火会引起火灾和爆炸事故,必须随时随地加以防范,避免造成不应有的损失。

沼气为生物质能源,是生物质气化产物。它以植物秸秆枝叶、动物残骸、人畜粪便、城市有机垃圾和工业有机废水为原料,在厌氧环境中经发酵、分解得到的气体燃料。它的主要可燃成分是甲烷,标准状态下低位发热量约为23000kJ/m^3。

4. 水煤浆燃料的燃烧特性

水煤浆是一种经济、洁净、可替代石油和天然气的液体燃料和化工燃料。它是一种将一定颗粒分布的煤粉分散于水介质中,制成高浓度的煤/水分散体系。典型的水煤浆由65%~70%(质量分数,下同)的煤、30%~35%的水和0.1%~1.0%的添加剂组成,其热值约在15MJ/kg。它既保持了煤炭原有的物理特性，又具有像石油一样的流动性和稳定性，在运输、贮存、泵送等方面和雾化燃烧的调节控制等方面都十分近似于石油。

燃烧水煤浆可以显著提高煤炭的燃烧效率，减少对环境的污染。在实际应用中，2.1t 水煤浆的能量相当于 1t 的石油，但成本远低于石油。在环保方面，由于煤粉经过洗选，硫分和灰分降低约 40%，又由于水煤浆锅炉比燃煤锅炉燃烧时温度低 200℃左右，NO_x 排放量大幅度降低，明显净化了空气。

煤泥的元素分析和工业分析分别见表 8-8 和表 8-9。

表 8-8　煤泥元素分析　　　　　　　　　　　　　　　　（%）

C_{ad}	H_{ad}	O_{ad}	N_{ad}	$S_{t,ad}$
40.73	21.57	7.82	0.81	1.17

表 8-9　煤泥工业分析

M_t（%）	V_{ad}（%）	V_{daf}（%）	A_d（%）	$Q_{net,d}$/（MJ/kg）	$Q_{net,ar}$/（MJ/kg）
25.88	19.52	36.76	46.90	16.81	14.82

5. 生物质固体燃料的燃烧特性

生物质固体燃料是指由生物质直接或间接产生的燃料，其主要成分是纤维素、半纤维素、木质素。该燃料来源于农业、畜牧业、食品加工业、林业及林业加工等行业的固体生物质或挤压成形的固体颗粒。固体生物质燃料通常有两种分类：一是按生长源和来源分类，主要分为木质生物质、草本生物质、果实生物质以及上述生物质的掺和物和混合物四大类；二是按贸易时主要商品形式分类，包括木块、木丸、木片、圆木、锯屑、树皮、禾草包、拱曲燃料、压榨橄榄油后的渣饼等十类。

固体生物质燃料的利用主要有四种形式：

1) 直接燃烧。这是目前我国最主要的利用方式。该方法燃料利用率低，污染环境严重；工业锅炉燃烧作为一种简单廉价技术，广泛应用于中、小型系统。这种锅炉适用于灰分较低和颗粒尺寸较小的固体生物质燃料。

2) 固化成形。固体生物质能量密度小，固化成形就是将其压制成形。

3) 与煤混燃（生物煤）。低品位煤炭和农林等产业废弃物制成的复合固体燃料，被称为生物煤。将煤炭和固体生物质干燥、粉碎，加入脱硫固化剂挤压成形，提高了煤的燃尽性，同时，可把燃料中的硫固定到灰中。

4) 与固态氧化剂混合成新型燃料。目前，一种来源丰富、廉价的可取代空气氧化剂的固体氧化剂的研究开发，能使燃料近于完全燃烧。

山东泰安地区采用的生物质固体燃料的原料为黄色秸秆，主要为小麦、玉米秸秆的固体成形压缩颗粒，棉花、树叶、花生秧等秸秆的压缩颗粒作为补充。秸秆压缩成形时，由于受到高温高压的挤压，调整了原生物质含水率，改变了其分子结构，成形后生物质内部孔隙率大大减少，挥发分被浓缩，容积密度增大，从而改善了生物质固体燃料的燃烧特性。实验证明，生物质固体燃料燃烧过程无粉尘污染，燃烧效率高，低位发热量可达 15900～16800kJ/kg，与中质烟煤发热量相当。

所用生物质固体成形颗粒的成分分析见表 8-10 和表 8-11。

表 8-10　生物质固体成形颗粒的成分分析

成　　分	符　　号	秸秆颗粒
水分（%）	M_{ad}	8.1
灰分（%）	A_{ad}	5.7
挥发分（%）	V_d	68.41
碳（%）	C_{ad}	17.79
低位发热量/（kJ/kg）	$Q_{net,ar}$	16143

表 8-11　生物质固体燃料元素分析

成　　分	C	H	O	N	S
质量分数（%）	38.32	4.47	27.64	1.32	0.66

6. 垃圾燃料的燃烧特性

垃圾中有机可燃物主要有：厨余、塑料、纸张及棉布、化纤、杂草、落叶、废橡胶。垃圾中常见的主要可燃有机物的工业分析见表 8-12（干燥基）。

表 8-12　垃圾中可燃有机物的工业分析　　　　　　　　　　　（%）

名　　称	水　分	灰　分	挥发分	固定碳
厨余	14.55	4.00	60.14	21.31
塑料	0.78	8.67	79.19	11.36
纸张	2.64	8.13	89.20	0.03
棉布	7.21	0.38	84.08	8.33
化纤	4.64	1.41	85.61	8.34
杂草	10.83	22.36	52.57	14.24
落叶	8.56	6.06	68.10	17.28
废橡胶	1.93	42.78	53.06	2.23
废皮革	6.73	8.69	75.02	9.56
平均范围	1~10	1~10	50~70	1~10

可以看出，垃圾中的主要可燃成分中，其挥发分比较高，固定碳含量比煤低得多，这决定着垃圾的燃烧与煤的燃烧在燃烧机理上的重大区别，同时也决定了垃圾焚烧炉与燃煤锅炉在结构上的不同。

进入垃圾焚烧厂的生活垃圾并不是直接送入垃圾焚烧炉，而是必须经过垃圾存放、搅拌、混合、脱水等处理，起到对垃圾性质的调节作用，发酵产生部分挥发性可燃气体，提高了进炉垃圾的热值。一般要求垃圾在贮坑内存放 2~4d 再送入焚烧炉内焚烧。垃圾燃料的低位发热量一般在 1000~4000kJ/kg。

垃圾的燃烧过程比较复杂，通常由热分解、熔融、蒸发和化学反应等传热、传质过程组成。一般根据不同可燃物质的种类，有三种不同的燃烧方式：一是蒸发燃烧，垃圾受热熔化成液体，继而化成蒸气，与空气扩散混合而燃烧，蜡的燃烧属这一类；二是分解燃烧，垃圾受热后首先分解，轻的碳氢化合物挥发，留下固定碳及惰性物，挥发物与空气扩散混合而燃烧，固定碳的表面与空气接触进行表面燃烧，木材和纸的燃烧属这一类；三是表面燃烧，如木炭、焦炭等固体受热后不发生融化、蒸发和分解等过程，而是在固体表面与空气反应进行燃烧。生活垃圾的燃烧过程是蒸发燃烧、分解燃烧和表面燃烧的综合过程。

8.3 锅炉热平衡与燃烧计算

锅炉热平衡是基于能量和质量守恒定律，研究在稳定工况下锅炉的输入热量和输出热量及各项热损失之间的关系。为了全面评定锅炉的工作状况，必须对锅炉进行测试，这种试验称为锅炉的热平衡（或热效率）试验。试验的目的在于掌握和弄清楚锅炉燃料的热量在锅炉中的利用情况，求出锅炉的热效率和燃料消耗量，寻求提高锅炉热效率的途径。

8.3.1 锅炉热平衡

锅炉生产蒸汽或热水的热量主要来源于燃料燃烧生成的热量。但是进入炉内的燃料由于种种原因不可能完全燃烧放热，而燃烧放出的热量也不会全部有效地利用于生产蒸汽或热水，其中必有一部分热量被损失掉。为了确定锅炉的热效率，就需要锅炉在正常稳定的运行工况下建立锅炉热量的收支平衡关系，通常称为"热平衡"。

锅炉热平衡是以 1kg 固体燃料或液体燃料（气体燃料以 $1m^3$）为单位组成的。

锅炉热平衡方程为

$$Q_r = Q_1 + Q_2 + Q_3 + Q_4 + Q_5 + Q_6 \tag{8-5}$$

式中　Q_r——锅炉的输入热量（kJ/kg）；

$\quad\quad Q_1$——锅炉的输出热量，即锅炉有效利用热量（kJ/kg）；

$\quad\quad Q_2$——排烟损失热量，即排出烟气所带走的热量，称为锅炉排烟热损失（kJ/kg）；

$\quad\quad Q_3$——气体不完全燃烧损失热量，它是未燃烧完全的那部分可燃气体损失掉的热量，称为气体不完全燃烧热损失（kJ/kg）；

$\quad\quad Q_4$——固体不完全燃烧损失热量，这是未燃烧完全的那部分固体燃料损失掉的热量，称为固体不完全燃烧热损失（kJ/kg）；

$\quad\quad Q_5$——锅炉散热损失热量，由炉体和管道等热表面散热损失掉的热量，称为锅炉散热热损失（kJ/kg）；

$\quad\quad Q_6$——灰渣物理热损失热量（kJ/kg）。

如果式（8-5）两边分别除以 Q_r，则锅炉热平衡方程就可以用各项占输入热量的百分数来表示，即

$$q_1 + q_2 + q_3 + q_4 + q_5 + q_6 = 100 \tag{8-6}$$

$$q_1 = \frac{Q_1}{Q_r} \times 100 \tag{8-7}$$

$$q_2 = \frac{Q_2}{Q_r} \times 100 \tag{8-8}$$

$$q_3 = \frac{Q_3}{Q_r} \times 100 \tag{8-9}$$

$$q_4 = \frac{Q_4}{Q_r} \times 100 \tag{8-10}$$

$$q_5 = \frac{Q_5}{Q_r} \times 100 \tag{8-11}$$

$$q_6 = \frac{Q_6}{Q_r} \times 100 \tag{8-12}$$

式中　q_1——锅炉热效率（%）；

$\quad\quad q_2$——排烟热损失（%）；

q_3——气体不完全燃烧热损失（%）；

q_4——固体不完全燃烧热损失（%）；

q_5——锅炉散热损失（%）；

q_6——灰渣物理热损失（%）。

锅炉效率计算式为

$$\eta_{gl} = q_1 = 100 - (q_2 + q_3 + q_4 + q_5 + q_6) \tag{8-13}$$

锅炉的输入热量 Q_r 指由锅炉外部输入的热量，它由以下各项组成，即

$$Q_r = Q_{net,ar} + h_r + Q_{zq} + Q_{wl} \tag{8-14}$$

式中　$Q_{net,ar}$——燃料收到基的低位发热量（kJ/kg）；

　　　　h_r——燃料的物理显热（kJ/kg）；

　　　　Q_{zq}——喷入锅炉的蒸汽带入的热量（kJ/kg）；

　　　　Q_{wl}——用外来热源加热空气带入的热量（kJ/kg）；

当燃料为煤时，其物理显热可按下式计算，即

$$h_r = c_{ar} t_r \tag{8-15}$$

式中　c_{ar}——燃料收到基的比热容 [kJ/(kg·℃)]；

　　　　t_r——燃料的温度，如燃料未经预热，t_r 取20℃。

对固体燃料

$$c_{ar} = 4.187 \frac{M_{ar}}{100} + \frac{100 - M_{ar}}{100} c_d \tag{8-16}$$

式中　M_{ar}——燃料收到基的水分（%）；

　　　　c_d——干燥基燃料的比热容 [kJ/(kg·℃)]，对于固体燃料可按下列数值取用：无烟煤、贫煤，$c_d = 0.92$ kJ/(kg·℃)，烟煤，$c_d = 1.09$ kJ/(kg·℃)，褐煤，$c_d = 1.13$ kJ/(kg·℃)，页岩，$c_d = 0.88$ kJ/(kg·℃)。

对于液体燃料

$$c_{ar} = 1.738 + 0.0025 t_r \tag{8-17}$$

8.3.2　锅炉热效率

锅炉热效率可用热平衡实验方法测定，测定方法有正平衡实验和反平衡实验两种。热平衡实验必须在锅炉稳定的运行工况下进行。

1. 正平衡法

正平衡实验按式（8-7）进行，锅炉效率为输出热量即有效利用热量占燃料输入锅炉热量的份额。

对应于 1kg 燃料的有效利用热量 Q_1，可按下式计算，即

$$Q_1 = \frac{Q_{gl}}{B} \tag{8-18}$$

式中　Q_{gl}——锅炉每小时有效吸热量（kJ/h）；

　　　　B——每小时燃料消耗量（kg/h）。

对于蒸汽锅炉，每小时有效吸热量 Q_{gl} 按下式计算，即

$$Q_{gl} = D(h_q - h_{gs}) \times 10^3 + D_{ps}(h_{ps} - h_{gs}) \times 10^3 \tag{8-19}$$

式中　D——锅炉蒸发量（t/h），如锅炉同时生产过热蒸汽和饱和蒸汽，应分别进行计算；

　　　　h_q——蒸汽焓（kJ/kg）；

　　　　h_{gs}——锅炉给水焓（kJ/kg）；

h_{ps}——排污水焓，即锅炉工作压力下的饱和水焓（kJ/kg）；

D_{ps}——锅炉排污水量（t/h）。

由于供热锅炉一般都是定期排污，为简化测定工作，在热平衡测试期间可不进行排污。

对于热水锅炉和油载体锅炉，每小时有效吸热量 Q_{gl} 按下式计算，即

$$Q_{gl} = G(h'' - h') \times 10^3 \tag{8-20}$$

式中　G——热水锅炉循环水量或油载体锅炉循环油量（t/h）；

h'、h''——热水锅炉进、出口水的焓或油载体锅炉进、出口油的焓（kJ/kg）。

供热锅炉用正平衡来测定效率时，只要测出燃料消耗量 B、燃料收到基低位发热量 $Q_{net,ar}$、锅炉蒸发量 D 以及蒸汽压力和温度，即可算出锅炉的热效率，是一种比较常用的简便方法。

对于电加热锅炉输出蒸汽或热水时，只要测得其每小时的耗热量，同样可以很方便地算出锅炉热效率。

2. 反平衡法

正平衡法只能求得锅炉的热效率，它的不足是不可能据此分析影响锅炉热效率的种种因素，以寻求提高热效率的途径。因此，在实际实验过程中，往往测出锅炉的各项热损失，应用式（8-13）来计算锅炉的热效率，这种方法称为反平衡法。

国家标准规定，锅炉热效率测定应同时采用正平衡法和反平衡法，其值取两种方法测得的平均值。

在设计一台新锅炉时，必须先根据同类型锅炉运行经验选定 q_3、q_4 及 q_5，再根据选定的排烟温度和过量空气系数以及燃料的灰分，计算出 q_2 及 q_6 的数值，然后求出锅炉效率。

（1）**固体不完全燃烧热损失 q_4**　固体不完全燃烧热损失主要发生在固体燃料燃烧过程中，是由于进入炉膛的燃料有一部分没有参与燃烧或未燃尽而被排出炉外引起的热损失，主要存在于灰渣、漏煤和飞灰中。

影响固体不完全燃烧热损失的因素有锅炉结构、燃料特性及运行情况。锅炉结构和燃料特性对 q_3、q_4 的影响见表 8-13。

表 8-13　锅炉结构和燃料特性对 q_3、q_4 的影响

燃烧方式		燃料种类		q_3（%）	q_4（%）
层燃炉	手烧炉	褐煤		2	10~15
		烟煤		5	10~15
		无烟煤		2	10~15
	链条炉排炉	褐煤		0.5~2.0	8~12
		烟煤	I	0.5~2.0	10~15
			II		
			III	0.5~2.0	8~12
		贫煤		0.5~1.0	8~12
		无烟煤		0.5~1.0	10~15
	往复推饲炉排炉	褐煤		0.5~2.0	7~10
		烟煤	I	0.5~2.0	9~12
			II	0.5~2.0	7~10
		贫煤		0.5~1.0	7~10
		无烟煤	I	0.5~1.0	9~12
	抛煤机链条炉排炉	褐煤、烟煤、贫煤		0.5~2.0	9~12
		无烟煤	III	0.5~1.0	10~15

（续）

燃烧方式		燃料种类		q_3（%）	q_4（%）
室燃炉	固态排渣煤粉炉	烟煤		0.5~1.0	6~8
		褐煤		0.5	3
	燃油炉			0.5	0
	天然气或炼焦煤气炉			0.5	0
流化床炉		石煤、煤矸石	I	0~1.0	21~27
			II	0~1.5	18~25
			III	0~1.5	15~21
		褐煤		0~1.5	5~12
		烟煤	I	0~1.5	12~17
		无烟煤	I	0~1.0	18~25

注：q_3 为气体不完全燃烧热损失；q_4 为固体不完全燃烧热损失。

（2）气体不完全燃烧热损失 q_3　气体不完全燃烧热损失是烟气中残留的 CO、H_2、CH_4 等可燃气体未释放出燃烧热就随烟气排出所造成的热损失。

影响气体不完全燃烧热损失的因素有锅炉结构、燃料特性及运行情况。锅炉结构和燃料特性对 q_3 的影响见表 8-13。

（3）排烟热损失 q_2 与灰渣热损失 q_6　烟气离开锅炉排入大气时，温度比环境温度高很多，排烟所带走的热量损失称为排烟热损失，是锅炉热损失中较大的一项。装有省煤器的水管锅炉，q_2 约为 6%~12%；不装省煤器时，q_2 可高达 20% 以上。影响排烟热损失的主要因素是排烟温度和排烟容积。

灰渣离开锅炉时，温度比环境温度高很多，灰渣所带走的热量损失称为灰渣热损失。影响灰渣热损失的主要因素是灰渣温度和燃料特性。

（4）散热损失 q_5　在锅炉运行中，锅炉炉墙、金属构架及汽水管道、烟风道等的表面温度均比周围环境温度高，这样不可避免地将部分热量散失于大气，形成锅炉的散热损失。

散热损失的大小主要取决于锅炉散热表面积的大小、表面温度及周围空气温度等因素，它与水冷壁和炉墙的结构、保温层的性能和厚度有关。蒸汽和热水锅炉的散热损失见表 8-14 和表 8-15。

表 8-14　蒸汽锅炉的散热损失　（%）

额定蒸发量 $D/(t/h)$	4	6	10	15	20	35	65
有尾部受热面	2.9	2.4	1.7	1.5	1.3	1.0	0.8
没有尾部受热面	2.1	1.5	—	—	—	—	—

表 8-15　热水锅炉的散热损失

锅炉供热量/MW	≤2.8	4.2	7.0	10.5	14	29	46
q_5（%）	2.1	1.9	1.7	1.5	1.3	1.1	0.8

注：q_5 为锅炉散热损失。

3. 锅炉的毛效率及净效率

按式（8-13）所确定的锅炉效率，是不扣除锅炉自用蒸汽和辅助设备耗用动力折算热量的效率，称为锅炉的毛效率。通常所说的锅炉效率，指的都是毛效率。

有时为了进一步分析及比较锅炉的经济性能，要用净效率 η_j 表示。锅炉净效率是在毛效率的基础上扣除锅炉自用蒸汽和电能消耗后的效率，可按下式计算，即

$$\eta_j = \eta_{gl} - \Delta\eta \tag{8-21}$$

式中　$\Delta\eta$——由于自用蒸汽（如汽动给水泵、预热给水和蒸汽引射二次风等用汽）和自用电能
消耗（锅炉本身和辅助设备耗电量）所相当的锅炉效率降低值。

8.3.3　燃烧计算

燃料的燃烧是燃料中可燃元素和氧气在高温条件下进行的剧烈氧化反应，燃烧后生成烟气和灰，同时放出大量的热量。为使燃烧进行得充分完全，除需要保证一个高温环境外，必须提供燃烧所需的充足氧气，使之与燃料良好接触，并且具有足够的燃烧时间。

燃料的燃烧计算，就是计算燃料燃烧时所需的空气量和生成的烟气量，以及烟气和空气的焓。

1. 燃烧所需空气量的计算

（1）固体和液体燃料的燃烧理论空气量　固体和液体燃料的可燃元素为碳、氢和硫，计算时，空气和烟气所含有的各种组成气体，包括水蒸气在内，均认为是理想气体。

1kg 收到基燃料完全燃烧，而又无过剩氧存在时所需的空气量，称为理论空气量，常用符号 V_K^0 表示，单位为 m^3/kg。

碳完全燃烧的反应方程式为

$$C + O_2 = CO_2 \tag{8-22}$$
$$12kgC + 22.4m^3O_2 = 22.4m^3CO_2$$

1kg 碳完全燃烧时需要 $1.866m^3$ 氧气，并产生 $1.866m^3$ 的二氧化碳。

硫完全燃烧的反应方程式为

$$S + O_2 = SO_2 \tag{8-23}$$
$$32kgS + 22.4m^3O_2 = 22.4m^3SO_2$$

1kg 硫完全燃烧时需要 $0.7m^3$ 氧气，并产生 $0.7m^3$ 的二氧化硫。

氢完全燃烧的反应方程式为

$$2H_2 + O_2 = 2H_2O \tag{8-24}$$
$$2 \times 2.016kgH_2 + 22.4m^3O_2 = 2 \times 22.4m^3H_2O$$

1kg 氢完全燃烧时需要 $5.55m^3$ 氧气，并产生 $11.2m^3$ 水蒸气。

1kg 收到基燃料中的可燃元素分别为碳 C_{ar}（100kg）、硫 S_{ar}（100kg）、氢 H_{ar}（100kg），而 1kg 燃料中已含有氧 O_{ar}（100kg），相当于 $\dfrac{22.4}{32} \times \dfrac{O_{ar}}{100} = 0.7\dfrac{O_{ar}}{100}$（单位：$m^3/kg$）。这样 1kg 收到基燃料完全燃烧时所需外界供应的理论氧气量（单位：m^3/kg）为

$$V_{O_2}^0 = 1.866\frac{C_{ar}}{100} + 0.7\frac{S_{ar}}{100} + 5.55\frac{H_{ar}}{100} - 0.7\frac{O_{ar}}{100} \tag{8-25}$$

已知空气中氧的体积分数为 21%，所以 1kg 燃料完全燃烧所需的理论空气量（单位：m^3/kg）为

$$V_K^0 = \frac{1}{0.21}\left(1.866\frac{C_{ar}}{100} + 0.7\frac{S_{ar}}{100} + 5.55\frac{H_{ar}}{100} - 0.7\frac{O_{ar}}{100}\right) \tag{8-26}$$
$$= 0.0889(C_{ar} + 0.375S_{ar}) + 0.265H_{ar} - 0.0333O_{ar}$$

（2）气体燃料的燃烧理论空气量　标准状态下 $1m^3$ 气体燃料完全燃烧又无过剩氧时所需的空气量，称为气体燃料的燃烧所需理论空气量。当已知气体燃料中各单一可燃气体的体积分数时，

按燃烧反应式经整理后即可由下式计算其燃烧所需的理论空气量 V_K^0（单位：m^3/m^3），即

$$V_K^0 = \frac{1}{21}\left[0.5H_2 + 0.5CO + \sum\left(m + \frac{n}{4}\right)C_mH_n + 1.5H_2S - O_2\right] \quad (8-27)$$

式中　H_2、CO、C_mH_n、H_2S 和 O_2——气体燃料中所含氢、一氧化碳、碳氢化合物、硫化氢和氧的体积分数（%）。

（3）燃烧所需实际空气量的计算　在锅炉运行时，由于锅炉的燃烧设备不尽完善和燃烧技术条件等的限制，送入的空气与燃料不可能做到理想混合。为了使燃料在炉内尽可能地燃烧完全，实际送入炉内的空气量总大于理论空气量。锅炉各受热面在烟道中还存在漏风现象，也就是说各段烟道出口处的过量空气系数是沿烟气流程递增的。实际供给的空气量 V_K 比理论空气量 V_K^0 多出的这部分空气，称为过量空气，两者之比 α 则称为过量空气系数，即

$$\alpha = \frac{V_K}{V_K^0} \quad (8-28)$$

燃烧 1kg（或 $1m^3$）燃料实际所需的空气量可由下式计算，即

$$V_K = \alpha V_K^0 \quad (8-29)$$

炉中的过量空气系数 α 是指炉膛出口处的 α_l''，它的最佳值与燃料种类、燃烧方式以及燃烧设备结构的完善程度有关。供热锅炉常用的层燃炉，α_l'' 值一般为 1.3～1.6；燃油燃气锅炉一般控制在 1.05～1.20。

上述空气量的计算，全部按照不含水蒸气的干空气计算。

2. 燃烧生成烟气量的计算

燃料燃烧后产生烟气，当燃料完全燃烧时，烟气中的成分为：碳和硫完全燃烧时的生成物 CO_2 和 SO_2，燃料本身含有的和空气中的 N_2，过剩空气中未被利用的 O_2，以及氢燃烧生成的及空气带入的和燃料所含水分蒸发生成的水蒸气（H_2O）。

当燃料不完全燃烧时，除了上述成分外，烟气中还将包含有可燃气体，如一氧化碳、甲烷等。

（1）理论烟气量的计算　如供给燃料以理论空气量 V_K^0，燃料又达到完全燃烧，此时，烟气所具有的容积称为理论烟气量（V_y^0），单位为 m^3/kg。

烟气的容积可以根据烟气各组成成分的容积来计算，至于烟气各组成成分的容积，仍可按燃烧过程的化学反应式计算求得。

理论烟气量 V_y^0（单位：m^3/kg）由二氧化碳、二氧化硫、氮气、水蒸气四种气体体积相加得到，即

$$V_y^0 = 0.79V_K^0 + 0.01866C_{ar} + 0.111H_{ar} + 0.007S_{ar} + 0.008N_{ar} + 0.0124M_{ar} + 0.0161V_K^0 + 1.24G_{wb}$$
$$(8-30)$$

（2）实际烟气量的计算　实际的燃烧过程是在有过量空气的条件下进行的，烟气中还含有过量空气中氧气、氮气和水蒸气的体积：0.21$(\alpha-1)V_K^0$、0.79$(\alpha-1)V_K^0$、0.0161$(\alpha-1)V_K^0$，因此，实际烟气量应为理论空气量和过量空气（包括氧、氮和相应的水蒸气）之和，即

$$V_{py} = V_y^0 + 0.21(\alpha-1)V_K^0 + 0.79(\alpha-1)V_K^0 + 0.0161(\alpha-1)V_K^0 \quad (8-31)$$
$$= V_y^0 + 1.0161(\alpha-1)V_K^0$$

3. 烟气和空气的焓

烟气和空气的焓分别表示 1kg 固体、液体燃料或标准状态下 $1m^3$ 气体燃料燃烧生成的烟气和所需的理论空气量，在等压下从 0℃ 加热到 θ℃ 所需的热量，用符号 h_y 和 h_K^0 表示，单位为 kJ/kg

或 kJ/m^3。

理论空气焓的计算式为

$$h_K^0 = V_K^0 (c\theta)_K \tag{8-32}$$

式中 $(c\theta)_K$——$1m^3$ 干空气连同其带入的水蒸气在温度为 θ_K^0 时的焓，简称为 $1m^3$ 干空气的湿空气焓（kJ/m^3）。

烟气是含有多种气体成分的混合气体，烟气的焓是烟气的各组成成分的焓的总和。当烟气温度为 θ_y（单位:℃）时，理论烟气体积下的焓可由下式求得

$$h_y^0 = (V_{RO_2} c_{RO_2} + V_{N_2}^0 c_{N_2} + V_{H_2O}^0 c_{H_2O}) \theta_y \tag{8-33}$$

$$= V_{RO_2} (c\theta)_{RO_2} + V_{N_2}^0 (c\theta)_{N_2} + V_{H_2O}^0 (c\theta)_{H_2O}$$

式中 $(c\theta)_{RO_2}$、$(c\theta)_{N_2}$、$(c\theta)_{H_2O}$——$1m^3$ 的三原子气体、氮气和水蒸气在温度为 θ（℃）时的焓（kJ/m^3），考虑到烟气中二氧化硫含量不大，且它的比热容大致与二氧化碳相同，故通常取 $c_{RO_2} = c_{CO_2}$。

当 $\alpha > 1$ 时，烟气中除包括上述的理论烟气外，还有过量空气，这部分过量空气的焓（单位：kJ/kg）为

$$\Delta h_K = (\alpha - 1) h_K^0 \tag{8-34}$$

当 $\alpha > 1$ 时，$1kg$ 燃料所产生的烟气焓为

$$h_y = h_y^0 + \Delta h_K + (\alpha - 1) h_K^0 \tag{8-35}$$

假若用经验公式近似地求得烟气体积 V_y，烟气焓可由下式求得，即

$$h_y = V_y c_y \theta_y \tag{8-36}$$

式中 c_y——烟气的平均比定压热容 $[kJ/(m^3 \cdot ℃)]$。

现代锅炉通常都采取平衡通风，炉膛以及其后的烟道都处于负压状态，通过炉墙或多或少要漏入一部分冷空气。空气漏入量的多少通常用漏风系数 $\Delta\alpha$ 表示，它与锅炉结构、炉墙气密性等因素有关。设计时，按长期运行试验结果的推荐值选取。对于供热锅炉，其炉膛、蒸汽过热器、对流管束、省煤器、空气预热器以及每 $10m$ 长的水平砖砌烟道的漏风系数 $\Delta\alpha$ 约为 $0.05 \sim 0.10$。

由于烟道各部分的过量空气系数 α 不同，烟气量、烟气的平均特性及烟气焓也各不相同，需要分别进行计算。对于具体的计算受热面来说，在计算烟气量及烟气平均特性时，采用该受热面中的平均过量空气系数；计算烟气焓时，则采用该受热面出口的过量空气系数。为了方便计算，通常是大致估计出该受热面烟道中烟气所处的温度范围，以 $100℃$ 的间隔计算出若干烟气焓，然后编制成表 8-16 所示的温焓表。如此，在进行锅炉热力计算时就可方便地根据烟气温度和过量空气系数查求出对应的烟气焓，或已知烟气焓和过量空气系数求出烟气温度。

表 8-16 烟气温焓表

$\theta/℃$	$(c\theta)_{CO_2}/$ (kJ/m^3)	$(c\theta)_{N_2}/$ (kJ/m^3)	$(c\theta)_{O_2}/$ (kJ/m^3)	$(c\theta)_{H_2O}/$ (kJ/m^3)	$(c\theta)_K/$ (kJ/m^3)	$(c\theta)_{hz}$ $(c\theta)_{fh}/$ (kJ/kg)
100	170	130	132	151	132	81
200	357	260	267	304	266	169
300	559	392	407	463	403	264
400	772	527	551	626	542	360
500	994	664	699	795	684	458
600	1225	804	850	969	830	560
700	1462	948	1004	1149	978	662
800	1705	1094	1160	1334	1129	767
900	1952	1242	1318	1526	1282	875

（续）

θ/℃	$(c\theta)_{CO_2}/$ （kJ/m³）	$(c\theta)_{N_2}/$ （kJ/m³）	$(c\theta)_{O_2}/$ （kJ/m³）	$(c\theta)_{H_2O}/$ （kJ/m³）	$(c\theta)_{K}/$ （kJ/m³）	$(c\theta)_{hz}$ $(c\theta)_{fh}/$ （kJ/kg）
1000	2204	1392	1478	1723	1437	984
1100	2458	1544	1638	1925	1595	1097
1200	2717	1697	1801	2132	1753	1206
1300	2977	1853	1964	2344	1914	1361
1400	3239	2009	2128	2559	2076	1583
1500	3503	2166	2294	2779	2239	1758
1600	3769	2325	2460	3002	2403	1876
1700	4036	2484	2629	3229	2567	2064
1800	4305	2644	2797	3458	2731	2186
1900	4574	2804	2967	3690	2899	2386
2000	4844	2965	3138	3926	3066	2512
2100	5115	3127	3309	4163	3234	
2200	5387	3289	3483	4402	3402	

8.4 常用燃烧设备

锅炉的燃烧设备是锅炉的重要组成部分。不同的燃烧方式所采用的燃烧设备也不完全相同。目前，国产供热锅炉常用的燃烧设备有层燃炉，包括链条炉排炉、往复推饲炉排炉、抛煤机链条炉排炉；流化床炉，包括循环流化床炉；室燃炉，包括燃油锅炉、燃气锅炉和水煤浆锅炉等。

8.4.1 链条炉

链条炉的加煤、拨火和除渣三项主要操作部分或全部由机械代替人工操作，又称为机械化层燃炉，在我国的应用最为广泛。

1. 链条炉的构造

图8-4所示为链条炉的结构简图。煤靠自重由炉前煤斗落于链条炉排上，链条炉排则由主动

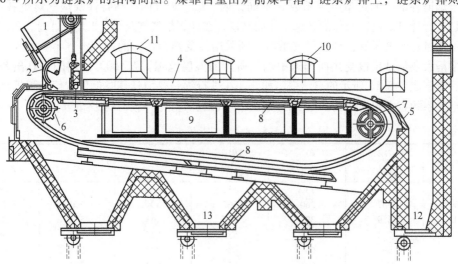

图 8-4 链条炉的结构简图

1—煤斗 2—扇形挡板 3—煤闸门 4—防渣箱 5—老鹰铁 6—主动链轮 7—从动轮
8—炉排地支架上、下导轨 9—送风仓 10—拨火孔 11—入孔门 12—渣斗 13—灰斗

链轮带动,由前向后徐徐运动;煤随之被带入炉内,并依次完成预热干燥、挥发物析出、燃烧和燃尽各阶段,形成灰渣,最后由装置在炉排末端的除渣板铲落渣斗。

煤闸门可以上、下升降,用以调节煤层厚度。除渣板俗称老鹰铁,其作用是使灰渣在炉排上略有停滞而延长它在炉内停留的时间,以降低灰渣含碳量;同时也可减少炉排后端的漏风。

在炉膛的两侧,分别装置有纵向的除渣箱。除渣箱的作用,一是保护炉墙不受高温燃烧层的侵蚀和磨损,二是防止侧墙黏结炉渣。它一半嵌入炉墙,另一半贴近运动着的炉排而敞露于炉膛,通常是以侧水冷壁下集箱兼做除渣箱。

2. 链条炉的燃烧特点

链条炉是一种"单面引火"的炉子。工作与手烧炉不同,煤自煤斗滑落在冷炉排上,而不是铺撒在灼热的燃烧层上。进入炉子后,主要依靠来自炉膛的高温辐射,自上而下地着火、燃烧。整个燃烧过程的几个阶段是沿炉排长度自前至后、连续地完成。

链条炉的第二特点是燃烧过程的区段性,并由此具有分区配风的运行模式。燃烧层被划分为四个区域:预热干燥区、挥发物析出燃烧区、焦炭燃烧还原区和灰渣形成区。

在链条炉中,煤的燃烧是沿炉排自前往后分阶段进行的,因此燃烧层的烟气各组成成分在炉排长度方向各不相同。在预热干燥区,基本不需氧气,通过燃烧层进入的空气,其含氧浓度几乎不变。挥发物析出燃烧区,需要一定的 O_2。当进入焦炭燃烧还原区后,燃烧层温度很高,此时需要大量 O_2。在灰渣形成区,焦灰层厚度越来越薄,所需 O_2 量较少。

8.4.2 循环流化床炉

固体粒子经气体或液体接触而转变为类似流体状态的过程,称为流化过程。流化过程用于燃料燃烧,即为沸腾燃烧,其炉子称为沸腾炉或流化床炉。供热锅炉中应用较多的流化床炉主要是循环流化床炉。

1. 循环流化床炉的结构

循环流化床炉是在炉膛里把颗粒燃料控制在特殊的流化状态下燃烧,细小的固体颗粒以一定速度携带出炉膛,再由气固分离器分离后在距布风板一定高度处送回炉膛,形成足够的固体物料循环,并保持比较均匀的炉膛温度的一种燃烧设备。

图 8-5 所示为循环流化床炉结构简图。与室燃炉相比,循环流化床炉在结构上的不同之处在于炉膛内设有流化装置,炉膛外增加了气固分离设备和固体物料再循环设备。

流化装置保证空气均匀地进入炉膛,并使床层上的物料均匀地流化,主要由花板、风帽、风室、排渣口和隔热耐火层等组成,花板和风帽的组合体称为布风板,结构简图如图 8-6 所示。布风板的主要作用是支撑床料,使床料均匀流化,维持床层稳定,避免流化分层。

循环流化床炉通过调节循环灰量、给煤量和风量,即可实现负荷调节。

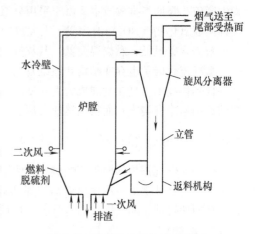

图 8-5 循环流化床炉结构简图

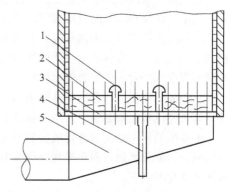

图 8-6 典型风帽式布风板结构简图

1—风帽 2—孔板 3—隔热层 4—冷渣管 5—风室

2. 循环流化床炉的工作过程

循环流化床燃烧是一种介于层状燃烧与悬浮燃烧之间的燃烧方式。煤预先经破碎加工成一定大小的颗粒而置于布风板上，空气则通过布风板由下向上吹送。当空气以较低的气流速度通过料层时，煤粒在布风板上静止不动，料层厚度不变。当气流速度增大并达到某一较高值 W_{lj} 时，气流对煤粒的推力恰好等于煤粒的重力，即此时流化床层颗粒完全由空气流托拽，不再受布风板支撑；煤粒开始飘浮移动，料层高度略有增长。如气流速度继续增大，煤粒间的空隙加大，料层膨胀增高，所有的煤粒、灰渣纷乱混杂，上下翻腾不已，颗粒和气流之间的相对运动十分强烈。当风速继续增大并超过一定限度 W_{jx} 时，稳定的流化床工况就被破坏，颗粒将全部随气流飞走。飞出炉膛的大部分颗粒由固体物料分离器分离后经返料器送回炉膛，再参与燃烧。飞灰及未燃尽的物料颗粒多次循环燃烧，燃烧效率可达 99% 以上，完全可以与目前电站广泛采用的煤粉炉相比。

3. 循化流化床炉的特点

（1）燃料适应性广　煤在循环流化床炉中呈流化态燃烧，燃料一进入循环流化床炉就迅速着火燃烧，适于燃用几乎所有的劣质燃料，如石煤、煤矸石，以及垃圾、生物质燃料等。

（2）燃烧效率高　国外循环流化床炉的燃烧效率一般高达 99%；我国设计、投产的循环流化床炉燃烧效率也高达 95% ~ 99%。该炉燃烧效率高的主要原因是煤料燃尽率高。

（3）保护环境，易于实现灰渣综合利用　采用炉内添加石灰石的办法，可以实现在燃烧过程中脱硫，降低了排放成本。由于采用分级送风和低温燃烧（炉内温度仅为 850 ~ 900℃），能有效抑制氮氧化物（NO_x）的生成，大大减少排放对大气的污染，有利于环境保护。

灰渣含碳量低，燃烧温度低，其灰渣可用作水泥熟料，容易实现灰渣的综合利用。

循环流化床炉也存在结构和系统复杂、投资和运行费用较高等缺点，但因它是高效、清洁的新一代燃烧技术，且在发展成为大容量时具有明显的优越性，备受世界各国重视，因此它作为最有前途的洁净燃烧方式而得到迅速发展。

8.4.3　燃油、燃气锅炉

燃油、燃气锅炉均属于室燃锅炉，所用燃料均由燃烧器喷入炉膛内燃烧，并且燃料燃烧后不产生灰渣。这种锅炉不用像燃煤锅炉那样设置复杂庞大的破碎、输送燃煤设施和燃烧及除尘设备，从而使燃油、燃气锅炉结构紧凑、自重轻。

1. 燃油锅炉

燃油锅炉常以燃用重油为主。燃油锅炉一般为全自动化，配有锅炉启动、停炉程序控制，燃烧、给水、油压和油温的自动调节以及高低水位、熄火、超压和低油压的保护。

燃油受热首先汽化为油蒸气，其同空气的混合物达到一定温度开始着火并燃烧。为了强化燃油的汽化过程，常将燃油雾化成细小的油滴喷入炉膛，受炉内高温烟气的加热，油滴很快汽化并同周围空气混合，开始着火、燃烧。

从燃油的燃烧过程看出，良好的雾化和合理的配风，是保证燃油迅速而完全燃烧的基本条件，其关键设备是油燃烧器。油燃烧器主要由油喷嘴和调风器组成。

油喷嘴的作用是把油雾化成雾状粒子，并使油雾保持一定的雾化角和流量密度，促使其与空气混合，强化燃烧过程和提高燃烧效率。常用的油喷嘴型式有机械雾化喷嘴、蒸汽雾化喷嘴和转杯式雾化喷嘴等。

调风器的作用是为已经良好雾化的燃料油提供燃烧所需的空气，并形成有利的空气动力场，使油雾能与空气充分混合。按照调风器出口气流的流动工况，可分为旋流式和直流式两大类。

2. 燃气锅炉

燃气锅炉燃用的气体燃料有城市煤气、天然气、液化石油气和沼气。气体燃料是一种比较清洁的燃料，它的灰分、含硫量和含氮量比煤及油燃料要低得多。其燃烧所产生的烟气含尘量也极少，烟气中 SO_x 量几乎可忽略不计，燃烧中转化的 NO_x 也很少，对环境保护提供了十分有利的条件。

燃气的燃烧没有燃煤及燃油那种挥发汽化和固体炭粒燃尽过程，其燃烧过程简单，燃烧所需的时间较短，即在炉膛内停留时间很短，因此燃气锅炉所需要的炉膛容积比同容量的燃煤和燃油锅炉小。

燃气的燃烧需要大量的空气，如标准状态下 $1m^3$ 天然气的燃烧需 $20 \sim 25m^3$ 的空气。因此，燃气锅炉除燃烧器不带雾化器外，其他均同于燃油锅炉，这主要是燃油与燃气燃烧特性有差异造成的。

燃烧器是燃气锅炉的主要部件，其主要由燃气喷嘴和调风器组成。由于燃料性质不同，燃用高热值和低热值的燃气燃烧器的原理和结构有所不同，按照燃气和空气预先混合的情况，常用燃气燃烧器可分为扩散式燃烧器、部分预混式燃烧器和完全预混式燃烧器。

8.4.4 水煤浆锅炉

水煤浆锅炉集传统燃油锅炉与燃煤锅炉的优势于一体，既有燃油锅炉燃烧控制自动化、即开即停、场所洁净、环保排放的优点，又保持了燃煤锅炉低成本运行的特点。它采用了类似燃油锅炉的雾化喷燃技术，大大提高了水煤浆燃料的燃烧效率和燃尽率，热效率一般稳定在83%左右，燃尽率可高达98%以上。

水煤浆锅炉的基本流程如图8-7所示，水煤浆由供浆泵送入燃烧器，经压缩空气（或蒸汽）雾化，在一定条件下，水煤浆在炉膛内稳定燃烧。水煤浆锅炉系统除了具有和燃油、燃气锅炉系统相同的系统（供油系统或供气系统、水处理系统、蒸汽或热水系统、排烟系统）外，还增加了供浆系统（包括储浆罐、输浆泵、日用浆罐、供浆泵、在线过滤器等）、雾化介质系统（空气压缩机、储气罐或蒸汽源）、清洗水系统、除灰系统（除渣机、沉淀池）、烟气处理系统（省煤器、带文丘里管的湿式脱硫除尘器、引风机）。

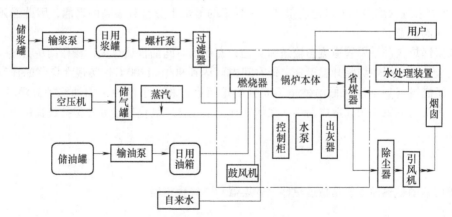

图8-7 水煤浆锅炉的流程

改善水煤浆的燃烧，首先是良好的雾化及顺利地着火，此外配风问题也很重要。而雾化、着火与配风主要都在燃烧器中进行，因此，需要有一个性能良好的水煤浆燃烧器和对燃烧器进行合理布置。

水煤浆喷嘴和配风器形成水煤浆燃烧器,结构示意图如图 8-8 所示。

水煤浆喷嘴是在粉煤燃烧器及油燃烧器的基础上,结合水煤浆的特点而设计的。按雾化介质分为蒸汽雾化和压缩空气雾化;按水煤浆交叉流动方式分为 T 型和 Y 型。水煤浆从内侧流动,而雾化介质从外侧流动。

水煤浆喷嘴应满足以下各方面要求:

1) 良好的雾化特性,能稳定着火,雾化角和射程都合适,具有较好的燃烧特性和较高的燃烧效率。

2) 有良好的防止堵塞的性能,不至于因堵塞而影响长期连续运行。

3) 有较好的防磨损性能,具有较长的使用寿命。

4) 有较好的负荷调节性能。

5) 有较低的汽耗率。

配风器分为旋流式和直流式两种。

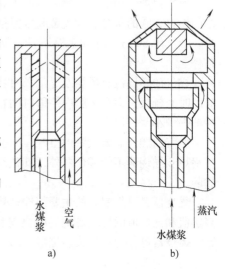

图 8-8　水煤浆燃烧器示意图

水煤浆锅炉的运行特点主要有:

1) 水煤浆含有 30% ~ 35%(质量分数)的水分,燃烧前有一个水分蒸发过程,使水煤浆着火热增加。

2) 水煤浆是以入口速度很高的喷雾方式将水煤浆喷入炉内燃烧区域,其入口速度一般为 100 ~ 200m/s。

3) 水煤浆的雾化与油的雾化也有区别,水煤浆是高黏度的液固两相流体,其黏度是重油的几十倍,本身难以雾化,况且水煤浆的雾化是在加热蒸发和挥发分析出过程中进行的,其雾化条件比油差,并且燃烧器易于堵塞和磨损。

4) 燃用水煤浆锅炉的炉室容积热强度与燃油锅炉不同,燃烧产生同样的热量,燃用水煤浆需要的炉室容积比燃油大。

5) 水煤浆进入炉内的入口速度很高,水煤浆的雾炬本身具有很高的动能,因此必须注意使其热量能充满炉膛。

水煤浆锅炉全部采用管道流态输送和雾化,实现短时间油自动点火,操作简单方便,劳动强度低,安全性高。锅炉炉膛升温迅速,短时间内可达到 900 ~ 1200℃,实现水煤浆的连续稳定燃烧,避免了燃煤锅炉加煤时低温燃烧不充分的重污染过程,也避免了燃油锅炉高温(1300℃)燃烧产生大量的氮氧化物,造成污染。在烟气含尘量、含二氧化硫量等环保排放指标上,均优于国家标准。

8.4.5　辅助受热面

锅炉的辅助受热面主要是指过热器、省煤器和空气预热器。

1. 过热器

过热器的作用是将饱和蒸汽加热成具有一定温度的过热蒸汽。在锅炉负荷或其他工况变动时应保证过热蒸汽温度正常,并处在允许的波动范围之内。

蒸汽过热器的结构如图 8-9 所示。它由蛇形无缝钢管管束和进、出口集箱及中间集箱等组成。由锅筒生产的饱和蒸汽引入过热器进口集箱,然后分配给各并联蛇形管受热升温至额定值,最后汇集于出口集箱，由主蒸汽管送出。

根据布置位置和传热方式不同，过热器可分为对流式、半辐射式和辐射式三种型式。对流式过热器位于对流烟道内，对流吸热；半辐射式（屏式）过热器位于炉膛出口，呈挂屏型，对流吸热和辐射吸热；辐射式（墙式）过热器位于炉膛墙上，辐射吸热。供热锅炉采用的都为对流式过热器。

2. 省煤器

省煤器是利用尾部烟气的热量来加热给水的换热器，作用是利用锅炉尾部低温烟气的热量来加热锅炉给水，降低锅炉排烟温度，提高锅炉的热效率，降低燃料的消耗量。它是锅炉中不可缺少的组成部分。

省煤器按制造材料的不同，可分为铸铁省煤器和钢管省煤器；按给水被预热的程度，则又可分为沸腾式和非沸腾式两种。在供热锅炉中使用得最普遍的是铸铁省煤器。它由一根根外侧带有方形绍片的铸铁管通过180°弯头串接而成，如图8-10所示。

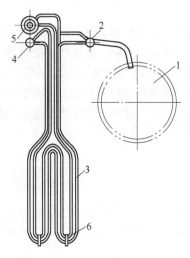 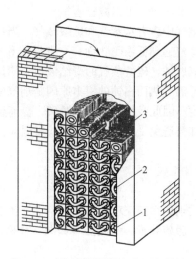

图8-9 垂直式蒸汽过热器的结构
1—锅筒 2—进口集箱 3—蛇形管
4—中间集箱 5—出口集箱 6—夹紧箍

图8-10 铸铁省煤器安装组合简图
1—省煤器进水口 2—铸铁连接弯头 3—铸铁鳍片管

3. 空气预热器

空气预热器是利用烟气热量来加热燃烧所需空气的一种气-气换热器。其主要作用是加热燃烧空气和降低排烟温度，从而起到强化燃烧、强化传热、提高锅炉效率和提供固体燃料制粉系统的干燥剂和输送介质的作用。

空气预热器（见图8-11）按传热方式可分导热式和蓄热式（再生式）两类。导热式空气预热器有板式和管式两种，供热锅炉大多采用

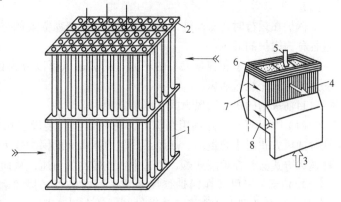

图8-11 空气预热器结构简图
1—烟管管束 2—管板 3—冷空气入口 4—热空气出口
5—烟气入口 6—膨胀节 7—空气连通罩 8—烟气出口

的是管式空气预热器，烟气和空气各有自己的通道，热量通过传热壁面连续地由烟气传给空气。在蓄热式空气预热器中，烟气和空气交替流经受热面，烟气流过时将热量传给受热面并积蓄起来，随后空气流过时，受热面将热量传给空气。

4. 辅助受热面积灰、磨损和低温腐蚀

为了确保辅助受热面安全可靠的运行和较低的维护费用，必须要减少积灰、磨损和低温腐蚀的发生。

当携带飞灰的烟气流经受热面时，部分灰粒沉积在受热面上的现象称为积灰。受热面积灰时，由于灰的传热系数很小，受热面热阻增大，吸热量减少，以致排烟温度升高，排烟热损失增加，热效率降低。积灰严重时，烟气流动阻力增大，引风机电耗增大甚至出力不足。通过选择合理的烟气速度，布置高效的吹灰装置，制定合理的吹灰制度，可以减轻积灰。

当携带大量固态飞灰的烟气以一定速度通过受热面时，灰粒撞击受热面会造成金属磨损。磨损使受热面管壁减薄，强度降低，最终将导致泄漏或爆管。过热器、省煤器和空气预热器都会发生磨损，以省煤器最为严重。通过选择合理的烟气流速，采用合理的结构和布置，加装防磨装置，涂抹防磨涂料，可以减轻磨损。

由于烟气中含有水蒸气和硫酸蒸气，当烟气进入尾部烟道时，因烟温降低可能使蒸汽凝结，也可能使蒸汽遇到低温受热面——省煤器和空气预热器的金属壁而冷凝。水蒸气在受热面上冷凝会引起氧腐蚀，硫酸蒸气的凝结液与金属接触则发生酸腐蚀，这两种腐蚀称为低温腐蚀。

锅炉低温受热面腐蚀的根本原因是烟气中存在 SO_3 气体，发生腐蚀的条件是金属壁温低于烟气露点温度。因此必须进行燃料脱硫，提高金属壁温，避免结露，以有效地减轻和防止低温腐蚀与堵灰。如要避免受热面金属腐蚀，壁温应比酸的露点高出10℃左右。

8.5 烟风系统

锅炉的烟风系统流程：送风机→空气预热器→配风装置→炉膛→过热器→省煤器→空气预热器→除尘脱硫装置→引风机→烟囱。合理设计锅炉烟风系统和选用烟风设备，以保证锅炉正常运行。

8.5.1 锅炉通风

1. 通风方式

锅炉在运行时，必须连续地向锅炉供入燃烧所需要的空气，并将生成的烟气不断引出，这一过程称为锅炉的通风。

根据锅炉类型和容量大小的不同，锅炉通风可以分为自然通风和机械通风。供热锅炉常用的通风方式是机械通风。

目前采用的机械通风方式有以下三种。

(1) 负压通风 除利用烟囱外，还在烟囱前装设引风机，用于克服烟、风道的全部阻力。这种通风方式对小容量的、烟风系统阻力不太大的锅炉较为适用。如烟、风道阻力很大，采用这种通风方式必然在炉膛或烟、风道中造成较高的负压，从而使漏风量增加，降低锅炉热效率。

(2) 平衡通风 在锅炉烟风系统中同时装设送风机和引风机。从风道吸入口到进入炉膛（包括空气预热器、燃烧设备和燃料层）的全部风道阻力由送风机克服；而炉膛出口到烟囱出口（包括炉膛出口负压、锅炉防渣管以后的各部分受热面和除尘设备）的全部烟道阻力则由引风机来克服。采用这种通风方式的锅炉房安全及卫生条件较好，锅炉的漏风量也较小。目前在供热锅炉中，大都采用平衡通风。图 8-12 所示为锅炉采用平衡通风时烟、风道的正负压分布图。

（3）**正压通风** 在锅炉烟风系统中只装设送风机，利用其压头克服全部烟风道的阻力。这时锅炉的炉膛和全部烟道都在正压下工作，因而炉墙和门孔皆需严格密封，以防火焰和高温烟气外泄伤人。这种通风方式提高了炉膛燃烧热强度，使同等容量的锅炉体积较小。由于消除了锅炉炉膛、烟道的漏风，提高了锅炉的热效率。正压通风目前国内在燃油和燃气锅炉上已有应用。

锅炉通风一般采用平衡通风方式和微正压通风方式。

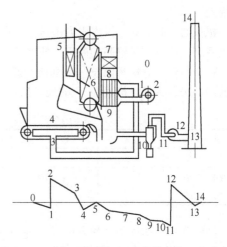

图 8-12 平衡通风时烟、风道的正负压分布图

2. 烟、风道阻力计算

（1）**烟道阻力** 计算烟道阻力的顺序是从炉膛开始，沿烟气流动方向，依次计算各部分烟道的阻力后，再计算各部分烟道的自生风，由此即可求得烟道的全压降。

由于烟道（包括热风道）中的介质密度 ρ 总是小于大气密度 ρ_k，这种密度差所产生的流动压头，即为锅炉自生风。自生通风力 p_{zs} 可由下式求得

$$p_{zs} = (\rho_k - \rho)g(Z_2 - Z_1) \tag{8-37}$$

在气流上升的烟、风道中，自生风是正值，可以用来克服流动阻力，有助于气流流动；相反，在气流下降的烟、风道中，自生风是负值，因而要消耗外界压头，阻碍气流的流动。显然，在水平烟、风道中，自生风等于零。

锅炉烟道的总压降（单位：Pa）为

$$\Delta p_y = p_1'' + \Delta p_{sl}^y - p_{zs}'' \tag{8-38}$$

式中 p_1''——平衡通风时炉膛出口处必须保持的负压，一般 $p_1'' = 20\text{Pa}$；

Δp_{sl}^y——烟道中烟气流动总阻力损失（Pa）；

p_{zs}''——平衡通风时烟道的自生通风力（Pa）。

（2）**风道阻力** 锅炉风道的阻力包括冷风道、空气预热器、热风道和燃烧设备等区段的阻力。

锅炉风道的全压降为

$$\Delta p^k = \Delta p_{sl}^k - p_{zs}^k - p_1' \tag{8-39}$$

式中 Δp_{sl}^k——风道中空气流动总阻力损失（Pa）；

p_{zs}^k——风道的自生通风力（Pa）；

p_1'——空气进口处炉膛真空度，其值可用以下近似公式求得

$$p_1' = p_1'' + 0.95Hg \tag{8-40}$$

式中 p_1''——烟道计算中炉膛出口处真空度，一般 $p_1'' = 20\text{Pa}$；

H——由空气进口到炉膛出口中心间的垂直距离（m）。

（3）**烟囱高度的确定** 在自然通风和机械通风时，烟囱的高度都应根据排出烟气中所含的有害物质——SO_2、NO_2、飞灰等的扩散条件来确定，使附近的环境处于允许的污染程度之下。因此，烟囱高度的确定，应符合现行国家标准《工业企业设计卫生标准》（GBZ 1—2010）、《锅炉大气污染物排放标准》（GB 13271—2014）和《环境空气质量标准》（GB 3095—2012）等

的规定。

机械通风时,烟、风道阻力由送、引风机克服。因此,烟囱的作用主要不是用来产生引力,而是将烟气排放到足够高的高空,使之符合环境保护的要求。

每个新建锅炉房只能设一个烟囱。燃煤、燃油(燃轻柴油、煤油除外)锅炉房烟囱高度应根据锅炉房总容量,按表8-17的规定执行。

表8-17 燃煤锅炉房烟囱最低允许高度

锅炉房装机总容量	MW	<0.7	0.7~<1.4	1.4~<2.8	2.8~<7	7~<14	≥14
	t/h	<1	1~<2	2~<4	4~<10	10~<20	≥20
烟囱最低允许高度	m	20	25	30	35	40	45

新建锅炉烟囱周围半径200m距离内有建筑物时,烟囱应高出最高建筑物3m以上。

锅炉房总容量大于28MW(40t/h)时,其烟囱高度应按环境影响评价要求确定,但不得低于45m。

3. 送、引风机的选择

选用的送风机和引风机应能保证供热锅炉在既定的工作条件下,满足锅炉全负荷运行时对烟、风流量和压头的需要。为了安全起见,在选择送、引风机时应考虑有一定的裕度,送、引风机性能裕量系数见表8-18。

表8-18 送、引风机性能裕量系数

设备或工况	裕量系数	
	风量裕量系数 β_1	压头裕量系数 β_2
送风机	1.1	1.2
引风机	1.1	1.2
带尖峰负荷时	1.03	1.05

送、引风机的选择,首先应按风机的比转数选定风机型式,然后根据锅炉烟风系统的设计流量和设计压头,按风机制造厂提供的相应型式的风机系列参数或性能曲线来确定所选风机的规格。锅炉所用风机的选择,应使工况点落在风机最高效率的90%以上区域。

选择风机和烟风道布置的一般要求有:

1)锅炉的送风机、引风机宜单炉配置。当需要集中配置时,每台锅炉的风、烟道与总风、烟道连接处,应设置密封性好的风、烟道闸门。

2)单炉配置风机时,层燃炉风量的裕量宜为10%,风压的裕量宜为20%。

3)集中配置风机时,送风机和引风机均不应少于2台,其中各有一台备用,并应使风机能并联运行,并联运行后风机的风量和风压裕量和单炉配置时相同。

4)应选用高效、节能和低噪声的风机。

5)应使风机常年运行处于较高的效率范围。

6)锅炉烟、风道设计应符合下列要求:

①应使烟、风道平直且气密性好,附件少且阻力小。

②几台锅炉共用一个烟囱或烟道时,宜使每台锅炉的通风力均衡。

③宜采用地上烟道,并应在适当的位置设置清扫烟道的人孔。

④应考虑烟道和热风退热膨胀的影响。

⑤ 应设置必要的测点，并满足测试仪表及测点的技术要求。

8.5.2 烟气净化

每年除了从供热锅炉排出大量烟尘外，还伴有二氧化硫、氮氧化物等有害气体，严重地污染了环境，对人体健康、工农业生产和气候等造成极大的危害。烟气中的 SO_2 排放到大气中会形成酸雨，CO_2 则会造成温室效应。对锅炉本身而言，含尘烟气还将引起受热面和引风机的磨损。

1. 锅炉大气污染物排放标准

烟气中有害气体的主要成分是二氧化硫。目前对于 $w(S) \leqslant 2.0\%$ 的燃煤，通常采用湿式除尘脱硫技术，其脱硫效率分别为 40% 和 30% ；对于 $w(S) > 2.0\%$ 的燃煤，则采用型煤和循环流化床燃烧脱硫技术，其脱硫效率分别为 50% 和 80% 。

锅炉排出烟气的含尘量，用 $1m^3$ 排烟体积内含有的烟尘质量（mg 或 g）来表示，称为烟尘浓度。锅炉在额定出力下除尘器前的烟尘浓度，称为锅炉的原始烟尘排放浓度，它与燃料特性、燃烧方式、燃烧室结构及运行操作等多种因素有关。《锅炉大气污染物排放标准》（GB 13271—2014）中根据销售出厂时间，对锅炉出口原始烟尘浓度规定了限制值。10t/h 以上在用蒸汽锅炉和 7MW 以上在用热水锅炉 2015 年 10 月 1 日起执行表 8-19 所示的大气污染物排放浓度限值，10t/h 及以下在用蒸汽锅炉和 7MW 及以下在用热水锅炉 2016 年 7 月 1 日起执行表 8-19 所示的大气污染物排放浓度限值。

表 8-19　在用锅炉大气污染物排放浓度限值　　　　　　　（单位：mg/m³）

污染物项目	限　值			污染物排放监控位置
	燃煤锅炉	燃油锅炉	燃气锅炉	
颗粒物	80	60	30	烟囱或烟道
二氧化硫	400 550①	300	100	
氮氧化物	400	400	400	
汞及其化合物	0.05	—	—	
烟气黑度（林格曼黑度，级）	≤1			烟囱排放口

① 位于广西壮族自治区、重庆市、四川省和贵州省的燃煤锅炉执行该限值。

自 2014 年 7 月 1 日起，新建锅炉执行表 8-20 所示的大气污染物排放浓度限值。

表 8-20　新建锅炉大气污染物排放浓度限值　　　　　　　（单位：mg/m³）

污染物项目	限　值			污染物排放监控位置
	燃煤锅炉	燃油锅炉	燃气锅炉	
颗粒物	50	30	20	烟囱或烟道
二氧化硫	300	200	50	
氮氧化物	300	250	200	
汞及其化合物	0.05	—	—	
烟气黑度（林格曼黑度，级）	≤1			烟囱排放口

重点地区（由国务院环境保护主管部门或省级人民政府规定）的锅炉执行表 8-21 所示的大气污染物排放浓度限值。

表 8-21　大气污染物特别排放限值　　　　　　　　　（单位：mg/m³）

污染物项目	限　值			污染物排放监控位置
	燃煤锅炉	燃油锅炉	燃气锅炉	
颗粒物	30	30	20	烟囱或烟道
二氧化硫	200	100	50	
氮氧化物	200	200	150	
汞及其化合物	0.05	—	—	
烟气黑度（林格曼黑度，级）	≤1			烟囱排放口

2. 锅炉烟尘的防治

为了减轻锅炉烟尘造成的危害，一方面应改进燃烧设备，进行合理的燃烧调节，使挥发物在炉膛中充分燃烧，达到消烟效果，并尽量设法减少飞灰逸出，降低锅炉烟气中的含尘浓度；另一方面是在锅炉尾部，通常是在引风机前设置除尘脱硫装置，使锅炉排出烟气符合排放标准。

（1）烟气除尘　常见的除尘设备有旋风除尘器、湿式除尘器、袋式除尘器和电除尘器。

1）干式旋风除尘器。干式旋风除尘器是一种能使含尘烟气做旋转运动，从而使灰尘在离心力的作用下从含尘烟气中分离出来的一种设备。旋风除尘器结构简单，投资省，除尘效率较高，已广泛地应用于供热锅炉烟气除尘。旋风除尘器的种类较多，目前，已经设计了与锅炉本体配套的多种型式旋风除尘器。

2）湿式旋风除尘器。随着环保要求的不断提高，湿式旋风除尘器得到了越来越广泛的应用。其中，带文丘里管的麻石水膜除尘器（见图 8-13）以其结构简单、效率高、价格低、除尘效率较高而占有很大优势，一般来说容量在 10t/h 以上的锅炉都选配这种除尘器。

3）电除尘器。静电除尘器是利用电力分离的作用，使悬浮于烟气中的尘粒带电，并在电场电力的驱动下做定向运动，从而从烟气中分离出来。

4）袋式除尘器。这是一种过滤式除尘器，主要利用滤料（织物或毛毡）将带飞灰的烟气过滤，使飞灰黏附在滤网上而净化烟气。

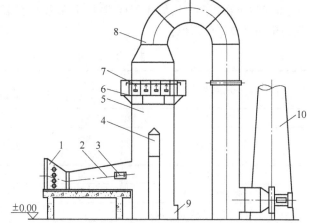

图 8-13　麻石水膜除尘器结构简图

1—烟气进口　2—文丘里管　3—人孔门　4—立芯柱　5—捕尘器
6—钢平台　7—环形供水管　8—烟气出口　9—溢灰门　10—烟筒

袋式除尘器结构简单，除尘效率很高，可达 99% 以上。

（2）烟气脱硫　烟气脱硫方法可分为干法和湿法两类。湿法烟气脱硫是用液态吸收剂洗涤烟气来去除烟气中的 SO_2。而干法烟气脱硫是用粉状或粒状的吸收剂来净化烟气中的 SO_2。与干法脱硫比较，湿法脱硫的设备小，投资省，占地面积也少；操作要求较低，易于控制和稳定；脱硫效率比干法高。当然湿法烟气脱硫也有其缺点，主要是存在废水处理问题，易造成二次污染及系统结垢和腐蚀；洗涤后烟气温度较低（一般低于 60℃），影响烟囱的抽力，能耗增加，易产生"白烟"；洗涤后烟气带水，影响到风机的运行。

脱硫一般都采用喷淋法，向烟气喷淋石灰石、石灰及碱（较多采用 Na_2CO_3）溶液，生成含硫废渣达到脱硫的目的。目前也有较高效的脱硫技术，如喷雾脱硫技术、喷雾干燥脱硫技术、脉冲放电烟气脱硫等。

1）喷雾脱硫技术。喷淋和喷雾没有明确的界限，一般直径 < 200μm 的水滴，常被称为喷雾。喷雾越细，脱硫的效率越好，采用简单的喷雾器，其脱硫效率可达 70% 左右；采用性能特别好的喷雾器，其脱硫效率可达 80% ~ 90%，甚至更高。

2）喷雾干燥脱硫技术。喷雾干燥脱硫技术是大型供热锅炉及发电厂锅炉烟气脱硫应用较广泛的一种方法。它也是用石灰溶液作为吸收剂，将吸收液喷成雾状，使之与烟气中 SO_2 充分接触而进行脱硫。

喷雾干燥脱硫与湿式喷雾脱硫的不同之处有两点：一是属于半干法；二是属于回收法。喷雾干燥脱硫是向高温烟气中喷入石灰浆雾滴，烟气中的 SO_2 和雾滴中的 $Ca(OH)_2$ 发生化学反应，生成化学性能稳定的硫酸钙和亚硫酸钙，以达到脱硫的目的。这些硫酸盐被高温烟气干燥而形成固体粉末悬浮在烟气中，用袋式除尘器或电除尘器将这些粉末收集起来。

喷雾干燥脱硫要有石灰浆液的制备系统，由于用于容量较大的供热锅炉，其装置水平也较高，石灰浆液的制备系统比一般喷雾脱硫要复杂得多，其脱硫效率较高，常达 90% 以上。

3）脉冲放电烟气脱硫。其基本原理是在气体中进行脉冲放电，被电场加速的电子与其他分子碰撞，气体分子被激发、电离或裂解而产生大量的 OH、HO_2、O、O_3、O_2^+、O_2^-、NO_2^+ 等自由基体和活性粒子。当含有 SO_2 的烟气通过脉冲电晕放电场时，SO_2 与活性物质发生反应，在有 NH_3 存在时，最终将以硫铵为产物被收集。

这种脱硫技术被称为脉冲电晕等离子体化学法（Pulse Corona Induced Plasma Chemical Process，PPCP）。它是干法脱硫，能回收价值较高的副产品硫铵，而且还可以脱硝。但要设置静电除尘器、等离子反应器、袋式除尘器等价格较高的设备，初始投资费用供热锅炉难以承受。

8.6　汽水系统

对自然水循环系统，锅炉汽水系统主要由水处理设备、省煤器、锅筒、下降管、水冷壁、对流管束、过热器、集箱等组成，系统流程图如图 8-14 所示。

图 8-14　锅炉汽水系统流程图

8.6.1　水循环的原理

水和汽水混合物在锅炉蒸发受热面回路中的循环流动，称为锅炉的水循环。由于水的密度比汽水混合物的大，利用这种密度差所产生的水和汽水混合物的循环流动，称为自然循环；借助水泵的压头使工质产生的循环流动叫强制循环。在供热锅炉中，除热水锅炉外，蒸汽锅炉几乎都采用自然循环。

图 8-15 所示为蒸汽锅炉的蒸发受热面自然循环回路示意图，它由锅筒、集箱、下降管和上升管（水冷壁管）所组成。水自锅筒进入不受热的下降管，然后经下集箱进入布置于炉内的上升管；在上升管中受热后部分水汽化，汽水混合物则由于密度较小向上流动输回锅筒，如此形成了水的自然循环流动。任何一台蒸汽锅炉的蒸发受热面，都是由这样的若干个自然循环回路所组成的。

在水循环稳定流动的状态下，作用于图 8-15 中下集箱 A—A 截面两边的力平衡相等。假设此回路中没有装置汽水分离器；H_s 区段加热水的密度和下降管中的水一样，都近似等于锅筒和蒸汽压力 p_g 下的饱和水密度 ρ'，则 A—A 截面两边作用力相等的表达式可写为

$$p_g + (H_s + H_q)\rho'g - \Delta p_{xj} = p_g + H_s\rho'g + H_q\overline{\rho_q}g + \Delta p_{ss} \quad (8\text{-}41)$$

式中　　p_g——锅筒中蒸汽压力（Pa）；

　　　　H_s——加热水区段（m）；

　　　　H_q——含汽区段（m），即汽水混合物区段；

　　　　ρ'——下降管和加热水区段饱和水的密度（kg/m³）；

　　　　$\overline{\rho_q}$——上升管含汽区段中汽水混合物的平均密度（kg/m³）；

　　Δp_{xj}、Δp_{ss}——下降管系统和上升管系统的流动阻力（Pa）。

经移项整理，便可得到

$$H_q g(\rho' - \overline{\rho_q}) = \Delta p_{xj} + \Delta p_{ss} \quad (8\text{-}42)$$

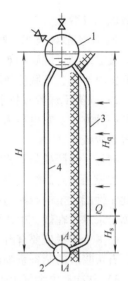

图 8-15　自然循环回路示意图

1—上锅筒　2—下集箱
3—上升管　4—下降管

式（8-42）左边是下降管和上升管中工质密度差引起的热压，也就是自然循环回路的推动力。等式的右边恰好是循环回路的流动总阻力。这样，此式的物理意义十分明确：当回路中水循环处于稳定流动时，水循环的热压等于整个循环回路的流动总阻力。

由式（8-42）可见，自然循环的热压取决于上升管中含汽区段的高度和饱和水与汽水混合物的密度差。显然，增大循环回路的高度，含汽区段高度也增加；上升管吸热越多，可使其中含汽率越高，这些都会使热压增大。当锅炉压力增大时，水、汽密度差减小，组织稳定的自然循环就趋于困难，所以高压锅炉总是设法提高循环回路的高度，以便获得必要的热压，或采用强制循环。

8.6.2　汽水分离

从锅炉水的汽化过程及水循环中可以清楚地知道，各蒸发受热面产生的蒸汽是以汽水混合物的形态连续汇集于锅筒的。要引出蒸汽，尚需要有一个使蒸汽和水彼此分离的装置，锅筒中的蒸汽空间及汽水分离装置就是为此目的而设置的。

汽水分离装置的任务，就是使饱和蒸汽中带的水有效地分离出来，提高蒸汽干度，满足用户的需要。

汽水分离装置型式很多，按其分离的原理可分自然分离和机械分离两类。自然分离是利用汽、水的密度差，在重力作用下使水、汽得以分离；机械分离则是依靠惯性力、离心力和附着力等使水从蒸汽中分离出来。

目前，供热锅炉常用的汽水分离装置有水下孔板、挡板、匀汽孔板、集汽管、蜗壳式分离器、波纹板及钢丝网分离器等多种。

8.6.3　锅炉水处理

在锅炉房用的各种水源，如天然水（湖水、江水和地下水）以及由水厂供应的生活用水（自来水），由于其中含有杂质，都必须经过处理后才能作为锅炉给水，否则会严重影响锅炉的安全、经济运行。因此，锅炉房必须设置合适的水处理设备，以保证锅炉给水质量，这是锅炉房工艺设计中的一项重要工作。

1. 水质要求

（1）水中杂质　自然界中没有纯净水。不论地面水还是地下水，由于水本身是一种很好的

溶剂，或多或少含有各种杂质。

这些杂质按其颗粒大小的不同可分成三类：颗粒最大的称为悬浮物；其次是胶体；颗粒最小的是离子和分子，即溶解物质。

悬浮物是指水流动时呈悬浮状态存在，但不溶于水的颗粒物质，其颗粒直径大于 10^{-4} mm，通过滤纸可以被分离出来。它们主要是沙子、黏土以及动植物的腐败物质。

胶体是颗粒直径在 $10^{-6} \sim 10^{-4}$ mm 的微粒，是许多分子和离子的集合体，通过滤纸不能分离出来。天然水中的有机胶体多半是由动植物腐烂和分解后生成的腐殖质，同时还带有一部分矿物胶质体，主要是铁、铝和硅等的化合物。

天然水中的溶解物质，主要是钙、镁、钾、钠等盐类，它们大都以离子状态存在，其颗粒小于 10^{-6} mm。天然水中的溶解气体主要有氧和二氧化碳。

（2）水质标准 不同容量、参数的锅炉，按其不同工作条件、水处理技术水平和长年运行经验，规定了不同的水质要求和锅水水质指标。我国现行的国家标准《工业锅炉水质》（GB/T 1576—2018）规定，采用锅外水处理的自然循环蒸汽锅炉和汽水两用锅炉的给水和锅水水质应符合表 8-22 所示的规定。

表 8-22 采用锅外水处理的自然循环蒸汽锅炉和汽水两用锅炉水质

水样	额定蒸汽压力 p/MPa		$p \leqslant 1.0$		$1.0 < p \leqslant 1.6$		$1.6 < p \leqslant 2.5$		$2.5 < p < 3.8$	
	补给水类型		软化水	除盐水	软化水	除盐水	软化水	除盐水	软化水	除盐水
给水	浊度/FTU		≤5.0							
	硬度/(mmol/L)		≤0.03						≤5×10⁻³	
	pH（25℃）		7.0~10.5	8.5~10.5	7.0~10.5	8.5~10.5	7.0~10.5	8.5~10.5	7.5~10.5	8.5~10.5
	电导率（25℃）/(μS/cm)		—	≤5.5×10²	≤1.1×10²	≤5.0×10²	≤1.0×10²	≤3.5×10²	≤80.0	
	溶解氧的质量浓度[①]/(mg/L)		≤0.10		≤0.050					
	油的质量浓度/(mg/L)		≤2.0							
	铁的质量浓度/(mg/L)		≤0.30				≤0.10			
锅水	全碱度[②]/(mmol/L)	无过热器	4.0~26.0	≤26.0	4.0~24.0	≤24.0	4.0~16.0	≤16.0	≤12.0	
		有过热器	—		≤14.0		≤12.0			
	酚酞碱度/(mmol/L)	无过热器	2.0~18.0	≤18.0	2.0~16.0	≤16.0	2.0~12.0	≤12.0	≤10.0	
		有过热器	—		≤10.0					
	pH（25℃）		10.0~12.0						9.0~12.0	9.0~11.0
	电导率（25℃）/(μS/cm)	无过热器	≤6.4×10³		≤5.6×10³		≤4.8×10³		≤4.0×10³	
		有过热器	—		≤4.8×10³		≤4.0×10³		≤3.2×10³	
	溶解固形物的质量浓度/(mg/L)	无过热器	≤4.0×10³		≤3.5×10³		≤3.0×10³		≤2.5×10³	
		有过热器	—		≤3.0×10³		≤2.5×10³		≤2.0×10³	
	磷酸根的质量浓度/(mg/L)		—		10~30				5~20	
	亚硫酸根的质量浓度/(mg/L)		10~30						5~10	
	相对碱度		<0.2							

注：1. 对于额定蒸发量小于或等于 4t/h，且额定蒸汽压力小于或等于 1.0MPa 的锅炉，电导率和溶解固形物指标可执行表 8-23。

　　2. 额定蒸汽压力小于或等于 2.5MPa 的蒸汽锅炉，补给水采用除盐处理，且给水电导率小于 10μS/cm 的，可控制锅水 pH 值（25℃）下限不低于 9.0，磷酸根下限不低于 5mg/L。

① 对于供汽轮机用汽的锅炉给水溶解氧应小于或等于 0.050mg/L。

② 对蒸汽质量要求不高，并且无过热器的锅炉，锅水全碱度上限值可适当放宽，但放宽后锅水的 pH 值（25℃）不应超过上限。

额定蒸发量小于或等于 4t/h，并且额定蒸汽压力小于或等于 1.0MPa 的自然循环蒸汽锅炉和汽水两用锅炉可以采用单纯锅内加药、部分软化或天然碱度法等水处理方式，但应保证受热面平均结垢速率不大于 0.5mm/a，其给水和锅水水质应符合表 8-23 所示的规定。

表 8-23　采用锅内水处理的自然循环蒸汽锅炉和汽水两用锅炉水质

水　样	项　目	标　准　值
给水	浊度/FTU	≤20.0
	硬度/(mmol/L)	≤4
	pH（25℃）	7.0 ~ 10.5
	油的质量浓度/(mg/L)	≤2.0
	铁的质量浓度/(mg/L)	≤0.30
锅水	全碱度/(mmol/L)	8.0 ~ 26.0
	酚酞碱度/(mmol/L)	6.0 ~ 18.0
	pH（25℃）	10.0 ~ 12.0
	电导率（25℃）/(μS/cm)	≤8.0 × 10^3
	溶解固形物的质量浓度/(mg/L)	≤5.0 × 10^3
	磷酸根的质量浓度/(mg/L)	10 ~ 50

热水锅炉补给水和锅水水质应符合表 8-24 所示的规定。

表 8-24　热水锅炉水质

水　样		额定功率/MW	
		≤4.2	不　限
		锅内水处理	锅外水处理
补给水	硬度/(mmol/L)	≤6[①]	≤0.6
	pH（25℃）	7.0 ~ 11.0	
	浊度/FTU	≤20.0	≤5.0
	铁的质量浓度/(mg/L)	≤0.30	
	溶解氧的质量浓度/(mg/L)	≤0.10	
锅水	pH（25℃）	9.0 ~ 12.0	
	磷酸根的质量浓度/(mg/L)	10 ~ 50	5 ~ 50
	铁的质量浓度/(mg/L)	≤0.50	
	油的质量浓度/(mg/L)	≤2.0	
	酚酞碱度/(mmol/L)	≥2.0	
	溶解氧的质量浓度/(mg/L)	≤0.50	

① 使用与结垢物质作用后不生成固体不溶物的阻垢剂，补给水硬度可放宽至小于或等于 8.0mmol/L。

2. 水质处理方法

（1）钠离子交换软化　在水处理工艺中，为了除去水中离子状态的杂质，目前广泛采用的是离子交换法。

对于供热锅炉用水，离子交换处理的目的是使水得到软化，即要求降低原水（或称生水，即未经软化的水）中的硬度和碱度，以符合和达到锅炉用水的水质标准。通常采用的是阳离子交换法。

常用的阳离子交换水处理有钠离子、氢离子、铵离子交换等方法，进行软化和除碱。

（2）离子交换除碱 钠离子交换的缺点是只能使原水软化，而不能降低水中碱度。为了降低经钠离子交换处理后水中的碱度，最简单的方法是向软水中加酸（一般用硫酸），其反应式为

$$2NaHCO_3 + H_2SO_4 = Na_2SO_4 + 2CO_2\uparrow + 2H_2O \tag{8-43}$$

但必须控制加酸量，使处理后的软水中仍保持有一定的残余碱度（一般为 $0.3 \sim 0.5mmol/L$），避免加酸过量而腐蚀给水系统的管道及设备。加酸后会增加水中的溶解固形物，如采用氢-钠、铵-钠及部分钠离子交换系统，则就能达到既软化水又降低碱度和含盐量的目的。

（3）其他水处理方式

1）锅内加药。我国额定蒸发量小于或等于2t/h，并且额定蒸汽压力小于或等于 1.0MPa 的蒸汽锅炉和汽水两用锅炉，以及额定功率小于或等于4.2MW非管架式承压的热水锅炉和常压热水锅炉为数不少，而且多为壳管式锅炉，对水质要求比较低，所以也常采用锅内加药的方法。

2）电渗析。电渗析技术的基本原理是将含盐水导入有选择性的阴、阳离子交换膜，浓、淡水隔板交替排列，在正、负极之间形成的电渗析器中，此含盐水在电渗析槽中流动时，在外加直流电场的作用下，利用离子交换树脂对阴、阳离子具有选择透过性的特征，使水中阴、阳离子定向地由淡水隔室通过膜移到浓水隔室，从而达到淡化、除盐的目的。

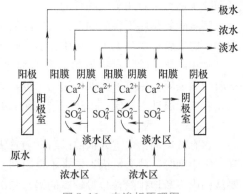

图 8-16 电渗析原理图

电渗析水处理不仅除盐，同时也达到了除硬、除碱的目的。但单靠电渗析，尚不能达到锅炉给水水质指标，通常作为预处理或与钠离子交换联合使用。

3）反渗透。渗透是水从稀溶液一侧通过半透膜向浓溶液一侧自发流动的过程。半透膜只允许水通过，而阻止溶解固形物（盐）的通过。浓溶液随着水的流入而不断被稀释。当水向浓溶液流动而产生的压力足够用来阻止水继续净流入时，渗透处于平衡状态。平衡时，水通过半透膜从任一边向另一边流入的数量相等，即处于动态平衡状态，而此时压力称为溶液的渗透压。当在浓溶液上外加压力，且该压力大于渗透压时，浓溶液中的水就会通过半透膜流向稀溶液，使浓溶液的浓度更大，这一过程就是渗透的相反过程，称为反渗透，如图8-17所示。

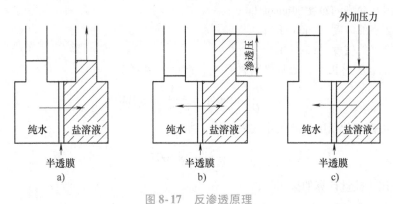

图 8-17 反渗透原理

a）渗透 b）渗透平衡 c）反渗透

反渗透装置对处理含盐量较高的水及制备纯水有独到的优势，这就使该装置广泛用于电力、

电子、饮用水、饮料、化工、食品、医药用水等领域及废水处理，如生活废水、石油化工废水、印染废水、农药废水、冶金工业废水、电镀废水、汽车工业废水、造纸废液、食品废液、放射性废液的处理等。

3. 水的除氧

水中溶解氧、二氧化碳气体对锅炉金属壁面会产生化学和电化学腐蚀，因此必须采取除气措施，特别是除氧。常用的除氧方法有热力除氧、真空除氧、解吸除氧和化学除氧。

热力除氧就是将水加热至沸点，将析出水面的氧除去的方法。供热锅炉较常用热力除氧。

真空除氧也属于热力除氧，所不同的是它利用低温水在真空状态下达到沸腾，从而达到除氧和减少锅炉房自用蒸汽的目的。

解吸除氧是将不含氧的气体与要除氧的软水强烈混合，由于不含氧气体中的氧分压力为零，软水中的氧就扩散到无氧气体中，从而降低软水的含氧量，以达到其除氧的目的。

常用的化学除氧有钢屑除氧和药剂除氧。钢屑除氧是使含有溶解氧的水流经钢屑过滤器，钢屑与氧反应，生成氧化铁，达到水被除氧的目的。药剂除氧是向给水中加药，使其与水中溶解氧化合成无腐蚀性物质，以达到给水除氧的目的。

4. 锅炉排污

含有杂质的给水进入锅内以后，随着锅水的不断蒸发浓缩，水中的杂质浓度逐渐增大，当达到一定限度时，就会给锅炉带来不良影响。为了将锅水水质的各项指标控制在标准范围内，就需要从锅内不断地排除含盐量较高的锅水和沉淀的泥垢，这一过程称为锅炉的排污。

锅炉的排污方式有连续排污和定期排污两种。

连续排污是排除锅水中的盐分杂质。由于上锅筒蒸发面附近的盐分浓度较高，所以连续排污管就设置在低水位下面，习惯上也称表面排污。

定期排污主要是排除锅水中的水渣——松散状的沉淀物，同时也可以排除盐分杂质。所以，定期排污管是装设在下锅筒的底部或下集箱的底部。

锅炉排污量的大小通常以排污率来表示，即排污水量占锅炉蒸发量的百分数。若锅炉没有回水，按含碱量的平衡关系，排污率可由下式推演而得

$$(D + D_{ps})A_{gs} = D_{ps}A_g + DA_q \qquad (8-44)$$

式中 D——锅炉的蒸发量（t/h）；

D_{ps}——锅炉的排污水量（t/h）；

A_g——锅水允许的碱度（mmol/L）；

A_q——蒸汽的碱度（mmol/L）；

A_{gs}——给水的碱度（mmol/L）。

因蒸汽中的含碱量极小，通常可以忽略 A_q，而排污率 P_1 为

$$P_1 = \frac{D_{ps}}{D} \times 100\% = \frac{A_{gs}}{A_g - A_{gs}} \times 100\% \qquad (8-45)$$

排污率也可按含盐量的平衡关系式来计算，即

$$P_2 = \frac{S_{gs}}{S_g - S_{gs}} \times 100\% \qquad (8-46)$$

式中 P_2——按含盐量计算的排污率；

S_{gs}——给水的含盐量（mg/kg）；

S_g——锅水的含盐量（mg/kg）。

在排污率 P_1 和 P_2 分别求出后，取其中较大的数值作为运行操作的依据。一般供热锅炉的排

污率应控制在 10% 以下（最好为 5%）。若超过这一经济的排污率，则应改进水处理工艺或另选水处理方法。

8.7　辅助设备

8.7.1　运煤系统

供热锅炉燃用的煤，一般是由火车、汽车或船舶运来，而后用人工或机械的方法卸到锅炉房附近的储煤场，再通过各种运煤机械运送到锅炉房。运煤系统是从卸煤开始，经煤场整理、输送、破碎、筛选、磁选、计量直至将煤输送到炉前煤仓供锅炉燃用。

运煤装置和系统的选择，主要根据锅炉房耗煤量大小、地形、自然条件等情况来考虑。对耗煤量不大的锅炉房，可选用系统简单和投资少的电动葫芦吊煤罐和简易小翻斗上煤的运煤系统。耗煤量较大的锅炉房，可选用单斗提升机、埋刮板输送机或多斗提升机的运煤系统。耗煤量大的锅炉房可选用传动带运输机上煤系统，但在占地面积受到限制时，也可用多斗提升机和埋刮板输送机代替。

1. 电动葫芦吊煤罐

电动葫芦吊煤罐是一种同时能承担水平运输和垂直运输的简易间歇运煤设备，系统布置如图 8-18 所示。

这种运煤设备每小时运煤量 2~6t，一般适用于额定耗煤量 4t/h 以下的锅炉房。

2. 埋刮板输送机

埋刮板输送机是一种连续运煤设备，能水平、倾斜和垂直运煤，而且还能多点卸煤，使锅炉房几台锅炉可同时上煤。埋刮板输送机结构简单，设备小巧，在锅炉房内的占地面积很小。一般水平运输最大长度为 30m，垂直提升高度不超过 20m，上煤时要求煤粒度不超过 20mm，需要在加料口前装置筛板，大块煤被分离通过破碎后再进入加料口，其构造如图 8-19 所示。

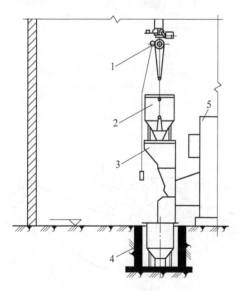

图 8-18　电动葫芦吊煤罐布置图
1—电动葫芦　2—吊煤罐　3—煤斗
4—池坑　5—锅炉

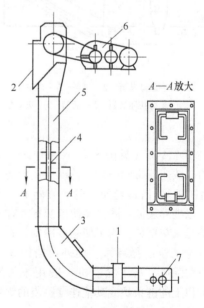

图 8-19　埋刮板输送机结构简图
1—进料口　2—卸料口　3—弯道　4—刮板链条
5—中间壳体　6—驱动装置　7—拉紧装置

8.7.2 除渣系统

及时地将炉内燃烧产生的灰渣清除，是保证锅炉正常运行的条件之一。为了保证除灰工人安全生产，改善工人的劳动条件，必须及时熄灭红灰，同时除灰场所还应注意良好的通风，尽量减少灰尘、蒸汽和有害气体对环境的污染。除渣方法可以分为人工除渣和机械除渣，现在的供热锅炉主要采用机械除渣。

采用机械除渣时，炽热的灰渣必须用水冷却，大块灰渣还得适当破碎后才能进入除渣装置。下面介绍一些常用的除渣方式。

1. 刮板除渣机

刮板除渣机一般由链（单链或双链）、刮板、灰槽、驱动装置及尾部拉紧装置组成，如图 8-20 所示。在链上每隔一定的距离固定一块刮板，灰渣靠刮板的推动，沿着灰槽而被输送。

采用刮板除渣机时，通常将灰落入存有水的灰槽中，刮板机埋于灰槽的水中。刮板机既可以水平运输，又可倾斜输送，运行速度一般为 2~3m/min，倾斜角一般不大于 30°。

2. 螺旋除渣机

螺旋除渣机由驱动装置、出渣口、螺旋机本体、进渣口等几部分组成，如图 8-21 所示。螺旋除渣机可进行水平或倾斜方向运输，倾斜角不大于 20°。炉渣的平均块度宜小于 60mm。螺旋除渣机一般适用于蒸发量为 2~4t/h 的链条炉排锅炉除灰，出渣量为 0.8~1.5t/h。

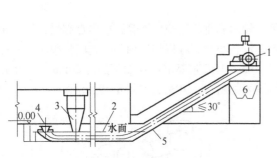

图 8-20　刮板除渣机结构简图
1—驱动装置　2—链条　3—落灰斗
4—尾部拉紧装置　5—灰槽　6—灰渣斗

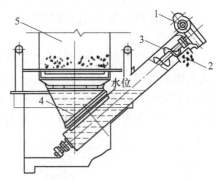

图 8-21　螺旋除渣机结构简图
1—驱动装置　2—出渣口　3—螺旋机本体
4—进渣口　5—锅炉

3. 马丁除渣机

马丁除渣机（见图 8-22）工作时，电动机通过齿轮减速器带动凸轮 1 转动；然后通过连杆 2 拉动杠杆 3，借棘轮使齿轮 5 旋转而带动轧辊转动，以破碎灰渣，同时又使推灰板 4 往复运动而将渣推出灰槽外。为了使热渣冷却，在灰槽内保持一定水位的循环水。此外，挡板 6 伸入水封，以防漏风。马丁除渣机一般用于蒸发量为 6.5t/h 以上的链条炉或其他连续除渣的锅炉。

4. 低压水力除灰系统

低压水力除灰系统从锅炉排出的灰渣和湿式除尘器收集的细灰，分别由喷嘴喷出的水流冲往

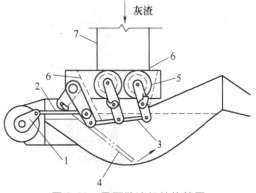

图 8-22　马丁除渣机结构简图
1—凸轮　2—连杆　3—杠杆　4—推灰板
5—带动滚筒的齿轮　6—水封挡板　7—落渣管

沉渣池和沉灰池，再由桥式抓斗起重机抓放入汽车运走。冲渣和冲灰的水经沉淀、过滤后循环使用。

低压水力除灰系统具有安全可取、节省人力、卫生条件好等优点，缺点是需要建造较庞大的沉淀池；湿灰渣的运输也不太方便。

8.8　锅炉常用附件

1. 压力表

压力表用于实测和指示锅炉及管道内介质压力，常用弹簧管式压力表。

选用的压力表应符合下列规定：

1）对于额定蒸汽压力小于 2.5MPa 的锅炉，压力表精确度不应小于 2.5 级；对于额定压力大于或等于 2.5MPa 的锅炉，压力表的精确度不应低于 1.5 级。

2）压力表应根据工作压力选用。压力表表盘刻度极限值应为工作压力的 1.5~3.0 倍，最好选用 2 倍。

3）压力表表盘大小应保证饲炉人员能清楚地看到压力指示值，表盘直径不应小于 100mm。

选用的压力表应符合有关技术标准的要求，其校验和维护应符合国家计量部门的规定，压力表装用前应进行校验并注明下次的校验日期。压力表表盘上应划红线指示出工作压力。压力表校验后应封印。

压力表的装设应符合下列要求：

1）应装设在便于观察和吹洗的位置，并应防止受到高温、冰冻和振动的影响。

2）蒸汽空间设置的压力表应有存水弯。存水弯用钢管时，其内径不应小于 10mm。

压力表与筒体之间的连接管上应装有三通阀门，以便吹洗管路、卸装、校验压力表。蒸汽空间压力表上的三通阀门应装在压力表与存水弯之间。

2. 水位计及水位报警器

水位计是锅炉运行的重要部件，其应有下列标志和防护装置：

1）水位计应有指示最高、最低安全水位和正常水位的明显标志，水位计的下部可见边缘应比最高火界至少高 50mm，且应比最低安全水位至少低 25mm，水位计的上部可见边缘应比最高安全水位至少高 25mm。

2）为防止水位计损伤时伤人，玻璃管式水位计应有防护装置（如保护罩、快关阀、自动闭锁珠等），但不得妨碍观察真实水位。

3）水位表应有放水阀门并接到安全地点的放水管。

水位计的结构和装置应符合下列要求：

1）锅炉运行中能够吹洗和更换玻璃板（管）、云母片。

2）用两个及两个以上玻璃板或云母片组成一组的水位计，能够保证连续指示水位。

3）水位计与锅筒（锅壳）之间的汽水连接管内径不得小于 18mm，连接管长度大于 500mm 或有弯曲时，内径应适当放大，以保证水位计灵敏准确。

4）连接管应尽可能地短。如连接管不是水平布置时，汽连管的凝结水应能自行流向水位计，水连管中的水应能自行流向锅筒（锅壳），以防止形成假水位。

5）阀门的流通直径及玻璃管的内径不得小于 8mm。

水位报警器应能满足锅炉工作压力和温度的要求，并应发出音响信号，据音响信号的变化分出高、低水位。在报警器和锅筒的连接管上，应装截止阀，当锅炉运行时，把阀门全打开，并安装防拧动装置；报警器的浮球应保持垂直灵活，在安装时，调整到最佳状态，并与水位计进行对照，使两者保持统一。连接报警器和锅筒的管道直径不小于 DN32，其材质应为无缝钢管。

3. 安全阀

(1) 蒸汽锅炉安全阀的安装要求

1) 安全阀应逐个进行严密性试验。

2) 锅筒和过热器的安全阀始启压力的整定应符合表 8-25 中的规定。锅炉上必须有一个安全阀按表 8-25 中较低的始启压力进行整定。对有过热器的锅炉，按较低压力进行整定的安全阀必须是过热器上的安全阀，过热器上的安全阀应先开启。

3) 安全阀必须垂直安装，并应装设有足够截面的排气管，其管路应畅通，并直通至安全地点；排气管底部应装有疏水管；省煤器的安全阀应装排水管。

4) 锅筒和过热器的安全阀在进行锅炉蒸汽严密性试验后，必须进行最终的调整；省煤器安全阀始启压力为装设地点工作压力的 1.1 倍；调整应在蒸汽严密性试验前用水压的方法进行。

5) 安全阀应检验其始启压力、起座压力及回座压力。

6) 在整定压力下，安全阀应无泄漏和冲击现象。

7) 安全阀经调整检验合格后，应做标记。

表 8-25　蒸汽锅炉安全阀的始启压力　　　　　　　(单位：MPa)

额定蒸汽压力	安全阀的始启压力
<1.27	工作压力 +0.02
	工作压力 +0.04
1.27~2.5	1.04 倍工作压力
	1.06 倍工作压力

(2) 热水锅炉安全阀的安装

1) 安全阀应逐个进行严密性试验。

2) 安全阀起座压力应按下列规定进行整定：

① 起座压力较低的安全阀整定压力应为工作压力的 1.12 倍，且不应小于工作压力加 0.07MPa。

② 起座压力较高的安全阀整定压力应为工作压力的 1.14 倍，且不应小于工作压力加 0.1MPa。

③ 锅炉上必须有一个安全阀按较低的起座压力进行整定。

④ 安全阀必须垂直安装，并装设泄放管。泄放管应直通安全地点，并应有足够的截面面积和防冻措施，确保排泄畅通。

⑤ 安全阀经调整检验合格后，应做标志。

4. 温度计

温度计常用带套筒的水银温度计，应安装于便于检修、观察且不受机械损伤及外部介质影响的位置。温度计的套筒与焊接于锅筒或管道上的钢制管接头（管箍）采用螺纹连接。

测温装置安装时，应符合下列要求：

1) 测温元件应装在介质温度变化灵敏并具有代表性的地方，不应装在管道和设备的死角处。

2）温度计插座的材质应与主管道相同。

温度仪表外接线路的补偿电阻，应符合仪表的规定值。

线路电阻的允许偏差：热电偶为 ±0.2Ω，热电阻为 ±0.1Ω。

5. 锅炉疏放水管、排污管

锅炉排污、疏放水管道的安装应符合下列要求：

1）管道本身在运行状态下有不小于 0.2% 的坡度，能自由热补偿及不妨碍锅筒、集箱和管道的热膨胀。

2）不同压力的排污、疏放水管不应接入同一母管。

3）锅炉定期排污管必须在水冷壁集箱经过冷拉和内部清理后再进行连接。

4）在运行中可能形成闭路的疏放水管，其压力等级的选取应与所连接的管道相同。

5）取样管安装应符合下列要求：

① 管道应有足够的热补偿，保持管束在运行中走向整齐。

② 蒸汽取样器安装方向应正确。

③ 取样冷却器安装前应检查蛇形管的严密性。

6）排气管安装时应注意留出热膨胀间隙，使锅筒、集箱和管道能自由膨胀；其支吊架应牢固。安全阀排气管的重量不应压在安全阀上。

8.9 供热锅炉节能

8.9.1 锅炉能效

国家质量监督检验检疫总局发布的特种设备安全技术规范《锅炉节能技术监督管理规程》（TSG G0002—2010）中，将工业锅炉热效率指标分为目标值和限定值，达到目标值可以作为评价工业锅炉节能产品的条件之一。在《公共建筑节能设计标准》中要求所选择的锅炉设备达到规程规定限定值，具体见表 8-26。

表 8-26 名义工况和规定条件下锅炉的热效率（%）

锅炉类型及燃料种类		锅炉额定蒸发量 D/(t/h)、额定热功率 Q/MW					
		$D<1$ $Q<0.7$	$1 \leqslant D \leqslant 2$ $0.7 \leqslant Q \leqslant 1.4$	$2<D<6$ $1.4<Q<4.2$	$6 \leqslant D \leqslant 8$ $4.2 \leqslant Q \leqslant 5.6$	$8<D \leqslant 20$ $5.6<Q \leqslant 14.0$	$D>20$ $Q>14.0$
燃油燃气锅炉	重油	86			88		
	轻油	88			90		
	燃气	88			90		
层燃炉	Ⅲ类烟煤	75	78	80		81	82
抛煤机链条炉排炉		—	—	—		82	83
流化床炉		—	—	—		84	

8.9.2 锅炉节能运行

1. 提高燃烧及传热效率，减少热损失

（1）提高锅炉热效率的两个基本方向

1）提高燃烧效果，降低固体不完全燃烧热损失和气体不完全燃烧热损失。

2）提高传热效率，降低排烟热损失和散热损失。

（2）锅炉热平衡实验与节能的关系　采取节能技术，以提高锅炉热效率之前，首先要摸清锅炉热能利用的水平；然后分析造成热效率低的原因，针对存在的问题，有的放矢地采取节能措施；进行改善后，检查节能效果。

（3）采用富氧燃烧　所谓富氧燃烧是指向锅炉输送含氧量高的富氧空气，改善燃烧条件的燃烧方式。富氧空气的得到是利用空气中各组分透过膜时的渗透速率不同，在压力差驱动下，使空气中的氧气优先通过膜。

富氧燃烧可以提高火焰温度，加快燃烧速度，促进燃烧完全，降低燃料的燃点温度，降低过量空气系数，减少燃烧后的排气量，增加热量利用率。

2. 改善传热效果

（1）合理布置受热面，避免烟气短路

1）合理分配与布置受热面。设计锅炉时不仅要有足够的受热面，而且要合理地分配与布置受热面。辐射受热面的受热强度远大于对流受热面；锅炉对流管束中是近于饱和温度的锅水，而烟气流过对流管束，温度越来越低，过多地布置对流管束，其末端温差减小，传热效果降低。因此，常在锅炉尾部设置省煤器及空气预热器等尾部受热面。辐射受热面、对流管束及尾部受热面三部分的分配是否恰当，是影响锅炉传热效率及经济性的重要因素。

2）防止隔墙损坏造成烟气短路。锅炉隔墙损坏，就会造成烟气短路，使一部分受热面得不到冲刷，而传热量减少，烟气离开受热面的温度升高，散热损失增加。

（2）保持受热面的内部清洁

1）加强锅炉水处理、水质管理，防止结垢及腐蚀。锅炉应遵守现行锅炉水质标准的规定采用给水软化、除盐处理。否则锅水在受热面水侧结垢或腐蚀，影响传热并易发生事故，所以应加强锅炉排污管理。

热水管网的回水管网上设置除污器，要求其性能可靠。

2）锅炉和热网的冲洗。锅炉及热网竣工时要冲洗。

3）保持烟风道严密，及时清灰。

3. 提高运行管理

1）优化过量空气系数及排烟温度，减少排烟热损失。

2）加强炉墙、管道保温，减少散热损失。

3）提高运行人员技术水平，采用班组运行指标竞赛，提高运行效率。

4. 余热利用

1）灰渣热损失热量的回收。q_6 热损失包括灰渣物理热损失和其他热损失，而其他热损失中最常见的是冷却热损失。总的来说，q_6 所占比例很小，一般难以降低，故不考虑减少的措施，而多从这些热量的回收着手。

2）排污余热再利用。锅炉的排污存在两个问题：一是经过排污膨胀器的排污水仍具备较多未利用的热能；二是浪费大量自来水来冷却排污水。因此可以对排污余热进行回收再利用。

3）烟气热损失热量的回收。锅炉烟气中含有大量余热，在不造成低温腐蚀的情况下，应尽可能利用。

4）采用新型节能技术和设备。采用高效热管换热器、变频泵、变频风机、热泵可以提高能量利用率。

思考题与习题

1. 锅炉房设备由哪几部分组成？
2. 锅炉的工作过程包括哪些方面？
3. 如何对锅炉进行分类？
4. 什么是锅炉热效率、煤水比或煤汽比、耗电率？
5. 锅炉的型号如何表示？
6. 锅炉的燃料有哪几种类型？各有什么特点？
7. 什么是锅炉的热平衡？锅炉的热平衡方程包括哪几项？
8. 如何测量锅炉的热效率？
9. 简述链条炉的构造及燃烧特点。
10. 简述循环流化床炉的工作过程和特点。
11. 锅炉的辅助受热面指的是什么？
12. 锅炉的机械通风方式有哪几种？
13. 为什么要对锅炉进行水处理？如何进行锅炉水处理？
14. 如何进行锅炉给水的除氧？
15. 锅炉的安全附件是指什么？它们如何工作以保证锅炉的安全运行？

第9章
供热锅炉房与供热站

9.1　供热锅炉房的设计

9.1.1　锅炉型号及台数的选择

供热介质和参数是由用户的需求而定的，在选定锅炉供热介质和参数后，应根据用户的要求和特点选择锅炉型号和决定锅炉的台数。

锅炉型号和台数根据锅炉房热负荷、介质、参数和燃料种类等因素选择，并应考虑技术经济方面的合理性，使锅炉房达到经济可靠运行。

1. 锅炉型号的选择

根据计算热负荷的大小和燃料特性决定锅炉型号，并考虑负荷变化和锅炉房发展的需要。蒸汽锅炉的压力和温度，根据生产工艺和采暖通风或空调的需要，考虑管网及锅炉房内部阻力损失，结合国产蒸汽锅炉型号或进口蒸汽锅炉类型来确定。

选用锅炉的总容量必须满足计算负荷的要求，即选用锅炉的额定容量之和不应小于锅炉房计算热负荷，以保证用汽的需要。

热水锅炉水温的选择，取决于热用户要求、供热系统的类型（如直接供用户或采用热交换站间接换热方式）和国产热水锅炉型号或进口热水锅炉类型。

供暖的锅炉一般宜选用热水锅炉，当有通风热负荷时，要特别注意对热水温度的要求。兼供暖通风和生产供热的负荷，而且生产热负荷较大的锅炉房可选用蒸汽锅炉，其供暖热水用换热器制备或选用汽-水两用锅炉，也可分别选用蒸汽锅炉和热水锅炉。

对于近期热负荷将有较大增长的锅炉房，可选择较大容量的锅炉，使发展后的锅炉台数不致过多。

锅炉的介质和参数，应满足用户要求。同时，还应考虑到输送过程中温度和比压力的损失。

锅炉房中宜选用相同型号的锅炉，以便于布置、运行和检修。如需要选用不同型号的锅炉，一般不超过两种。

2. 锅炉台数的选择

选用锅炉的台数应考虑对负荷变化和意外事故的适应性，建设和运行的经济性。

$$n = \frac{Q_0}{Q_n} \tag{9-1}$$

式中　n——台数；

Q_0——最大热负荷；

Q_n——单台锅炉容量。

一般来说，单机容量较大的锅炉其效率较高，锅炉房占地面积小，运行人员少，经济性好；

但台数不宜过少，不然适应负荷变化的能力和备用性就差。《锅炉房设计规范》规定：当锅炉房内最大 1 台锅炉检修时，其余锅炉应能满足工艺连续生产所需的热负荷和供暖通风及生活用热所允许的最低热负荷。锅炉房的锅炉台数一般小宜少于 2 台；当选用 1 台锅炉能满足热负荷和检修要求时，也可只装置 1 台。对于新建锅炉房，锅炉台数不宜超过 5 台；扩建和改建时不宜超过 7 台。

以供生产负荷为主或常年供热的锅炉房，可以设置 1 台备用锅炉；以供暖通风和生活热负荷为主的锅炉房，一般不设备用锅炉；但为大型宾馆、饭店、医院等有特殊要求的民用建筑而设置的锅炉房，应根据情况设置备用锅炉。

3. 燃烧设备

选用锅炉的燃烧设备应能适应所使用的燃料、便于燃烧调节和满足环境保护的要求。当使用燃料和锅炉的设计燃料不符合时，可能出现燃烧困难，特别是燃料的挥发分和发热量低于设计燃料时，锅炉效率和蒸发量都将不能保证。

工业锅炉房负荷不稳定，燃烧设备应便于调节。大周期厚煤层燃烧的炉子难以适应负荷调节的要求，煤粉炉调节幅度则相当有限。

蒸发量小于 1t/h 的小型锅炉虽可采用手烧炉，但难以解决冒黑烟问题。各种机械化层燃炉和"反烧"的小型锅炉，正常运行时烟气黑度均可满足排放标准。但抛煤机炉、沸腾炉和煤粉炉的烟气含尘量相当高，用于环境要求高的地方，除尘费用很高。

4. 备用锅炉

《蒸汽锅炉安全技术监察规程》规定："运行的锅炉每两年应进行一次停炉内外部检验，新锅炉运行的头两年及实际运行时间超过 10 年的锅炉，每年应进行一次内外部检验。"在上述计划检修或临时事故停炉时，允许减少供汽的锅炉房可不设备用锅炉；减少供热可能导致人身事故和重大经济损失时，应设置备用锅炉。

9.1.2　燃煤锅炉房

锅炉房设计必须贯彻国家的有关方针政策，符合安全规定，节约能源和保护环境，使设计符合安全生产、技术先进和经济合理的要求。

锅炉房设计除应遵守《锅炉房设计规范》外，也应符合现行的有关法规和标准的规定，如《蒸汽锅炉安全技术监察规程》《热水锅炉安全技术监察规程》《工业锅炉水质标准》《建筑设计防火规范》《锅炉大气污染物排放标准》《工业企业设计卫生标准》等。

1. 锅炉房的设计原则和方法

锅炉房的整体设计，包括工艺设计、建筑设计、结构设计和自动控制及仪表设计等方面。该专业所从事的设计工作，是锅炉房的工艺设计，而且通常也仅限于工厂、企业为供应生产、供暖通风及生活用热而设置的工业锅炉房。一个完整的锅炉房设必须依靠总体规划、建筑结构、给水排水、供暖通风、供电和自控及测量仪表等各专业的密切配合，通力协作。

初步设计应根据批准的设计计划任务书和可靠的设计基础资料进行。设计基础资料，主要有燃料资料、水质资料、热负荷资料、气象地质资料、设备材料资料和工厂企业的总平面布置图及地形图等。锅炉房初步设计的内容，包括：

1）热负荷计算、锅炉选型及台数的确定。
2）供热系统、热源参数及热力管道系统的确定。
3）供水及凝结回水系统的确定。
4）锅炉给水的处理方案及系统的确定。
5）锅炉排污及热回收系统的确定。

6）烟气净化措施及烟囱高度的确定。

7）燃料消耗量、卸装设施、贮存量及煤场和输送方式的确定。

8）干灰渣量、灰渣的利用、渣场及除灰方式的确定。

9）综合消耗指标（水、电、汽及燃料消耗）。

10）图表。有设备平面布置图、热力系统图和水处理系统图，主要材料估算表以及经济计算，并按此编制订货清单。

初步设计经有关主管部门批准后，即可进行施工设计，这一阶段的设计工作，主要是绘制施工图，故又名施工图设计。

经验表明，工业锅炉房工艺设计一般可按如下程序进行：

1）调查研究，熟悉生产工艺，了解生产、供暖通风和生活对供热介质的种类和负荷的要求。

2）尽可能详细、全面地搜集与工程设计有关的各项基础资料。

3）拟订设计方案，进行技术经济的分析比较，选定可行的最佳方案。

4）在方案既定、设备落实的基础上，进行设计计算及绘制施工图。

2. 燃煤锅炉房工艺布置

锅炉房工艺布置，应力求工艺流程合理，系统简单，管路顺畅，用材节约，以达到建筑结构紧凑、安装检修方便、运行操作安全可靠和经济实用的目的。

如此，在进行锅炉房工艺布置时，需要遵循以下要求：

1）要考虑将来运行的安全可靠和操作的方便灵活。如锅炉房内主要设备的布置，除应保证正常运行时操作的方便外，还要创造在处理事故时易于接近的条件；管道穿过通道时，与地坪的净距不应小于2m；蒸汽管和水管尽可能不布置在电气设备附近等。

2）设备的布置，应尽量顺其工艺流程，使蒸汽、给水、空气、烟气等介质和燃料、灰渣等物料的流程简短、畅通，减少流动阻力和动力消耗，便于运输。

3）布置时要为安装、检修创造良好的条件。如布置快装锅炉，要为烟管、火管留有足够空间，为检修链条炉排留有宽敞的炉前场地，在自重较大的附属设备顶部，应设置有安装手动葫芦等起吊设备的条件，如在风机间、水处理间和除氧间等一类房间的相应位置预埋起吊钩环。

4）应注重改善劳动、卫生条件，尽量减少环境污染。如在布置风机、除尘器时，为减少噪声、散热和灰尘对操作人员的危害，宜设置风机间与锅炉间隔离；为防止出灰渣时尘埃飞扬，应设置除灰小室和淋水胶管。

5）要重视和落实安全设施，保证安全生产，防止重大事故发生。如在燃油、燃气和煤粉锅炉的后部烟道上，均应装设防爆门。防爆门的位置应有利于泄压，当爆炸气体有可能危及操作人员时，防爆门上应装设泄压导向管。再如，地震设计烈度为6～9度时，锅炉房的建筑物、构筑物以及对锅炉的选择和管道的设计，应采取抗震措施。

6）在建筑结构中，工艺布置时应尽量参照建筑模数和其他有关规定，以降低土建费用，缩短施工工期，使建筑面积和空间既能发挥最大效能，结构紧凑实用，又有良好的自然采光和通风条件。如采用允许的最低限度的建筑物高度，应尽量减少建筑物层数以及将庞大沉重和需防振的设备布置在底层地面或装置在较低的标高上等。

7）锅炉房布置时，还应根据工厂企业生产规模的近、远期规划，留有扩建的余地；设备选择和布置，应有一次设计分期建设的可能。如辅助间设于固定端，另一端使其能自由发展（扩建）而不影响或少影响主要设备及管道的工作，当发展端的外墙拆除时，应不影响锅炉房的整体结构。当锅炉房内要设置不同类型的锅炉时，为了将来扩建的方便，应把容量较大的锅炉布置在发展端一侧。

此外，当锅炉采用露天布置时，应按露天气候条件因地制宜地采取有效的防冻、防雨、防风和防腐等措施。如北方因气候寒冷要以防冻为主；南方多雨潮湿，则应以防雨为主；沿海和大风地区，应着重考虑防风。经验表明，锅炉房的风机、水箱、除氧装置、除尘设备和水处理软化装置等采用露天布置后，只要防护措施落实可靠，且考虑了操作和检修的必要条件，安全运行就是有保证的。

9.1.3　燃油及燃气锅炉房

1. 燃油锅炉房燃油供应系统

（1）燃油输送系统　燃油供应系统是燃油锅炉房的组成部分，其主要流程是：燃油经铁路或公路运来后，自流或用泵卸入油库的贮油罐，如果是重油，应先用蒸汽将铁路油罐车或汽车油罐中的燃油加热，以降低其黏度；重油在贮油罐贮存期间，加热保持一定温度，沉淀水分并分离机械杂质，沉淀后的水排出罐外，油经过泵前过滤器进入输油泵泵至锅炉房日用油箱。

燃油供应系统主要由运输设施、卸油设施、贮油罐、油泵及管路等组成，在油灌区还有污油处理设施。

燃油的运输有铁路油罐车运输、汽车油罐车运输、油船运输和管道输送等四种方式。采取哪种运输方式应根据耗油量的大小、运输距离的远近及用户所在地的具体情况确定。

（2）燃油锅炉房油管路系统　锅炉房油管路系统的主要任务是将满足锅炉要求的燃油送至锅炉燃烧器，保证燃油经济安全的燃烧。其主要流程是：先将油通过输油泵从油罐送至日用油箱，在日用油箱加热（如果是重油）到一定温度后通过供油泵送至炉前加热器或锅炉燃烧器，燃油通过燃烧器一部分进入炉膛燃烧，另一部分返回油箱。

1）油管路系统设计的基本原则。

① 供油管道和回油管道一般采用单母管。

② 重油供油系统宜采用经过燃烧器的单管循环系统。

③ 通过油加热器及其后管道的流速，不应小于 0.7m/s。

④ 燃用重油的锅炉房，当冷炉起动点火缺少蒸汽加热重油时，应采用重油电加热器或设置轻油、燃气的辅助燃料系统。当采用重油电加热器时，应仅限于起动时使用，不应作为经常加热燃油的设备。

⑤ 采用单机组配套的全自动燃油锅炉，应保持其燃烧自控的独立性，并按其要求配置燃油管道系统。

⑥ 每台锅炉的供油干管上，应装设关闭阀和快速切断阀，每个燃烧器前的燃油支管上，应装设关闭阀。当设置 2 台或 2 台以上锅炉时，尚应在每台锅炉的回油干管上装设止回阀。

⑦ 在供油泵进口母管上，应设置油过滤器 2 台，其中 1 台备用。

⑧ 采用机械雾化燃烧器（不包括转杯式）时，在油加热器和燃烧器之间的管路上应设置细过滤器。

⑨ 当日用油箱设置在锅炉房内时，油箱上应有直接通向室外的通气管，通气管上设置阻火器及防雨装置。室内日用油箱应采用闭式油箱，油箱上不应采用玻璃管液位计。在锅炉房外还应设地下事故油罐，日用油箱上的溢油管和放油管应接至事故油罐或地下贮油罐。

⑩ 炉前重油加热器可在供油总管上集中布置，也可在每台锅炉的供油支管上分散布置。分散布置时，一般每台锅炉设置一个加热器，除特殊情况外，一般不设备用。当采取集中布置时，对于常年不间断运行的锅炉房，则应设置备用加热器；同时，加热器应设旁通管；加热器组宜能

进行调节。

2）典型的燃油系统。

① 燃烧轻油的锅炉房燃油系统。如图 9-1 所示，由汽车运来的轻油，靠自流下卸到卧式地下贮油罐中，贮油罐中的燃油通过 2 台（1 台运行，另 1 台备用）供油泵送入日用油箱，日用油箱中的燃油经燃烧器内部的油泵加压后一部分通过喷嘴进入炉膛燃烧，另一部分返回油箱。该系统中，没有设事故油罐，当发生事故时，日用油箱中的油可放入贮油罐。

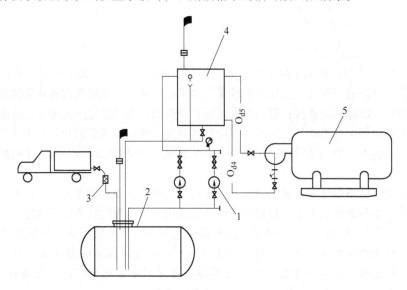

图 9-1　燃烧轻油的锅炉房燃油系统

1—供油泵　2—卧式地下贮油罐　3—卸油口（带滤网）　4—日用油箱　5—全自动锅炉

② 燃烧重油的锅炉房燃油系统。如图 9-2 所示，由汽车运来的重油，靠供油泵卸到地上贮油罐中，贮油罐中的燃油由输油泵送入日用油箱，在日用油箱中的燃油经加热后，经燃烧器内部

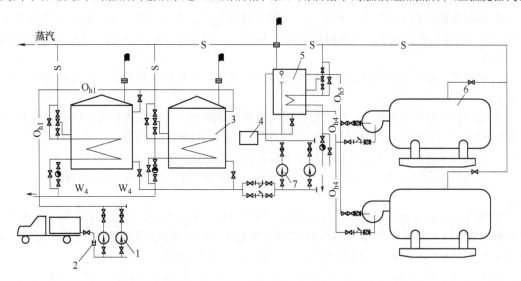

图 9-2　燃烧重油的锅炉房燃油系统

1、7—供油泵　2—快速接头　3—地上贮油罐　4—事故油池　5—日用油箱　6—全自动锅炉

的油泵加压，通过喷嘴一部分进入炉膛燃烧，另一部分返回日用油箱。该系统中，在日用油箱中设置了蒸汽加热装置和电加热装置，在锅炉冷炉点火起动时，由于缺乏汽源，此时靠电加热装置加热日用油箱中的燃油，等锅炉点火成功并产生蒸汽后，改为蒸汽加热。为保证油箱中的油温恒定，在蒸汽进管上安装自动调节阀，可根据油温调节蒸汽量。在日用油箱上安装了直接通向室外的通气管，通气管上装有阻火器。

该系统没有炉前重油二次加热装置，适用于黏度不太高的重油。

（3）燃油系统辅助设施

1）贮油罐。锅炉房贮油罐的总容量应根据油的运输方式和供油周期等因素确定。对于火车和船舶运输，一般不小于 20～30 天的锅炉房最大消耗量；对于汽车运输，一般不小于 5～10 天的锅炉房最大消耗量；对于油管输送，不小于 3～5 天的锅炉房最大消耗量。

重油贮油罐应不少于 2 个，为便于输送，对于黏度较大的重油可在重油罐内加热，加热温度不应超过 90℃。

2）日用油箱。在燃油锅炉房设计中，若室外油罐离锅炉房较远，或锅炉需经常起动、停炉，或管理不便，应在锅炉房内或就近设置日用油箱。

当贮油罐距离锅炉房较远或直接通过贮油罐向锅炉供油不合适时，可在锅炉房设置日用油箱和供油泵房。贮油罐和日用油箱之间采用管道输送，燃油自油库贮油罐输入日用油箱，从日用油箱直接供给锅炉燃烧。

日用油箱的总容量一般应不大于锅炉房一昼夜的需用量。

当日用油箱设置在锅炉房内时，其容量对于重油不超过 $5m^3$，对于柴油不超过 $1m^3$，同时油箱上还应有一直接通向室外的通气管，通气管上设置阻火器及防雨装置。室内日用油箱应采用闭式油箱，油箱上不应采用玻璃管液位计。在锅炉房外还应设地下事故油罐（也可用地下贮油罐替代），日用油箱事故放油阀应设置在便于操作的地点。

3）燃油过滤器。燃油在运输及装卸过程中，不可避免地要混入一些杂质。另外，燃油在加热过程中会析出沥青胶质和碳化物。这些杂质需及时清除，以免对管道、泵及燃油喷嘴产生堵塞和磨损，一般在供输油泵前母管上和燃烧器进口管路上安装油过滤器。油过滤器选用是否合理直接关系到锅炉的正常运行。过滤器的选择原则如下：

① 过滤精度应满足所选油泵、喷嘴的要求。

② 过滤能力应比实际容量大，泵前过滤器的过滤能力应为泵容量的 2 倍以上。

③ 滤芯应有足够的强度，不会因油的压力而破坏。

④ 在一定的工作温度下，有足够的耐久性。

⑤ 结构简单，易清洗和更换滤芯。

⑥ 在供油泵进口母管上的油过滤器应设置 2 台，其中 1 台备用。

⑦ 采用机械雾化燃烧器（不包括转杯式）时，在油加热器和燃烧器之间的管路上应设置细过滤器。

过滤器按其结构形式，分为网状过滤器和片状过滤器，是目前最常用的形式。

网状过滤器的网是用铜丝或合金丝编成，结构简单，通油能力大，常用作泵前过滤器。片状过滤器可以在运行过程中清除杂质，强度大，不易损坏。这种过滤器一般装在喷油嘴前，作为细过滤设备使用。

一般情况下，泵前常采用网状过滤器，燃烧器前宜采用片状过滤器，视油中杂质和燃烧器的使用效果也可选用细燃油过滤器。

4）油泵。

① 输油泵。为把燃油从卸油罐输送到贮油罐或从贮油罐输送到日用油箱，需设输油泵，输油泵通常采用螺杆泵和齿轮泵，也可以选用蒸汽往复泵、离心泵。油泵不宜少于2台，其中1台备用，油泵的布置应考虑到泵的吸程。

用于从贮油罐往日用油箱输送燃油的输油泵，容量不应小于锅炉房小时最大计算耗油量的110%。

在输油泵进口母管上应设置油过滤器2台，其中1台备用，油过滤器的滤网网孔宜为8~12目/cm，滤网流通面积宜为其进口截面的8~10倍。

② 供油泵。供油泵用于往锅炉中直接供应一定压力的燃料油。一般要求流量小，压力高，并且油压稳定，供油泵的特点是工作时间长。在中小型锅炉房中通常选用齿轮泵或螺杆泵作为供油泵。供油泵的流量与锅炉房的额定出力、锅炉台数、锅炉房热负荷的变化幅度及喷油嘴的型式有关。

供油泵的流量应不小于锅炉房最大计算耗油量与回油量之和。锅炉房最大计算耗油量为已知数，故求供油泵的流量就在于合理确定回油量。回油量不宜过大或过小，回油量大固然对油量、油压的调节有利，但过大，不仅会加速罐内重油的温升，而且会增加动力消耗，造成油泵经常性的不经济运行；回油量过小又会影响调节阀的灵敏度和重油在回油管中的流速，流速过低，重油中的沥青胶质和碳化物容易析出并沉积于管壁，使管道的流通截面面积逐渐缩小，甚至堵塞管道。

对于带回油管的喷油嘴的回油，可根据喷油嘴的额定回油量确定，并合理地选用调节阀和回油管直径。喷油嘴的额定回油量由锅炉制造厂提出，一般为喷油嘴额定出力的15%~50%。

供油泵可在每台锅炉的侧面单机组配套布置或在锅炉房的辅助间供油泵房内集中布置，锅炉在2台以上时，一般宜采取集中布置。供油泵房也可设置在锅炉房外与室外日用油箱单独布置。

现在生产的某些全自动燃油锅炉燃烧器本身带有加压油泵，因而一般不再单独设供油泵，只要日用油箱安装高度满足燃烧器的要求即可。

2. 燃气锅炉房供气管道系统

(1) 燃气供应管道的一般要求　燃气锅炉房供气管道系统的设计是否合理，不仅对保证锅炉安全运行关系极大，而且对供气系统的投资和运行的经济性也有很大影响。因此，在设计时，必须给以足够的重视。锅炉房供气系统一般由调压系统、供气管道进口装置、锅炉房内配管系统以及吹扫放散管道等组成。

1) 燃气管道供气压力的确定。在燃气锅炉房供气系统中，从安全角度考虑，宜采用次中压($0.005\text{MPa} < p \leqslant 0.2\text{MPa}$)、低压($p \leqslant 0.005\text{MPa}$) 供气系统；燃气锅炉房供气压力主要是根据锅炉类型及其燃烧器对燃气压力的要求来确定。当锅炉类型及燃烧器的型式已确定时，供气压力可按下式确定，即

$$p = p_r + \Delta p \tag{9-2}$$

式中　p——锅炉房燃气进口压力；

　　　p_r——燃烧器前所需要的燃气压力（各种锅炉所需要的燃气压力见锅炉制造厂家资料）；

　　　Δp——管道阻力损失。

2) 供气管道进口装置的设计要求。由调压站至锅炉房的燃气管道，除有特殊要求外，一般均采用单管供气，锅炉房引入管进口处应装设总关闭阀，按燃气流动方向，阀前应装放散管，并在放散管上装设取样口，阀后应装吹扫管接头。

3) 锅炉房内燃气配管系统的设计要求。

① 为保证锅炉安全可靠地运行，要求供气管路和附件的连接要严密可靠，能承受最高使用压力。在设计配管系统时应考虑便于管路的检修维护。

② 管道及附件不得装设在高温或有危险的地方。

③ 配管系统使用的阀门应选用明杆阀或阀杆带有刻度的阀门，以使操作人员能识别阀门的开关状态。

④ 当锅炉房安装的锅炉台数较多时，供气干管可按需要用阀门分隔成数段、每段供应 2~3 台锅炉。

⑤ 在通向每台锅炉的支管上，应装有关闭阀和快速切断阀（可根据情况采用电磁阀或手动阀）、流量调节阀和压力表。

⑥ 在支管至燃烧器前的配管上应装关闭阀，阀后串联 2 只切断阀（手动阀或电磁阀），并应在两阀之间设置放散管（放散阀可采用手动阀或电磁阀）。靠近燃烧器的 1 只切断阀至燃烧器的间距应尽量缩短，以减少管段内燃气渗入炉膛的数量。

4) 吹扫放散管道系统的设计。燃气管道在停止运行进行检修时，为检修工作安全，需要把管道内的燃气吹扫干净；系统在较长时间停止工作后再投入运行前，为防止燃气空气混合物进入炉膛引起爆炸，也需进行吹扫，将可燃混合气体排入大气。因此，在锅炉房供气系统设计中，应设置吹扫和放散管道。

燃气系统在下列部位应设置吹扫点：

① 锅炉房进气管总关闭阀后面（顺气流方向）。

② 在燃气管道系统以阀门隔开的管段上需要考虑分段吹扫的适当地点。

吹扫方案应根据用户的实际情况确定，可以考虑设置专用的惰性气体吹扫管道，用氮气、二氧化碳或蒸汽进行吹扫；也可不设专用吹扫管道而在燃气管道上设置，在系统投入运行前用燃气进行吹扫，停运检修时用压缩空气进行吹扫。

燃气系统在下列部位应设置放散管道：

① 锅炉房进气管总切断阀的前面（顺气流方向）。

② 燃气干管的末端，管道、设备的最高点。

③ 燃烧器前两切断阀之间的管段。

④ 系统中其他需要考虑放散的适当点。

放散管可根据具体布置情况分别引至室外或集中引至室外，放散管出口应安装在适当的位置，使放散出去的气体不致被吸入室内或通风装置内。放散管出口应高出屋脊 2m 以上。

放散管的管径根据吹扫管段的容积和吹扫时间确定。一般按吹扫时间为 15~30min，排气量为吹扫段容积的 10~20 倍作为放散管管径的计算依据。锅炉房燃气系统放散管直径选用见表 9-1。

表 9-1　锅炉房燃气系统放散管直径选用

燃气管道直径/mm	25~50	65~80	100	125~150	200~250	300~350
放散管直径/mm	25	32	40	50	65	80

(2) 锅炉常用燃气供应系统

1) 一般手动控制燃气系统。以前使用的一些小型燃气锅炉房，锅炉都由人工控制，燃烧系统比较简单，一般是：燃气管道由外网或调压站进入锅炉房后，在管道入口处装一个总切断阀，顺气流方向在总切断阀前设置放散管，阀后设吹扫点。由干管至每台锅炉引出支管上，安装一个关闭阀，阀后串联安装切断阀和调节阀，切断阀和调节阀之间设有放散管。在切断阀前引出一点火管路供点火使用。调节阀后安装压力表。阀门选用截止阀或球阀，手动控制系统一般都不设吹扫管路。放散管根据布置情况单独引出或集中引出屋面。其供气系统流程如图9-3所示。

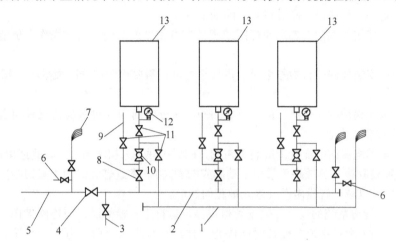

图9-3　一般手动控制燃气系统流程

1—放散母管　2—供气干管　3—吹扫入口　4—燃气入口总切断阀　5—燃气引入管　6—取样口
7—放散管　8—关闭阀　9—点火管　10—调节阀　11—切断阀　12—压力表　13—锅炉

2）强制鼓风供气系统。随着燃气锅炉技术的发展，供气系统的设计也在不断改进，近年出现的一些燃气锅炉，自动控制和自动保护程度较高，实行程序控制，要求供气系统配备相应的自控装置和报警设施。因此，供气系统的设计也在向自控方向发展，在我国新设计的一些燃气锅炉房中，供气系统已在不同程度上采用了一些自动切断、自动调节和自动报警装置。

图9-4所示为强制鼓风供气系统，该系统装有自力式压力调节阀和流量调节阀，能保持进气压力和燃气流量的稳定。在燃烧器前的配管系统上装有保障安全的切断阀（电磁阀），切断阀与风机、锅炉熄火保护装置、燃气和空气压力监测装置等连锁动作，当鼓风机、引风机发生故障（停电或机械故障），燃气压力或空气压力出现了异常、炉膛熄火等情况时，迅速切断气源。

强制鼓风供气系统能在较低压力下工作，由于装有机械鼓风设备，调节方便，可在较大范围内改变负荷而燃烧相当稳定。因此，这种系统在大中型供暖和生产的燃气锅炉房中经常被采用。

（3）燃气调压系统　为了保证燃气锅炉能安全稳定地燃烧，对于供给燃烧器的气体燃料，应根据燃烧设备的设计要求保持一定的压力。在一般情况下，从气源经城市煤气管网供给用户的燃气，如果直接供锅炉使用，往往压力偏高或压力波动太大，不能保证稳定燃烧。当压力偏高时，会引起脱火和发出很大的噪声；当压力波动太大时，可能引起回火或脱火，甚至引起锅炉爆炸事故。因此，对于供给锅炉使用的燃气，必须经过调压。

调压站是燃气供应系统进行降压和稳压的设施。站内除布置主体设备调压器之外，往往还有燃气净化设备和其他辅助设施。为了使调压后的气压不再受外部因素的干扰，锅炉房宜设置专用的调压站。如果用户除锅炉房之外还有其他燃气设备，需要考虑统一建调压站时，宜将供锅炉房用的调压系统和供其他用气设备的调压系统分开，以确保锅炉用气压力稳定。调压站设计应根据气源（或城市煤气管网）供气和用气设备的具体情况，确定站房的位置和形式；选择系统的工艺流程和设备，并进行合理布置。

1）几种常用的调压系统。采用何种方式的调压系统要根据调压器的容量和锅炉房运行负荷的变化情况来考虑。确定方案的基本原则是：一方面要使通过每台调压器的流量在其铭牌出力

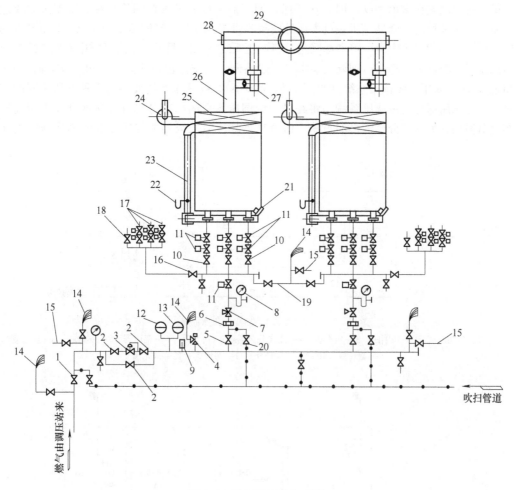

图 9-4　强制鼓风供气系统

1—锅炉房总关闭阀　2—手动闸阀　3—自力式压力调节阀　4—安全阀　5—手动切断阀　6—流量孔板　7—流量调节阀
8—压力表　9—温度计　10、16—手动阀　11—安全切断电磁阀　12—压力上限开关　13—压力下限开关　14—放散阀
15—取样短管　17—自动点火电磁阀　18—手动点火阀　19—放散管　20—吹扫阀　21—火焰监测装置　22—风压计
23—风管　24—鼓风机　25—空气预热器　26—烟道　27—引风机　28—防爆门　29—烟囱

的 10% ~90%，超出了这个范围难以保持调压器后燃气压力的稳定；另一方面，调压系统应能适应锅炉房负荷的变化，始终保证供气压力的稳定性。因此，当锅炉台数较多或锅炉房运行的最高负荷和最低负荷相差很大时，应考虑采用多路调压系统，以满足上述两方面的要求。此外，常年运行的锅炉房，应设置备用调压器；备用调压器和运行调压器并联安装，组成多路调压系统。

调压系统按调压器的多少和布置形式不同，可分为单路调压系统和多路调压系统。按燃气在系统内的降压过程（次数）不同，可分为一级调压系统和二级调压系统：

① 单路调压系统是指只安装 1 台调压器或串联安装 2 台调压器的单管路系统（见图 9-5）。

② 多路调压系统是指并联安装几台调压器，燃气在经过各台并联的调压器之后又汇合在一起向外输送的多管路系统（见图 9-6）。

③ 二级调压系统每种调压器都只能适应一定的压力范围，只有当调压器前的进气压力和其

后的供气压力之差在该范围以内时，才能保证调压器工作的灵敏性和稳定性。压差过大或过小都将使灵敏度和稳定性降低，压差过大还易使阀芯损坏。因此，当调压站进气压力和所要求的调压后的供气压力相差很大时，可考虑采用二级调压系统。二级调压就是在系统中串联安装2台适当的调压器，经过2次降压达到调压要求。一般当调压系统进出口压差不超过1.0MPa，调压比不超过20时，采用一级调压系统（见图9-5、图9-6），当调压系统要供给2种气压不同的燃烧器时，也可采用部分二级调压系统，将经过一级调压器后的一部分燃气直接送到要求较高气压的燃烧器使用，另一部分燃气再经过第二级调压器降压后送至要求气压较低的燃烧器使用（见图9-7）。

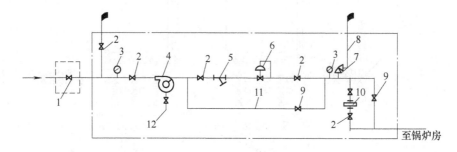

图9-5 单路一级典型调压系统

1—气源总切断阀 2—切断阀 3—压力表 4—油气分离器 5—过滤器 6—调压器 7—安全阀 8—放散管
9—截止阀 10—罗茨流量计 11—旁通管 12—放水管

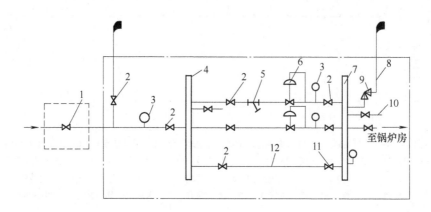

图9-6 多路一级调压系统

1—气源总切断阀 2—切断阀 3—压力表 4—分气缸 5—过滤器 6—调压器 7—集气缸 8—放散管
9—安全阀 10—排污管 11—调节阀 12—旁通管

为了保证调压系统安全可靠地运行，还需要设置下列辅助配件：在系统的入口段（调压器前）设置放散管、压力表；在每个调压支路的前后安装切断阀；每台调压器的后面应安装压力表；在调压器后的输气管上或多路并联调压支路的集气集箱上应安装安全阀，或设置安全水封；在管道和设备的最低点应设置排污放水点。此外，有的调压系统还设置有吹扫管路和供高低极限压力报警的压力控制器（即控制开关）。

当调压站安装有以压缩空气驱动的气动设备或气动仪表时，应设置供应压缩空气的设备和管道。

2）调压站设备布置及安装一般要求。

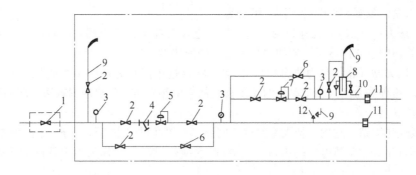

图 9-7 部分二级调压系统

1—气源总切断阀 2—切断阀 3—压力表 4—过滤器 5——级调压器 6—截止阀 7—二级调压器
8—安全水封 9—放散管 10—自来水管 11—流量孔板 12—安全阀

① 旁通管的设置。调压系统均应设置旁通管，在旁通管路上应安装切断阀和调节阀。当系统为中、低压时，有时只安装一个截止阀，起关闭和调节的双重作用。

旁通管只是在下列情况下才开启使用：

a. 当调压器、过滤器发生故障，或进行清洗检修时，开启旁通管路，保证系统连续供气。

b. 当调压系统进气压力偏低时，为了减少气流通过过滤器和调压器的阻力、保持一定的供气压力和输气量，开启旁通管路。

c. 当调压器投入运行时，为了保护调压器安全启动，应先微微开启旁通管路，使调压器后有一定的气压，然后开启调压器。

d. 当高压系统为自动控制时，设置旁通管路可以在必要时将自控切换成手动控制（此时旁通管路上应装手动阀）。

旁通管上的切断阀一般安装在气流的进口侧，而调节阀应安装在靠近低压侧的压力表处，以便操作时便于观察和调节。

② 吹扫管和放散管。调压系统在安装好后（或检修后）需要进行吹扫，以清除管道或设备内的泥渣、铁锈和其他杂质；在检修之前（切断气源后），需要进行吹扫，以排净管内的燃气，保证检修工作安全。另外，系统长期停用重新投入运行时，先要吹扫置换管道内的空气，防止运行时形成爆炸性的燃气混合物。因此，在调压系统应设置吹扫管（或吹扫点）和放散管。调压系统的安全和安全水封，也应各自设置独立的放散管。

吹扫点应设在系统中容易聚集杂质的设备、附件或弯头附近。放散管应引至室外，其排出口应高出屋脊 2m 以上。露天布置的调压站放散管应接至离周围建（构）筑物较远的安全地点，一般均应高出地面 4m 以上。放散管排出的气体不应窜入邻近的建筑物内或被吸入通风装置内。

9.2 集中供热站

集中供热系统的热力站是供热网路与热用户的连接场所。它的作用是根据热网工况和不同的条件，采用不同的连接方式，将热网输送的热媒加以调节、转换，向热用户系统分配热量，以满足用户需求，并根据需要，进行集中计量、检测供热热媒的参数和数量。

根据热网输送的热媒不同，可分为热水供热热力站和蒸汽供热热力站。

根据服务对象的不同，可分为工业热力站和民用热力站。

根据二级热网对供热介质参数要求的不同，又分为换热型热力站和分配型热力站。

根据热力站的位置和功能的不同，可分为：

1）用户热力站（点）。也称为用户引入口。它设置在单栋建筑用户的地沟入口或用户的地下室或底层处，通过它向该用户或相邻几个用户分配热能。

2）小区热力站（常简称为热力站）。供热网路通过小区热力站向一个或几个街区的多栋建筑分配热能。这种热力站大多是单独的建筑物。从集中热力站向各热用户输送热能的网路，通常称为二级供热管网。

3）区域性热力站。它用于特大型的供热网路，设置在供热主干线和分支干线的连接点处。

4）供热首站。位于热电厂的出口，完成汽-水换热过程，并作为整个热网的热媒制备与输送中心。

根据制备热媒的用途可分为供暖换热站（热站）、空调换热站（冷站）和生活热水换热站或它们间的相互与共同组合。

9.2.1 民用热力站

民用热力站的服务对象是民用用热单位（民用建筑及公共建筑），多属于热水供热热力站。图9-8所示是一个供暖用户的热力点示意图。热力点在用户供、回水总管进出口处设置截断阀、压力表和温度计，同时根据用户供热质量的要求，设置手动调节阀或流量调节器，以便对用户进行供热调节。用户进水管上应安装除污器，以免污垢杂质进入局部供暖系统。如引入用户支线较长，宜在用户供、回水管总管的阀门前设置旁通管。当用户暂停供暖或检修而网路仍在运行时，关闭引入管总阀门，将旁通管阀门打开使水循环，以避免外网的支线冻结。

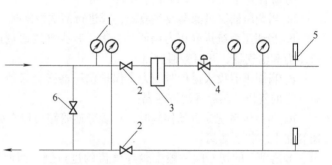

图 9-8　供暖用户的热力点示意图
1—压力表　2—用户供、回水总管阀门　3—除污器
4—手动调节阀　5—温度计　6—旁通管阀门

图9-9所示为一个民用热力站的示意图。各类热用户与热水网路并联连接。城市上水进入水-水换热器4被加热，热水沿热水供应网路的供水管，输送到各用户。热水供应系统中设置热水供应循环水泵6和循环管路12，使热水能不断地循环流动。当城市上水悬浮杂质较多、水质硬度或含氧量过高时，还应在上水管处设置过滤器或对上水进行必要的水处理。

图9-9的供暖热用户与热水网路采用直接连接。当热网供水温度高于供暖用户设计的供水温度时，热力站内设混合水泵9，抽引供暖系统的网路回水，与热网的供水混合，再送向各用户。

混合水泵的设计流量，按下式计算，即

$$G_{\mathrm{h}}' = u' G_{0}' \tag{9-3}$$

式中　G_{h}'——承担该热力站供暖设计热负荷的网路流量（t/h）；

G_{0}'——从二级网路抽引的回水量（t/h）；

u'——混水装置的设计混水比，由式（9-4）计算，即

$$u' = \frac{(\tau_1' - t_{\mathrm{g}}')}{(t_{\mathrm{g}}' - t_{\mathrm{h}}')} \tag{9-4}$$

式中　τ_1'——热水网路的实际供水温度（℃）；

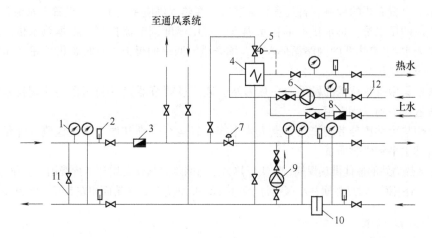

图 9-9　民用热力站示意图（1）

1—压力表　2—温度计　3—热网流量计　4—水-水换热器　5—温度调节器　6—热水供应循环水泵　7—手动调节阀
8—上水流量计　9—供暖系统混合水泵　10—除污器　11—旁通管　12—热水供应循环管路

t_g'、t_h'——供热系统的设计供、回水温度（℃）。

　　混合水泵的扬程应不小于混水点以后的二级网路系统的总压头损失。流量应为抽引回水的流量。水泵数目不应少于 2 台，其中 1 台备用。

　　图 9-10 所示为供暖系统与热水网路采用间接连接方式的热力站示意图。其工作原理和流程与图 9-9 相同，只是安装了供暖系统用的水-水换热器和二级网路的循环水泵，使热网与供暖系统的水力工况完全隔绝开来；安装了原水箱、原水加压泵、全自动软水器与软化水箱，使二级网路系统具有较完整的补水及其处理系统。若二级网小区的自来水具有连续补给能力，可将原水箱与原水加压泵去掉；若小区对二级网补水的含氧量有要求，还可增加除氧装置，这里不再赘述。

　　图 9-10 中二级网路循环水泵和补给水泵的设计选择要将二级网路系统视为一个独立的供暖系统来设计。

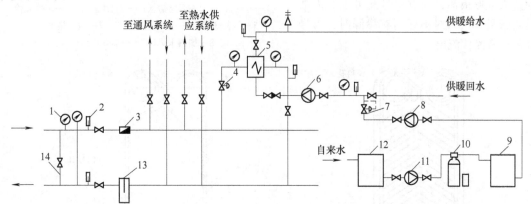

图 9-10　民用热力站示意图（2）

1—压力表　2—温度计　3—流量计　4—手动调节阀　5—供暖系统用的水-水换热器　6—供暖系统循环水泵
7—补给水调节阀　8—补给水泵　9—软化水箱　10—全自动软水器　11—原（生）水加压泵
12—原水箱（生水箱）　13—除污器　14—旁通管

热力站应设置必要的检测、自控和计量装置。在热水供应系统上，应设置上水流量计，用以计量热水供应的用水量。热水供应的供水温度，可用温度调节器控制。根据热水供应的供水温度，调节进入水-水换热器的网路循环水量，配合供、回水的温差，可计量供热量（也可采用热量计直接记录供热量）。

随着我国集中供热技术的发展，在热力站安装流量调节器以及利用自动控制技术调控热力站流量的方法已得到广泛应用。

采用集中热力站比分散用户热力点方式更能减轻运行管理和便于实现检测、计量和远程控制，提高管理水平和供热质量。

民用小区热力站的最佳供热规模，取决于热力站与网路总基建费用和运行费用，应通过技术经济比较确定。一般来说，对新建居住小区，每个小区设一座热力站，建筑面积在 5 万~15 万 m^2 为宜。

9.2.2 板式换热器

板式换热器主要由传热板片 1、固定盖板 2、活动盖板 3、定位螺栓 4 及压紧螺栓 5 等组成，如图 9-11 所示。板与板之间用垫片进行密封，盖板上设有冷、热媒进出口短管。

板片的结构型式很多，我国目前生产的主要是"人字形板片"（见图 9-12）。它是一种典型的"网状流"板片。左侧上下两孔通加热流体，右侧上下两孔通被加热流体。

板片之间密封用的垫片型式如图 9-13 所示。密封垫的作用不仅把流体密封在换热器内，而且使加热与被加热流体分隔开，不使相互混合。通过改变垫片的左右位置，可以使加热与被加热流体在换热器中交替通过人字形板面，通过信号孔可检查内部是否密封。当密封不好而有渗漏时，信号孔就会有流体流出。

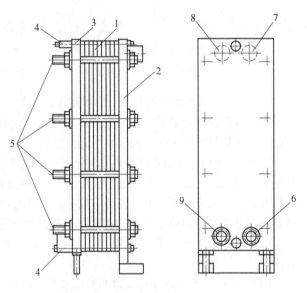

图 9-11　板式换热器的构造示意图

1—传热板片　2—固定盖板　3—活动盖板　4—定位螺栓
5—压紧螺栓　6—被加热水进口　7—被加热水出口
8—加热水进口　9—加热水出口

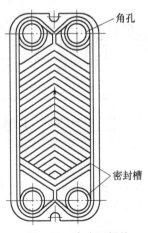

图 9-12　人字形板片

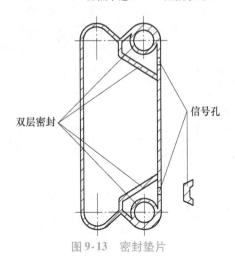

图 9-13　密封垫片

板式换热器两侧流体（加热侧与被加热侧）的流程配合很灵活。如图 9-14 所示，它是 2 对 2 流程。但也可实现 1 对 1、1 对 2 和 2 对 4 等两侧流体流程配合方式，从而达到流速适当，以获得较大的传热系数的目的。

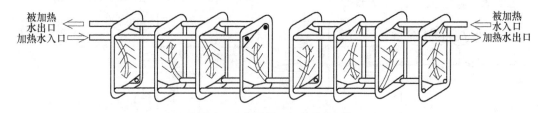

图 9-14　板式换热器流程示意图

板式换热器由于板片表面的特殊结构，使流体能在低流速下发生强烈湍动，从而大大强化了传热过程。因此，板式换热器是一种传热系数很高、结构紧凑、适应性大、拆洗方便、节省材料的换热器。近年来，水-水式板式换热器在我国城镇集中供热系统中，开始得到较广泛的应用。但板片间流通截面窄，若水质不好，易形成水垢或污物沉积堵塞，密封垫片耐温性能差时，容易渗漏和影响使用寿命。

9.2.3　热力站的自动控制

热力站自控的首要目的就是使各个热力站按所需得到热量，并将其合理地以流体流量的形式分配出去。本节主要对单纯换热的热力站（简称换热站）进行简单介绍。

以换热站作为控制对象时，具有如下特点：换热站数目较多；站与站之间分散，距离较远；每个换热站独立运行自成系统；系统惰性大，参数变化缓慢，滞后时间长；各换热站供热面积大小不一，新旧建筑的负荷状况不一。基于以上特点，换热站非常适于以先进的现代化信息技术实现系统的管理，实现由传统的人工操作模式，向现代的高度集成化、自动化、智能化的模式转变。

换热站自控系统主要由数据采集控制部分、循环水泵控制部分、补水定压控制部分、通信部分等组成，通过热工检测仪表测量一次网二次网温度压力流量等信号，按自控系统中预先设定的控制算法及控制方式完成对一次网调节阀、循环泵及补水泵的控制，以使换热站安全、可靠、经济地运行。图 9-15 所示为换热站自控系统控制流程图。

1. 换热站监控参数的采集

换热站具体的采集参数如下：

1）一次网供、回水温度，压力，流量（热量）。

2）二次网供、回水温度，压力，流量。

3）一次网供水电动调节阀状态。

4）循环水泵、补水泵的起动、停止、运行状态。

5）循环水泵、补水泵的频率控制与反馈。

6）补水箱液位。

7）室外温度。

8）耗水量、电量及热量的计量参数。

2. 换热站的调节方式

（1）质调节　质调节是只改变供热系统的供水温度，而用户循环水量保持不变的调节。过

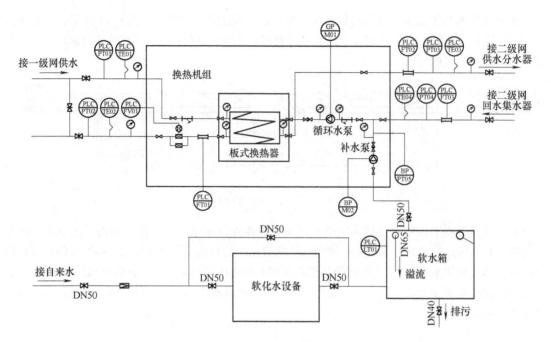

图 9-15　换热站自控系统控制流程图

程如下：

1）检测二次供回水温度和室外温度，自动调节电动调节阀的开度。按照控制器内设定的经济运行的温度曲线，自动调节二次网供水温度或二次网供回水平均温度。

2）对各二次供热系统的温度进行检测、分析，结合外界干扰因素（如天气温度），算出最佳的供水温度。

3）对一次管网的流量进行控制，使供热系统在满足用户需求量的前提下，保持最佳工况。

在供热系统中，供暖热负荷的计算是以建筑物耗热量为依据的，耗热量的计算又是以稳定传热概念为基础的。实际上外围护结构层内、外各点温度并非常数，它与室外温度、湿度、风向、风速和太阳辐射强度等气候条件密切相关，其中起决定作用的是室外温度。因此，根据室外温度变化，对供热系统进行相应的自动控制，可适应用户室内热负荷变化，保持室内要求的温度，避免热量浪费，使热能得到合理利用。

由于供热系统热惰性大，属于大滞后系统，对于调节规律，适合选择采样调节，即电动调节阀不连续调节，避免产生振荡，使被调参数出现上下反复波动的现象。采样调节就是对电动调节阀进行间歇性调节，可采取 12h 调节一次的方法，这要视供热系统的规模大小而定。系统越大，调节间隔应越长，这样可以充分反映延时的影响。每次调节，电动调节阀的开度变化也不能过大，调节幅度 ΔL 应由当前的阀门开度 L 和温度偏差 Δt 决定，即

$$\Delta L = abL \times \Delta t \times 100\%$$

式中　a、b——大于 0 小于 1 的指数系数，它们取决于电动调节阀的调节特性。

根据供热系统的特性，在一次外网工况稳定的情况下，其流量的变化会直接影响热媒在换热器内的放热量，从而改变用户系统的供、回水温度。因此可以随室外温度的不断变化，通过调节一次水流量，维持用户系统供、回水平均温度的恒定。因此选择一次水流量作为控制参数。

（2）量调节　量调节是只改变网路的循环水流量。当室外温度变化时，以供水压力与回水压力的差值作为调节的反馈值，或手动设定二次侧的供回水压差。自动调节循环泵的转速，是变

流量调节方式。为了保证调节的品质，取压点位置应设在机组的二次侧进出口管上或系统最不利热用户的供、回水管上，这样就可以保证最不利热用户的运行工况。循环水量的变化还可根据室外温度变化，来调节二级网的回水温度。

（3）分阶段的质调与量调相结合 控制应根据各阶段的特点分别实施。

为了更有效地节约热能，降低能耗，根据换热站所在位置、建筑类型，针对不同热负荷类型（如居民住宅、商场、工厂、机关、学校等）的作息规律制定一个分时段的供水温度预控曲线，实现人性化供热。分时段的供水压力与回水压力的差值作为循环泵变频控制的反馈压差值，来完成整个热网的温度及流量调节，达到热能的合理分配，电能的最优化利用。

3. 控制策略

（1）热负荷预测策略 热力系统本身是一个大的热惯性系统，且影响因素众多，条件千差万别，因此做到精确控制非常困难。供热时气象条件的变化很复杂且不可准确预测，同时供热系统本身存在严重的滞后问题，即室外气象条件的变化是绝对的，而且对室内环境产生影响存在一定的滞后；供热调节是有条件的，不可能过于频繁地调节；而且介质的传输必然产生一定的滞后；散热器系统也存在滞后问题。基于上述原因，准确的供热量需求是以负荷预测为基础的，需要较长的响应时间。同时，热力系统本身又是一个大的热容系统，这就使环境气象条件的急剧变化被热力系统吸收，所谓以慢制快，再加上用户本身的适应能力对环境质量的要求留有余地，因此前几天的环境温度会对现在的热负荷需求产生直接的影响。所以，只要根据天气预报以及前几天的天气状况，建立天气预报-供热负荷预估模型系统，就可以进行较为合理准确的负荷预测。

根据实测的室外温度和时间对应关系在软件中自动生成如图9-16所示曲线，这个曲线可以和天气预报的温度对比，然后进行修正，并且自动调整供热参数。

（2）室外温度的选取 各个热力站由于受场地空间、建筑物结构的限制，即使装室外温度测点，但是由于受通风、日照等条件的影响，也不一定准确，具体的做法是在调度站统一把室外温度下发到各换热站。室外温度的选取有两种方

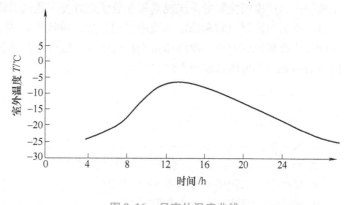

图9-16 日室外温度曲线

法：一是在调度站选3~4个比较合适的测点，然后把这些数值求平均值，作为标准值；二是对具备安装条件的，在热网分布的几个端点处设测点，通过通信网络把数据传送到调度站，在调度中心的计算机上把这些数值求平均值作为标准值下发到各换热站的RTU中。

（3）供水温度曲线的生成 针对不同的热用户，如住宅、商场、机关、学校等，由于其性质不同，热负荷的需求有时段性，可以针对不同的热用户指定针对性的供热曲线。最简单的方法是通过历年的运行经验及历史数据的递推分析，用填表的方式自动生成曲线。

对于间接连接的供热系统，宜采用温度调节法，被调参数可以是供、回水温度或供、回水平均温度；主要调节参数是一次网循环流量和电动调节阀的开度。当供热系统在外界干扰下，被调参数的实际运行值与给定值不一致时，就需要通过对调节参数进行调节，消除被调参数的偏差，在现在的供热中分阶段的二次网供水温度的质调节和压差控制的量调节相结合的控制方式的应用比较普遍，并且控制效果比较理想。

4. 前馈模糊 PID 控制策略

供热系统的控制特点是：大惯性、多变量、差异性。尤其采用间接换热的系统，其控制惯性更大，在依据室外温度和分时段运行，调节供水温度或换热量时，如果控制不当，调节过慢使响应时间过长，达不到系统要求；过快又易引起超调，甚至振荡。

针对供热系统的控制特点，要想提高控制系统各项性能指标，用传统控制方法对其进行改进后，效果并不明显。

尽管传统 PID 校正控制以其结构简单、工作稳定、物理意义明确、鲁棒性强及稳态无静差等优点在自动化控制中被广泛采用，但是 PID 控制参数一般都是人工整定，有其局限性，不能在线地进行调整。如果将前馈模糊 PID 控制技术与传统 PID 控制技术相结合，按照响应过程中各个时间段的不同要求，通过模糊控制在线地调整 PID 的各个控制参数，对改善控制系统在跟踪目标时的动态响应性能和稳态性能，以适应供热工作任务的要求，是有重要应用意义的。

5. 参数自整定模糊 PID 控制

与传统的控制技术相比较，模糊控制主要具有以下几个显著的特点：模糊控制是一种基于规则的控制，只要对现场操作人员或者有关专家的经验、知识以及操作数据加以总结和归纳，就可以构成控制算法，在设计系统时不需要建立被控对象的精确数学模型，适应性强；对于非线性和时变等不确定性系统，模糊控制有较好的控制效果，对非线性、噪声和纯滞后等有较强的抑制能力，而传统 PID 控制则无能为力；模糊控制鲁棒性较强，对参数变化不灵敏，模糊控制采用的是一种连续多值逻辑，当系统参数变化时，易于实现稳定控制，尤其适合于非线性、时变、滞后系统的控制；模糊控制的系统规则和参数整定方便，通过对现场工业过程进行定性分析，就能建立语言变量的控制规则和拟定系统的控制参数，而且参数的适用范围较广；模糊控制结构简单，软硬件实现都比较方便，硬件结构无特殊要求，软件控制算法简捷，在实际运行时只需进行简单的查表运算，其他的过程可离线进行。

思考题与习题

1. 锅炉房设计除应遵守《锅炉房设计规范》（GB 50041—2008）外，还应遵守哪些法规和标准？
2. 燃油锅炉房的油管路系统设计的基本原则有哪些？
3. 试简述燃油锅炉房典型的燃油系统流程。
4. 如何确定燃油锅炉房日用油箱的容积？
5. 如何确定燃气锅炉房燃气管道供气压力？
6. 锅炉房内燃气配管系统的设计要求有哪些？
7. 什么是燃气单路调压系统和多路调压系统？什么是一级调压系统和二级调压系统？
8. 民用集中热力站由哪几个主要部分构成？
9. 热力站自控的主要目的是什么？
10. 换热站监控参数有哪些？
11. 换热站的控制策略有哪些？

第 10 章
冷热电三联供系统

10.1 概述

在传统的热电生产过程中，虽然通过提高工质温度，采用回热、再热等措施可以提高发电效率，但是，其总体热效率并不高，一般不超过40%，也就是说，燃料燃烧所放出的热量中，大部分没有得到利用，其中有50%以上的热能通过凝汽冷却水或尾气排放形式白白散发到大气中。而为了满足生产工艺及建筑对热能的需求，又不得不在工厂或建筑物附近，通过锅炉燃料燃烧为其提供必要的热能。很显然，在这种热电分产能源利用方式中，一方面在不断地浪费能源，另一方面又在不断地消耗燃料，是很不合理的能源利用方式，能源利用率低，能源浪费大。因此，如果将发电过程中所产生的"废热"直接用于工厂或建筑供热，就能合理地利用能源，减少能源资源的消耗，同时，又能减少对环境的污染，起到保护环境的作用。这种在生产电的同时，为用户提供热的能源生产方式称为热电联供。如果利用热能来驱动以热能为动力的制冷装置，为用户提供冷冻水，满足用户对制冷的需求，则称这种能源利用系统为冷热电三联供系统，简称冷热电联供。

图 10-1 所示是冷热电联供系统的示意图。燃料首先通过发电装置发电，发电所产生的废热（废汽或尾气）通过热交换装置产生生活热水或供暖、空调用热水，以满足建筑对热水的需求，也可生产出低压蒸汽或高温热水，供工业生产需要。通过换热器所生产的低压蒸汽或热水还可用于驱动制冷装置，生产出空调冷冻水，以满足建筑夏季空调的需要。由此可见，冷热电联供系统符合能源的梯级利用，是热能利用的一种有效形式，因而，可以提高能源的利用效率。一般冷热电联供系统的热能利用效率可达到80%以上。

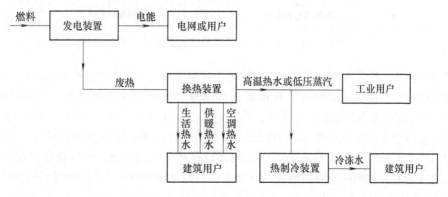

图 10-1　冷热电联供系统的示意图

冷热电联供系统按照规模大小可分为集中式冷热电联供系统和建筑冷热电联供系统。

集中式冷热电联供系统的规模一般较大，它以集中式热电厂为中心，中心电厂所产生的电能通过区域电网输配至各级用户，同时，为某座城市或某个较大的区域提供冷热源，组成区域供热供冷系统。因此，这种系统的投资规模大，建设周期较长，所产生的规模效益明显。这种系统一般以煤为燃料，通过锅炉燃烧产生高压蒸汽发电，发电时一般采用以朗肯循环为基础的各种改进的蒸汽动力循环。也可以石油或天然气为燃料，通过内燃机或燃气轮机发电。为提高热效率，还可采用燃气-蒸汽联合循环。

建筑冷热电联供系统一般是在建筑内部或其附近发电，以部分或者全部满足建筑用电需求，同时为建筑提供冷热源，满足建筑对冷和热的需求。因而，这种系统的规模较小，分散分布在各建筑内，所以，这种系统又称为分布式能源系统。但这种系统的投资小，使用灵活，控制方便，可以减少大的输配电网和管网，减少电的传输损失和热的管路损失，因而，整体利用效率更高。建筑冷热电联供系统一般以天然气或石油为燃料，采用微型燃气轮机、小型往复式内燃机或燃料电池作为发电装置。

发展冷热电联供系统对提高能源利用效率、减少能源消耗是非常有益的。如图 10-2 所示为热电联供系统与传统的分产系统的能源利用效率的比较。传统的热电分产系统的能源利用效率只有 49% ~ 56%，而联供系统的能源利用效率可高达 85%。两者相比，联供系统比分产系统可减少能源消耗 40% 左右。可见，联供系统可大大提高能源利用效率，对保护有限的能源资源、实现能源的可持续发展是非常有益的。

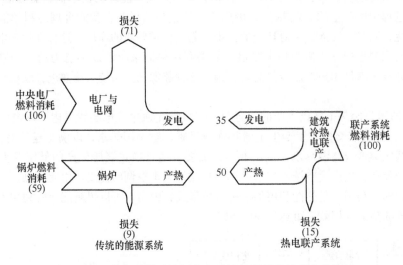

图 10-2　热电联供系统与分产系统的能源利用效率的比较

除了节约能源，冷热电联供系统还具有很好的环境效应。与传统的能源系统相比，冷热电联供系统每提供单位能量，可以减少石化能源消耗 40%，这就意味着可以减少污染排放总量的 40%，大大减小了环境保护的压力。集中式冷热电联供系统由于规模大，因此，可以对燃烧过程所产生的各种污染进行集中处理，对污染物的排放浓度进行严格控制，起到保护环境的作用。而采用燃用天然气的微型燃气轮机或燃料电池的建筑冷热电联供系统，污染物的排放浓度极低，微型燃气轮机 NO_x 排放的体积分数低于 10×10^{-6}，燃料电池的 NO_x 排放的体积分数则更低，小于 1×10^{-6}，环境污染很小。另外，冷热电联供系统一般采用热能为动力的吸收式制冷，可以减少对氟利昂的使用，这对减少臭氧层的破坏是有好处的。由此可见，冷热电联供系统具有很好的环境保护作用。

10.2　集中式冷热电联供技术

　　集中式冷热电联供系统是以中央电厂为冷热源，通过管线，以蒸汽、高温热水或冷冻水为媒介，将热或者冷从中央冷热源输送至民用、商业或工业用户，为这些用户提供采暖、空调、生活热水、以及工业用热等服务，满足用户对热或者冷的需求。同时，中央电厂所发出的电，通过当地电网，输送给各种电用户，满足用户对电的需求。这种以集中方式生产冷能、热能和电能，并通过管网和电网传送至用户的能量生产与传输系统，称为集中式冷热电联供系统。

　　如图 10-3 所示是集中式冷热电联供系统的流程图。从图 10-3 中可以看出，集中式冷热电联供系统由三个主要部分组成：中央热电厂、输配系统和用户转换站。中央热电厂主要是负责能量的转换，通过燃料的燃烧，将燃料的化学能转换成热能，再借助一定的转换装置，将热能转换成电能，同时回收发电所产生的废热，用于供热与供冷。输配系统主要负责能量的传输，利用一定的媒介，通过电网和管网，将中央热电厂所生产的电能和热能传输到用户。用户转换站是冷热电联供系统与建筑设备系统之间的接口，通过直接或间接的方式，将能量最终传输给用户系统。

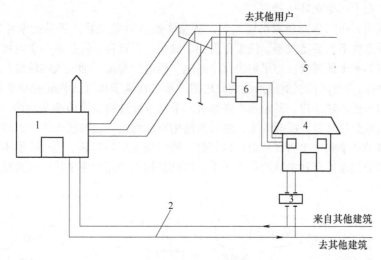

图 10-3　集中式冷热电联供系统的流程图

1—中央热电厂　2—输配管网　3—用户转换站　4—建筑用户　5—输配电网　6—变压器

10.2.1　集中式冷热电联供系统的形式

　　由于所使用的燃料和工艺不同，集中式冷热电联供系统的能量生产方式也不相同，主要有以下几种形式。

　　1. 锅炉加供热汽轮机型三联供系统

　　由于煤燃烧形成的高温烟气不能直接用于做功，需要经过锅炉将热量传给做功工质——蒸汽，再通过蒸汽推动汽轮机做功。如图 10-4 所示是锅炉加供热汽轮机三联供系统的原理图。煤燃烧所释放的热能经锅炉水冷壁换热后，传给锅炉内的水，水吸热并达到一定温度时，产生蒸汽，饱和水蒸气经过过热器进一步加热之后，变成过热蒸汽，具有做功能力的过热蒸汽进入汽轮机，膨胀并做功，推动汽轮机转动，汽轮机再带动发电机转动，产生电力输出，产生的电能经进一步变频、升压之后，即可通过电网传输到各种电用户。做功后的低品位蒸汽用于供热，或用于驱动吸收式制冷机制冷。凝结后的凝结水再经给水泵送入锅炉，继续循环。这种循环称为热电循环。根据汽轮机供热方式的不同，可将其分为背压式热电循环和抽汽式热电循环两种。

背压式热电循环中，排气压力高于大气压力，如图 10-5 所示。这种系统没有凝汽器，蒸汽在汽轮机内做功之后仍具有一定的压力，通过管路送给热用户作为热源，放热之后，冷凝水再回到热电厂。由于提高了汽轮机的排气压力，蒸汽中用于做功的热能相应减少，所以其发电效率有所降低。尽管如此，由于热电循环中排气

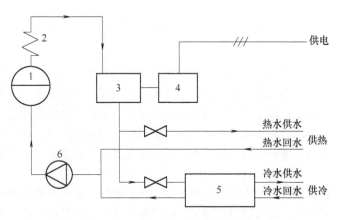

图 10-4　锅炉加供热汽轮机三联供系统的原理图

1—锅炉　2—过热器　3—汽轮机　4—发电机
5—吸收式制冷机　6—水泵

的热量得到了利用，所以热能利用率增加了，从总体经济效果来看，还是比单纯发电要优越得多。另外，这种系统不需要凝汽器，使设备得到了简化，但这种系统供热与供电相互牵连，难以同时满足用户对热和电的需求。为了解决这个问题，热电厂常采用抽气式汽轮机。

如图 10-6 所示为中间抽气供热系统的原理图。蒸汽在调节抽气式汽轮机中膨胀至一定压力时，被抽出一部分送给热用户，其余蒸汽则经过调节阀继续在汽轮机内膨胀做功，乏汽进入凝汽器，被冷却水吸收热量之后，冷凝成水，然后与热用户的回水一起被送入锅炉循环。这种系统的重要优点是能自动调节热电出力，从而可以较好地同时满足用户对热、电负荷的不同要求。但这种系统由于有部分热在冷凝器中被冷却水带走，因此其热能利用效率要比背压式低。

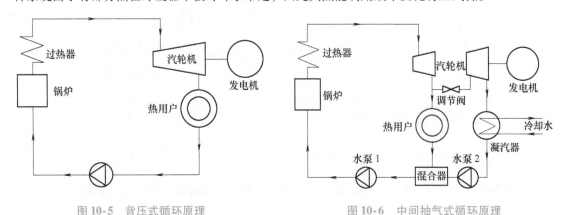

图 10-5　背压式循环原理　　　　　图 10-6　中间抽气式循环原理

2. 燃气轮机三联供系统

锅炉加供热汽轮机热电循环属于外燃型发电，而燃气轮机属于内燃机，因而发电效率要比外燃机高。燃气轮机发电装置由三个部分组成：压气机、燃烧室和涡轮机。基本的燃气轮机循环采用布雷顿循环，由绝热压缩、定压加热、绝热膨胀组成基本的燃气轮机发电循环如图 10-7 所示。空气经压气机压缩之后进入燃烧室，与喷入的燃料相混合、燃烧，燃烧所产生的高温、高压烟气进入涡轮机，推动涡轮机转动做功，做功之后的尾气排放到大气中。

汽轮机与压气机通常安装在同一轴上，转速可达到 3000 ~ 6000r/min。大型燃气轮机的发电

效率可达到35%，而小型燃气轮机的发电效率只有
12%~30%。为了提高燃气轮机的发电效率，通常
在基本循环上加装回热、再热及中间冷却装置，如
图10-8所示。采用这些装置的先进燃气轮机的效率
可达到50%以上。燃气轮机具有体积小、自重轻、
燃料使用灵活、污染小、可靠性高、起动迅速、不
需要冷却水、易于维护等优点，因而，得到了较广
泛的应用。然而，由于燃气轮机的排气温度还相当
高，热能利用效率较低，为了提高热能利用效率，
可以利用余热锅炉或换热器对燃气轮机的尾气进行
热回收，用于供热或驱动吸收式制冷机，提供空调

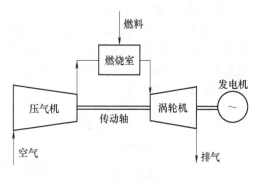

图 10-7　基本的燃气轮机发电循环

冷冻水，从而实现冷热电联供。燃气轮机冷热电联供系统的原理如图10-9所示。通过回收燃气
轮机发电尾气中的废热，可以大大提高热能利用效率，一般可维持在80%以上。

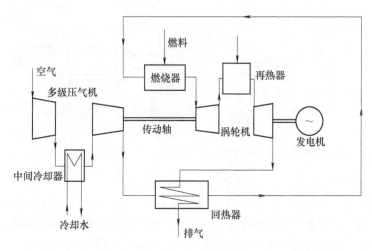

图 10-8　带再热、回热和中间冷却的燃气轮机发电循环

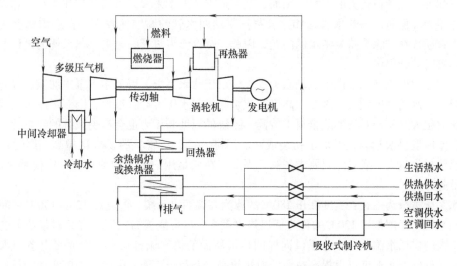

图 10-9　燃气轮机冷热电联供系统的原理

3. 燃气轮机、蒸汽轮机联合循环冷热电联供系统

在如图 10-7 所示基本燃气轮机发电循环中，余热锅炉产生的蒸汽参数仍然很高，如果增设供热汽轮机，使用余热锅炉所产生的较高参数的蒸汽在供热汽轮机中发电，可以进一步提高发电效率，其抽气或背压排气用于供热或制冷，从而实现冷热电的三联供。这种联合循环冷热电联供系统如图 10-10 所示。

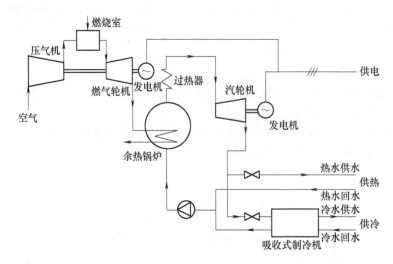

图 10-10 燃气轮机、蒸汽轮机联合循环冷热电联供系统

10.2.2 集中式冷热电联供系统的冷热媒及冷热量调节

1. 冷热媒的选择

蒸汽和热水都可以作为供热系统的热媒。蒸汽主要是通过释放潜热来供热的，而热水则主要是依靠显热传热。由于水的汽化热较大，因此，提供同样的热量时，热水的质量流量要远远大于蒸汽的质量流量，热水的质量流量大约是蒸汽质量流量的 10 倍。尽管如此，由于蒸汽的密度很小，输送同样热量的蒸汽管要比热水管大，但蒸汽的凝结回水量很小，所以，回水管也很小，从而可以弥补供汽管道较大的不足。因而，从管道安装成本来看，采用蒸汽和热水为热媒的初装成本大体相当。但是，与热水管道相比，蒸汽凝结回水管的腐蚀性较大，管道维修费用高。同时，供汽管还存在排除管路凝结水的问题，因此，蒸汽作为热媒的集中供热系统的设计要比采用热水为热媒时复杂得多。

蒸汽和热水的流动都会产生流动阻力损失。对于热水系统，可采用水泵来加压，以此来克服系统的阻力。水的密度较大，因此，高度变化引起的静水压力有时很大，因而，热水系统有的管段静水压力很大，从而对管道质量要求较高。系统的温度和压力也会影响系统的经济性。压力越大，对管壁厚度要求越高，增加了初装成本。温度越高，对管材的要求也越高，同时，温度越高，管路热损失越大，或对保温要求越高。因此，在满足用户要求的前提下，应使系统的温度、压力越低越好。

热水系统可分为三种：温度高于 180℃ 的称为高温热水系统，温度在 120 ~ 180℃ 之间的称为中温热水系统，温度低于 120℃ 的称为低温热水系统。尽可能提高供回水温差对系统节能是非常有利的，大的供回水温差意味着提供同样的热量所需的热水流量较小，因而可以节约水泵的能耗。同时，低的回水温度可以提高热源的换热效率，有利于节能。因此，如何实现能量的梯级利

用，提高供回水温差，是提高系统能源利用效率的有效途径。

冷冻水可以由吸收式制冷机提供，传统的供水温度为 5~7℃，供回水温差为 7℃。为减少输配管网的投资，有时采用更低的供水温度，从而可以采用更大的供水温差，即大温差供水。对于水蓄冷系统，水温下限为 4℃，因为这时水的密度最大；对于冰蓄冷系统，水温下限可达到 1℃。系统负荷的大小及热源与用户之间的距离是影响供冷系统可行性的重要因素。

2. 供热供冷系统的调节

供热供冷系统的负荷随气候条件的变化而不断变化。为了节约能源，必须对系统进行调节。通常，集中供热供冷系统根据室外温度的变化而调节供水温度。对于供冷系统，当负荷降低时，适当提高供水温度，可满足负荷变化的需要。提高供水温度，能够提高制冷机的 COP 值，从而减少制冷机的能耗。同时，提高供水温度，可以减少管路冷量损失。与供冷相反，当负荷降低时，供热系统则降低供水温度，从而提高锅炉的热效率。

当然，冷水或热水温度不能无限制地提高或降低。例如，对于供冷的情况，冷负荷除了与室外温度有关外，还在很大程度上与相对湿度有关。这种情况，尤其是对于气候比较潮湿的地区，空气调节经常涉及除湿，也就是消除潜热负荷。因此，尽管环境温度很低，仍需要很低的供水温度。另外，供水温度还受用户的需求限制，供水温度不能低于用户对冷、热水温度的最低要求。

10.2.3　集中式冷热电联供的输配系统

中央电厂所生产的热能必须通过管网最终传送给用户，在通过管网传送冷热水或蒸汽时，可以采用直接连接或间接连接的方式或在直接连接方式中，输配管网直接将冷热媒送入建筑设备系统，供建筑设备使用。而采用间接连接方式时，输配管网与用户之间不是直接相通的，而是通过中间换热器将能量从输配管网传送至用户建筑设备系统。

1. 直接连接

在直接连接方式中，输配管网与用户之间没有中间设备，冷热源系统中的冷热媒直接流进建筑系统，因此，输配管网系统中的冷热媒与建筑系统中的冷热媒具有同样的水质要求，而且，冷热媒更容易受到污染，或者发生泄漏。通常这种系统必须对水质进行连续监测。对于用户来说，直接系统可能会更经济，因为它不需要承担换热器、二级循环泵的安装及维修费用，也不需要单独的水处理设备，因此，投资相对较少。

图 10-11 所示为一个简单的直接连接系统，系统利用温度（T）、压差（P）等传感器采集控制信号对相关调节阀进行控制，适应用户的使用需求。对于有热计量要求的系统，还往往配置有热量计和流量计，通过测量用户供回水温度及流量，即可测量出用户所使用的热量或冷量。

2. 间接连接

图 10-12 所示为间接连接系统示意图，除多了中间的换热器之外，其他装置与直接连接系统类似。安装中间的换热器有多个作用，除起到热的传递作用外，还具有隔离、缓冲的作用。因此，输配管网与用户系统之间可以有不同的水质要求。在间接连接系统中，换热器的传热量可以根据建筑负荷的变化通过调节阀来调节，以维持换热器两边的水温在设定值。

间接连接由于采用换热器将传输系统与用户系统分隔开，因而具有以下几个优点：①由于用户系统与输配系统是两个独立的系统，因此，传输系统可以不受建筑层高引起的静压的影响；②两个水系统是隔离的，因此，两个水系统可以根据要求采用不同的水质；③用户可根据自己的水量损失进行补水和定压。当然，间接连接也存在较大的传热温差损失，换热器增加水系统阻力，从而增加了水泵的能耗等缺点。

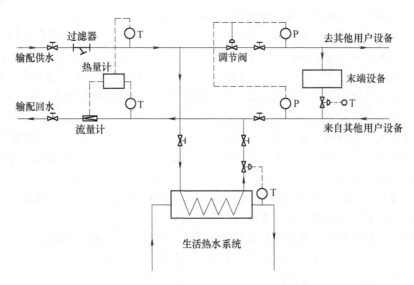

图 10-11 直接连接系统示意图

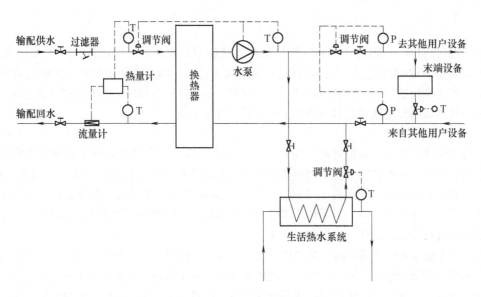

图 10-12 间接连接系统示意图

10.3 建筑分布式冷热电联供技术

建筑冷热电联供（Buildings Cooling, Heating, and Power，BCHP）是指在建筑内部或其附近发电，以部分或者全部地满足建筑用电需求，同时通过回收发电所产生的废热来驱动以热能为动力的用热设备，为建筑提供冷、热、生活热水及湿度控制等服务。它通过传统的现场发电技术与暖通空调系统之间的集成，实现能源的梯级利用，提高了能源利用效率，因而又称为集成式能源系统（Integrated Energy System，IES）。与传统的能源系统相比，BCHP 系统可以提高能源利用效率 30% 以上，减少 CO_2 排放 45%，总体能源利用效率超过 80%，被认为是第二代能源系统。

BCHP 系统为节约石化能源消耗，减少 CO_2 排放，提高电力系统的可靠性，改善室内空气品质，提高室内的舒适性等全球性问题的解决提供了一种有效的途径。日益增长的能源需求、不断恶化的环境质量以及逐步改革的电力体制，为 BCHP 技术的进步提供了动力。BCHP 技术得到了世界各国的广泛关注，各国纷纷制定政策与措施，促进 BCHP 技术在本国的发展与应用。

建筑冷热电联供系统适合于既有一定的电力需求，又有一定的热负荷的场合，如办公建筑、商业建筑、学校、医院、宾馆、剧院、高档公寓等。尤其是办公建筑、大学校园、商业中心等，采用建筑冷热电联供系统有着极好的经济效益。另外，对一些边远的农村、有重大安全要求的军事性建筑以及需要有备用电源的场合等，建筑冷热电联供系统也是一种合适的方案。

建筑冷热电联供系统的流程如图 10-13 所示，该系统由两大子系统组成：分布式发电系统和热回收系统。分布式发电又称现场发电，主要包括发电装置、控制装置及与当地电网之间的连接装置。其中发电装置的作用是将燃料的化学能转化为电能。控制装置主要是实现电流、电压或频率的转换功能，以保证输出的电力能够满足用户要求。而热回收系统的主要作用则是对发电所产生的废热进行回收，并为建筑提供冷、热、生活热水或干燥空气等。下面分别就分布式发电系统和热回收系统的不同形式进行阐述。

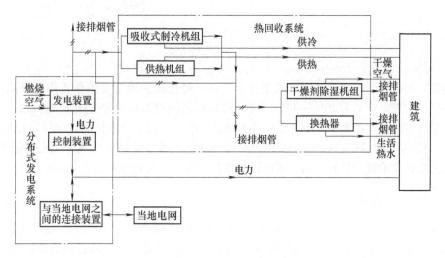

图 10-13　建筑冷热电联供系统的流程

10.3.1 分布式发电技术

分布式发电技术是一种小规模现场发电技术，应用于建筑冷热电联供系统的分布式发电技术主要包括微型燃气轮机、燃料电池和往复式内燃机。

1. 微型燃气轮机（Microturbine，MT）

微型燃气轮机是指单机功率为 $30 \sim 400kW$ 的一种小型热力发动机，它是 20 世纪 90 年代以来才发展起来的一种先进动力装置。该装置采用布雷顿循环，主要包括压气机、燃烧室、燃气轮机、回热器、发电机和控制装置等组成部分。其工作流程如图 10-14 所示，主要燃料是天然气、甲烷、汽油、柴油等。微型燃气轮机的主要特点是：采用离心式压气机和向心汽轮机，两叶轮为背靠背结构，采用高效板式回热器，回热效率高，大大提高了系统的发电效率。采用空气轴承，不需要润滑系统，简化了机组的结构。采用高速永磁发电机，并将发电机、压气机和燃气轮机直接安装在同一轴上，取消了减速装置，大大减小了机组的体积和自重，且减少了系统的运动部件，降低了维修成本，维修率低，使用寿命长。微型燃气轮机的发电效率可达到 29% ~ 42%（基于低位热值的热效率），安装成本较低，NO_x 的排放体积分数低于 10×10^{-6}，排气温度为 232 ~ 260℃。但微型燃气轮机由于旋转速度高达 50000 ~ 120000r/min，所以有一定的高频噪声。

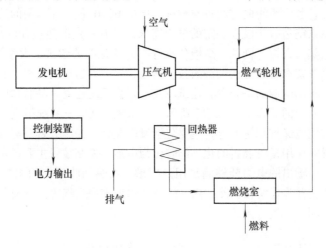

图 10-14　微型燃气轮机系统的工作流程

2. 往复式内燃机（Internal Combustion Engines，ICE）

内燃机是一种已经成熟了的现场发电技术，它已经在很多地方被用作备用电源或用于现场发电。内燃机的发电效率为 30% ~ 40%（基于低位热值的效率），其燃料可以是汽油、柴油或天然气等。在分布式发电技术中，内燃机的成本最低。然而，由于内燃机的运动部件较多，所以维修费用高，且污染排放浓度高，有一定的低频噪声问题。通过燃用天然气和采用催化燃烧技术，可以降低污染排放浓度。另外，内燃机的调节性好，部分负荷效率高，排气温度高。

10.3.2　热回收技术

分布式发电技术的排气温度一般都较高，还包含有大量的可利用热能。为提高能源利用效率，可对排气中的热量进行回收，回收后的热能用于建筑供暖、空调或进行湿度控制。利用气-水换热器，可以将排气用于提供热水或蒸汽，这些热水或蒸汽除直接用于为建筑供暖或提供生活热水外，还可用于驱动吸收式制冷机为建筑提供冷水，和用于再生干燥剂为建筑提供干燥空气。

（1）吸收式制冷技术　图 10-15 所示为吸收式制冷的原理示意图，其基本循环与电制冷相似，区别只是在于电制冷使用电动机驱动压缩机，提高制冷剂蒸气压力，而吸收式制冷是依靠热能通过发生器来加压制冷剂蒸气。吸收式制冷除溶液泵消耗很少的电之外，其主要能源是热能，因此，可以通过发电尾气的热能来驱动，组成联供系统。

吸收式制冷机的驱动热媒可以是热水、蒸汽，还可以直接利用发电尾气驱动，按照燃料燃烧的部位不同，可将吸收式制冷分为直燃型和间燃型，在热电联供中主要使用间燃型，少数情况也可采用发电尾气的直燃型。按照发生器的数量不同，又将吸收式制冷机分为单效、双效和多效，效数越多，制冷系数越大，但需要的热媒温度也越高。目前使用的吸收式制冷机主要是单效和双效，三效吸收式制冷机还处在开发过程中。吸收式制冷机的工作介质主要是溴化锂水溶液或氨水溶液，其中溴化锂吸收式制冷机的效率较高，已经实现了商业化。

（2）干燥剂除湿技术　为维持一个舒适的室内环境，除必须保持室内空气在一定的温度范

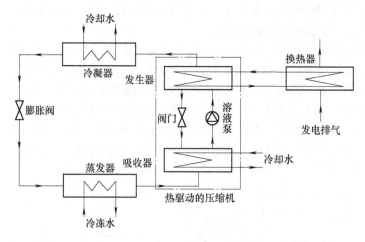

图 10-15　吸收式制冷的原理

围内外，还必须维持室内空气保持一定的湿度。为防止发霉，抑制细菌、病毒的生长和繁殖，确保室内相对湿度低于 60% 是必要的。传统空调控制湿度的方法是通过用低于送风空气露点温度的冷冻水来冷却空气，使空气中的水蒸气凝结下来。然而，经这样处理后的空气温度一般较低，需要进行再热才能达到舒适水平。再热不仅需要浪费一定的能量，同时为使空气冷却到露点之下所需的冷冻水温度也必须较低，因而制冷机的 COP 值下降，会耗费更多的电能。

除采用冷却除湿之外，还可以采用干燥剂除湿。干燥剂除湿是让潮湿空气通过干燥剂，干燥剂吸收或吸附空气中的水蒸气而使空气湿度下降，处理后的干燥空气经冷却之后送入空调房间，以维持舒适的室内环境。然而，干燥剂吸湿之后，其含湿量增加，逐渐失去干燥能力。为使干燥剂能够继续除湿，必须对干燥剂进行再生。干燥剂再生是用干燥的热空气通过干燥剂，让干空气带走干燥剂中的水分，使干燥剂失去水分而恢复除湿能力。因而，要对干燥剂进行再生，必须要以消耗一定的热能为代价。如果用发电后的排气废热来再生干燥剂，就能起到节能的效果。

干燥剂除湿分为固体干燥剂除湿和液体干燥剂除湿。固体干燥剂除湿的流程如图 10-16 所示。固体干燥剂主要有硅胶、活性炭、氯化钙等，一般将干燥剂制作成蜂窝状转轮，转轮被分隔成两个区：吸附区和再生区，同时，转轮以 8~10r/h 的速度不断旋转。被处理空气通过吸附区，干燥剂吸附空气中的水分使被处理空气得到干燥，而干燥剂本身则逐渐失去吸湿能力，同时，由于转轮的不断旋转，这部分失去吸湿能力的干燥剂旋转到再生区，被再生空气加热再生，从而恢复吸湿能力，然后又被旋转到吸附区，如此循环工作。为节约能源，用空调排风作为再生空气，

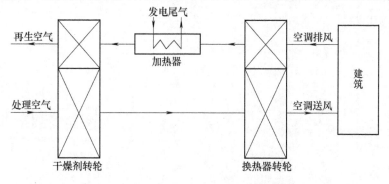

图 10-16　发电尾气驱动的固体干燥剂除湿流程

先利用换热器回收被处理空气的热量，使再生空气温度升高，然后再用发电尾气将再生空气继续加热至120℃左右，完成对干燥剂的再生。

　　液体干燥剂除湿流程如图10-17所示。液体干燥剂主要有氯化锂、氯化钙等水溶液。液体干燥剂在干燥器中从上面喷下，与逆流而上的空气相接触，吸收被处理空气中的水分，使空气干燥，干燥剂本身逐渐失去干燥能力。失去干燥能力的干燥剂用泵送至再生器中，被用发电尾气加热了的再生空气再生，再生了的干燥剂又重新送回干燥器中干燥处理空气。因为液体干燥剂干燥过程要放出水蒸气潜热，因此，需要加入冷却器对干燥剂进行冷却，以使干燥剂保持一定的温度。另外，液体干燥剂在进行干燥时，还能同时起到过滤空气中的粉尘、细菌、病毒等功能，对提高室内空气品质有利。

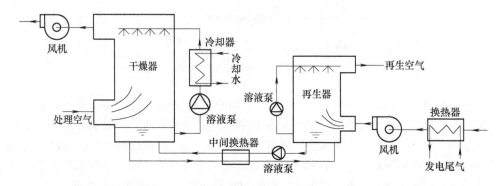

图10-17　发电尾气驱动的液体干燥剂除湿流程

思考题与习题

1. 什么是集中式冷热电联供系统？试绘制其系统的流程图。
2. 根据所使用的燃料和工艺不同，集中式冷热电联供系统的能量生产方式主要有哪几种形式？
3. 什么是建筑分布式冷热电联供系统？
4. 试绘出建筑分布式冷热电联供系统的流程图。

附　　录

附录 A　R22 饱和状态下的热力性质

温度 $t/℃$	绝对压力 p/kPa	比 体 积		比 焓		汽化热 $r/(kJ/kg)$	比 熵	
		液体 $v'/$ $(10^{-3}m^3/kg)$	蒸气 $v''/$ (m^3/kg)	液体 $h'/$ (kJ/kg)	蒸气 $h''/$ (kJ/kg)		液体 $s'/$ $[kJ/(kg \cdot K)]$	蒸气 $s''/$ $[kJ/(kg \cdot K)]$
-40	104.95	0.70936	0.20575	155.413	388.611	233.198	0.82489	1.82505
-39	109.92	0.71082	0.19704	156.474	389.072	232.598	0.82942	1.82274
-38	115.07	0.71230	0.18878	157.537	389.531	231.994	0.83393	1.82046
-37	120.41	0.71379	0.18093	158.602	389.989	231.387	0.83844	1.81822
-36	125.94	0.71529	0.17348	159.671	390.444	230.773	0.84293	1.81600
-35	131.68	0.71680	0.16640	160.742	390.898	230.156	0.84742	1.81381
-34	137.61	0.71832	0.15967	161.816	391.350	229.534	0.85191	1.81165
-33	143.75	0.71985	0.15326	162.893	391.801	228.908	0.85638	1.80952
-32	150.11	0.72139	0.14717	163.972	392.249	228.277	0.86085	1.80742
-31	156.68	0.72295	0.14137	165.054	392.696	227.642	0.86530	1.80535
-30	163.48	0.72452	0.13584	166.139	393.140	227.001	0.86976	1.80330
-29	170.50	0.72610	0.13058	167.227	393.583	226.356	0.87420	1.80127
-28	177.76	0.72769	0.12556	168.317	394.023	225.706	0.87863	1.79928
-27	185.25	0.72930	0.12078	169.411	394.462	225.051	0.88306	1.79731
-26	192.99	0.73092	0.11621	170.507	394.898	224.391	0.88748	1.79536
-25	200.98	0.73255	0.11186	171.606	395.332	223.726	0.89190	1.79343
-24	209.22	0.73420	0.10770	172.707	395.764	223.057	0.89630	1.79153
-23	217.72	0.73585	0.10373	173.812	396.194	222.382	0.90070	1.78966
-22	226.48	0.73753	0.099936	174.919	396.621	221.702	0.90509	1.78780
-21	235.52	0.73921	0.096310	176.029	397.046	221.017	0.90948	1.78597
-20	244.83	0.74091	0.092843	177.142	397.469	220.327	0.91385	1.78416
-19	254.42	0.74263	0.089527	178.258	397.890	219.632	0.91822	1.78237
-18	264.29	0.74436	0.086354	179.376	398.308	218.932	0.92259	1.78060
-17	274.46	0.74610	0.083317	180.497	398.723	218.226	0.92694	1.77885
-16	284.93	0.74786	0.080410	181.621	399.136	217.515	0.93129	1.77712
-15	295.70	0.74964	0.077625	182.748	399.546	216.798	0.93564	1.77541
-14	306.78	0.75143	0.074957	183.878	399.954	216.076	0.93997	1.77372
-13	318.17	0.75324	0.072399	185.011	400.359	215.348	0.94430	1.77205
-12	329.89	0.75506	0.069947	186.147	400.761	214.614	0.94862	1.77040
-11	341.93	0.75690	0.067596	187.285	401.161	213.876	0.95294	1.76876
-10	354.30	0.75876	0.065339	188.426	401.558	213.132	0.95725	1.76714
-9	367.01	0.76063	0.063174	189.570	401.952	212.382	0.96155	1.76554
-8	380.06	0.76253	0.061095	190.718	402.343	211.625	0.96585	1.76395
-7	393.47	0.76444	0.059099	191.868	402.731	210.863	0.97014	1.76238
-6	407.23	0.76637	0.057181	193.020	403.117	210.097	0.97442	1.76083

（续）

温度 t/℃	绝对压力 p/kPa	比体积		比焓		汽化热 r/(kJ/kg)	比熵	
		液体 v'/ (10⁻³m³/kg)	蒸气 v''/ (m³/kg)	液体 h'/ (kJ/kg)	蒸气 h''/ (kJ/kg)		液体 s'/ [kJ/(kg·K)]	蒸气 s''/ [kJ/(kg·K)]
−5	421. 35	0. 76831	0. 055339	194. 176	403. 499	209. 323	0. 97870	1. 75929
−4	435. 84	0. 77028	0. 053568	195. 335	403. 878	208. 543	0. 98297	1. 75776
−3	450. 70	0. 77226	0. 051865	196. 497	404. 254	207. 757	0. 98724	1. 75625
−2	465. 94	0. 77427	0. 050227	197. 662	404. 627	206. 965	0. 99150	1. 75476
−1	481. 57	0. 77629	0. 048651	198. 829	404. 997	206. 168	0. 99575	1. 75327
0	497. 59	0. 77834	0. 047135	200. 000	405. 364	205. 364	1. 00000	1. 75180
1	514. 01	0. 78041	0. 045675	201. 174	405. 727	204. 553	1. 00424	1. 75035
2	530. 83	0. 78249	0. 044270	202. 351	406. 087	203. 736	1. 00848	1. 74890
3	548. 06	0. 78460	0. 042916	203. 530	406. 443	202. 913	1. 01271	1. 74747
4	565. 71	0. 78673	0. 041612	204. 713	406. 796	202. 083	1. 01694	1. 74605
5	583. 78	0. 78889	0. 040355	205. 899	407. 145	201. 246	1. 02116	1. 74464
6	602. 28	0. 79107	0. 039144	207. 089	407. 491	200. 402	1. 02537	1. 74325
7	621. 22	0. 79327	0. 037975	208. 281	407. 834	199. 553	1. 02958	1. 74186
8	640. 59	0. 79549	0. 036849	209. 477	408. 172	198. 695	1. 03379	1. 74048
9	660. 42	0. 79775	0. 035762	210. 675	408. 507	197. 832	1. 03799	1. 73912
10	680. 70	0. 80002	0. 034713	211. 877	408. 838	196. 961	1. 04218	1. 73776 ·
11	701. 44	0. 80232	0. 033701	213. 083	409. 165	196. 082	1. 04637	1. 73641
12	722. 65	0. 80465	0. 032723	214. 291	409. 488	195. 197	1. 05056	1. 73507
13	744. 33	0. 80701	0. 031780	215. 503	409. 807	194. 304	1. 05474	1. 73374
14	766. 50	0. 80939	0. 030868	216. 719	410. 122	193. 403	1. 05892	1. 73242
15	789. 15	0. 81180	0. 029987	217. 938	410. 432	192. 494	1. 06309	1. 73110
16	812. 29	0. 81424	0. 029136	219. 160	410. 739	191. 579	1. 06726	1. 72979
17	835. 93	0. 81617	0. 028313	220. 386	411. 041	190. 655	1. 07142	1. 72849
18	860. 08	0. 81922	0. 027517	221. 615	411. 339	189. 724	1. 07559	1. 72720
19	884. 75	0. 82175	0. 026747	222. 848	411. 632	188. 784	1. 07974	1. 72591
20	909. 93	0. 82431	0. 026003	224. 084	411. 921	187. 837	1. 08390	1. 72463
21	935. 64	0. 82691	0. 025282	225. 325	412. 205	186. 880	1. 08805	1. 72335
22	961. 89	0. 82954	0. 024585	226. 569	412. 484	185. 915	1. 09220	1. 72207
23	988. 67	0. 83221	0. 023910	227. 817	412. 758	184. 941	1. 09634	1. 72081
24	1016. 0	0. 83491	0. 023257	229. 068	413. 027	183. 959	1. 10049	1. 71954
25	1043. 9	0. 83765	0. 022624	230. 324	413. 292	182. 968	1. 10463	1. 71828
26	1072. 3	0. 84043	0. 022011	231. 584	413. 551	181. 967	1. 10876	1. 71702
27	1101. 4	0. 84324	0. 021416	232. 848	413. 805	180. 957	1. 11290	1. 71577
28	1130. 9	0. 84610	0. 020841	234. 115	414. 053	179. 938	1. 11703	1. 71451
29	1161. 1	0. 84899	0. 020282	235. 388	414. 296	178. 908	1. 12117	1. 71326
30	1191. 9	0. 85193	0. 019741	236. 664	414. 533	177. 869	1. 12530	1. 71201
31	1223. 2	0. 85491	0. 019216	237. 945	414. 765	176. 820	1. 12943	1. 71076
32	1255. 2	0. 85793	0. 018707	239. 230	414. 990	175. 760	1. 13356	1. 70951
33	1287. 8	0. 86101	0. 018213	240. 520	415. 210	174. 690	1. 13768	1. 70826

（续）

温度 $t/℃$	绝对压力 p/kPa	比 体 积		比 焓		汽化热 $r/(kJ/kg)$	比 熵	
		液体 $v'/$ $(10^{-3}m^3/kg)$	蒸气 $v''/$ (m^3/kg)	液体 $h'/$ (kJ/kg)	蒸气 $h''/$ (kJ/kg)		液体 $s'/$ $[kJ/(kg·K)]$	蒸气 $s''/$ $[kJ/(kg·K)]$
34	1321.0	0.86412	0.017734	241.815	415.423	173.608	1.14181	1.70702
35	1354.8	0.86729	0.017268	243.114	415.630	172.516	1.14594	1.70576
36	1389.2	0.87051	0.016816	244.418	415.830	171.412	1.15007	1.70451
37	1424.3	0.87378	0.016377	245.728	416.024	170.296	1.15420	1.70326
38	1460.1	0.87710	0.015951	247.042	416.211	169.169	1.15833	1.70200
39	1496.5	0.88048	0.015537	248.361	416.391	168.030	1.16246	1.70074
40	1533.5	0.88392	0.015135	249.686	416.563	166.877	1.16659	1.69947
41	1571.2	0.88741	0.014743	251.017	416.729	165.712	1.17073	1.69820
42	1609.7	0.89097	0.014363	252.353	416.886	164.533	1.17487	1.69693
43	1648.7	0.89459	0.013993	253.695	417.036	163.341	1.17901	1.69564
44	1688.5	0.89828	0.013634	255.043	417.177	162.134	1.18315	1.69436
45	1729.0	0.90203	0.013284	256.397	417.310	160.913	1.18730	1.69306
46	1770.2	0.90586	0.012943	257.757	417.435	159.678	1.19145	1.69176
47	1812.1	0.90976	0.012612	259.124	417.551	158.427	1.19561	1.69044
48	1854.8	0.91374	0.012289	260.497	417.657	157.160	1.19977	1.68912
49	1898.2	0.91779	0.011975	261.878	417.754	155.876	1.20394	1.68778
50	1942.3	0.92193	0.011669	263.265	417.842	154.577	1.20811	1.68644

附录 B　R717 饱和状态下的热力性质

温度 $t/℃$	绝对压力 p/kPa	比 体 积		比 焓		汽化热 $r/(kJ/kg)$	比 熵	
		液体 $v'/$ $(10^{-3}m^3/kg)$	蒸气 $v''/$ (m^3/kg)	液体 $h'/$ (kJ/kg)	蒸气 $h''/$ (kJ/kg)		液体 $s'/$ $[kJ/(kg·K)]$	蒸气 $s''/$ $[kJ/(kg·K)]$
-40	71.591	1.44898	1.5551	-62.325	1327.648	1389.973	-2.16277	3.79894
-39	75.513	1.45154	1.4794	-57.992	1329.249	1387.171	-2.14395	3.78033
-38	79.610	1.45412	1.4080	-53.507	1330.836	1384.344	-2.12516	3.76190
-37	83.886	1.45671	1.3407	-49.081	1332.410	1381.491	-2.10641	3.74365
-36	88.348	1.45933	1.2772	-44.643	1333.969	1378.612	-2.08768	3.72557
-35	93.002	1.46195	1.2173	-40.193	1335.515	1375.708	-2.06898	3.70766
-34	97.853	1.46460	1.1607	-35.731	1337.046	1372.777	-2.05032	3.68992
-33	102.91	1.46726	1.1072	-31.258	1338.563	1369.821	-2.03168	3.67234
-32	108.17	1.46994	1.0566	-26.773	1340.064	1366.838	-2.01308	3.65492
-31	113.65	1.47263	1.0088	-22.277	1341.551	1363.829	-1.99451	3.63766
-30	119.36	1.47534	0.96349	-17.770	1343.023	1360.793	-1.97597	3.62055
-29	125.29	1.47807	0.92063	-13.251	1344.479	1357.731	-1.95746	3.60360
-28	131.46	1.48082	0.88004	-8.722	1345.920	1354.642	-1.93898	3.58679
-27	137.87	1.48359	0.84157	-4.182	1347.345	1351.527	-1.92054	3.57013
-26	144.53	1.48637	0.80511	-0.369	1348.754	1348.385	-1.90212	3.55361

（续）

温度 $t/℃$	绝对压力 p/kPa	比 体 积		比 焓		汽化热 $r/(kJ/kg)$	比 熵	
		液体 $v'/$ $(10^{-3}m^3/kg)$	蒸气 $v''/$ (m^3/kg)	液体 $h'/$ (kJ/kg)	蒸气 $h''/$ (kJ/kg)		液体 $s'/$ $[kJ/(kg\cdot K)]$	蒸气 $s''/$ $[kJ/(kg\cdot K)]$
-25	151.45	1.48917	0.77052	4.931	1350.147	1345.216	-1.88375	3.53723
-24	158.63	1.49199	0.73770	9.503	1351.523	1342.020	-1.86540	3.52099
-23	166.09	1.49483	0.70655	14.085	1352.883	1338.798	-1.84709	3.50489
-22	173.82	1.49769	0.67697	18.677	1354.226	1335.549	-1.82882	3.48892
-21	181.84	1.50057	0.64886	23.279	1355.552	1332.273	-1.81058	3.47307
-20	190.15	1.50347	0.62214	27.891	1356.861	1328.970	-1.79237	3.45736
-19	198.76	1.50638	0.59673	32.512	1358.152	1325.641	-1.77421	3.44177
-18	207.67	1.50932	0.57257	37.142	1359.426	1322.284	-1.75608	3.42630
-17	216.91	1.51228	0.54957	41.781	1360.682	1318.901	-1.73799	3.41096
-16	226.47	1.51526	0.52768	46.429	1361.921	1315.492	-1.71993	3.39573
-15	236.36	1.51826	0.50682	51.085	1363.141	1312.056	-1.70192	3.38061
-14	246.59	1.52128	0.48696	55.749	1364.342	1308.593	-1.68395	3.36561
-13	257.16	1.52432	0.46802	60.421	1365.525	1305.104	-1.66601	3.35072
-12	268.10	1.52739	0.44997	65.102	1366.690	1301.588	-1.64812	3.33594
-11	279.39	1.53047	0.43275	69.789	1367.835	1298.046	-1.63027	3.32127
-10	291.06	1.53358	0.41632	74.484	1368.962	1294.478	-1.61247	3.30670
-9	303.12	1.53671	0.40063	79.185	1370.069	1290.884	-1.59471	3.29223
-8	315.56	1.53986	0.38565	83.893	1371.157	1287.264	-1.57699	3.27786
-7	328.40	1.54304	0.37135	88.607	1372.225	1283.618	-1.55932	3.26359
-6	341.64	1.54624	0.35768	98.328	1373.274	1279.946	-1.54169	3.24942
-5	355.31	1.54947	0.34461	100.548	1374.302	1276.248	-1.52411	3.23534
-4	369.39	1.55272	0.33212	102.786	1375.311	1272.525	-1.50658	3.22136
-3	383.91	1.55599	0.32017	107.522	1376.299	1268.776	-1.48910	3.20746
-2	398.88	1.55929	0.30874	112.264	1377.266	1265.002	-1.47166	3.19366
-1	414.29	1.56261	0.29779	117.010	1378.213	1261.203	-1.45428	3.17994
0	430.17	1.56596	0.28731	121.761	1379.140	1257.379	-1.43695	3.16631
1	446.52	1.56934	0.27728	126.515	1380.045	1253.530	-1.41967	3.15275
2	463.34	1.57274	0.26766	131.273	1380.929	1249.657	-1.40244	3.13929
3	480.66	1.57617	0.25845	136.034	1381.792	1245.758	-1.38527	3.12590
4	498.47	1.57963	0.24961	140.799	1382.634	1241.836	-1.36815	3.11259
5	516.79	1.58311	0.24114	145.566	1383.454	1237.889	-1.35108	3.09935
6	535.63	1.58663	0.23302	150.335	1384.253	1233.918	-1.33407	3.08619
7	554.99	1.59017	0.22522	155.107	1385.030	1229.923	-1.31712	3.07311
8	574.89	1.59374	0.21774	159.880	1385.784	1225.904	-1.30023	3.06010
9	595.34	1.59734	0.21055	164.655	1386.517	1221.862	-1.28339	3.04715
10	616.35	1.60097	0.20365	169.431	1387.227	1217.796	-1.26661	3.03428
11	637.92	1.60463	0.19702	174.208	1387.915	1213.707	-1.24989	3.02147
12	660.07	1.60832	0.19065	178.986	1388.581	1209.595	-1.23323	3.00873
13	682.80	1.61204	0.18453	183.764	1389.223	1205.460	-1.21663	2.99605

（续）

温度 $t/℃$	绝对压力 p/kPa	比　体　积		比　焓		汽化热 $r/(kJ/kg)$	比　熵	
		液体 $v'/$ $(10^{-3}m^3/kg)$	蒸气 $v''/$ (m^3/kg)	液体 $h'/$ (kJ/kg)	蒸气 $h''/$ (kJ/kg)		液体 $s'/$ $[kJ/(kg \cdot K)]$	蒸气 $s''/$ $[kJ/(kg \cdot K)]$
14	706.13	1.61579	0.17864	188.542	1389.843	1201.302	-1.20009	2.98344
15	730.07	1.61958	0.17298	193.320	1390.441	1197.121	-1.18362	2.97089
16	754.62	1.62340	0.16754	198.097	1391.015	1192.918	-1.16721	2.95839
17	779.80	1.62725	0.16230	202.874	1391.566	1188.692	-1.15086	2.94596
18	805.62	1.63114	0.15725	207.649	1392.093	1184.444	-1.13457	2.93359
19	832.09	1.63506	0.15240	212.423	1392.597	1180.174	-1.11035	2.92127
20	859.22	1.63902	0.14772	217.196	1393.078	1175.882	-1.10219	2.90900
21	887.01	1.64301	0.14322	221.967	1393.535	1171.568	-1.08610	2.89679
22	915.48	1.64704	0.13888	226.736	1393.968	1167.232	-1.07008	2.88463
23	944.65	1.65111	0.13469	231.502	1394.377	1162.875	-1.05412	2.87253
24	974.52	1.65522	0.13066	236.266	1394.762	1158.494	-1.03822	2.86047
25	1005.1	1.65936	0.12678	241.027	1395.123	1154.096	-1.02240	2.84846
26	1036.4	1.66354	0.12303	245.786	1395.460	1149.674	-1.00664	2.83650
27	1068.4	1.66776	0.11941	250.541	1395.772	1145.231	-0.99095	2.82458
28	1101.2	1.67203	0.11592	255.293	1396.060	1140.767	-0.97532	2.81271
29	1134.7	1.67633	0.11256	260.042	1396.323	1136.281	-0.95977	2.80089
30	1169.0	1.68068	0.10930	264.787	1396.562	1131.775	-0.94428	2.78910
31	1204.1	1.68507	0.10617	269.528	1396.775	1127.247	-0.92886	2.77736
32	1240.0	1.68950	0.10313	274.265	1396.963	1122.699	-0.91351	2.76566
33	1276.7	1.69398	0.10021	278.998	1397.127	1118.129	-0.89823	2.75400
34	1314.1	1.69850	0.097376	283.727	1397.265	1113.538	-0.88301	2.74237
35	1352.5	1.70307	0.094641	288.422	1397.377	1108.926	-0.86787	2.73079
36	1391.6	1.70769	0.091998	293.172	1397.464	1104.293	-0.85279	2.71924
37	1431.6	1.71235	0.089442	297.888	1397.526	1099.638	-0.83778	2.70772
38	1472.4	1.71707	0.086970	302.599	1397.561	1094.962	-0.82284	2.69624
39	1514.1	1.72183	0.084580	307.306	1397.571	1090.265	-0.80797	2.68479
40	1556.7	1.72665	0.082266	312.008	1397.554	1085.546	-0.79316	2.57337
41	1600.2	1.73152	0.080028	316.706	1397.511	1080.806	-0.77843	2.66199
42	1644.6	1.73644	0.077861	321.399	1397.442	1076.043	-0.76376	2.65063
43	1689.9	1.74142	0.075764	326.087	1397.347	1071.259	-0.74915	2.63930
44	1736.2	1.74645	0.073733	330.772	1397.224	1066.453	-0.73461	2.62800
45	1783.4	1.75154	0.071766	335.451	1397.075	1061.624	-0.72014	2.61672
46	1831.5	1.75668	0.069860	340.127	1396.898	1056.772	-0.70573	2.60547
47	1880.6	1.76189	0.068014	344.798	1396.695	1051.897	-0.69139	2.59425
48	1930.7	1.76716	0.066225	349.465	1396.464	1046.999	-0.67711	2.58304
49	1981.8	1.77249	0.064491	354.128	1396.205	1042.077	-0.66289	2.57186
50	2033.8	1.77788	0.062809	358.787	1395.918	1037.131	-0.64874	2.56070

附录 C R134a 饱和状态下的热力性质

温度 $t/℃$	绝对压力 p/kPa	比 体 积		比 焓		汽化热 $r/(kJ/kg)$	比 熵	
		液体 $v'/$ $(10^{-3} m^3/kg)$	蒸气 $v''/$ (m^3/kg)	液体 $h'/$ (kJ/kg)	蒸气 $h''/$ (kJ/kg)		液体 $s'/$ $[kJ/(kg \cdot K)]$	蒸气 $s''/$ $[kJ/(kg \cdot K)]$
−40	51.641	0.70548	0.35692	149.981	372.865	222.885	0.80301	1.75898
−39	54.382	0.70691	0.34001	151.157	373.494	222.337	0.80804	1.75759
−38	57.239	0.70835	0.32405	152.338	374.122	221.785	0.81306	1.75622
−37	60.217	0.70980	0.30898	153.522	374.750	221.228	0.81808	1.75489
−36	63.318	0.71126	0.29475	154.710	375.377	220.667	0.82309	1.75358
−35	66.547	0.71273	0.28129	155.902	376.003	220.101	0.82809	1.75231
−34	69.907	0.71421	0.26856	157.098	376.629	219.531	0.83309	1.75106
−33	73.403	0.71570	0.25651	158.298	377.253	218.956	0.83809	1.74984
−32	77.037	0.71721	0.24511	159.501	377.877	218.376	0.84308	1.74864
−31	80.815	0.71872	0.23432	160.709	378.501	217.792	0.84807	1.74748
−30	84.739	0.72024	0.22408	161.920	379.123	217.203	0.85305	1.74633
−29	88.815	0.72178	0.21438	163.135	379.744	216.609	0.85802	1.74522
−28	93.045	0.72332	0.20518	164.354	380.365	216.010	0.86299	1.74413
−27	97.435	0.72488	0.19646	165.577	380.984	215.407	0.86796	1.74306
−26	101.99	0.72645	0.18817	166.804	381.603	214.799	0.87292	1.74202
−25	106.71	0.72803	0.18030	168.034	382.220	214.186	0.87787	1.74100
−24	111.60	0.72963	0.17282	169.268	382.837	213.568	0.88282	1.74001
−23	116.67	0.73123	0.16572	170.506	383.452	212.946	0.88776	1.73904
−22	121.92	0.73285	0.15896	171.748	384.066	212.318	0.89270	1.73809
−21	127.36	0.73448	0.15253	172.993	384.679	211.685	0.89764	1.73716
−20	132.99	0.73612	0.14641	174.242	385.290	211.048	0.90256	1.73625
−19	138.81	0.73778	0.14059	175.495	385.901	210.406	0.90749	1.73537
−18	144.83	0.73945	0.13504	176.752	386.510	209.758	0.91240	1.73450
−17	151.05	0.74114	0.12976	178.012	387.118	209.106	0.91731	1.73366
−16	157.48	0.74283	0.12472	179.276	387.724	208.448	0.92222	1.73283
−15	164.13	0.74454	0.11991	180.544	388.329	207.786	0.92712	1.73203
−14	170.99	0.74627	0.11533	181.815	388.933	207.118	0.93202	1.73124
−13	178.08	0.74801	0.11096	183.090	389.535	206.445	0.93691	1.73047
−12	185.40	0.74977	0.10678	184.369	390.136	205.767	0.94179	1.72972
−11	192.95	0.75154	0.10279	185.652	390.735	205.084	0.94667	1.72899
−10	200.73	0.75332	0.098985	186.938	391.333	204.395	0.95155	1.72827
−9	208.76	0.75512	0.095344	188.227	391.929	203.702	0.95642	1.72758
−8	217.04	0.75694	0.091864	189.521	392.523	203.003	0.96128	1.72689
−7	225.57	0.75877	0.088535	190.818	393.116	202.298	0.96614	1.72623
−6	234.36	0.76062	0.085351	192.119	393.707	201.589	0.97099	1.72558
−5	243.41	0.76249	0.082303	193.423	394.296	200.873	0.97584	1.72495
−4	252.73	0.76437	0.079385	194.731	394.884	200.153	0.98068	1.72433

（续）

温度 t/℃	绝对压力 p/kPa	比　体　积		比　焓		汽化热 r/(kJ/kg)	比　熵	
		液体 v'/ (10^{-3} m³/kg)	蒸气 v''/ (m³/kg)	液体 h'/ (kJ/kg)	蒸气 h''/ (kJ/kg)		液体 s'/ [kJ/(kg·K)]	蒸气 s''/ [kJ/(kg·K)]
-3	262.33	0.76627	0.076591	196.043	395.470	199.427	0.98552	1.72373
-2	272.21	0.76819	0.073915	197.358	396.054	198.695	0.99035	1.72314
-1	282.37	0.77013	0.071350	198.677	396.636	197.958	0.99518	1.72256
0	292.82	0.77208	0.068891	200.000	397.216	197.216	1.00000	1.72200
1	303.57	0.77406	0.066533	201.326	397.794	196.467	1.00482	1.72146
2	314.62	0.77605	0.064272	202.656	398.370	195.713	1.00963	1.72092
3	325.98	0.77806	0.062102	203.990	398.944	194.953	1.01444	1.72040
4	337.65	0.78009	0.060019	205.328	399.515	194.188	1.01924	1.71990
5	349.63	0.78215	0.058019	206.669	400.085	193.416	1.02403	1.71940
6	361.95	0.78422	0.056099	208.014	400.653	192.639	1.02883	1.71892
7	374.59	0.78632	0.054254	209.363	401.218	191.855	1.03361	1.71844
8	387.56	0.78843	0.052481	210.715	401.781	191.066	1.03840	1.71798
9	400.88	0.79057	0.050777	212.071	402.342	190.271	1.04317	1.71753
10	414.55	0.79273	0.049138	213.431	402.900	189.469	1.04795	1.71709
11	428.57	0.79492	0.047562	214.795	403.456	188.661	1.05272	1.71666
12	442.94	0.79713	0.046046	216.163	404.009	187.847	1.05748	1.71624
13	457.68	0.79936	0.044587	217.534	404.560	187.026	1.06224	1.71584
14	472.80	0.80162	0.043183	218.910	405.109	186.199	1.06700	1.71543
15	488.29	0.80390	0.041830	220.289	405.654	185.365	1.07175	1.71504
16	504.16	0.80621	0.040528	221.672	406.197	184.525	1.07650	1.71466
17	520.42	0.80855	0.039273	223.060	406.738	183.678	1.08124	1.71429
18	537.08	0.81091	0.038064	224.451	407.275	182.824	1.08598	1.71392
19	554.14	0.81330	0.036898	225.846	407.810	181.963	1.09072	1.71356
20	571.60	0.81572	0.035775	227.246	408.341	181.096	1.09545	1.71321
21	589.48	0.81817	0.034691	228.649	408.870	180.221	1.10018	1.71286
22	607.78	0.82065	0.033645	230.057	409.395	179.338	1.10491	1.71252
23	626.50	0.82316	0.032637	231.469	409.917	178.449	1.10963	1.71219
24	645.66	0.82570	0.031663	232.885	410.436	177.552	1.11435	1.71187
25	665.26	0.82827	0.030723	234.305	410.952	176.647	1.11907	1.71155
26	685.30	0.83088	0.029816	235.730	411.464	175.735	1.12378	1.71123
27	705.80	0.83352	0.028939	237.159	411.973	174.814	1.12850	1.71092
28	726.75	0.83620	0.028092	238.593	412.479	173.886	1.13321	1.71061
29	748.17	0.83891	0.027274	240.031	412.980	172.949	1.13791	1.71031
30	770.06	0.84166	0.026483	241.474	413.478	172.004	1.14262	1.71001
31	792.43	0.84445	0.025718	242.921	413.972	171.051	1.14733	1.70972
32	815.28	0.84727	0.024978	244.373	414.462	170.089	1.15203	1.70942
33	838.63	0.85014	0.024263	245.830	414.948	169.118	1.15673	1.70913
34	862.47	0.85305	0.023571	247.292	415.430	168.138	1.16143	1.70884
35	886.82	0.85600	0.022901	248.759	415.907	167.148	1.16613	1.70856

（续）

温度	绝对压力	比体积		比焓		汽化热	比熵	
$t/℃$	p/kPa	液体 $v'/$ $(10^{-3}m^3/kg)$	蒸气 $v''/$ (m^3/kg)	液体 $h'/$ (kJ/kg)	蒸气 $h''/$ (kJ/kg)	$r/(kJ/kg)$	液体 $s'/$ $[kJ/(kg·K)]$	蒸气 $s''/$ $[kJ/(kg·K)]$
36	911.68	0.85899	0.022252	250.231	416.380	166.149	1.17083	1.70827
37	937.07	0.86203	0.021625	251.708	416.849	165.141	1.17553	1.70799
38	962.98	0.86512	0.021017	253.190	417.313	164.122	1.18023	1.70770
39	989.42	0.86825	0.020428	254.678	417.772	163.094	1.18493	1.70742
40	1016.4	0.87144	0.019857	256.171	418.226	162.054	1.18963	1.70713
41	1043.9	0.87467	0.019304	257.670	418.675	161.005	1.19433	1.70684
42	1072.0	0.87796	0.018769	259.174	419.118	159.944	1.19904	1.70655
43	1100.7	0.88131	0.018249	260.684	419.557	158.872	1.20374	1.70626
44	1129.9	0.88471	0.017745	262.200	416.989	157.789	1.20845	1.70597
45	1159.7	0.88817	0.017256	263.723	420.416	156.693	1.21316	1.70567
46	1190.1	0.89169	0.016782	265.251	420.837	155.586	1.21787	1.70537
47	1221.1	0.89527	0.016322	266.786	421.252	154.466	1.22258	1.70506
48	1252.6	0.89892	0.015875	268.327	421.660	153.333	1.22730	1.70475
49	1284.8	0.90263	0.015442	269.875	422.061	152.187	1.23202	1.70443
50	1317.6	0.90642	0.015021	271.429	422.456	151.027	1.23675	1.70411

附录 D   R22 过热蒸气的热力性质

温度	比体积	比焓	比熵	温度	比体积	比焓	比熵
$t/℃$	$v/(m^3/kg)$	$h/(kJ/kg)$	$s/[kJ/(kg·K)]$	$t/℃$	$v/(m^3/kg)$	$h/(kJ/kg)$	$s/[kJ/(kg·K)]$
$p=104.95kPa$				-10	0.18637	406.43	1.8758
-40	0.20575	388.61	1.8251	-5	0.19030	409.59	1.8877
-35	0.21075	391.62	1.8378	0	0.19421	412.78	1.8995
-30	0.21572	394.65	1.8504	5	0.19809	415.99	1.9111
-25	0.22066	397.70	1.8628	10	0.20197	419.22	1.9227
-20	0.22558	400.77	1.8751	15	0.20583	422.48	1.9341
-15	0.23047	403.86	1.8872	20	0.20968	425.76	1.9453
-10	0.23534	406.98	1.8991	25	0.21351	429.06	1.9565
-5	0.24019	410.12	1.9109	30	0.21733	432.38	1.9676
0	0.24502	413.28	1.9226	35	0.22115	435.73	1.9785
5	0.24984	416.47	1.9342	40	0.22495	439.11	1.9894
10	0.25464	419.68	1.9456	$p=163.48kPa$			
20	0.26420	426.17	1.9682	-30	0.13584	393.14	1.8033
30	0.27372	432.76	1.9903	-25	0.13916	396.27	1.8160
40	0.28319	439.45	2.0120	-20	0.14245	399.42	1.8286
$p=131.68kPa$				-15	0.14571	402.58	1.8410
-40	—	—	—	-10	0.14896	405.76	1.8532
-35	0.16640	390.90	1.8138	-5	0.15217	408.96	1.8652
-30	0.17045	393.97	1.8266	0	0.15537	412.18	1.8771
-25	0.17447	397.05	1.8391	5	0.15856	415.42	1.8889
-20	0.17846	400.16	1.8515	10	0.16172	418.68	1.9005
-15	0.18243	403.28	1.8637	15	0.16488	421.96	1.9120

（续）

温度	比体积	比焓	比熵	温度	比体积	比焓	比熵
t/℃	v/(m³/kg)	h/(kJ/kg)	s/[kJ/(kg·K)]	t/℃	v/(m³/kg)	h/(kJ/kg)	s/[kJ/(kg·K)]
20	0.16802	425.26	1.9233	15	0.073464	418.73	1.8295
30	0.17426	431.93	1.9457	20	0.075035	422.19	1.8414
40	0.18046	438.69	1.9676	25	0.076590	425.66	1.8531
p = 200.98kPa				30	0.078133	429.14	1.8647
−30	—	—	—	35	0.079664	432.63	1.8761
−25	0.11186	395.33	1.7934	40	0.081184	436.14	1.8874
−20	0.11461	398.53	1.8062	50	0.084195	443.20	1.9096
−15	0.11733	401.74	1.8188	*p* = 421.35kPa			
−10	0.12003	404.97	1.8311	−10	—	—	—
−5	0.12271	408.21	1.8433	−5	0.055339	403.50	1.7593
0	0.12536	411.46	1.8554	0	0.056779	407.01	1.7723
5	0.12800	414.74	1.8672	5	0.058196	410.52	1.7850
10	0.13062	418.03	1.8790	10	0.059592	414.03	1.7975
15	0.13323	421.34	1.8906	15	0.060969	417.55	1.8098
20	0.13582	424.67	1.9020	20	0.060969	417.55	1.8098
30	0.14097	431.39	1.9246	25	0.063675	424.59	1.8338
40	0.14608	438.20	1.9466	30	0.065006	428.12	1.8456
p = 244.83kPa				35	0.066325	431.66	1.8572
−20	0.092843	397.47	1.7842	40	0.067633	435.21	1.8686
−15	0.095147	400.74	1.7970	50	0.070217	442.35	1.8910
−10	0.097426	404.02	1.8095	*p* = 497.59kPa			
−5	0.099681	407.31	1.8219	0	0.047135	405.36	1.7518
0	0.10191	410.61	1.8341	5	0.048390	408.97	1.7649
5	0.10413	413.93	1.8462	10	0.049621	412.57	1.7777
10	0.10633	417.26	1.8580	15	0.050833	416.16	1.7903
15	0.10851	420.61	1.8697	20	0.052026	419.75	1.8026
20	0.11068	423.97	1.8813	25	0.053203	423.34	1.8148
25	0.11283	427.36	1.8928	30	0.054365	426.94	1.8267
30	0.11497	430.76	1.9041	35	0.055514	430.53	1.8385
40	0.11923	437.62	1.9293	40	0.056651	434.14	1.8501
p = 295.70kPa				45	0.057777	437.75	1.8616
−20	—	—	—	50	0.058893	441.38	1.8729
−15	0.077625	399.55	1.7754	*p* = 583.78kPa			
−10	0.079576	402.89	1.7883	0	—	—	—
−5	0.081502	406.24	1.8009	5	0.040356	407.15	1.7446
0	0.083406	409.60	1.8133	10	0.041458	410.85	1.7579
5	0.085290	412.97	1.8255	15	0.042538	414.54	1.7708
10	0.087155	416.35	1.8375	20	0.043598	418.22	1.7834
15	0.089004	419.75	1.8494	25	0.044640	421.90	1.7959
20	0.090838	423.15	1.8611	30	0.045666	425.56	1.8081
25	0.092659	426.57	1.8727	35	0.046679	429.23	1.8201
30	0.094467	430.01	1.8841	40	0.047678	432.90	1.8319
40	0.098049	436.93	1.9066	45	0.048666	436.57	1.8435
50	0.10159	443.93	1.9286	50	0.049643	440.25	1.8550
p = 354.30kPa				*p* = 680.70kPa			
−10	0.065340	401.56	1.7671	10	0.034714	408.84	1.7378
−5	0.067008	404.99	1.7800	15	0.035691	412.65	1.7511
0	0.068652	408.41	1.7927	20	0.036645	416.44	1.7642
5	0.070275	411.85	1.8052	25	0.037580	420.22	1.7769
10	0.071878	415.29	1.8174	30	0.038498	423.98	1.7894

（续）

温度 t/℃	比体积 v/(m³/kg)	比焓 h/(kJ/kg)	比熵 s/[kJ/(kg·K)]	温度 t/℃	比体积 v/(m³/kg)	比焓 h/(kJ/kg)	比熵 s/[kJ/(kg·K)]
35	0.039400	427.73	1.8017	120	0.034016	489.43	1.9402
40	0.400288	431.47	1.8138	130	0.035076	497.45	1.9603
45	0.041164	435.21	1.8265				
50	0.042029	438.96	1.8373	30	0.019742	414.53	1.7120
				35	0.020396	418.88	1.7262
10	—	—	—	40	0.021027	423.16	1.7400
15	0.029987	410.43	1.7311	45	0.021638	427.38	1.7534
20	0.030861	414.36	1.7446	50	0.022232	431.55	1.7664
25	0.031711	418.26	1.7578	55	0.022810	435.69	1.7791
30	0.032543	422.14	1.7707	60	0.023375	439.79	1.7915
35	0.033357	425.99	1.7833	65	0.023929	443.87	1.8037
40	0.034156	429.83	1.7957	70	0.024472	447.93	1.8156
45	0.034941	433.65	1.8078	75	0.025006	451.98	1.8273
50	0.035714	437.47	1.8197	80	0.025531	456.01	1.8388
55	0.036476	441.29	1.8314	90	0.026559	464.07	1.8613
60	0.037228	445.10	1.8429	100	0.027562	472.11	1.8831
70	0.038706	452.74	1.8655	110	0.028544	480.17	1.9044
80	0.040153	460.40	1.8875	120	0.029508	488.24	1.9252
				130	0.030456	496.35	1.9456
20	0.026003	411.92	1.7246	140	0.031392	504.49	1.9655
25	0.026790	415.98	1.7384	150	0.032316	512.68	1.9851
30	0.027554	419.99	1.7517				
35	0.028299	423.97	1.7647	30	—	—	—
40	0.029026	427.92	1.7774	35	0.017269	415.63	1.7058
45	0.029739	431.85	1.7899	40	0.017873	420.15	1.7203
50	0.030438	435.77	1.8021	45	0.018453	424.58	1.7344
55	0.031125	439.67	1.8141	50	0.019012	428.93	1.7479
60	0.031801	443.56	1.8259	55	0.019554	433.23	1.7611
65	0.032468	447.45	1.8374	60	0.020081	437.48	1.7740
70	0.033126	451.34	1.8489	65	0.020594	441.68	1.7865
80	0.034418	459.11	1.8712	70	0.021095	445.86	1.7988
90	0.035683	466.91	1.8929	75	0.021586	450.01	1.8108
100	0.036927	474.73	1.9142	80	0.022068	454.15	1.8226
110	0.038151	482.58	1.9350	90	0.023008	462.37	1.8455
120	0.039358	490.48	1.9553	100	0.023920	470.56	1.8678
				110	0.024809	478.73	1.8894
25	0.022624	413.29	1.7183	120	0.025680	486.91	1.9105
30	0.023339	417.49	1.7322	130	0.026535	495.11	1.9311
35	0.024031	421.63	1.7458	140	0.027376	503.34	1.9512
40	0.024703	425.72	1.7590	150	0.028205	511.60	1.9710
45	0.025358	429.78	1.7718				
50	0.026624	437.82	1.7967	40	0.015135	416.56	1.6994
60	0.027239	441.80	1.8087	45	0.015698	421.28	1.7144
65	0.027843	445.78	1.8206	50	0.016236	425.87	1.7287
70	0.028437	449.75	1.8322	55	0.016751	430.38	1.7425
80	0.029601	457.66	1.8550	60	0.017249	434.81	1.7560
90	0.030737	465.57	1.8771	65	0.017731	439.17	1.7690
100	0.031849	473.50	1.8986	70	0.018200	443.49	1.7817
110	0.032941	481.44	1.9196	75	0.018657	447.77	1.7940

Section headers within table (spanning rows):
- p = 789.15kPa
- p = 909.93kPa
- p = 1043.9kPa
- p = 1191.9kPa
- p = 1354.8kPa
- p = 1533.5kPa

（续）

温度 $t/℃$	比体积 $v/(m^3/kg)$	比焓 $h/(kJ/kg)$	比熵 $s/[kJ/(kg·K)]$	温度 $t/℃$	比体积 $v/(m^3/kg)$	比焓 $h/(kJ/kg)$	比熵 $s/[kJ/(kg·K)]$
80	0.019104	452.02	1.8062	60	0.014795	431.70	1.7373
85	0.019541	456.24	1.8180	65	0.015255	436.27	1.7509
90	0.019970	460.45	1.8297	70	0.015699	440.77	1.7641
100	0.020807	498.80	1.8524	75	0.016130	445.21	1.7769
110	0.021620	477.13	1.8744	80	0.016549	449.60	1.7895
120	0.022412	485.43	1.8958	85	0.016958	453.95	1.8017
130	0.023188	493.74	1.9167	90	0.017357	458.27	1.8137
140	0.023949	502.06	1.9370	100	0.018132	466.83	1.8369
150	0.024697	510.40	1.9570	110	0.018880	475.32	1.8594
$p=1729.0kPa$				120	0.019607	483.77	1.8811
40	—	—	—	130	0.020316	492.20	1.9023
45	0.013284	417.31	1.6931	140	0.021009	500.63	1.9230
50	0.013814	422.24	1.7084	150	0.021689	509.07	1.9432
55	0.014315	427.03	1.7231				

附录 E　R717 过热蒸气的热力性质

温度 $t/℃$	比体积 $v/(m^3/kg)$	比焓 $h/(kJ/kg)$	比熵 $s/[kJ/(kg·K)]$	温度 $t/℃$	比体积 $v/(m^3/kg)$	比焓 $h/(kJ/kg)$	比熵 $s/[kJ/(kg·K)]$
$p=71.59kPa$				30	1.576	1474.99	4.226
-40	1.555	1327.65	3.799	40	1.630	1496.64	4.296
-35	1.591	1338.31	3.844	$p=119.36kPa$			
-30	1.627	1348.93	3.888	-30	0.9635	1343.02	3.620
-25	1.663	1359.54	3.932	-25	0.9858	1353.96	3.665
-20	1.699	1370.13	3.974	-20	1.008	1364.86	3.709
-15	1.735	1380.71	4.015	-15	1.030	1375.73	3.751
-10	1.770	1391.29	4.056	-10	1.052	1386.53	3.793
-5	1.806	1401.87	4.096	-5	1.074	1397.41	3.833
0	1.841	1412.46	4.135	0	1.096	1408.24	3.873
5	1.876	1423.07	4.173	5	1.117	1419.06	3.913
10	1.912	1433.69	4.211	10	1.139	1429.88	3.951
20	1.982	1454.99	4.285	15	1.160	1440.71	3.989
30	2.052	1476.39	4.357	20	1.182	1451.55	4.026
40	2.121	1497.90	4.426	30	1.224	1473.27	4.099
$p=93.0kPa$				40	1.267	1495.08	4.170
-40	—	—	—	$p=151.45kPa$			
-35	1.217	1335.52	3.708	-30	—	—	—
-30	1.245	1346.30	3.752	-25	0.7705	1350.15	3.537
-25	1.274	1357.05	3.796	-20	0.7884	1361.26	3.582
-20	1.302	1367.78	3.839	-15	0.8061	1372.34	3.625
-15	1.329	1378.49	3.881	-10	0.8238	1383.37	3.667
-10	1.357	1389.19	3.922	-5	0.8413	1394.38	3.709
-5	1.384	1399.88	3.962	0	0.8587	1405.36	3.749
0	1.412	1410.58	4.002	5	0.8760	1416.33	3.789
5	1.440	1421.28	4.040	10	0.8932	1427.30	3.828
10	1.467	1431.99	4.079	15	0.9104	1438.26	3.866
20	1.521	1453.45	4.153	20	0.9275	1449.22	3.904

（续）

温度 t/℃	比体积 v/(m³/kg)	比焓 h/(kJ/kg)	比熵 s/[kJ/(kg·K)]	温度 t/℃	比体积 v/(m³/kg)	比焓 h/(kJ/kg)	比熵 s/[kJ/(kg·K)]
30	0.9615	1471.17	3.978	40	0.4160	1480.82	3.603
40	0.9953	1493.17	4.049	50	0.4311	1504.06	3.676
p = 190.15kPa				*p* = 430.17kPa			
−20	0.6221	1356.86	3.457	0	0.2873	1379.14	3.167
−15	0.6366	1368.18	3.502	5	0.2943	1391.59	3.211
−10	0.6510	1379.45	3.545	10	0.3021	1403.92	3.255
−5	0.6652	1390.67	3.587	15	0.3080	1416.15	3.298
0	0.6794	1401.86	3.628	20	0.3148	1428.29	3.340
10	0.7074	1424.15	3.709	25	0.3214	1440.35	3.381
15	0.7213	1435.28	3.748	30	0.3280	1452.34	3.421
20	0.7352	1446.39	3.786	35	0.3345	1464.29	3.460
25	0.7489	1457.50	3.823	40	0.3410	1476.17	3.498
30	0.7626	1468.61	3.860	45	0.3474	1488.05	3.536
40	0.7898	1490.86	3.932	50	0.3538	1499.88	3.572
p = 236.36kPa				*p* = 516.79kPa			
−20	—	—	—	0	—	—	—
−15	0.5068	1363.14	3.381	5	0.2411	1383.45	3.099
−10	0.5187	1374.70	3.425	10	0.2471	1396.28	3.145
−5	0.5305	1386.19	3.468	15	0.2530	1408.95	3.189
0	0.5422	1397.62	3.510	20	0.2588	1421.50	3.232
5	0.5537	1409.01	3.552	25	0.2646	1433.94	3.275
10	0.5652	1420.36	3.592	30	0.2702	1446.28	3.316
15	0.5766	1431.68	3.632	35	0.2758	1458.55	3.356
20	0.5879	1442.98	3.671	40	0.2813	1470.75	3.395
25	0.5992	1454.26	3.709	45	0.2868	1482.89	3.434
30	0.6104	1465.54	3.746	50	0.2922	1494.98	3.471
40	0.6326	1488.08	3.820				
p = 291.06kPa				*p* = 616.35kPa			
−10	0.4163	1368.96	3.307	10	0.2036	1387.23	3.034
−5	0.4262	1380.78	3.351	15	0.2088	1400.46	3.080
0	0.4359	1392.52	3.394	20	0.2139	1413.51	3.126
5	0.4456	1404.20	3.437	25	0.2189	1426.41	3.169
10	0.4551	1415.81	3.478	30	0.2238	1439.18	3.212
15	0.4646	1427.37	3.519	35	0.2287	1451.84	3.253
20	0.4740	1438.90	3.558	40	0.2334	1464.40	3.293
25	0.4834	1450.39	3.597	45	0.2382	1476.88	3.333
30	0.4926	1461.86	3.635	50	0.2428	1489.28	3.372
35	0.5018	1473.32	3.673	*p* = 730.07kPa			
40	0.5110	1484.76	3.710	10	—	—	—
50	0.5292	1507.62	3.782	15	0.1730	1390.44	2.971
p = 355.31kPa				20	0.1775	1404.12	3.018
−10	—	—	—	25	0.1819	1417.59	3.064
−5	0.3446	1374.30	3.235	30	0.1862	1430.88	3.108
0	0.3529	1386.42	3.280	35	0.1905	1444.01	3.151
5	0.3610	1398.44	3.324	40	0.1947	1457.00	3.192
10	0.3691	1410.68	3.366	45	0.1988	1469.88	3.233
15	0.3771	1422.24	3.408	50	0.2029	1482.66	3.273
20	0.3850	1434.04	3.448	55	0.2069	1495.34	3.312
25	0.3928	1445.79	3.488	60	0.2109	1507.95	3.350
30	0.4006	1457.50	3.527	70	0.2187	1532.98	3.424
35	0.4083	1469.18	3.565	80	0.2264	1557.81	3.496

（续）

温度	比体积	比焓	比熵	温度	比体积	比焓	比熵
t/℃	v/(m³/kg)	h/(kJ/kg)	s/[kJ/(kg·K)]	t/℃	v/(m³/kg)	h/(kJ/kg)	s/[kJ/(kg·K)]
p = 859.22kPa				80	0.1375	1538.52	3.223
20	0.1477	1393.08	2.909	90	0.1426	1565.05	3.297
25	0.1517	1407.25	2.957	100	0.1476	1591.26	3.369
30	0.1555	1421.18	3.003	110	0.1525	1617.22	3.437
35	0.1593	1434.89	3.048	120	0.1573	1642.98	3.504
40	0.1630	1448.41	3.092	130	0.1667	1694.11	3.630
45	0.1667	1461.77	3.134	150	0.1714	1719.54	3.691
50	0.1703	1474.99	3.175	p = 1352.5kPa			
55	0.1738	1488.09	3.215	30	—	—	—
60	0.1773	1501.08	3.255	35	0.09464	1397.38	2.731
65	0.1808	1513.98	3.293	40	0.09744	1413.35	2.782
70	0.1842	1526.79	3.331	45	0.1002	1428.90	2.831
80	0.1909	1552.22	3.404	50	0.1028	1444.11	2.879
90	0.1974	1577.43	3.474	55	0.1054	1459.01	2.925
100	0.2039	1602.28	3.542	60	0.1079	1473.66	2.969
110	0.2103	1627.41	3.608	65	0.1103	1488.07	3.012
120	0.2166	1652.26	3.672	70	0.1128	1502.28	3.054
p = 1005.1kPa				75	0.1151	1516.32	3.094
—	—	—	—	80	0.1174	1530.20	3.134
25	0.1268	1395.12	2.348	90	0.1220	1557.56	3.210
30	0.1303	1409.84	2.897	100	0.1264	1584.50	3.283
35	0.1337	1424.26	2.945	110	0.1308	1611.09	3.354
40	0.1370	1438.43	2.990	120	0.1350	1637.42	3.422
45	0.1403	1452.38	3.034	130	0.1392	1663.34	3.487
50	0.1435	1466.14	3.077	140	0.1433	1689.49	3.551
55	0.1466	1479.73	3.119	150	0.1474	1715.38	3.612
60	0.1497	1493.17	3.160	160	0.1504	1741.06	3.673
65	0.1528	1506.49	3.199	p = 1552.7kPa			
70	0.1558	1519.70	3.238	40	0.08227	1397.55	2.673
80	0.1617	1545.82	3.313	45	0.08480	1414.24	2.726
90	0.1674	1571.64	3.385	50	0.08725	1430.44	2.777
100	0.1731	1597.23	3.445	55	0.08962	1446.23	2.825
110	0.1787	1622.64	3.522	60	0.09192	1461.67	2.872
120	0.1841	1647.91	3.587	65	0.09417	1476.80	2.917
130	0.1896	1657.10	3.650	70	0.09637	1491.67	2.961
p = 1169.0kPa				75	0.09852	1506.30	3.003
30	0.1093	1396.56	2.789	80	0.1006	1520.74	3.044
35	0.1124	1411.88	2.839	85	0.1027	1534.99	3.084
40	0.1155	1426.84	2.887	90	0.1047	1549.08	3.123
45	0.1184	1441.51	2.934	100	0.1087	1576.85	3.199
50	0.1213	1455.92	2.979	110	0.1126	1604.18	3.271
55	0.1241	1470.10	3.022	120	0.1164	1631.15	3.340
60	0.1269	1484.09	3.064	130	0.1201	1657.84	3.408
65	0.1296	1497.90	3.106	140	0.1237	1684.30	3.472
70	0.1323	1511.57	3.146	150	0.1273	1710.50	3.535
75	0.1349	1525.10	3.185	160	0.1308	1736.73	3.596

附录 F R134a 的过热性质

温度 t/℃	比体积 v/(m³/kg)	比焓 h/(kJ/kg)	比熵 s/[kJ/(kg·K)]	温度 t/℃	比体积 v/(m³/kg)	比焓 h/(kJ/kg)	比熵 s/[kJ/(kg·K)]
p = 51.641kPa				-15	0.18906	390.355	1.77314
-40	0.35692	372.865	1.75898	-10	0.19337	394.466	1.78891
-35	0.36554	376.656	1.77507	-5	0.19763	398.610	1.80451
-30	0.37410	380.485	1.79098	0	0.20186	402.787	1.81995
-25	0.38259	384.353	1.80672	5	0.20605	406.999	1.83523
-20	0.39104	388.262	1.82232	10	0.21022	411.247	1.85036
-15	0.39944	392.211	1.83777	15	0.21435	415.531	1.86536
-10	0.40779	396.203	1.85308	20	0.21846	419.852	1.88023
-5	0.41611	400.236	1.86827	30	0.22662	428.610	1.90960
0	0.42439	404.312	1.88333	40	0.23471	437.523	1.93853
5	0.43264	408.431	1.89827	p = 132.99kPa			
10	0.44087	412.594	1.91310	-20	0.14641	385.290	1.73625
20	0.45724	421.048	1.94244	-15	0.15003	389.440	1.75248
30	0.47353	429.677	1.97138	-10	0.15359	393.614	1.76850
40	0.48975	438.480	1.99995	-5	0.15711	397.813	1.78431
p = 66.547kPa				0	0.16059	402.042	1.79993
-35	0.28129	376.003	1.75231	5	0.16404	406.300	1.81538
-30	0.28809	379.877	1.76840	10	0.16745	410.591	1.83067
-25	0.29483	383.786	1.78432	15	0.17084	414.914	1.84580
-20	0.30151	387.732	1.80006	20	0.17420	419.272	1.86079
-15	0.30815	391.716	1.81564	25	0.17754	423.665	1.87565
-10	0.31474	395.739	1.83108	30	0.18086	428.093	1.89038
-5	0.32130	399.802	1.84637	40	0.18744	437.061	1.91949
0	0.32782	403.904	1.86153	p = 164.13kPa			
5	0.33431	408.048	1.87656	-15	0.11991	388.329	1.73203
10	0.34077	412.233	1.89147	-10	0.12291	392.580	1.74833
20	0.35361	420.727	1.92095	-5	0.12586	396.850	1.76441
30	0.36637	429.390	1.95001	0	0.12877	401.142	1.78027
40	0.37906	438.222	1.97867	5	0.13165	405.458	1.79593
p = 84.739kPa				10	0.13449	409.802	1.81140
-30	0.22408	379.123	1.74633	15	0.13730	414.173	1.82670
-25	0.22952	383.084	1.76246	20	0.14009	418.575	1.84185
-20	0.23490	387.078	1.77839	25	0.14285	423.008	1.85684
-15	0.24023	391.105	1.79415	30	0.14559	427.474	1.87170
-10	0.24552	395.167	1.80973	40	0.15101	436.508	1.90102
-5	0.25077	399.266	1.82516	50	0.15638	445.683	1.92986
0	0.25598	403.402	1.84044	p = 200.73kPa			
5	0.26116	407.576	1.85558	-10	0.098985	391.333	1.72827
10	0.26631	411.788	1.87060	-5	0.10150	395.690	1.74468
15	0.27143	416.041	1.88548	0	0.10397	400.061	1.76083
20	0.27653	420.333	1.90025	5	0.10640	404.449	1.77674
30	0.28666	429.038	1.92945	10	0.10880	408.857	1.79245
40	0.29673	437.907	1.95823	15	0.11117	413.228	1.80796
p = 106.71kPa				20	0.11351	417.743	1.82329
-25	0.18030	382.220	1.74100	25	0.11582	422.226	1.83845
-20	0.18471	386.273	1.75717	30	0.11811	426.737	1.85346

（续）

温度 $t/℃$	比体积 $v/(m^3/kg)$	比焓 $h/(kJ/kg)$	比熵 $s/[kJ/(kg·K)]$	温度 $t/℃$	比体积 $v/(m^3/kg)$	比焓 $h/(kJ/kg)$	比熵 $s/[kJ/(kg·K)]$
35	0.12039	431.279	1.85832	20	0.043041	410.638	1.73219
40	0.12264	435.851	1.88304	25	0.044215	415.593	1.74895
50	0.12710	445.093	1.91209	30	0.045358	420.530	1.76537
	p=243.41kPa			35	0.046473	425.456	1.78149
−5	0.082303	349.296	1.72495	40	0.047565	430.378	1.79733
0	0.084434	398.766	1.74146	45	0.048635	435.300	1.81293
5	0.086524	403.243	1.75770	50	0.049687	440.229	1.82830
10	0.088577	407.731	1.77369	55	0.050722	445.166	1.84346
15	0.090597	412.234	1.78946	60	0.051742	450.116	1.85843
20	0.092588	416.755	1.80502	70	0.053743	460.065	1.88785
25	0.094554	421.298	1.82038	80	0.055700	470.094	1.91665
30	0.096497	425.864	1.83557		p=571.60kPa		
35	0.098419	430.456	1.85059	20	0.035775	408.341	1.71321
40	0.10032	435.074	1.86546	25	0.036849	413.473	1.73057
50	0.10408	444.398	1.89477	30	0.037888	418.565	1.74751
	p=292.82kPa			35	0.038896	423.628	1.76407
0	0.068891	397.216	1.72200	40	0.039878	428.672	1.78031
5	0.070716	401.803	1.73865	45	0.040836	433.704	1.79625
10	0.072500	406.391	1.75499	50	0.041774	438.730	1.81192
15	0.074250	410.983	1.77107	55	0.042695	443.757	1.82736
20	0.075969	415.586	1.78691	60	0.043599	448.787	1.84257
25	0.077660	420.202	1.80252	65	0.044489	453.826	1.85759
30	0.079327	424.834	1.81793	70	0.045366	458.877	1.87241
35	0.080973	429.487	1.83315	80	0.047086	469.024	1.90156
40	0.082598	434.161	1.84820	90	0.048769	479.245	1.93010
45	0.084206	438.859	1.86308	100	0.050420	489.555	1.95811
50	0.085799	443.583	1.87781	110	0.052046	499.963	1.98563
	p=349.63kPa			120	0.053650	510.478	2.01272
5	0.058019	400.085	1.71940		p=665.26kPa		
10	0.059596	404.797	1.73619	25	0.030723	410.952	1.71155
15	0.061135	409.501	1.75266	30	0.031685	416.244	1.72915
20	0.062640	414.203	1.76884	35	0.032611	421.480	1.74628
25	0.064116	418.909	1.78475	40	0.033508	426.676	1.76301
30	0.065565	423.623	1.80043	45	0.034378	431.843	1.77938
35	0.066991	428.349	1.81590	50	0.035226	436.990	1.79543
40	0.068397	433.090	1.83116	55	0.036055	442.124	1.81119
45	0.069784	437.850	1.84524	60	0.036865	447.253	1.82670
50	0.071155	442.629	1.86114	65	0.037661	452.380	1.84198
	p=414.55kPa			70	0.038443	457.510	1.85704
10	0.049138	402.900	1.71709	80	0.039971	467.797	1.88659
15	0.050514	407.744	1.73405	90	0.041459	478.136	1.91546
20	0.051852	412.570	1.75566	100	0.042914	488.546	1.94374
25	0.053158	417.387	1.76695	110	0.044343	499.039	1.97149
30	0.054436	422.201	1.78296	120	0.045749	509.627	1.99877
35	0.055689	427.016	1.79872		p=770.06kPa		
40	0.056920	431.839	1.81424	30	0.026483	413.478	1.71001
45	0.058131	436.672	1.82955	35	0.027351	418.941	1.72788
50	0.059324	441.519	1.84467	40	0.028183	424.332	1.74524
	p=488.29kPa			45	0.028986	429.668	1.76215
15	0.041830	405.654	1.71504	50	0.029764	434.965	1.77867

（续）

温度 t/℃	比体积 v/(m³/kg)	比焓 h/(kJ/kg)	比熵 s/[kJ/(kg·K)]	温度 t/℃	比体积 v/(m³/kg)	比焓 h/(kJ/kg)	比熵 s/[kJ/(kg·K)]
55	0.030520	440.232	1.79484	45	0.020583	424.077	1.72567
60	0.031256	445.479	1.81071	50	0.021272	429.812	1.74355
65	0.031976	450.713	1.82630	55	0.021931	435.458	1.76089
70	0.032680	455.939	1.84165	60	0.022565	441.036	1.7776
75	0.033372	461.164	1.85676	65	0.023177	446.563	1.79423
80	0.034052	466.392	1.87167	70	0.023771	452.049	1.81034
90	0.035380	476.870	1.90093	75	0.024349	457.507	1.82613
100	0.036675	487.397	1.92952	80	0.024913	462.945	1.84163
110	0.037941	497.990	1.95754	85	0.025464	468.368	1.85688
120	0.039183	508.664	1.98504	90	0.026004	473.784	1.87190
130	0.040406	519.427	2.01207	100	0.027056	484.611	1.90131
140	0.041612	530.289	2.03868	110	0.028077	495.457	1.92999
150	0.042805	541.253	2.06491	120	0.029071	506.345	1.95805
p = 886.82kPa				130	0.030044	517.293	1.98555
35	0.022901	415.907	1.70856	140	0.030999	528.313	2.01255
40	0.023691	421.555	1.72674	150	0.031938	539.416	2.03910
45	0.024445	427.112	1.74434	p = 1159kPa			
50	0.025170	432.598	1.76145	45	0.017256	420.416	1.70567
55	0.025870	438.031	1.77814	50	0.017928	426.492	1.72462
60	0.026548	443.425	1.79445	55	0.018562	432.421	1.74283
65	0.027207	448.789	1.81043	60	0.019166	438.240	1.76043
70	0.027850	454.132	1.82612	65	0.019744	443.972	1.77751
75	0.028478	459.462	1.84154	70	0.020301	449.639	1.79414
80	0.029094	464.785	1.85672	75	0.020840	455.255	1.81039
90	0.030292	475.427	1.88644	80	0.021362	460.832	1.82630
100	0.031453	486.092	1.91541	85	0.021871	466.381	1.84190
110	0.032585	496.802	1.94373	90	0.022368	471.909	1.85723
120	0.033692	507.574	1.97148	100	0.023330	482.930	1.88716
130	0.034779	518.424	1.99873	110	0.024258	495.936	1.91627
140	0.035848	529.359	2.02553	120	0.025159	504.960	1.94467
150	0.036903	540.387	2.05190	130	0.026037	516.022	1.97246
p = 1016.4kPa				140	0.026895	527.141	1.99970
40	0.019857	418.226	1.70713	150	0.027739	538.329	2.02646

附录 G　乙二醇水溶液的热物性值

质量分数 (%)	起始凝固温度 t_f/℃	15℃的密度 ρ/(kg/m³)	温度 t/℃	比热容 c/[kJ/(kg·K)]	动力黏度 μ/(10⁻⁸Pa·s)	运动黏度 ν/(10⁻⁶m²/s)	运动黏度 ν/(10⁻⁴m²/h)	热导率 λ/[W/(m·K)]	热扩散率 a/(10⁻⁴m²/h)	普朗特数 Pr
12.2	-5	1015	50	4.06	0.69	0.677	24.3	0.58	5.08	4.8
			20	4.02	1.37	1.35	48.5	0.55	4.8	10.1
			10	4.00	1.86	1.84	66	0.54	4.8	13.8
			0	3.98	2.55	2.51	90	0.53	4.77	18.9
16	-7	1020	50	4.02	0.78	0.77	27.7	0.56	4.9	5.65
			20	3.94	1.47	1.45	52	0.53	4.8	10.8
			10	3.91	2.06	2.02	72.5	0.52	4.72	15.4
			0	3.89	2.84	2.79	100	0.51	4.63	21.6
			-5	3.89	3.43	3.37	121	0.50	4.55	26.6

（续）

质量分数（%）	起始凝固温度 t_f/℃	15℃的密度 ρ/(kg/m³)	温度 t/℃	比热容 c/[kJ/(kg·K)]	动力黏度 μ/(10⁻⁸Pa·s)	运动黏度 ν/(10⁻⁶m²/s)	运动黏度 ν/(10⁻⁴m²/h)	热导率 λ/[W/(m·K)]	热扩散率 a/(10⁻⁴m²/h)	普朗特数 Pr
19.8	-10	1025	50	3.98	0.78	0.76	27.3	0.55	4.8	5.7
			20	3.89	1.67	1.63	58.7	0.52	4.7	12.5
			10	3.87	2.26	2.20	79	0.51	4.65	17
			0	3.85	3.14	3.06	110	0.50	4.55	24.2
			-5	3.85	3.82	3.73	134	0.49	4.49	30
23.6	-13	1030	50	3.94	0.88	0.858	30.8	0.52	4.66	6.6
			20	3.85	1.77	1.72	62	0.50	4.53	13.7
			10	3.81	2.55	2.48	89	0.49	4.53	19.6
			0	3.77	3.53	3.44	124	0.49	4.53	27.4
			-10	3.77	5.10	4.95	178	0.49	4.53	39.4
27.4	-15	1035	50	3.85	0.88	0.855	30.8	0.51	4.62	6.7
			20	3.77	1.96	1.9	68.5	0.49	4.5	15.2
			0	3.73	3.92	3.8	137	0.48	4.45	31
			-10	3.68	5.69	5.5	198	0.48	4.5	44
			-15	3.66	7.06	6.83	246	0.47	4.47	55
31.2	-17	1040	50	3.81	0.98	0.94	33.9	0.50	4.55	7.5
			20	3.73	2.16	2.07	74.5	0.48	4.45	16.8
			0	3.64	4.41	4.25	153	0.47	4.45	34.5
			-10	3.64	6.67	6.45	232	0.47	4.45	52
			-15	3.62	8.24	7.9	285	0.46	4.4	65
35	-21	1045	50	3.73	1.08	1.03	37	0.48	4.4	8.4
			20	3.64	2.45	2.35	84.8	0.47	4.4	19.2
			0	3.56	4.90	4.7	169	0.47	4.5	37.7
			-10	3.56	7.65	7.35	265	0.45	4.4	60
			-15	3.54	9.32	8.9	320	0.45	4.4	73
			-20	3.52	11.77	11.3	407	0.45	4.45	92
38.8	-26	1050	50	3.68	1.18	1.12	40.4	0.47	4.35	9.3
			20	3.56	2.75	2.63	94.5	0.45	4.35	21.6
			0	3.52	5.59	5.32	192	0.45	4.4	44
			-10	3.48	8.63	8.25	297	0.45	4.45	67
			-15	3.45	10.79	10.3	370	0.45	4.5	82
			-20	3.43	14.22	13.5	486	0.45	4.55	107
			-25	3.41	18.63	17.8	640	0.45	4.55	144
42.6	-29	1055	50	3.60	1.37	1.3	46.8	0.44	4.18	11.2
			20	3.48	2.94	2.78	100	0.44	4.35	23
			0	3.43	6.18	5.85	210	0.44	4.4	47.5
			-10	3.39	9.61	9.1	327	0.44	4.45	73
			-15	3.37	12.26	11.7	420	0.44	4.5	93
			-20	3.35	16.08	15.2	548	0.44	4.5	122
			-25	3.33	21.57	20.5	840	0.44	4.55	162
46.4	-33	1060	50	3.52	1.57	1.48	53.2	0.43	4.15	12.8
			20	3.39	3.43	3.24	117	0.43	4.3	27
			0	3.35	6.86	6.28	226	0.43	4.4	51.5
			-10	3.31	10.79	10.2	367	0.43	4.4	84
			-15	3.29	13.73	13	469	0.43	4.45	105
			-20	3.27	18.14	17.2	620	0.43	4.45	140
			-25	3.24	24.03	22.6	810	0.43	4.5	180
			-30	3.22	32.36	30.5	1100	0.43	4.55	242

附录 H R717（NH₃）的 p-h 图

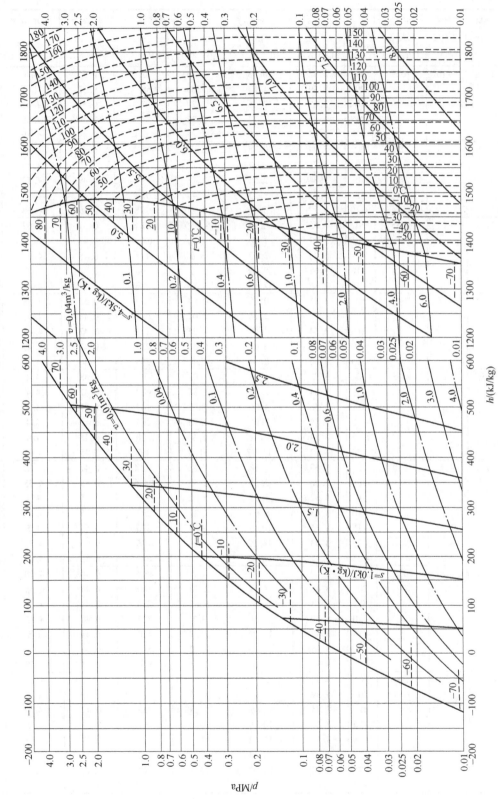

附录 I　R134a 的 *p-h* 图

附录 J R22 的 p-h 图

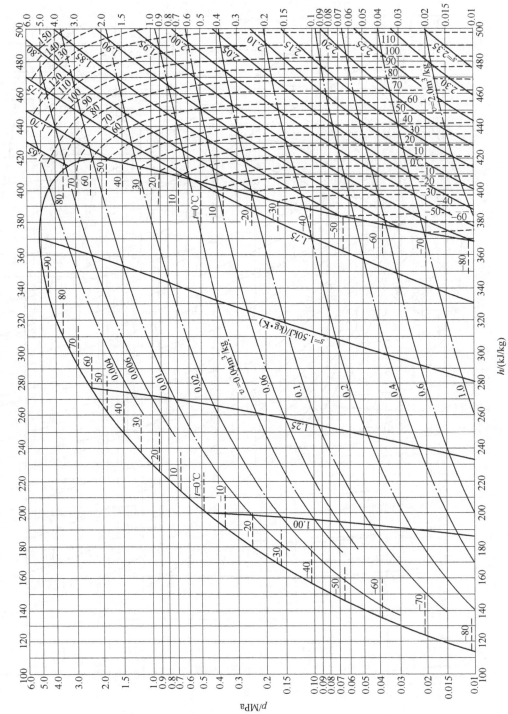

附录 K　LiBr-H₂O 溶液的 h-ξ 图（1）

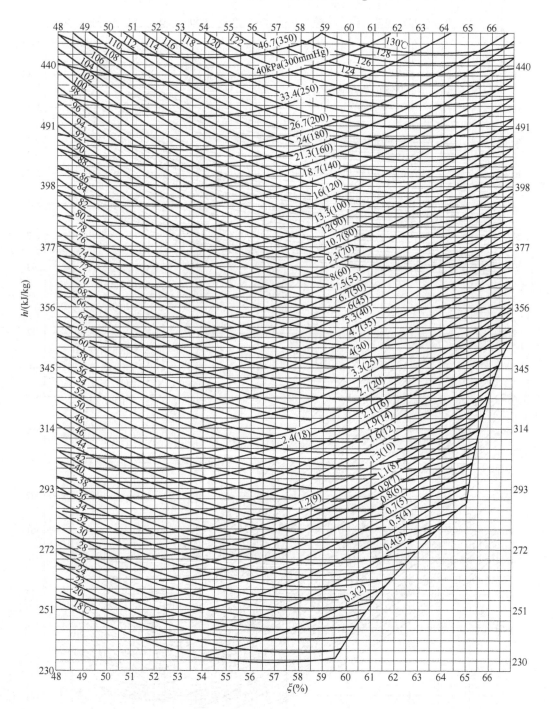

附录L LiBr-H₂O 溶液的 h-ξ 图（2）

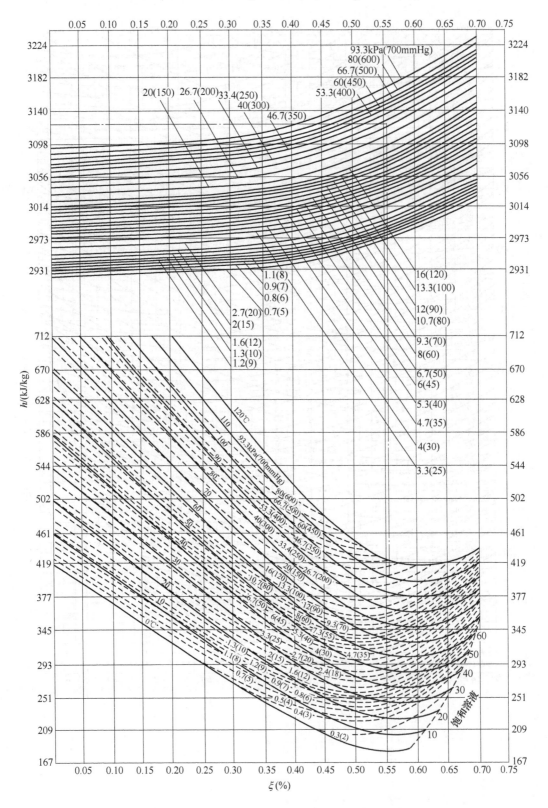

参 考 文 献

[1] 陆亚俊, 马最良, 姚杨. 空调工程中的制冷技术 [M]. 2 版. 哈尔滨: 哈尔滨工程大学出版社, 2001.

[2] 李树林. 制冷技术 [M]. 北京: 机械工业出版社, 2003.

[3] 龙恩深. 冷热源工程 [M]. 重庆: 重庆大学出版社, 2002.

[4] 张昌. 热泵技术与应用 [M]. 北京: 机械工业出版社, 2008.

[5] 刘泽华. 空调冷热源工程 [M]. 北京: 机械工业出版社, 2005.

[6] 郭庆堂, 等. 实用制冷工程设计手册 [M]. 北京: 中国建筑工业出版社, 1994.

[7] 周谟仁, 等. 流体力学泵与风机 [M]. 北京: 中国建筑工业出版社, 1985.

[8] 彦启森. 空气调节用制冷技术 [M]. 北京: 中国建筑工业出版社, 1985.

[9] 张祉祐. 制冷原理与设备 [M]. 北京: 机械工业出版社, 1987.

[10] 蒋能照. 空调用热泵技术及应用 [M]. 北京: 机械工业出版社, 1997.

[11] 燃油燃气锅炉房设计手册编写组. 燃油燃气锅炉房设计手册 [M]. 北京: 机械工业出版社, 1998.

[12] 吴味隆. 锅炉及锅炉房设备 [M]. 4 版. 北京: 中国建筑工业出版社, 2006.

[13] 秦裕琨. 燃油燃气锅炉实用技术 [M]. 北京: 中国电力出版社, 2001.

[14] 中华人民共和国住房和城乡建设部. 锅炉房设计规范: GB 50041—2008 [S]. 北京: 中国计划出版社, 2008.

[15] 马最良, 吕悦. 地源热泵系统设计与应用 [M]. 北京: 机械工业出版社, 2007.

[16] ASHRAE. 地源热泵工程技术指南 [M]. 徐伟, 等译. 北京: 中国建筑工业出版社, 2001.

[17] 中华人民共和国建设部. 地源热泵系统工程技术规范: GB 50366—2005 [S]. 北京: 中国建筑工业出版社, 2006.

[18] 全国冷冻空调设备标准化技术委员会 (SAC/TC 238). 水 (地) 源热泵机组: GB/T 19409—2003 [S]. 北京: 中国标准出版社, 2014.

[19] 中华人民共和国住房和城乡建设部. 工业建筑供暖通风与空气调节设计规范: GB 50019—2015 [S]. 北京: 中国计划出版社, 2016.

[20] 全国能源基础与管理标准化技术委员会省能材料应用技术分委员会. 设备及管道绝热设计导则: GB/T 8175—2008 [S]. 北京: 中国标准出版社, 2009.

[21] 中华人民共和国住房和城乡建设部. 公共建筑节能设计标准: GB 50189—2015 [S]. 北京: 中国建筑工业出版社, 2015.

[22] 王伟, 倪龙, 马最良. 空气源热泵技术与应用 [M]. 北京: 中国建筑工业出版社, 2017.